21世纪高等学校计算机应用技术规划教材

CorelDRAW 平面设计基础与上机指导

缪 亮 郭 刚 主编

清华大学出版社
北 京

内容简介

本书是一本 CorelDRAW X4 入门和进阶的教材，从自学和课堂教学的实用性和易用性出发，通过典型的实例详细介绍 CorelDRAW X4 的使用方法和操作技巧。

本书由 10 章构成，前 9 章介绍 CorelDRAW X4 的操作知识，包括文件操作和基本绘图工具的使用，对象的操作和编辑，颜色的填充和编辑，交互式工具的使用，文字和表格的使用，图像的处理和特效的创建，图层、符号和文档打印的知识。第 10 章介绍了多个平面设计领域的典型综合应用案例。

为了让读者更轻松地掌握 CorelDRAW，作者制作了配套视频多媒体教学光盘。教学光盘内容提取图书内容精华，全程语音讲解，真实操作演示，让读者一学就会。另外，配套光盘资源丰富，实用性强，提供了本书用到的范例源文件及各种素材。

本书可作为各类职业学院、大中专院校和各类计算机培训学校的教材使用，同时也可作为平面设计爱好者的自学用书。

图书在版编目(CIP)数据

CorelDRAW 平面设计基础与上机指导/缪亮等主编. --北京：清华大学出版社，2011.1
(21 世纪高等学校计算机应用技术规划教材)
ISBN 978-7-302-23967-3

Ⅰ. ①C…　Ⅱ. ①缪…　Ⅲ. ①图形软件，CorelDRAW X4—教材　Ⅳ. ①TP391.41

中国版本图书馆 CIP 数据核字(2010)第 205081 号

责任编辑：魏江江　李　晔
责任校对：白　蕾
责任印制：何　芊
出版发行：清华大学出版社　　**地　址**：北京清华大学学研大厦 A 座
http://www.tup.com.cn　　**邮　编**：100084
社 总 机：010-62770175　　**邮　购**：010-62786544
投稿与读者服务：010-62795954，jsjjc@tup.tsinghua.edu.cn
质 量 反 馈：010-62772015，zhiliang@tup.tsinghua.edu.cn
印 装 者：北京鑫海金澳胶印有限公司
经　销：全国新华书店
开　本：185×260　**印　张**：21.5　**字　数**：522 千字
附光盘 1 张
版　次：2011 年 1 月第 1 版　**印　次**：2011 年 1 月第 1 次印刷
印　数：1～3000
定　价：36.00 元

产品编号：037377-01

编审委员会成员

（按地区排序）

浙江大学	吴朝晖　教授
	李善平　教授
扬州大学	李　云　教授
南京大学	骆　斌　教授
	黄　强　副教授
南京航空航天大学	黄志球　教授
	秦小麟　教授
南京理工大学	张功萱　教授
南京邮电学院	朱秀昌　教授
苏州大学	王宜怀　教授
	陈建明　副教授
江苏大学	鲍可进　教授
武汉大学	何炎祥　教授
华中科技大学	刘乐善　教授
中南财经政法大学	刘腾红　教授
华中师范大学	叶俊民　教授
	郑世珏　教授
	陈　利　教授
江汉大学	颜　彬　教授
国防科技大学	赵克佳　教授
	邹北骥　教授
中南大学	刘卫国　教授
湖南大学	林亚平　教授
西安交通大学	沈钧毅　教授
	齐　勇　教授
长安大学	巨永锋　教授
哈尔滨工业大学	郭茂祖　教授
吉林大学	徐一平　教授
	毕　强　教授
山东大学	孟祥旭　教授
	郝兴伟　教授
中山大学	潘小轰　教授
厦门大学	冯少荣　教授
仰恩大学	张思民　教授
云南大学	刘惟一　教授
电子科技大学	刘乃琦　教授
	罗　蕾　教授
成都理工大学	蔡　淮　教授
	于　春　讲师
西南交通大学	曾华燊　教授

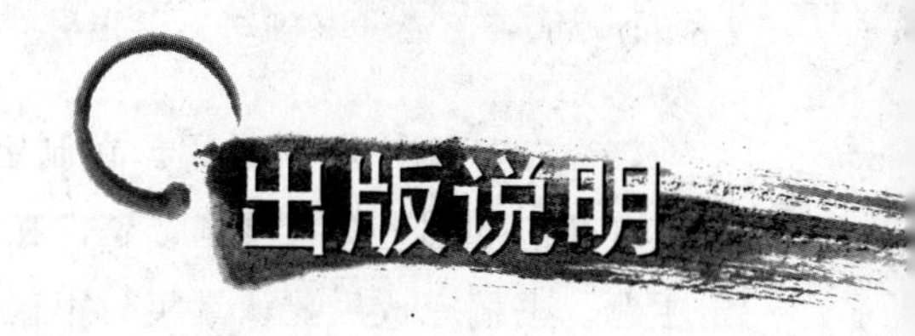

随着我国改革开放的进一步深化，高等教育也得到了快速发展，各地高校紧密结合地方经济建设发展需要，科学运用市场调节机制，加大了使用信息科学等现代科学技术提升、改造传统学科专业的投入力度，通过教育改革合理调整和配置了教育资源，优化了传统学科专业，积极为地方经济建设输送人才，为我国经济社会的快速、健康和可持续发展以及高等教育自身的改革发展做出了巨大贡献。但是，高等教育质量还需要进一步提高以适应经济社会发展的需要，不少高校的专业设置和结构不尽合理，教师队伍整体素质亟待提高，人才培养模式、教学内容和方法需要进一步转变，学生的实践能力和创新精神亟待加强。

教育部一直十分重视高等教育质量工作。2007 年 1 月，教育部下发了《关于实施高等学校本科教学质量与教学改革工程的意见》，计划实施"高等学校本科教学质量与教学改革工程（简称'质量工程'）"，通过专业结构调整、课程教材建设、实践教学改革、教学团队建设等多项内容，进一步深化高等学校教学改革，提高人才培养的能力和水平，更好地满足经济社会发展对高素质人才的需要。在贯彻和落实教育部"质量工程"的过程中，各地高校发挥师资力量强、办学经验丰富、教学资源充裕等优势，对其特色专业及特色课程（群）加以规划、整理和总结，更新教学内容、改革课程体系，建设了一大批内容新、体系新、方法新、手段新的特色课程。在此基础上，经教育部相关教学指导委员会专家的指导和建议，清华大学出版社在多个领域精选各高校的特色课程，分别规划出版系列教材，以配合"质量工程"的实施，满足各高校教学质量和教学改革的需要。

本系列教材立足于计算机公共课程领域，以公共基础课为主、专业基础课为辅，横向满足高校多层次教学的需要。在规划过程中体现了如下一些基本原则和特点。

（1）面向多层次、多学科专业，强调计算机在各专业中的应用。教材内容坚持基本理论适度，反映各层次对基本理论和原理的需求，同时加强实践和应用环节。

（2）反映教学需要，促进教学发展。教材要适应多样化的教学需要，正确把握教学内容和课程体系的改革方向，在选择教材内容和编写体系时注意体现素质教育、创新能力与实践能力的培养，为学生的知识、能力、素质协调发展创造条件。

（3）实施精品战略，突出重点，保证质量。规划教材把重点放在公共基础课和专业基础课的教材建设上；特别注意选择并安排一部分原来基础比较好的优秀教材或讲义修订再版，逐步形成精品教材；提倡并鼓励编写体现教学质量和教学改革成果的教材。

（4）主张一纲多本，合理配套。基础课和专业基础课教材配套，同一门课程可以有针对不同层次、面向不同专业的多本具有各自内容特点的教材。处理好教材统一性与多样化，基本教材与辅助教材、教学参考书，文字教材与软件教材的关系，实现教材系列资源配套。

(5) 依靠专家,择优选用。在制定教材规划时依靠各课程专家在调查研究本课程教材建设现状的基础上提出规划选题。在落实主编人选时,要引入竞争机制,通过申报、评审确定主题。书稿完成后要认真实行审稿程序,确保出书质量。

繁荣教材出版事业,提高教材质量的关键是教师。建立一支高水平教材编写梯队才能保证教材的编写质量和建设力度,希望有志于教材建设的教师能够加入到我们的编写队伍中来。

21世纪高等学校计算机应用技术规划教材

联系人:魏江江 weijj@tup.tsinghua.edu.cn

CorelDRAW 是 Corel 公司的一款优秀的矢量图形设计软件，它以图形编辑方式简单实用、支持图像格式广泛以及版面设计能力强大等诸多优点获得了众多平面设计专业人士的青睐。CorelDRAW 被广泛应用于平面设计、插图制作、排版印刷以及网页制作等各个行业领域，由于其使用方便、具有便捷的操作方式以及能够很好地表现图像外观等特点，更被用于各种商业产品制作。

本书以易学、全面和实用为目的，从基础到应用、从简单到复杂，详细而完整地介绍 CorelDRAW X4 的功能，详细分析各个功能的属性设置和操作方法，通过动手练习将功能介绍融合到实际设计中，让读者能够完整地了解 CorelDRAW X4 各项功能的作用和操作技巧。

本书可作为各类职业学院、大中专院校和各类计算机培训学校的教材使用，同时也可作为平面设计爱好者的自学用书。

主要内容

本书共分为 10 章，各章节的内容介绍如下：

第 1 章介绍 CorelDRAW X4 的基础知识，包括使用 CorelDRAW X4 必须掌握的有关概念、CorelDRAW X4 的工作环境及基本操作。

第 2 章介绍 CorelDRAW X4 的线条绘制工具的使用，包括“手绘”工具、“贝塞尔”工具、“钢笔”工具和“艺术笔”工具等。

第 3 章介绍 CorelDRAW X4 的形状绘制工具的使用，包括“矩形”工具、“椭圆形”工具、“形状”工具、“多边形”工具、“星形”工具、“图纸”工具、“螺纹”工具及各种变形工具等。

第 4 章介绍 CorelDRAW X4 色彩填充的知识，包括图形的均匀填充、渐变填充、图样填充、底纹填充和交互填充等知识。

第 5 章介绍 CorelDRAW X4 对象编辑和管理的技巧，包括选择和复制对象、图形对象的变换、对象的排列组合以及对象造型的知识。

第 6 章介绍为对象添加交互式效果的操作方法，包括创建调和对象、添加轮廓效果、创建变形效果、创建阴影和透明效果、创建立体化效果等知识。

第 7 章介绍 CorelDRAW X4 中文字和表格的使用，包括创建文字、设置文字样式以及使用表格。

第 8 章介绍位图的使用和特效创建的方法，包括位图的基本操作、位图色彩的调整和对位图使用滤镜。

第 9 章介绍 CorelDRAW X4 中图层、符号和文件输出的知识，包括图层应用、使用符号和输出文档的知识。

第 10 章是通过房地产广告、书籍封面、纸质包装盒和企业 CIS 设计这 4 个行业综合案例的制作，介绍 CorelDRAW X4 在平面设计中的应用流程与操作技巧。

本书特点

1. 紧扣教学规律，合理设计图书结构

本书作者多是长期从事 CorelDRAW 平面设计教学工作的一线教师，具有丰富的教学经验和平面设计实际工作经验，紧扣教师的教学规律和学生的学习规律，全力打造难易适中、结构合理、实用性强的教材。

图书采取"知识要点→基础知识讲解→典型应用讲解→上机练习与指导→习题"的内容结构。在每章的开始处给出本章的主要内容简介，读者可以了解本章所要学习的知识点。在具体的教学内容中既注重基本知识点的系统讲解，又注重学习目标的实用性。每章都设计了"本章习题"，既可以让教师合理安排教学内容，又可以让学习者加强实践，快速掌握本章知识。

2. 注重教学实验，加强上机指导内容的设计

CorelDRAW 平面设计是一门实践性很强的课程，学习者只有亲自动手上机练习，才能更好地掌握教材内容。本书将上机练习的内容设计成"上机练习与指导"教学单元，穿插在每章的最后，教师可以根据课程要求灵活授课和安排上机实践。读者可以根据"上机练习与指导"中介绍的方法、步骤进行上机实践，然后根据自己的情况对实例进行修改和扩展，以加深对其中所包含的概念、原理和方法的理解。

3. 配套多媒体教学光盘，让教学更加轻松

为了让读者更轻松地掌握 CorelDRAW 平面设计，作者精心制作了配套视频多媒体教学光盘。视频教程精选图书的精华内容，共 8 小时超大容量的教学内容，全程语音讲解，真实操作演示，让读者一学就会。

为了方便任课教师进行教学，视频教程开发成可随意分拆、组合的 swf 文件。任课教师可以在课堂上播放视频教程或者在上机练习时指导学生自学视频教程的内容。

4. 专设图书服务网站，打造知名图书品牌

立体出版计划，为读者建构全方位的学习环境。最先进的建构主义学习理论告诉我们，建构一个真正意义上的学习环境是学习成功的关键所在。学习环境中有真情实境、有协商和对话、有共享资源的支持，才能高效率地学习，并且学有所成。因此，为了帮助读者建构真正意义上的学习环境，以图书为基础，为读者专设一个图书服务网站。

网站提供相关图书资讯，以及相关资料下载和读者俱乐部。在这里读者可以得到更多、更新的共享资源，还可以交到志同道合的朋友，相互交流、共同进步。

网站地址为 http://www.cai8.net。

本书作者

参加本书编写的作者为多年从事 CorelDRAW 平面设计教学工作的资深教师，具有丰富的教学经验和实际应用经验。

本书主编为缪亮（负责提纲设计、稿件主审、前言编写等）、郭刚（负责提纲设计、稿件初审、电子课件制作等），副主编为穆杰（负责提纲设计、稿件初审、电子课件制作等）。本书编委有孙利娟(负责编写第 1～5 章)、聂静(负责编写第 6～10 章)、张爱文(负责视频教程制作)。

在本书的编写过程中,李捷、朱桂红、李泽如、时召龙、许美玲、赵崇慧、郭刚、张立强、李敏等参与了本书的范例制作和编写工作,在此表示感谢。另外,感谢河南省开封教育学院对本书的创作和出版给予的支持和帮助。

由于作者能力有限,书中难免会出现不足和错误,欢迎读者批评指正。愿作者的努力,能够帮助读者步入 CorelDRAW 神奇的殿堂,去感受计算机平面设计的迷人魅力,使读者的艺术才能得到充分展现。

作 者

2010 年 10 月

目 录

第1章 CorelDRAW基础

CorelDRAW 是一款集图像设计、矢量图形绘制、文字编辑、排版和高品质输出为一体的设计软件。本章首先对 CorelDRAW X4 的概况、工作环境和基本操作进行介绍，帮助读者对 CorelDRAW X4 有一个全面的认识，为后面深入学习打下基础。

本章主要内容：

- 初识 CorelDRAW。
- 使用 CorelDRAW 必须掌握的概念。
- CorelDRAW X4 的工作环境。
- CorelDRAW X4 的基本操作。

1.1 初识 CorelDRAW

CorelDRAW X4 是一款功能强大的矢量图形绘图软件，其以功能强大、界面直观以及操作便捷等优点，从面市以来就快速占领了市场，赢得了众多专业人士和广大图形设计爱好者的青睐。

1.1.1 CorelDRAW 简介

CorelDRAW 于 1989 年诞生于一家名为 Corel 的加拿大软件公司。CorelDRAW 第 1 版正式问世时，其只是一个为了在 MS-DOS 上运行而设计的简单图形绘制软件。在 CorelDRAW 的发展历史上，真正具有第一个里程碑意义的版本是 CorelDRAW 3.0，它是今天功能齐全的绘图组合式软件的始祖，已经显现出当前 CorelDRAW 的雏形。在其后的年代里，CorelDRAW 不断地升级发展，功能日趋强大，逐渐成为一个集多种功能于一身的矢量图形创作软件。

CorelDRAW 是一个矢量图形绘制软件，使用它可以方便地绘制几乎所有的标准基本图形，并且绘制的每个图形都具有不同的属性，这些属性包括尺寸、大小、填充样式和轮廓线样式等。用户在绘制图形时，可以方便地对这些图形对象的属性进行设置。同时，用户可以使用各种路径编辑工具准确地调整和定义路径，以获得各种满足需要的形状效果。另外，CorelDRAW 对颜色的使用也十分灵活，可以通过多种方式对颜色进行设置，并且可以方便获得颜色渐变效果和图像填充效果。作为矢量图形软件，CorelDRAW 同样具有强大的位图处理能力，使用内置的滤镜能够创建丰富多彩的图像特效。

1.1.2 CorelDRAW 的应用领域

CorelDRAW 是集图形设计、文字编辑、排版和高品质输出于一身的设计软件，使用它既可以轻松创作专业级的美术作品，也可以完成包括广告、包装和插画等各个领域的专业设计工作。当前，CorelDRAW 被广泛应用到广告设计、包装设计、书籍装帧设计以及企业 VI 设计等众多领域。

1. 广告设计

当今社会，商业活动频繁，各种广告深入到人们生活的方方面面。通过广告的手段使更多的受众知晓，从而达到特定的销售目的，这是广告的基本功能。在平面设计中，大量的平面设计师使用 CorelDRAW 进行广告设计和制作加工，CorelDRAW 在平面广告设计制作过程中起着重要的作用。图 1.1 所示为广告设计实例。

2. 包装设计

包装设计就是对产品的包装介质进行装潢和美化外观的过程，它是产品进行市场推广的重要组成部分。成功的包装设计能够吸引消费者的购买欲望、促进销售并扩大商品的知名度。CorelDRAW 能够方便地完成包装设计以及包装平面图和立体图的制作。图 1.2 所示为商品包装设计实例。

图 1.1　广告设计实例

图 1.2　商品包装设计实例

3. 书籍装帧设计

精美的书籍装帧设计能够更好地吸引读者的注意，CorelDRAW 同样在书籍装帧设计领域得到了广泛的应用。CorelDRAW 集成了 ISBN 生成组件，能够快速插入条形码，其具有的导线和定位功能使书籍装帧设计变得更加简便。图 1.3 所示为书籍装帧设计实例。

4. 图文版式设计

CorelDRAW 具有专业的文字处理和排版能力，使用它不仅能够对文本进行编排处理，还可以最大限度地使设计师的想象力和创造力得到发挥，快速制作出图文并茂且版式新颖

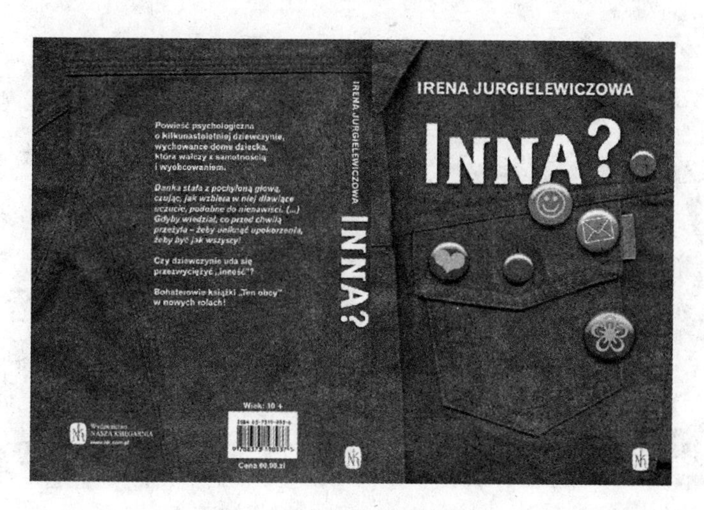

图 1.3 书籍装帧设计实例

别致的设计作品。图 1.4 所示为图文版式设计实例。

图 1.4 图文版式设计实例

5. 企业 VI 设计

企业 VI(Visual Identity,视觉识别)是以企业名称、标志、标准字体、标准颜色为核心,反映企业理念和文化的一种识别符号。大家熟悉的公司标志、产品标识以及组织标志等都属于 VI 设计的范畴,而 CorelDRAW 在 VI 设计领域得到了广泛的应用。图 1.5 所示为企业 VI 设计实例。

6. 商业插画制作

插画是当前一种通用的艺术语言,其广泛应用于书籍、杂志、广告宣传以及包装设计等各个领域。作为平面设计中一种重要的表现手段,插画能够起到升华文字主题的效果。CorelDRAW 是一款矢量绘图软件,其强大的绘图功能使之成为绘制各种风格插画的利器。图 1.6 所示为插画绘制实例。

图 1.5 企业 VI 设计实例

图 1.6 插画绘制实例

1.2 使用 CorelDRAW 必须掌握的概念

在使用 CorelDRAW 进行图形绘制和平面设计时，必须了解一些基本概念，包括矢量图和位图、颜色模式以及计算机中常见图形文件格式的知识。

1.2.1 矢量图和位图

计算机中的图像根据其不同的构成原理可分为矢量图和位图，本节将对这两种类型的图像进行介绍。

1. 矢量图

矢量图，又称为向量图形，是由线条和色块组成的图形。矢量图形实际上是用一定的数学表达式指令来描述图形的特征，这些指令描述构成该图形的所有图元的位置、维数和形状。当计算机存储矢量图形时，只存储图形的绘画指令和有关绘图参数。当对矢量图形进行任意缩放时，图形不会出现色彩失真和变形的现象，仍能够保持原有的清晰度和平滑度，这是矢量图形的一个优势。放大前后的矢量图效果如图 1.7 所示。

图 1.7 放大前后的矢量图

矢量图的大小取决于图形的复杂程度，而与图形本身的大小无关。简单的图形所占用存储空间较小，而复杂的图形占用存储空间较大。矢量图在显示时，计算机是一边显示一边进行计算，因此对于复杂矢量图的显示，计算机往往需要进行大量的计算才能完成显示，这会造成图形显示时间较长，同时也对计算机的硬件能力提出高的要求。

2. 位图

位图图像又称为栅格图像，是由许多像素（这些像素表现为色块）所组成。像素是构成位图的基本单位，计算机在存储位图图像时，实际上是存储图像的各个像素的亮度与颜色信息。当一个位图文件被放大一定的倍数时，图像中将会明显地出现色块。放大前后的位图效果如图 1.8 所示。

图 1.8　放大前后的位图

位图适合于表现色彩丰富并含有大量细节的画面，计算机显示位图文件时的速度要比显示矢量图文件的速度快，但由于位图文件需要保存图像中每一个像素的信息，从而造成相应的存储空间比矢量图要大得多。对于位图文件来说，决定文件大小的因素主要有两个：图像的分辨率和图像的位深。图像分辨率越大，所需存储空间越大。构成图像的像素深度较大时，文件也会占用较大的存储空间。

1.2.2　颜色模式

色彩是平面设计的一个重要要素，大自然是色彩的世界，平面设计人员一直在努力使自己的作品能够真实地还原大自然中的丰富色彩。为了使色彩能够在作品中逼真地再现，在计算机平面设计领域已逐渐形成了一定的颜色模式。

颜色模式指的是相同属性的不同颜色的集合，它决定了显示、印刷和打印的色彩模型。实际上，颜色模式在图像设计中的作用就是将色彩以数据的方式表示出来，使作品能够在印刷和屏幕上表现出来。不同的颜色模式的色域有所差别，因此应用领域也有所不同。计算机软件系统提供了 10 余种颜色模式，常见的有 RGB 模式、CMYK 模式、Lab 模式和灰度模式等。图 1.9 所示为 CorelDRAW X4 中的“位图”|“模式”菜单中显示的常见颜色模式命

令。下面对常见的颜色模式进行介绍。

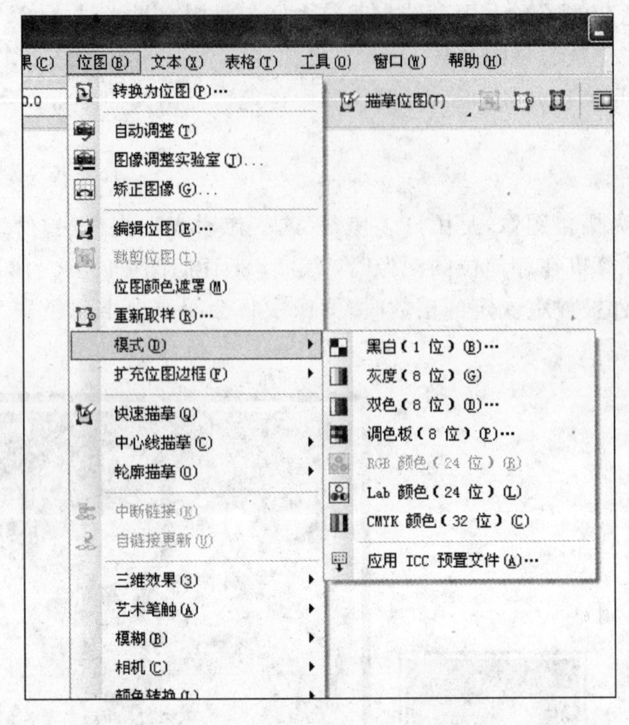

图 1.9　CorelDRAW X4 中的“位图”|“模式”命令

1. RGB 模式

RGB 模式是使用最为广泛的一种颜色模式，其通过红、绿和蓝 3 种色光叠加形成丰富的色彩，是一种加色模式。RGB 模式的图像由 R(红)、G(绿)和 B(蓝)3 种色彩信息构成，每一种都包含 8 位的色彩信息，即 0～225 的亮度色值。按照 RGB 3 种颜色顺序排列的一组数字就可以表示一种颜色，如金色的 RGB 颜色值就是 R:204，G:153，B:51，如图 1.10 所示。

图 1.10　金色的颜色值

专家点拨 RGB颜色模式中,颜色值越大,颜色就越浅。当3种色彩值都是255时显示为白色,当3种色彩值均为0时显示为黑色。由于每种色彩均有256个数量级,因此3种色彩叠加后可以产生256×256×256=1670万种颜色。

2. CMYK模式

CorelDRAW的默认颜色模式是CMYK模式,它是一种印刷专用的颜色模式。这种颜色模式应用色彩学中的减法混合原理,通过反射某些色彩光,同时吸收其他色彩光而产生颜色。CMYK中的4个字母分别代表印刷中常用的4种油墨颜色,分别是青色(C)、洋红色(M)、黄色(Y)和黑色(K),每种颜色的颜色值为1~100。

3. Lab模式

Lab模式使用a和b两个颜色通道以及一个亮度通道L来表示颜色。a通道表示从绿色到红色的颜色变化;b通道表示从蓝色到黄色的颜色变化;两个通道的数值范围均为-128~127;L通道在这里代表颜色的亮度,其数值为0~100,其中0表示最暗,100为最亮。L、a和b这三个通道叠加就可以形成各种颜色。

专家点拨 Lab模式使用国际标准颜色模式,在该模式下的图像处理速度较快,并能在色彩转换过程中最大限度地避免色彩缺失。因此,在一些色彩转换过程中,Lab模式充当着中介的角色。例如,将RGB模式转换为CMYK模式时,可以先转换为Lab模式,然后再转换为CMYK模式。

4. 灰度模式

灰度模式的图像的每一个像素都用8位的二进制数值来表示,能产生$2^8=256$层的灰度色调。换句话说,灰度模式的图像是包含256级灰度的黑白颜色图像,就像黑白照片一样。该模式图像的色相和饱和度值为0,亮度值是唯一能够影响图像的因素,其取值范围为0~255,其中0表示黑色,255表示白色,如图1.11所示。

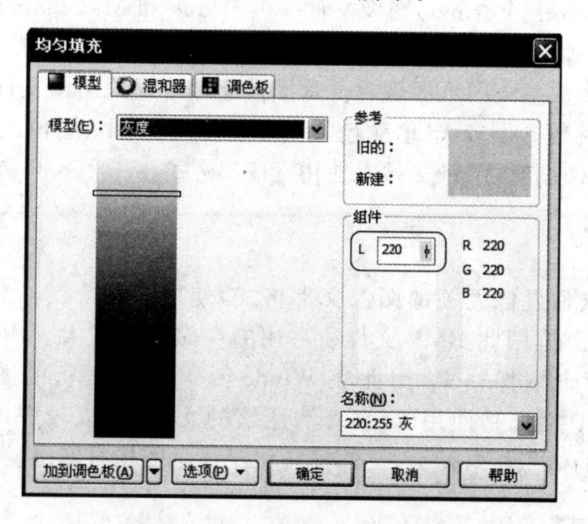

图1.11 灰度模式下的颜色值

1.2.3 常用的文件格式

图像文件格式指的是图像文件在计算机中的存储方式,文件格式决定了图像的种类、色彩以及压缩程度等,而不同的图像处理软件对不同格式的图像的支持会有所不同。

1. CDR 文件格式

CDR 格式是绘图软件 CorelDRAW 的专用图形文件格式,其扩展名为. cdr。由于 CorelDRAW 是矢量图形绘制软件,因此 CDR 文件可以记录文件的属性、位置和分页等信息。该文件的不足在于其兼容性比较差,只能在 CorelDRAW 应用程序中打开并进行编辑,很少有其他图像处理软件能够直接打开此类文件。

2. AI 文件格式

AI 格式是 Illustrator 图像绘制软件的专用文件格式,其扩展名为. ai,这是一种矢量图形格式。AI 格式的文件是一种分层文件,其完整地保留 Illustrator 处理的图像信息。在使用 Illustrator 软件对图像编辑时,将文件保存为该格式能够方便再次的编辑处理。作为一种矢量图形格式,CorelDRAW 对这种文件提供了很好的支持,能够方便地将其导入到文档中进行编辑处理。

3. EPS 文件格式

EPS 文件格式采用 PostScript 语言进行描述,使用通用的行业标准格式,可以同时包含像素信息和矢量信息。EPS 文件格式适用范围很广,除了多通道模式的图像外,其他模式的图像都可以保存为 EPS 文件格式。EPS 文件格式还可以支持剪贴路径,在排版软件中可以产生镂空或蒙版效果。

4. TIFF 文件格式

TIFF(Tag Image File Format)图像文件是由 Aldus 和 Microsoft 公司为桌上出版系统研制开发的一种较为通用的图像文件格式。TIFF 文件格式较为复杂,具有扩展性、方便性和可改性等特点,大多数主流图形图像软件均支持此种格式的图像文件。

TIFF 格式的文件数据量较大,但颜色的保真度高,失真小,图像的还原质量高,当平面设计作品需进行彩色印刷时,图像文件常使用 TIFF 格式。

5. BMP 文件格式

BMP 是一种与硬件设备无关的图像文件格式,使用非常广泛。它采用位映射存储格式,文件未进行任何压缩,因此 BMP 文件所占用的存储空间较大。由于 BMP 文件格式是 Windows 环境中的标准图像格式,因此在 Windows 环境中运行的图形图像软件都支持 BMP 图像格式。BMP 格式是使用 RLE 算法压缩的文件,可以较好地保留图像的细节部分,但这也使得文件的体积相对偏大,文件打开和保存速度相对偏慢。

6. JPEG 文件格式

JPEG(Joint Photographic Experts Group,联合图像专家组)的文件扩展名为. jpg 或

.jpeg。该文件类型是当前常用的图像文件格式，是一种有损压缩格式，能够将图像压缩在很小的储存空间，图像中重复或不重要的资料会被丢弃，因此容易造成图像数据的损伤。在使用过高的压缩比时，将使最终解压缩后恢复的图像质量明显降低，如果追求高品质图像，则不宜采用过高压缩比例。

JPEG格式压缩的主要是高频信息，对色彩的信息保留较好，适合应用于因特网，可减少图像的传输时间，可以支持24位真彩色，普遍应用于需要连续色调的图像。当前，JPEG格式的图像文件的应用非常广泛，在网络和光盘读物上都能找到它的身影，常用的图形图像软件也都支持此种图像格式。

7. GIF文件格式

GIF文件的数据是一种无损压缩格式，其压缩率一般在50%左右。GIF的图像深度为1～8位，即最多支持256种色彩的图像。目前几乎所有图形图像软件都提供了对它的支持，在网页上大量使用GIF图像文件。

GIF格式的另一个特点是在一个GIF文件中可以同时保存多幅彩色图像，将多幅图像逐幅显示到屏幕上，就可得到简单的动画效果。Adobe公司的ImageReady是制作这种GIF动画的佼佼者。

8. PNG文件格式

PNG(Portable Network Graphics，可移植性网络图像)是网上接受的最新图像文件格式，其扩展名为.png。PNG文件能够提供比GIF文件小30%的无损压缩图像文件，并同时提供24位和48位真彩色图像支持，从而能够获得更好的色彩效果。PNG文件格式作为一种新兴的网络图像格式，已逐渐被大多数图形图像处理软件所支持。

9. PSD文件格式

PSD文件格式是Adobe Photoshop软件的专用文件格式，也是一种可以支持所有图形模式的文件格式，其可以存储Photoshop中建立的所有图层、通道以及参考线等信息。PSD文件的保存信息较多，因此相对于其他格式的图像文件而言，其占用磁盘空间较大。由于其为Photoshop的专用格式，大多数图像处理软件和排版软件没有提供对它的直接支持，因此在图像编辑处理完成后，往往需要将其转换为其他兼容性好的图像格式。

1.3 CorelDRAW X4的工作环境

操作界面是CorelDRAW X4为用户提供的工作环境，也是软件为用户提供工具、信息和命令的工作区域。熟悉操作界面并设置个性化的工作环境有助于提高工作效率。

1.3.1 CorelDRAW X4的操作界面

启动CorelDRAW X4，创建新文档后即可进入CorelDRAW X4的工作界面。工作界面是进行图像设计编辑的场所，CorelDRAW X4界面的构成如图1.12所示。

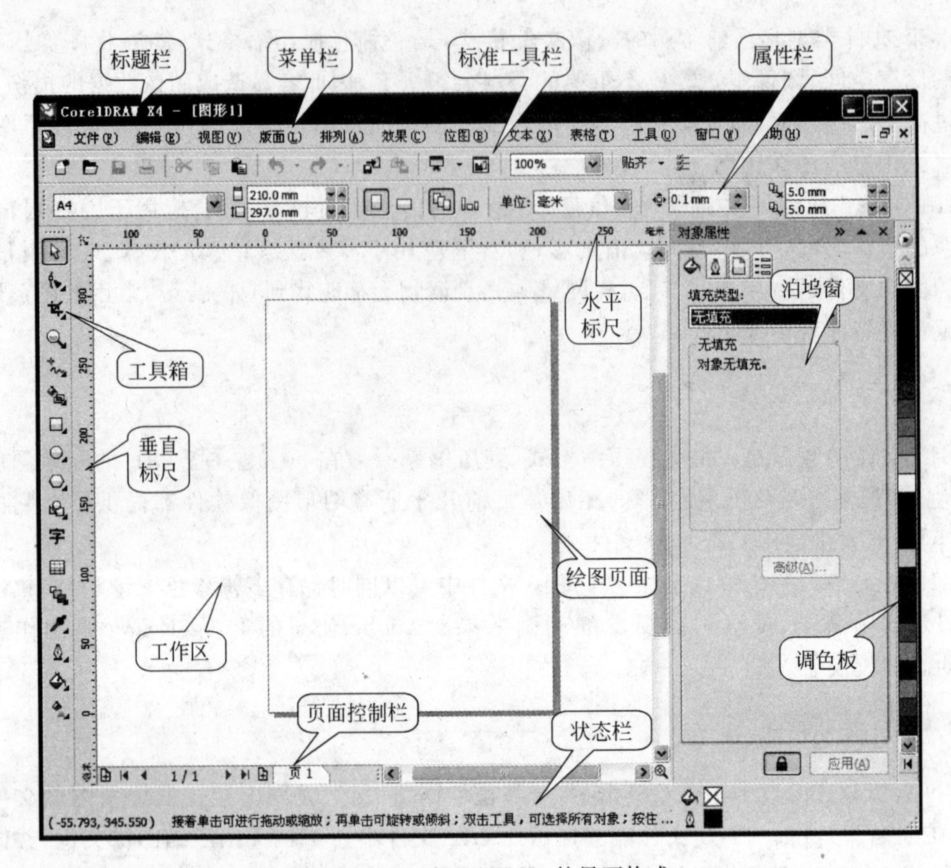

图 1.12　CorelDRAW X4 的界面构成

1. 菜单栏和标准工具栏

CorelDRAW X4 的菜单栏包括“文件”、“编辑”、“视图”、“版面”和“排列”等共 12 个菜单项，单击每一个菜单项都可以弹出一个下拉菜单，使用菜单中的命令将能够实现各种操作。

专家点拨　在选择菜单命令时，如果发现某个菜单命令呈灰色，表示该命令在当前状态下不可用，用户无法使用该菜单命令。如果在某个命令后有黑色的三角箭头▶，表示该菜单包含下级菜单。

标准工具栏位于菜单栏的下方，其中放置一些常用的命令按钮，如“新建”、“打开”、“导入”和“导出”等。使用标准工具栏上的工具按钮可以简化用户的操作步骤，提高工作效率。

2. 工具箱和属性栏

在默认情况下，工具箱位于工作界面的左侧，是工作时使用频率最高的面板之一。工具箱中提供了创作时经常使用的一些工具，单击工具箱中的工具按钮即可选择该工具。如果工具右下角显示有黑色小三角形，表示该工具按钮为多选按钮，其下包含有隐藏的子工具。此时只需要单击该三角形即可展开隐藏的子工具组，如图 1.13 所示。

在工具箱中选择需要使用的工具后，属性栏中将显示工具选项。使用属性栏，可以对工具的属性参数进行设置，如图 1.14 所示。

3. 标尺、网格和辅助线

标尺、网格和辅助线可以帮助设计师在绘图区内精确制图。标尺分为水平标尺和垂直标尺，可以协助设计师确定对象的大小和精确的位置。网格则是在绘图区中的一系列交叉的虚线和点，可以用来在绘图区中精确对齐和定位对象。另外，在工作区中，用户还可以使用辅助线。辅助线分为横向、竖向和倾斜 3 种，用来辅助确定物件的形状和位置，如图 1.15 所示。

4. 调色板和泊坞窗

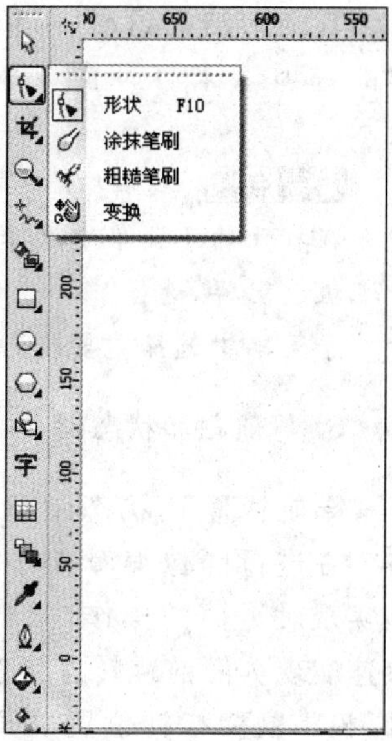

图 1.13 打开隐藏的子工具组

默认情况下，调色板位于工作界面的最右侧，由不同颜色的色块构成，单击这些色块可以设置对象的轮廓线或填充色。CorelDRAW X4 提供了 10 多种预设的调色板类型，默认使用的是 CMYK 调色板。

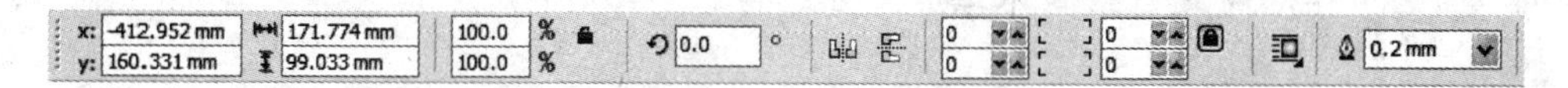

图 1.14 显示工具属性

图 1.15 标尺、网格和辅助线

泊坞窗默认情况下也位于工作界面的右侧，是进行图像编辑的重要工具。与调色板类似，泊坞窗也被分为不同的类型，包括功能管理器、属性面板和信息浏览器等。利用不同的泊坞窗可以对工具和对象属性进行设置、选择绘图颜色、编辑图像内容以及显示各种信息。在使用泊坞窗时，可以通过单击泊坞窗右侧的选项卡来打开需要的泊坞窗，如图 1.16 所示。

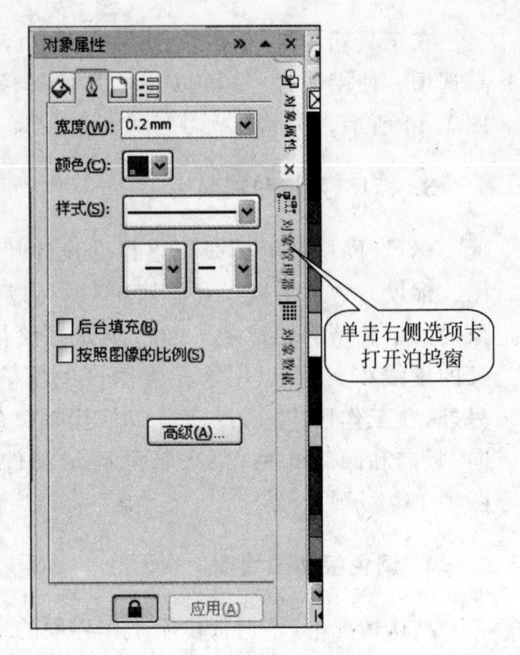

图 1.16 选择泊坞窗

专家点拨 选择“窗口”|“调色板”命令，可以在打开的子菜单中选择其他颜色模式的调色板。同样，选择“窗口”|“泊坞窗”命令能够在子菜单中选择需要使用的泊坞窗。

5. 导航栏和状态栏

导航栏默认状态下位于工作界面的左下方。在进行图像编辑操作时，导航栏能够方便地实现对页面的操作，如单击导航栏上的按钮快速实现页面的跳转。状态栏位于主界面的底部，显示鼠标指针位置以及与用户选择元素有关的信息，如对象名称、填充和轮廓颜色以及工具提示等。

1.3.2 自定义工作环境

不同的操作者在使用软件时有不同的操作习惯，因此创建符合自己操作习惯的工作环境有助于提高工作效率。CorelDRAW X4 的界面具有强大的可定制性，使用“选项”对话框，用户能够根据自己的需要对菜单命令、命令栏和调色板等进行设置，同时也可以对各种工具的默认属性、工作区默认参数和页面等进行设置。下面以对命令栏进行自定义为例来介绍操作环境自定义的方法。

(1) 选择“工具”|“自定义”命令，打开“选项”对话框，此时将自动展开“工作区”下的“自定义”选项，如图 1.17 所示。

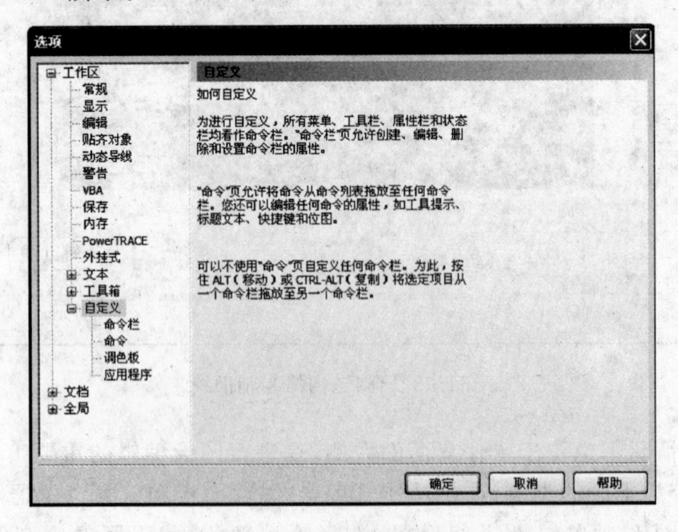

图 1.17 “选项”对话框

（2）选择“命令栏”选项，在右侧的“命令栏”选项栏中对命令栏进行设置，如图1.18所示。

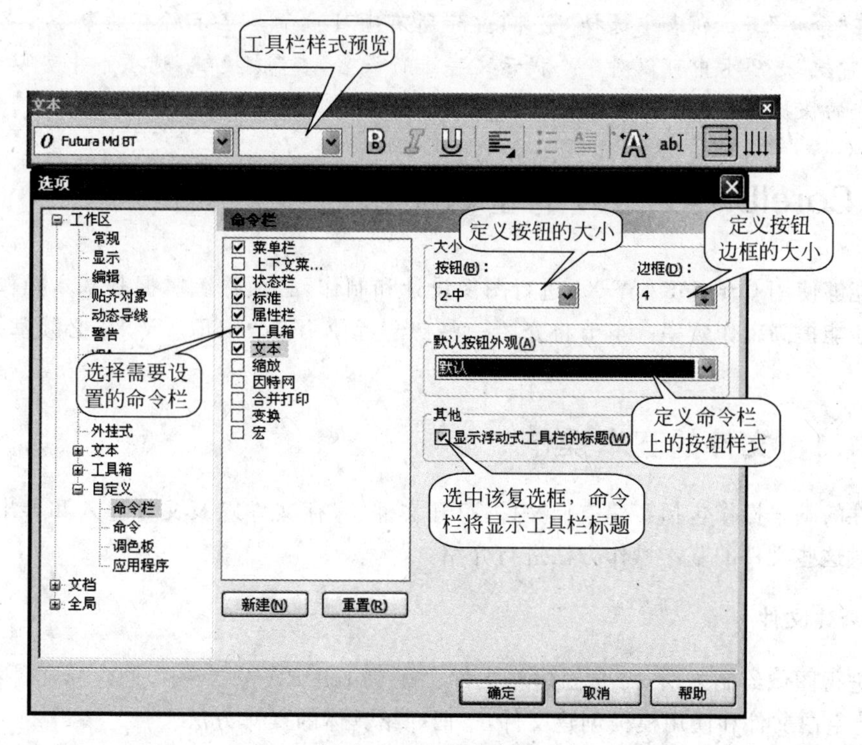

图1.18 定义命令栏

（3）在“自定义”节点下选择“命令”选项，可以对菜单栏、菜单命令以及工具箱进行设置。这里可以改变菜单命令的排列顺序、添加和删除菜单命令以及对其外观进行修改，也可以对工具箱中工具的快捷键和外观等进行设置。例如，修改工具箱中按钮的外观，如图1.19所示。

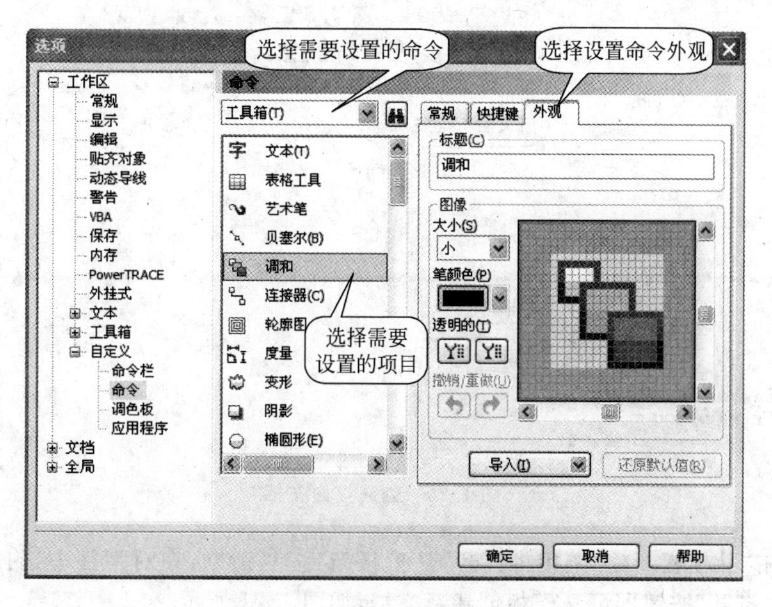

图1.19 “外观”选项卡的设置

专家点拨 如果找不到目标命令，可以单击“查找”按钮搜索需要的命令。也可以在“命令”下拉列表中选择“全部(显示所有项目)”命令显示所有的命令。另外，在“常规”选项卡中可以对命令提示文字进行设置，在“快捷键”选项卡中可以设置命令的快捷键。

1.4 CorelDRAW X4 的基本操作

要能够使用 CorelDRAW X4 进行图像设计和制作，必须熟练掌握其基本操作技能，只有这样才能提高工作效率。本节将介绍一些初学者使用 CorelDRAW X4 必须掌握的基本操作。

1.4.1 文件的基本操作

文件的基本操作包括新建空白文件、打开文件、保存文件以及文件导入和导出等操作，本节将对这些文件的基本操作方法进行介绍。

1. 新建文件

在进行图像绘制之前，需要创建新文件。在 CorelDRAW X4 中，创建新文件有两种方式：创建空白文件和使用模板创建文件，下面介绍具体的操作方法。

(1) 启动 CorelDRAW X4，将打开欢迎屏幕，在欢迎屏幕中单击“快速入门”选项卡，单击“启动新文档”栏中的“新建空白文档”链接即可创建一个空白新文档，如图 1.20 所示。

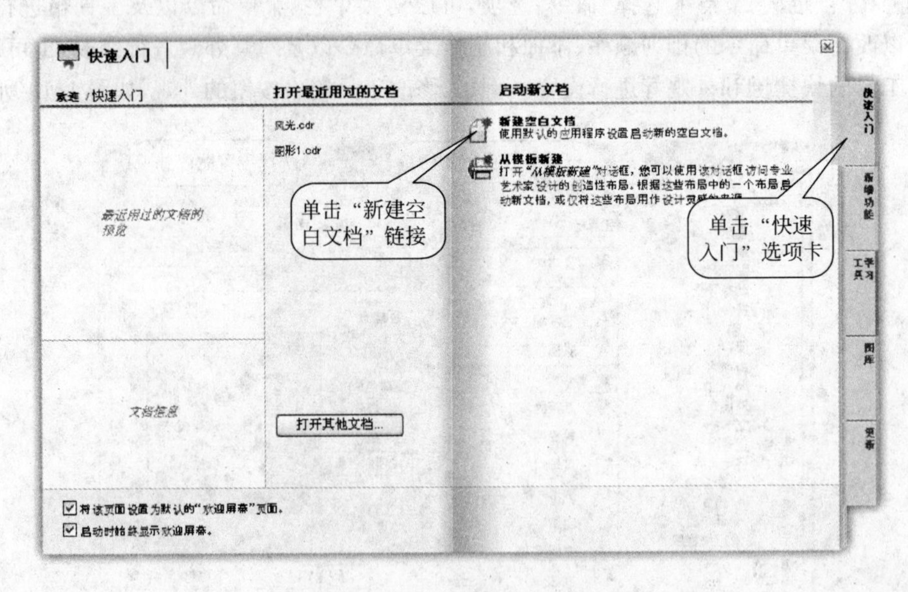

图 1.20 创建空白文档

(2) 单击“从模板新建”链接将打开“从模板新建”对话框，在对话框中选择需要使用的模板后单击“打开”按钮即可从模板创建新文档，如图 1.21 所示。

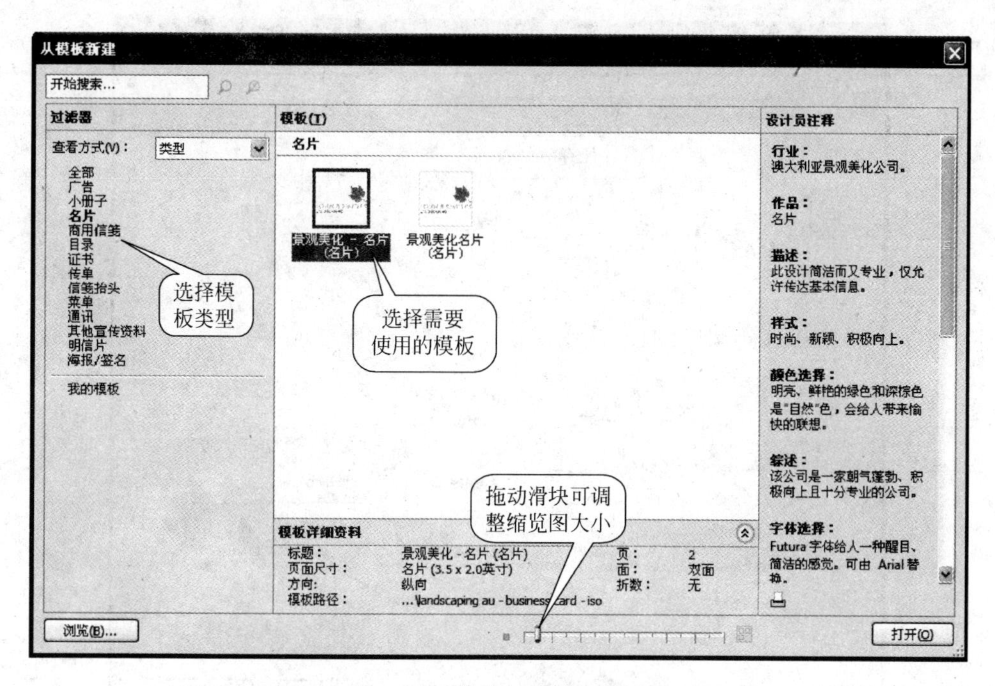

图 1.21　“从模板新建”对话框

专家点拨　在进入 CorelDRAW X4 软件窗口后，如果需要创建一个新的空白文档，可以选择“文件”|“新建”命令或直接按 Ctrl＋N 组合键，也可以单击工具栏上的“新建”按钮。

2. 保存文件

保存文件是文件操作中的一个重要步骤，CorelDRAW X4 对当前常见的文件格式提供了很好的支持，用户可以根据自己的需要将图形保存为不同格式的文件。下面介绍保存文件的一般操作方法。

(1) 在 CorelDRAW 的主界面中选择“文件”|“另存为”命令。

(2) 此时将打开“保存绘图”对话框，在其中设置文件保存的位置和文件名，同时设置文件保存的类型。最后单击“保存”按钮即可实现当前文档的保存，如图 1.22 所示。

专家点拨　如果当前文档是已经被保存过的文档，则可以选择“文件”|“保存”命令或直接单击工具栏中的“保存”按钮来对文档进行保存，此时将不会出现“保存绘图”对话框，原来的文档被当前编辑过的文档覆盖。

3. 导入和导出文件

在进行平面设计时，往往需要使用其他设计软件创建的图形或素材文件，对象的导入和导出是不同设计软件间信息交换的途径。下面介绍在 CorelDRAW 中导入和导出文件的操作方法。

(1) 启动 CorelDRAW X4，创建一个新的空白文档。选择“文件”|“导入”命令打开“导入”对话框，在“导入”对话框中选择需要导入的文件，如图 1.23 所示。

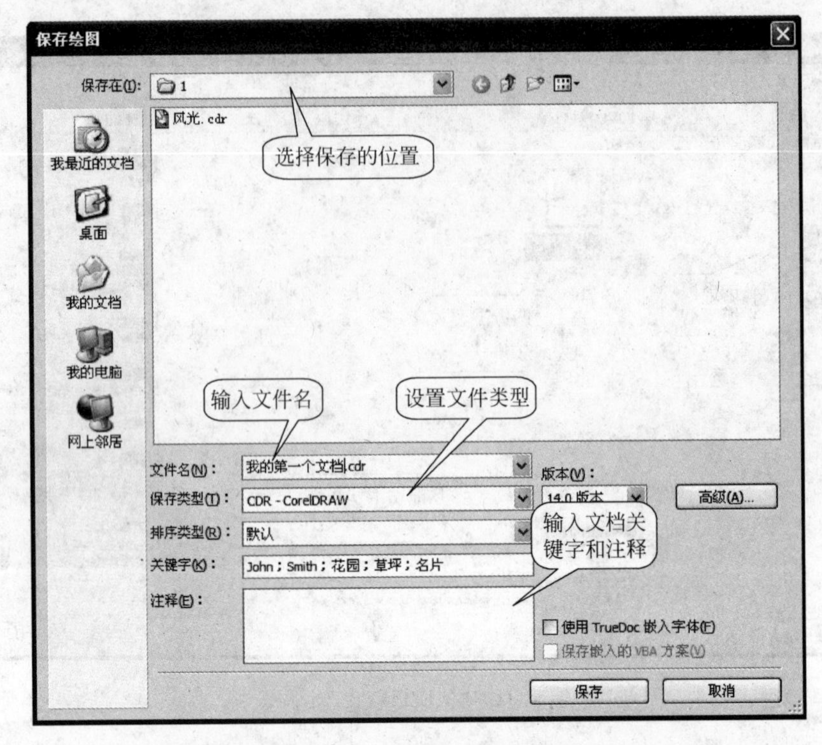

图 1.22 “保存绘图”对话框

图 1.23 在“导入”对话框中选择文件

专家点拨 在“导入”对话框中“文件类型”下拉列表框右侧的下拉列表中选择“裁剪图像”选项，则在导入图像时将打开“裁剪图像”对话框，使用该对话框可以设置图像导入时的裁剪范围。如果选择“重新取样”选项，则在导入图像时将会打开“重新取样图像”对话框，使用该对话框可以调整图像的大小和分辨率。

(2) 在绘图区中单击鼠标确定导入对象的位置，拖动鼠标绘制导入的对象将出现的区域。此时跟随鼠标将显示对象的大小尺寸，如图 1.24 所示。当对象的大小满足需要时，单击鼠标即可将选择的对象导入到绘图区中，如图 1.25 所示。

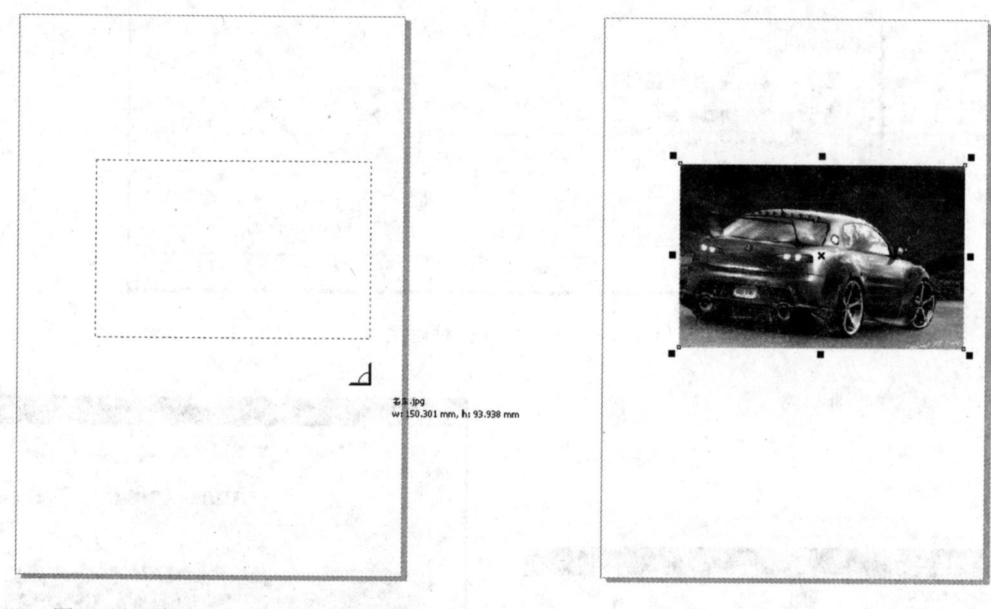

图 1.24 拖动鼠标绘制导入对象所在区域　　图 1.25 在绘图区导入对象

(3) 选择“文件”|“导出”命令打开“导出”对话框，在对话框中对导出文件的文件类型、文件名和文件保存位置进行设置，如图 1.26 所示。单击“导出”按钮，如果是将对象导出为位图文件，则弹出“转换为位图”对话框，在其中可以对图像的大小、分辨率和颜色模式进行设置，如图 1.27 所示。完成设置后，单击“确定”按钮关闭对话框，完成文件导出操作。

专家点拨 在“导出”对话框中，如果选中“只是选定的”复选框，将仅保存活动绘图中的选定对象。如果选中“不显示过滤器对话框”复选框，将不会显示可以提供更多高级导出选项的对话框。

(4) 选择“文件”|“导出到 Office”命令，打开“导出到 Office”对话框，如图 1.28 所示。在其中对各个设置项进行设置，然后单击“确定”按钮，CorelDRAW 将打开“另存为”对话框。在其中指定文档保存的文件夹，设置文件保存时使用的文件名，如图 1.29 所示。单击“保存”按钮，文档将保存为 Microsoft Office 能够使用的图像文件。

专家点拨 下面对“导出到 Office”对话框中的各个设置项进行介绍。

- “导出到”下拉列表框：选择 Microsoft Office 选项，图像将能够导出为满足 Microsoft Office 应用程序需要的图像。如果选择 WordPerfect Office 选项，图像将转换为 WordPerfect 图形文件。

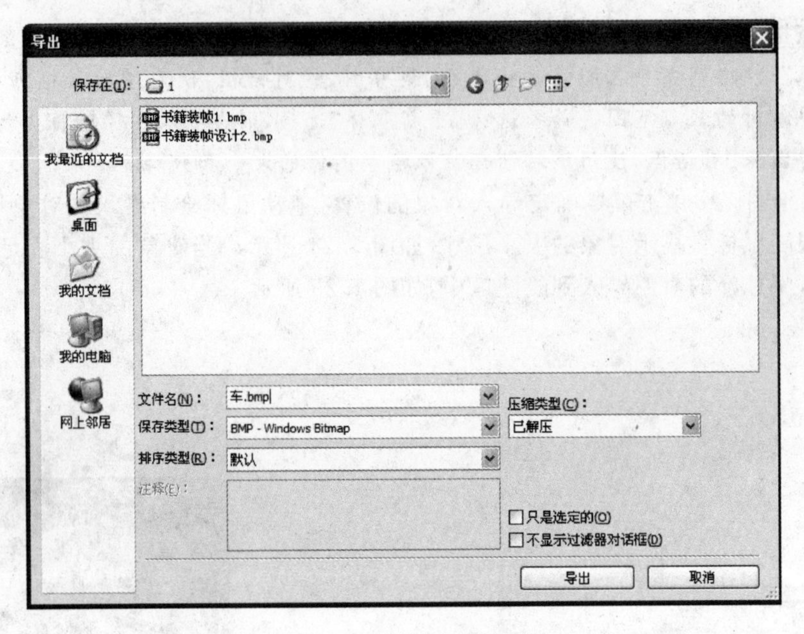

图 1.26 “导出”对话框

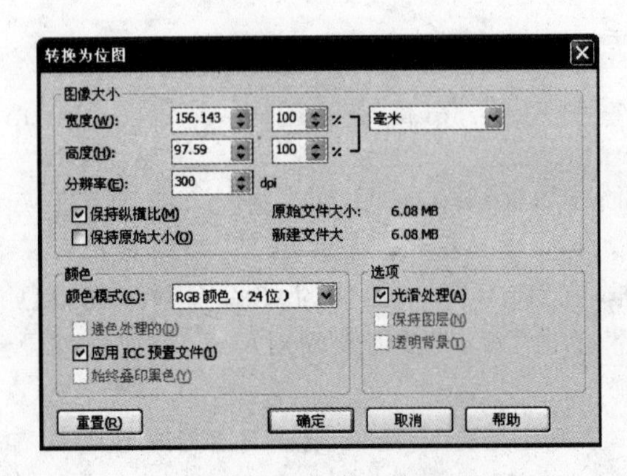

图 1.27 “转换为位图”对话框

图 1.28 “导出到 Office”对话框

- “图形最佳适合”下拉列表框：选择“兼容性”选项时，图像另存为 Portable Network Graphic(PNG)文件，这种文件在导入 Office 程序时能够保留绘图外观。选择“编辑”选项，图像将保存为 Extended Metafile Format (EMF)文件，这种文件将能够保留矢量图形中的可编辑元素。
- “优化”下拉列表框：选择“演示文稿”选项时，将按照演示文稿的要求优化文件，文档分辨率为 96dpi。选择“桌面打印”选项时，图像将获得用于桌面打印的良好的图像质量，此时的分辨率为 150dpi。如果选择“商业印刷”选项，将优化文件以适应高质量打印的要求，此时的分辨率为 300dpi。

图 1.29 “另存为”对话框

1.4.2 使用辅助功能

CorelDRAW 的辅助工具用于在图形绘制过程中提供操作参考和辅助作用，它能够帮助用户更为快捷准确地完成操作。CorelDRAW X4 的辅助工具包括标尺、辅助线和网格，用户可以根据操作需要对它们进行设置。

1. 使用标尺

标尺是放置于页面上的用来测量对象大小和位置的测量工具，使用标尺可以帮助操作者准确地绘制、缩放和对齐对象。

(1) 启动 CorelDRAW X4，打开一个文件，选择“视图”|“标尺”命令可以在页面中打开标尺。在工具栏上单击“选项”按钮打开“选项”对话框，在左侧列表中选择“标尺”选项后可以对标尺属性进行设置，如图 1.30 所示。

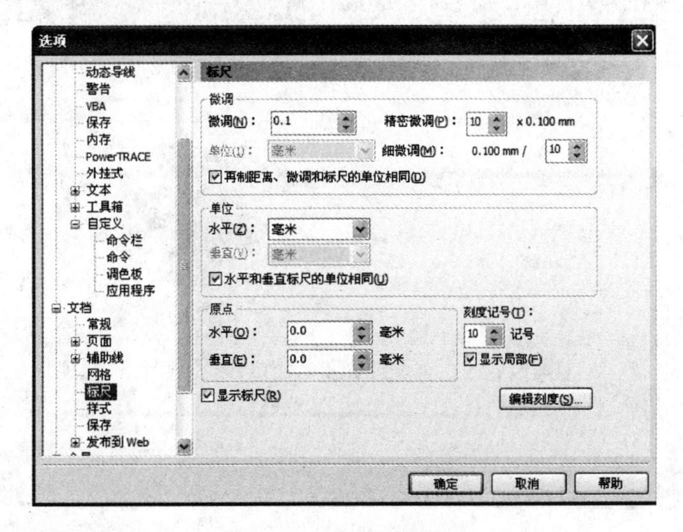

图 1.30 设置标尺属性

专家点拨 “微调”选项区域用于设置移动或缩放对象时的单位距离，如果取消对“再制距离、微调和标尺的单位相同”复选框的选择，则可以在“单位”下拉列表框中设置计量单位。“单位”选项区域中的“水平”和“垂直”下拉列表框用于设置标尺的计量单位。“原点”选项区域中的设置项用于设置标尺原点的位置。“刻度记号”微调框用于设置单位长度内刻度记号的数量。

(2) 将鼠标移动到标尺左上角的按钮上，拖动该按钮到页面的适当位置可以调整标尺原点的位置，如图 1.31 所示。

图 1.31　改变标尺原点位置

(3) 默认情况下，标尺位于窗口的左边框和上边框的位置，按住 Shift 键拖动标尺，可以将标尺放置于绘图区的任意位置，如图 1.32 所示。

图 1.32　将标尺放置于绘图区的任意位置

专家点拨 如果需要将标尺原点还原到默认的位置,可以双击[图标]按钮。在改变标尺位置后,如果需要将其还原到默认位置,可以在按住 Shift 键的同时双击标尺。

2. 使用网格

网格是由均匀分布的水平线和垂直线构成的,使用网格可以在绘图区中精确地对齐和定位对象。下面介绍网格的使用方法。

(1) 选择"视图"|"网格"命令可以在绘图区中显示网格。在工具栏上单击"选项"按钮[图标],打开"选项"对话框,在左侧列表中选择"网格"选项后可以对网格属性进行设置,如图 1.33 所示。

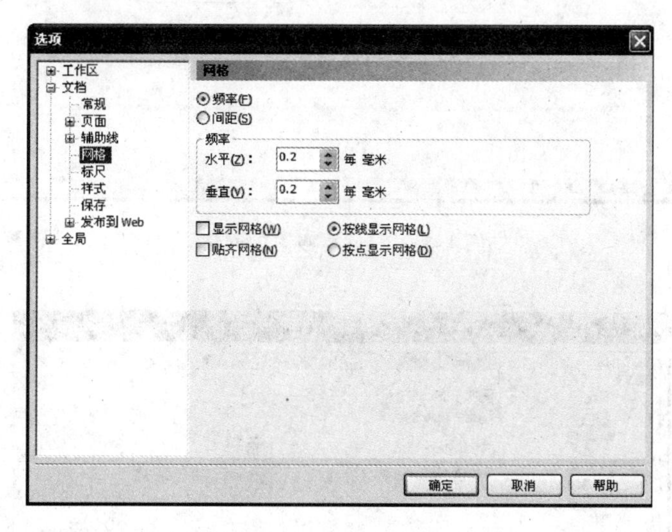

图 1.33 设置网格属性

专家点拨 选择"频率"单选按钮可设置网格水平或垂直单位距离(一般为每毫米)组成网格的线或点的数量。例如,水平频率设置为 1,表示水平方向上 1mm 内有一条组成网格的线或点。如果需要调整网格的间隔,可以选择"间距"单选按钮,此时可设置水平或垂直方向上两条平行线或点之间的间距。例如,水平间隔设置为 8,表示水平方向上组成网格的两条平行线间的距离为 8mm。

(2) 为了便于调整和定位对象,可以使对象吸附在网格上。选择"视图"|"贴齐网格"命令(或按 Ctrl+Y 组合键)激活对齐网格功能,此时移动对象,CorelDRAW 将显示对齐提示,提示对象可以和哪个位置的网格对齐,如图 1.34 所示。释放鼠标后,对象将会吸附在网格上。

3. 使用辅助线

辅助线是可以放置于页面上的用来帮助用户准确定位对象的虚线,它一般分为水平、垂直和倾斜三种形式。在文件输出打印时,辅助线不会被打印出来,但可以保存在文档中。

(1) 选择"视图"|"辅助线"命令可以显示页面中的辅助线。在标尺上右击,从弹出的快捷菜单中选择"辅助线设置"命令,在打开的"选项"对话框中可以对辅助线进行设置,如图 1.35 所示。

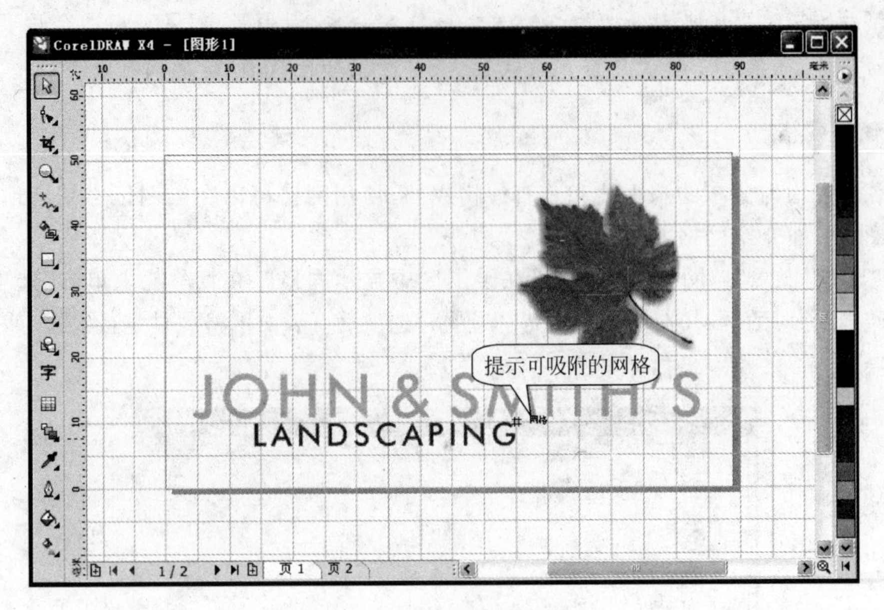

图 1.34　提示可吸附的网格

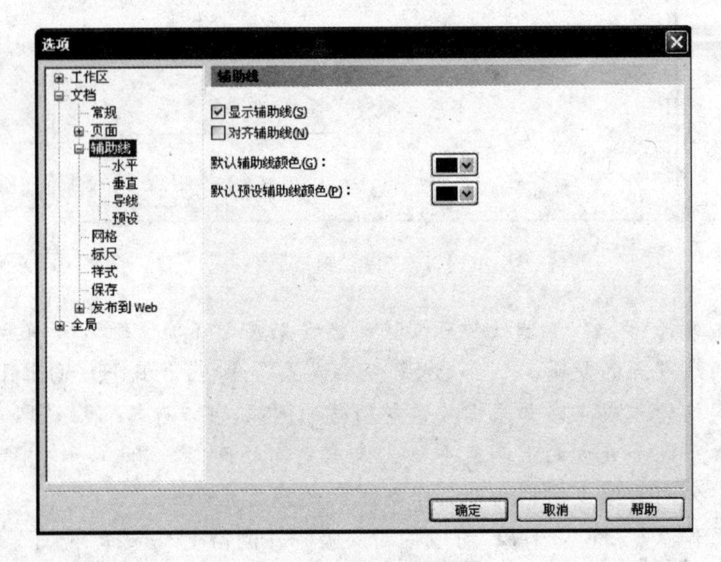

图 1.35　设置辅助线

（2）选择“水平”选项，在文本框中输入数值后单击“添加”按钮即可在绘图区的指定位置添加一条辅助线，如图 1.36 所示。继续重复上面的步骤可以添加多条辅助线。

专家点拨　将鼠标放置在水平标尺或垂直标尺上，按住鼠标左键移动鼠标到合适位置后释放鼠标，同样可以在绘图区中添加水平辅助线或垂直辅助线。

（3）在工具箱中选择“挑选”工具，拖动辅助线可以改变辅助线在绘图区的位置。此时，单击辅助线两次，拖动鼠标即可对辅助线进行旋转，如图 1.37 所示。

（4）选择“视图”|“贴齐辅助线”命令开启贴齐辅助线功能。使用“挑选”工具移动对象时，对象中的节点将向距离最近的辅助线及其交叉点靠拢对齐，如图 1.38 所示。

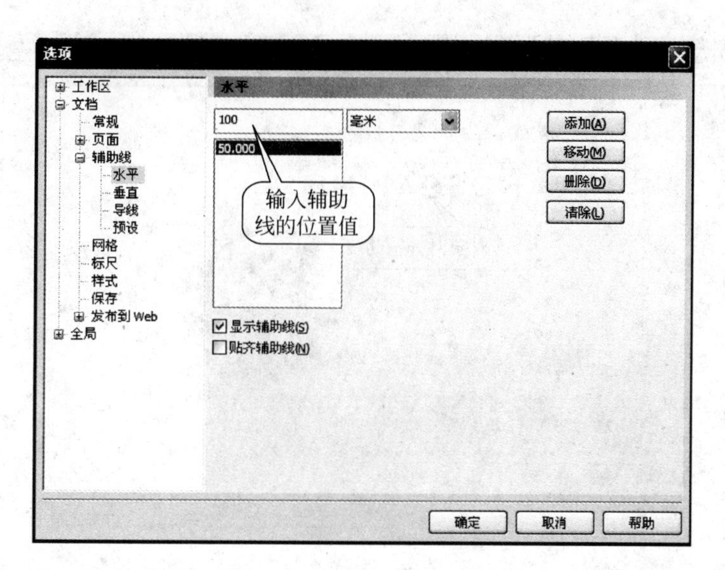

图 1.36 添加水平辅助线

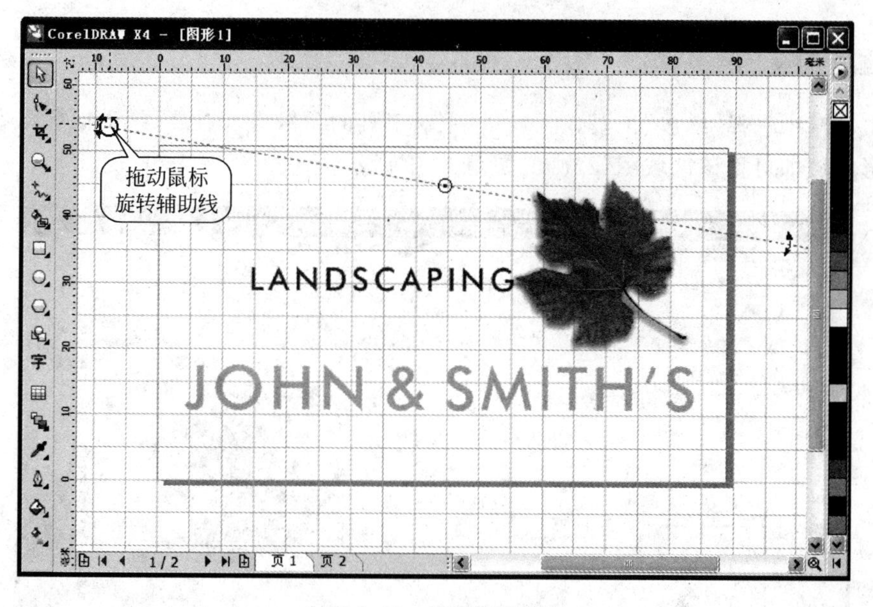

图 1.37 旋转辅助线

专家点拨 按住 Shift 键单击多条辅助线，可以同时选择这些辅助线。如果要删除辅助线，可以在选择辅助线后按 Delete 键。右击辅助线，从弹出的快捷菜单中选择“锁定对象”命令可以锁定辅助线，此时辅助线将不能进行移动和删除等操作。

1.4.3 图像的基本操作

在图形的绘制过程中，为了取得最好的图像效果，往往需要对图像进行缩放和平移操作。下面介绍缩放和平移图像的操作方法。

图 1.38　对象对齐辅助线

1. 缩放图像

在工具箱中选择"缩放"工具，在属性栏中对工具的参数进行设置，拖动鼠标框选需要缩放的图形区域即可将该区域图像放大，如图 1.39 所示。

图 1.39　缩放图像

专家点拨　属性栏中的按钮功能介绍如下。

- "缩放全部对象"按钮：使图像充满整个编辑窗口。
- "显示页面"按钮：使编辑窗口显示完整的绘图区。

- "按页宽显示"按钮：使绘图区的宽度缩放到与编辑窗口相同，高度按比例缩放。
- "按页高显示"按钮：使绘图区的高度缩放到与编辑窗口相同，宽度按比例缩放。

2. 平移图像

在工具箱中选择"手形"工具，按住鼠标左键拖动可以平移图像在编辑窗口中的位置，如图 1.40 所示。

图 1.40 平移图像

专家点拨 拖动编辑窗口中垂直滚动条和水平滚动条上的滑块也可以在编辑窗口中平移图像。

1.4.4 页面的基本操作

CorelDRAW 的一个图像文件中可以包含多个页面，使用页面控制栏上的按钮能够方便地实现对页面的添加、删除和定位等操作。

(1) 单击"页面控制栏"上的页面数字按钮(或选择"版面"|"转到某页"命令)打开"定位页面"对话框，在"定位页面"微调框中输入页码号后单击"确定"按钮即可直接打开指定页面，如图 1.41 所示。

(2) 在页面标签上右击，在弹出的快捷菜单中选择"在后面插入页"或"在前面插入页"命令，可在该页面后或前添加一个页面，如图 1.42 所示。

(3) 在页面标签上右击，在弹出的快捷菜单中选择"重命名页面"命令打开"重命名页面"对话框，在其中的"页名"文本框中输入页面名称，如图 1.43 所示。单击"确定"按钮可对当前页面重命名。

图 1.41 "定位页面"对话框

图 1.42 添加页面

(4) 选择"版面"|"删除页面"命令打开"删除页面"对话框,在其中的"删除页面"微调框中输入需要删除页面的页码号,如图 1.44 所示。单击"确定"按钮即可删除指定的页面。

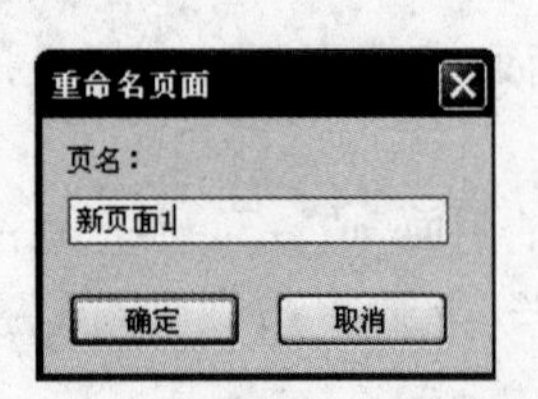

图 1.43 "重命名页面"对话框

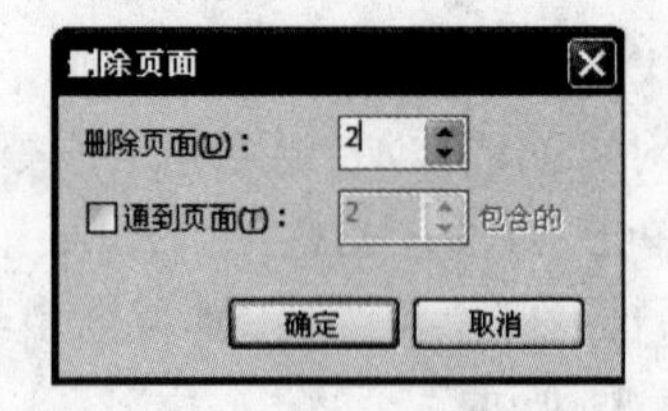

图 1.44 "删除页面"对话框

专家点拨 CorelDRAW 窗口的页面控制栏提供了页面操作的常用命令按钮,例如,单击◀按钮和▶按钮可实现按顺序翻页。单击⏮按钮和⏭按钮直接将页面翻到文件的首页和结束页。单击🗋按钮可在当前页之前添加新页面。

1.4.5 视图和窗口操作

在 CorelDRAW 中，视图模式决定了图像的显示方式，用户可以根据需要对视图模式进行设置。同时，当对多个文件进行操作时，为了方便查看不同编辑窗口中的图像，往往需要对窗口进行排列。

1. 视图的基本操作

CorelDRAW 的“视图”菜单提供了设置视图模式的命令，例如选择“视图”|“线框”命令，可以使图形以线框形式显示，如图 1.45 所示。

图 1.45 以线框形式显示

在不同的视图模式下，显示图形图像的内容和质量会有所不同，CorelDRAW X4 提供了 6 种图形显示模式，分别是简单线框模式、线框模式、草稿模式、正常模式、增强模式和使用叠印增强模式。

- 简单线框模式和线框模式：这种模式下矢量图形只显示其外框，位图显示灰度图。图形中的填充、立体化和调和等操作效果将不会显示，显示速度快。
- 草稿模式：该模式下页面中所有图形均以低分辨率显示，其中花纹填充和材质填充等均显示为一种基本图案。
- 正常模式：这是矢量图形的默认模式，页面中除了 PostScript 填充外，所有图形都正常显示，位图以高分辨率显示。
- 增强模式：该模式显示效果最佳，系统以高分辨率优化图形的方式来显示所有图形对象，轮廓显示自然。
- 使用叠印增强模式：图形文件以使用叠印增强模式显示，可以模拟重叠对象设置为重叠的区域的颜色，显示 PostScript 填充、高分辨率位图和光滑处理的矢量图形。该模式使用户能够方便直观地预览叠印效果，对项目校样十分重要。

2. 窗口的基本操作

CorelDRAW 的“窗口”菜单提供了对窗口进行操作的命令，选择“窗口”|“新建窗口”命令，将获得包含原窗口相同图像的新窗口。选择“窗口”|“层叠”命令可以将多个窗口按顺序层叠放置。单击窗口的标题栏可以将该窗口设置为当前窗口，层叠窗口的显示效果如图 1.46 所示。

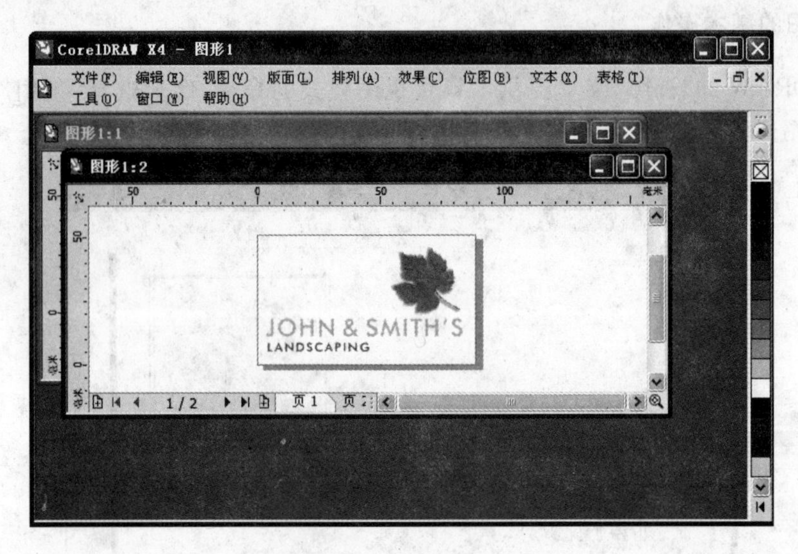

图 1.46　层叠窗口

选择“窗口”|“垂直平铺”命令，窗口将以同样大小按垂直平铺的方式排列，如图 1.47 所示。

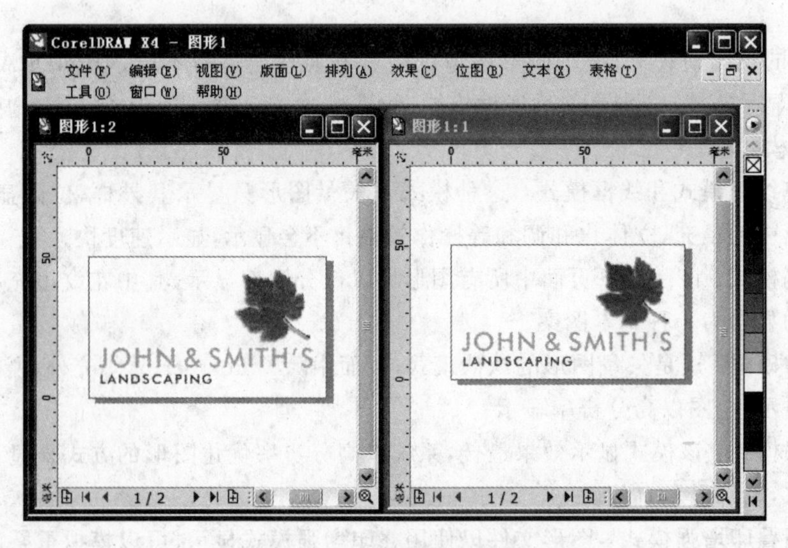

图 1.47　垂直平铺窗口

专家点拨　选择“窗口”|“关闭”命令可以关闭当前工作窗口。选择“窗口”|“关闭全部窗口”命令将关闭所有的窗口。

1.5 本章小结

本章介绍了 CorelDRAW 的发展历史、应用领域以及软件的工作环境，同时对使用 CorelDRAW 进行平面设计所必须掌握的基本知识进行了介绍。通过本章的学习，读者还能够掌握 CorelDRAW 的基本操作，如文件的打开、导入和保存，绘图时辅助功能的使用，图像的操作和页面的操作等。

1.6 上机练习与指导

1.6.1 界面的操作

创建一个只包含浮动工具箱的操作界面，如图 1.48 所示。

图 1.48 只包含浮动工具箱的操作界面

主要练习步骤指导：

(1) 在绘图区右击，在弹出的快捷菜单中分别选择“菜单栏”、“属性栏”和“状态栏”命令取消其选中状态。

(2) 从主界面右侧将调色板拖出为浮动面板，单击面板上的“关闭”按钮关闭调色板。

(3) 从主界面左侧将工具箱拖出为浮动工具箱。

1.6.2 使用自定义模板创建新文件

创建一个新模板，并使用该模板创建新文件。

(1) 打开配套光盘中的“我的一个文档.cdr”文件，选择“文件”|“另存为模板”命令打开“保存绘图”对话框。在对话框中设置模板名称和保存位置后单击“保存”按钮。

(2) 在打开的“模板属性”对话框中设置模板属性，完成设置后单击“确定”按钮关闭该对话框。

(3) 选择"文件"|"打开"命令打开"打开绘图"对话框，在"文件类型"下拉列表中选择CDT. CorelDRAW Template 选项，选择模板后单击"打开"按钮。

(4) 在打开的对话框中选择"从模板新建"单选按钮，单击"确定"按钮即可。

1.7 本章习题

一、选择题

1. CorelDRAW X4 模板文件的扩展名是(　　)。

A. cdr　　B. cpt　　C. emf　　D. cdt

2. 以下关于默认状态下 CorelDRAW X4 操作界面的描述，错误的是(　　)。

A. 上方为菜单栏、标准工具栏和属性栏，左侧为工具箱

B. 左侧为泊坞窗和调色板

C. 属性栏下方为水平标尺

D. 下方为导航栏和状态栏

3. 下面关于位图和矢量图的描述，错误的是(　　)。

A. 位图通常是使用像素来描述图像　　B. 矢量图使用点和线描述图像

C. 放大或缩小矢量图不会产生失真　　D. 位图的精度与图像分辨率无关

4. 在绘图时要开启对齐网格功能，应该按(　　)快捷键。

A. Ctrl+I　　B. Ctrl+Y　　C. Alt+Shift+U　　D. Alt+S

二、填空题

1. CorelDRAW X4 的应用领域包括________、________、________和________等。

2. 使用菜单命令________可以创建一个新的空白文档，使用菜单命令________可以将文档保存为模板。

3. 在导出图像时，如果只保存文件中的特定对象，应该选中________复选框。

4. 在编辑窗口中平移图像，除了使用"手形"工具外，还可以用________组合键进行操作。

第2章 绘制线条

绘制线条是设计造型的基本操作，作为专业的平面图形绘制软件，CorelDRAW X4 提供了多种绘制和编辑线条的方法。本章将详细介绍绘制线条各种线型工具的使用方法及其应用技巧。

本章主要内容：

- “手绘”工具的使用。
- “贝塞尔”工具的使用。
- “钢笔”工具的使用。
- “艺术笔”工具的使用。
- 其他线条工具的使用。

2.1 “手绘”工具

“手绘”工具可以绘制各种图形、线条和箭头，其功能类似于日常生活中的铅笔。使用“手绘”工具除了能够绘制各种线条之外，还可以方便地绘制各种形状的封闭图形。同时，配合属性栏中相关参数的设置，用户还可以快速获得具有不同粗细和平滑度的箭头符号。

2.1.1 “手绘”工具简介

“手绘”工具是 CorelDRAW 的基本线条绘制工具，使用十分简单。使用“手绘”工具绘制线条，首先在工具箱中选择该工具，如图 2.1 所示。

“手绘”工具能够在绘图页面中方便地绘制直线、曲线、折线以及封闭的各种曲线图形，下面对具体的操作方法进行介绍。

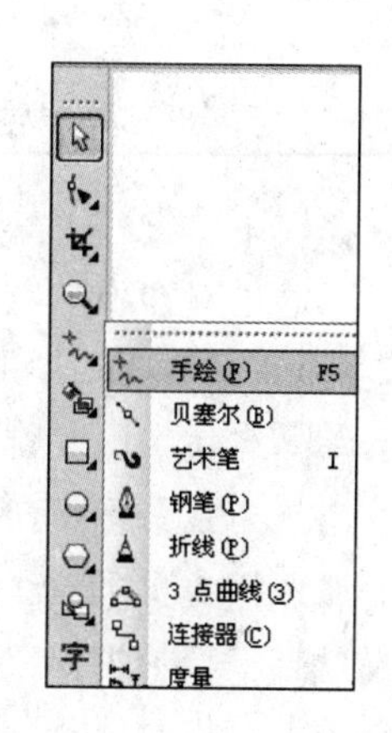

图 2.1 选择“手绘”工具

1. 绘制直线

在工具箱中选择“手绘”工具后，在绘图页面单击创建直线起点，此时拖动鼠标即拉出一条跟随鼠标的直线。将鼠标指针移动到合适位置后再次单击确定直线的终点，此时将得到需要的直线，如图 2.2 所示。

2. 绘制曲线

在绘图页面中单击确定曲线的起点，此时按住鼠标左键不放，拖动鼠标到曲线终点即可绘制一条曲线，如图 2.3 所示。

图 2.2　绘制直线

图 2.3　绘制曲线

3. 绘制折线

在绘图页面中首先绘制一条直线，在已完成的直线的端点单击。此时移动鼠标到需要的位置单击，即可创建一条折线，如图 2.4 所示。

专家点拨　确定直线的起点后，在每个转折点双击鼠标，直到终点处单击鼠标，这样可以快速绘制折线。

4. 绘制封闭图形

使用“手绘”工具能够绘制封闭的曲线图形，此时只需要在鼠标回到起点位置时单击，即可获得一个封闭的图形，如图 2.5 所示。

图 2.4　绘制折线

图 2.5　绘制封闭图形

5. “手绘”工具属性设置

在使用“手绘”工具完成对象的绘制后，属性栏将会显示与所绘图形有关的设置选项，用户可以通过对选项参数进行修改来更改对象的大小、位置、旋转角度和轮廓线条的宽度等属性，从而获得需要的图形。“手绘”工具属性栏各设置项的意义如图 2.6 所示。

专家点拨　绘制封闭的曲线形状时，单击属性栏上的“自动闭合曲线”按钮可使绘制的线条自动闭合。

属性栏提供了对线条常见属性的操作，如果需要对线条轮廓进行更为复杂的设置，可以选择“窗口”|“泊坞窗”|“属性”命令打开“对象属性”泊坞窗，在其中选择“轮廓”选项卡，使用该选项卡可以对线条颜色和样式等进行进一步的设置，如图 2.7 所示。

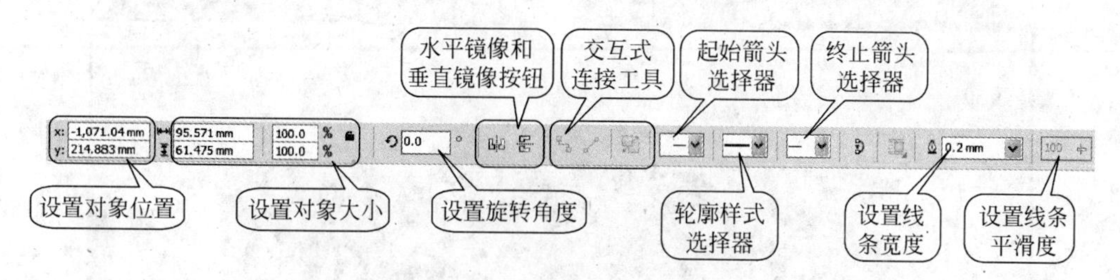

图 2.6　“手绘”工具的属性栏

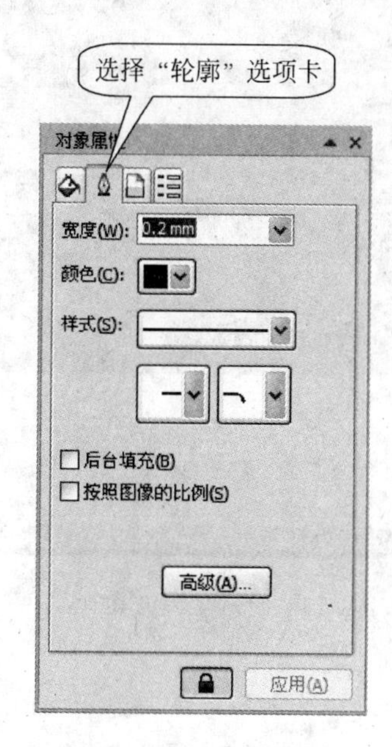

图 2.7　“轮廓”选项卡

2.1.2　“手绘”工具应用实例——绘制交通标志

1. 实例简介

本实例介绍使用“手绘”工具制作“分向行驶车道”交通标志。实例使用“手绘”工具绘制标志中的线条，使用属性栏对线条的轮廓样式和终止箭头样式进行设置。同时，本例还将使用泊坞窗的“轮廓”选项卡对轮廓线的颜色和拐角样式进行设置。

2. 实例制作步骤

(1) 启动 CorelDRAW X4，创建一个新文档。选择“文件”|“另存为”命令打开“保存绘图”对话框，将文档保存为“交通标志. cdr”。在工具箱中选择“手绘”工具，在绘图页面中绘制一个封闭的矩形。在调色板中单击为矩形填充蓝色，如图 2.8 所示。

(2) 使用“手绘”工具绘制一条折线，在属性栏中设置线条轮廓宽度，如图 2.9 所示。在“终止箭头选择器”下拉列表中选择一款箭头样式应用到线条，如图 2.10 所示。

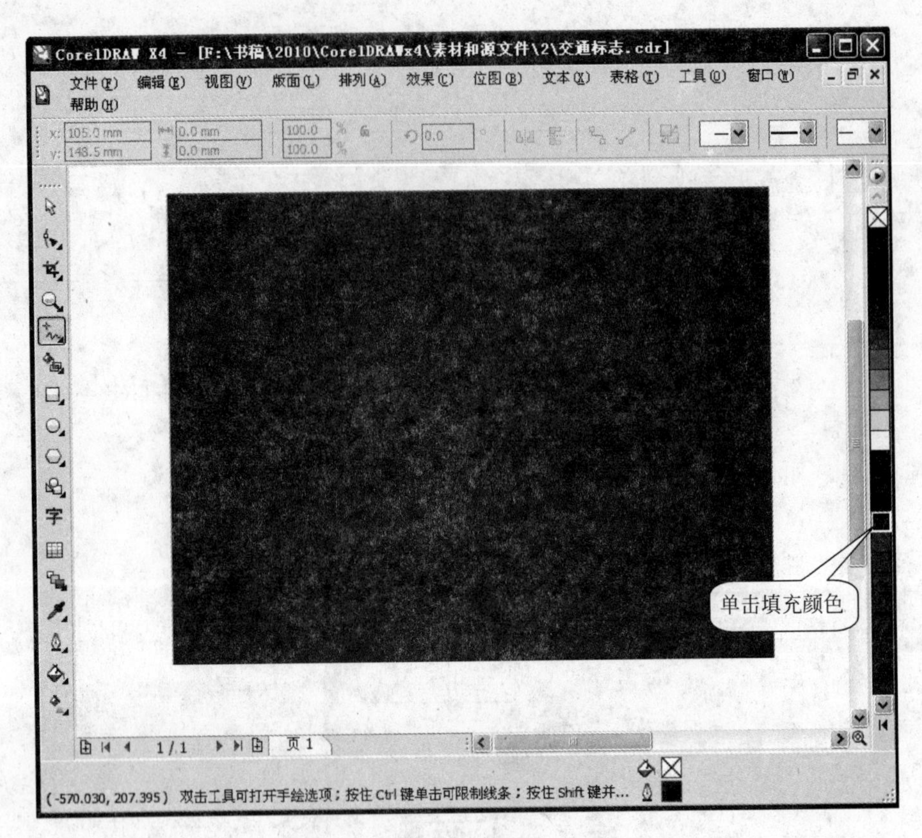

图 2.8　绘制矩形并填充颜色

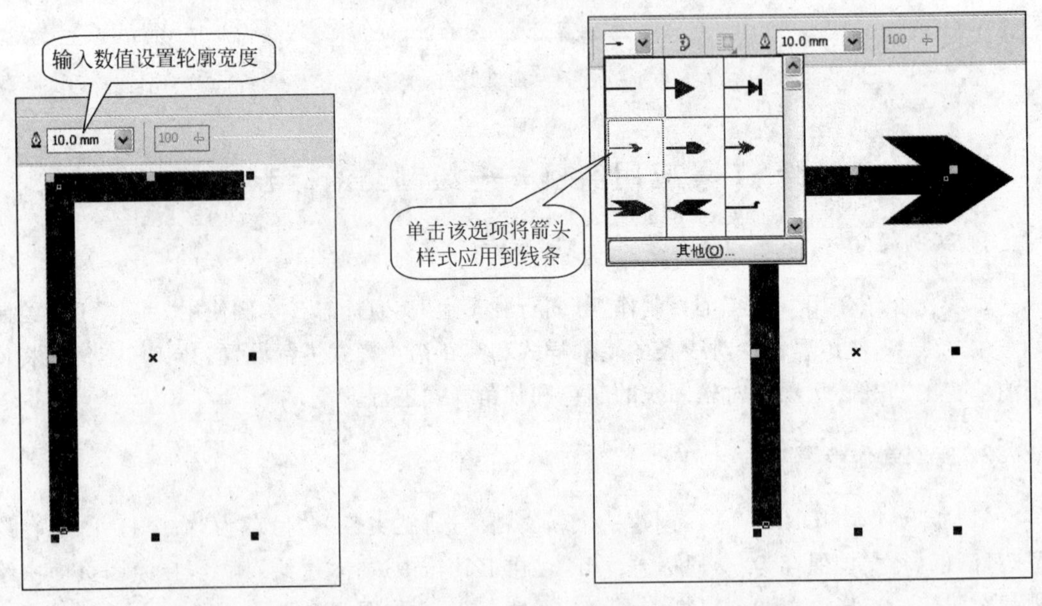

图 2.9　绘制折线并设置轮廓宽度　　　　图 2.10　应用箭头样式

(3) 在“终止箭头选择器”下拉列表中单击“其他”按钮打开“编辑箭头尖”对话框。拖动箭头上的控制柄调整箭头的大小，如图 2.11 所示。完成设置后单击“确定”按钮关闭对话框。

专家点拨 在“编辑箭头尖”对话框中拖动箭头和线条可以改变它们之间的位置关系。单击“反射在X中”或“反射在Y中”按钮，箭头将沿垂直方向或水平方向镜像变换。单击“中心在X中”或“中心在Y中”按钮，将能够在水平或垂直方向将箭头移动到中心。

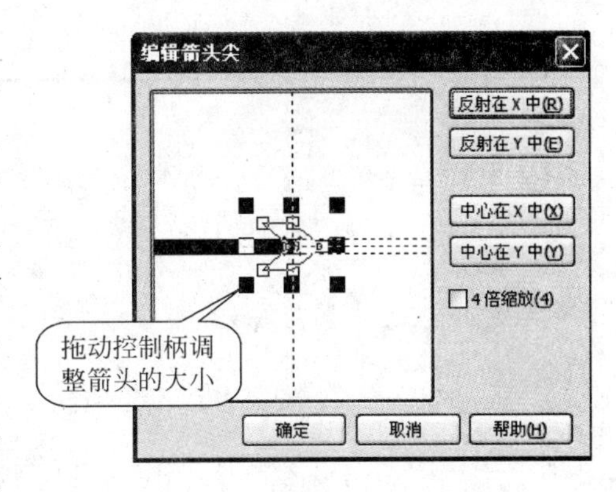

图 2.11 “编辑箭头尖”对话框

(4) 在工具箱中选择“挑选”工具，拖动箭头将其放置到蓝色的方框中，如图 2.12 所示。选择“窗口”|“泊坞窗”|“属性”命令打开“对象属性”泊坞窗，选择“轮廓”选项卡，单击“高级”按钮，如图 2.13 所示。

图 2.12 将箭头放置到蓝色方框中

(5) 在打开的“轮廓笔”对话框中将线条颜色设置为“白色”，同时设置拐角的连接方式，如图 2.14 所示。完成设置后单击“确定”按钮关闭对话框。

专家点拨 与属性栏相比，使用“轮廓笔”对话框能够对绘制的线条轮廓进行更为多样的设置，其中包括设置轮廓线的颜色、宽度、箭头样式以及折线的转折连接方式等。同时，使用该对话框除了可以应用预设样式外，还可以新建自定义样式。具体的操作，用户可以通过尝试来掌握。

(6) 按 Ctrl+C 组合键复制当前制作完成的箭头，按 Ctrl+V 组合键粘贴箭头。在属性栏中单击“水平镜像”按钮将复制箭头水平镜像，如图 2.15 所示。至此，标志中的两个箭头制作完成。

(7) 使用“手绘”工具绘制一长一短两条直线，在属性栏中将长直线轮廓宽度设置为

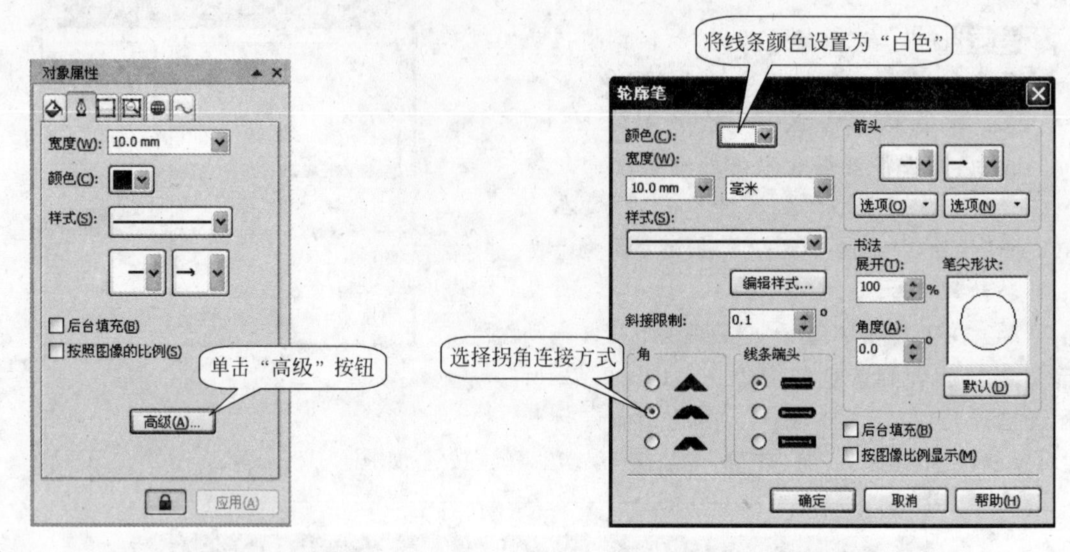

图 2.13 “对象属性”泊坞窗　　　　图 2.14 “轮廓笔”对话框

12mm,短直线轮廓宽度设置为 15mm。同时,将它们的颜色均设置为“白色”,并为短线添加与前面相同样式的箭头,如图 2.16 所示。

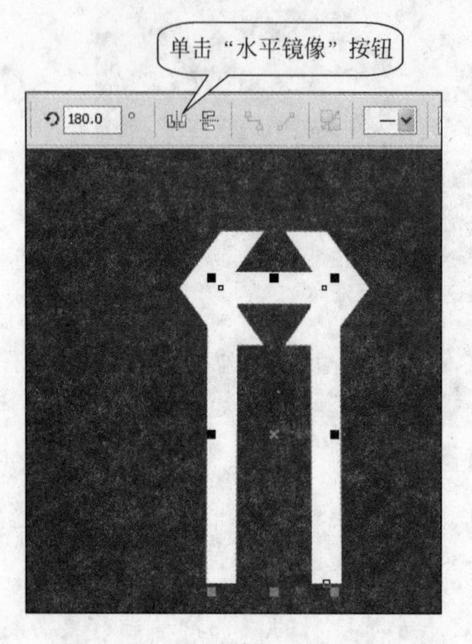

图 2.15 水平镜像复制的箭头

图 2.16 再绘制一条长直线和带箭头的短直线

(8) 选择较长的直线,在属性栏的“轮廓样式选择器”下拉列表中选择合适的虚线样式将其应用到该直线,如图 2.17 所示。

(9) 将刚才创建的虚线直线再复制三个,使用“挑选”工具选择绘制完成的线条,在矩形框中放置它们。拖动线条上的控制柄对线条的长短进行调整,如图 2.18 所示。

(10) 保存文档,完成本实例的制作。本实例制作完成后的效果如图 2.19 所示。

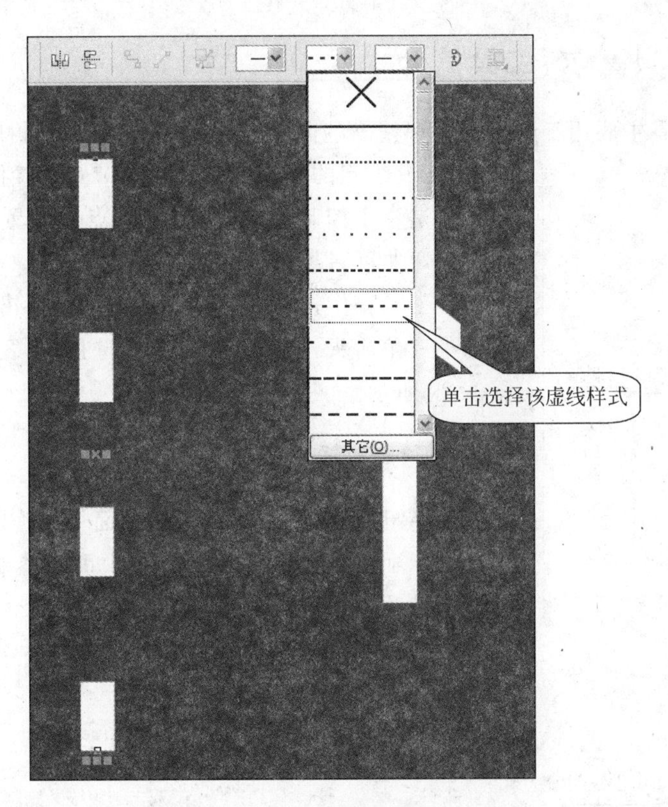

图 2.17 设置虚线样式

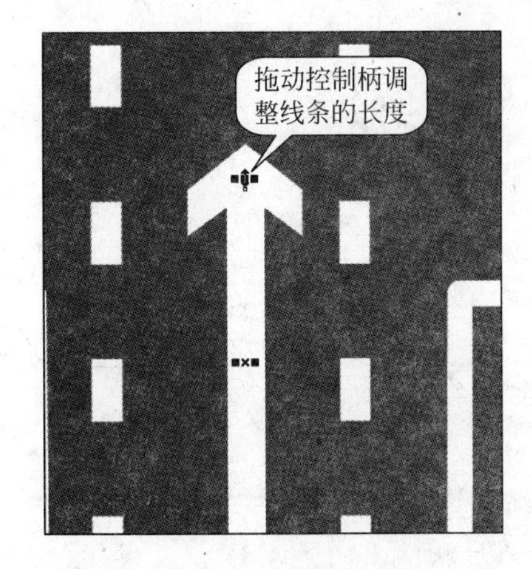

图 2.18 调整线条的长度

图 2.19 本实例制作完成后的效果

2.2 "贝塞尔"工具

在使用 CorelDRAW 绘制图形时常常需要绘制各种曲线,灵活地使用"贝塞尔"工具能够绘制直线、平滑的曲线和各种不规则的图形。

2.2.1 “贝塞尔”工具简介

“贝塞尔”工具主要用于绘制平滑和精确的曲线，也可以绘制直线和封闭图形。使用“贝塞尔”工具绘制的曲线实际上是由节点连接而成的线段，每个节点就是一个控制点，通过改变节点的位置可以控制和调整曲线的弯曲度，以改变曲线的形状。

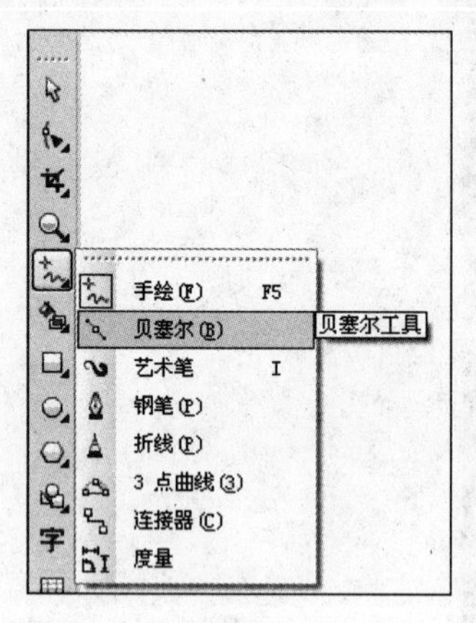

图 2.20 选择“贝塞尔”工具

在工具箱中按住“手绘”工具按钮或单击“手绘”工具按钮下的小三角箭头，在打开的菜单中选择“贝塞尔”选项即可，如图 2.20 所示。

1. 绘制直线

选择“贝塞尔”工具，在绘图页面单击确定直线的起始点，移动鼠标到需要的位置后再次单击即可绘制一条直线，继续移动鼠标并单击可接着创建折线，如图 2.21 所示。

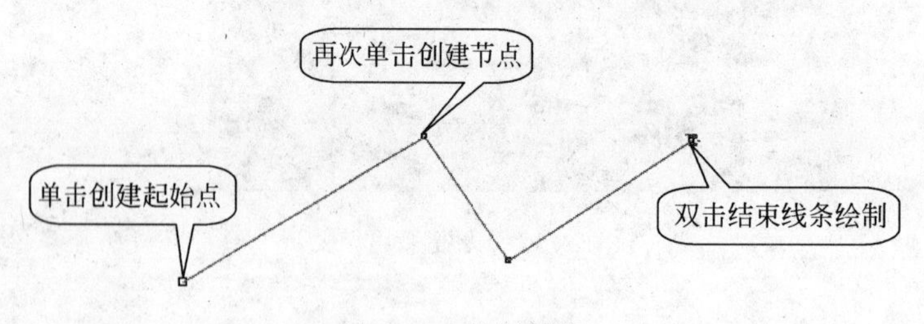

图 2.21 绘制折线

2. 绘制曲线

选择“贝塞尔”工具，在绘图页面上单击确定曲线的起始点，移动鼠标到需要的位置后单击，此时拖动鼠标即可获得一条随着鼠标移动而改变弯曲度的曲线，如图 2.22 所示。曲线调节完成后，按空格键即可完成曲线的绘制。

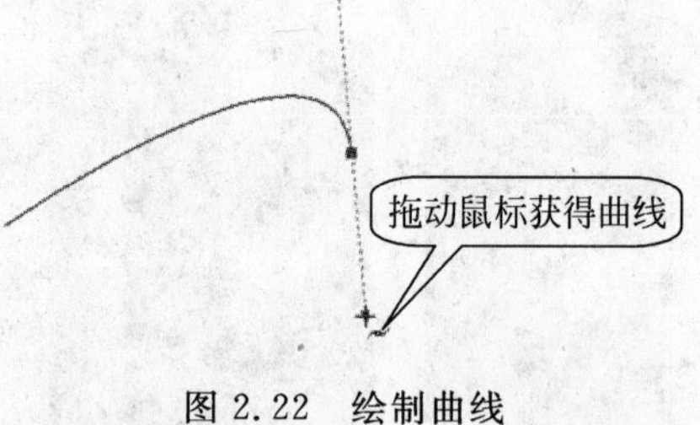

图 2.22 绘制曲线

专家点拨 在绘制曲线时，如果不按空格键而是单击鼠标，则将确定一个新点，同时获得与上一个点连接的曲线，此时拖动鼠标将能调节该曲线的形状。

2.2.2 “贝塞尔”工具应用实例——制作卡通笑脸

1. 实例简介

本实例将绘制一个简单的卡通笑脸，笑脸的各个组成元素全部使用“贝塞尔”工具勾画得出，使用属性栏和“对象”属性泊坞窗对线条的宽度、颜色和端点样式进行设置以获得需要的效果。

通过本实例的制作，读者能够熟悉使用“贝塞尔”工具勾画曲线和封闭形状的方法并掌握该工具的操作技巧。同时，读者将能进一步熟悉线条轮廓线的设置方法。

2. 实例制作步骤

(1) 启动 CorelDRAW X4，创建一个名为“卡通笑脸”的新文档。选择“贝塞尔”工具，在绘图页面中单击创建起点，在适当位置单击鼠标，拖动鼠标绘制第一条曲线，如图 2.23 所示。

(2) 移动鼠标到适当位置后单击，创建一个节点，拖动鼠标修改曲线的形状，如图 2.24 所示。

图 2.23　绘制第一条曲线　　　　图 2.24　继续绘制曲线

(3) 使用相同的方法绘制曲线，当光标放置到起始点时释放鼠标，获得封闭图形。在调色板中选择红色填充对象，如图 2.25 所示。

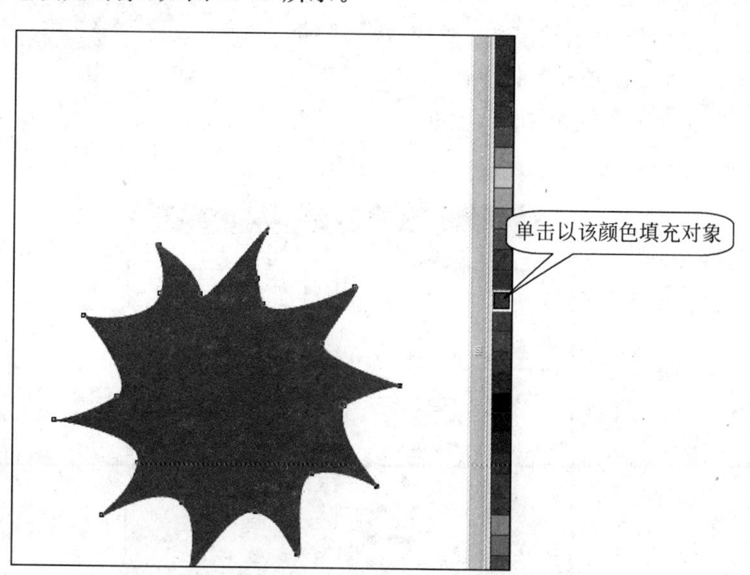

图 2.25　绘制封闭图形并填充颜色

专家点拨　“贝塞尔”工具是使用效率较高的曲线绘制工具，但对初学者来说，要掌握该工具必须要多加练习。

(4) 使用“贝塞尔”工具绘制一条曲线作为笑脸上弯弯的眉毛，如图 2.26 所示。按空格键完成曲线的绘制，同时在属性栏中将该曲线的轮廓线宽度设置为 2.5mm。复制该曲线后，将复制对象放置到适当位置。至此，卡通笑脸的眉毛绘制完成，如图 2.27 所示。

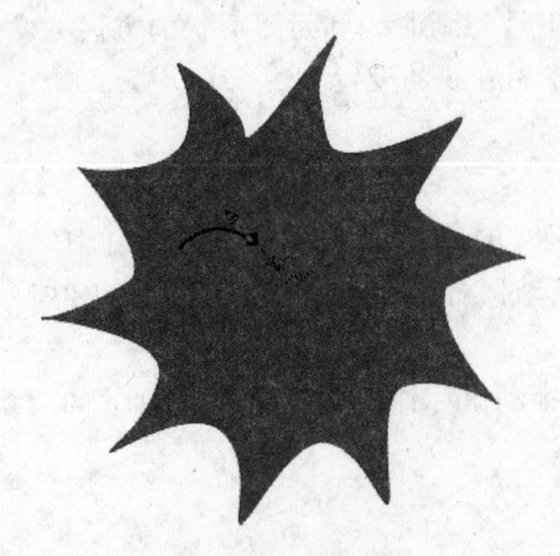

图 2.26　绘制曲线

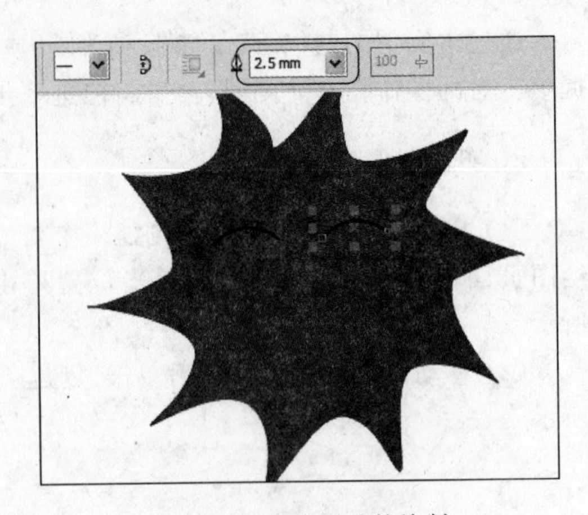

图 2.27　完成眉毛的绘制

(5) 使用“贝塞尔”工具再绘制一条曲线作为笑脸向上弯曲的嘴唇，如图 2.28 所示。打开“对象属性”泊坞窗，在“轮廓”选项卡中单击“高级”按钮打开“轮廓笔”对话框。在对话框中首先设置曲线的线宽，同时设置曲线两个端点的箭头形状，如图 2.29 所示。

(6) 在对话框中单击“箭头”选项区域中的“选项”按钮，在打开的菜单中选择“编辑”命令打开“编辑箭头尖”对话框。在对话框中拖动箭头上的滑块调整箭头大小，如图 2.30 所示。单击“中心在 X 中”按钮和“中心在 Y 中”按钮将箭头放置于中心，单击“确定”按钮关闭对话框。

图 2.28　绘制嘴唇

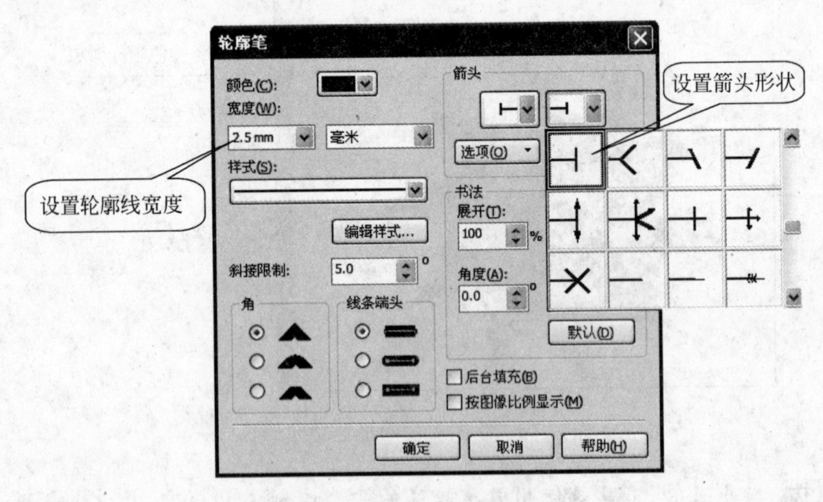

图 2.29　设置线宽和箭头形状

(7) 单击“确定”按钮关闭“轮廓笔”对话框，保存文件，完成本实例的制作。本实例制作完成后的效果如图 2.31 所示。

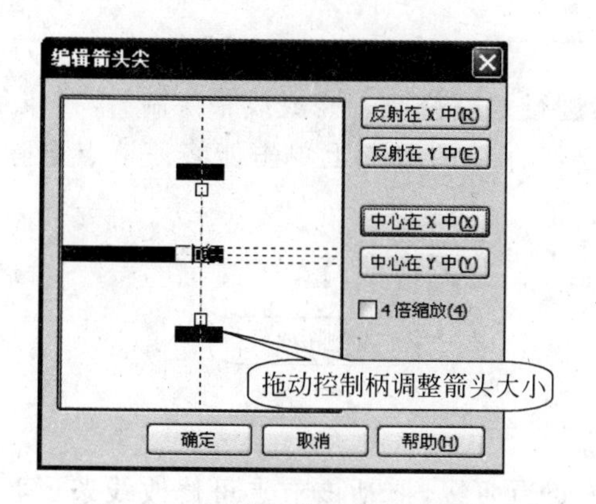

图 2.30　“编辑箭头尖”对话框

图 2.31　实例制作完成后的效果

2.3　“钢笔”工具

使用“钢笔”工具能够绘制各种直线、折线、曲线以及多边形，该工具的最大优势在于绘制图形时能够方便地实现对曲线形状的准确控制。

2.3.1　“钢笔”工具简介

使用“钢笔”工具绘制图形的方法和使用“贝塞尔”工具相似，也是通过调整节点和控制柄来获得不同形状的线条。使用“钢笔”工具绘制曲线时，可以在确定下一个节点之前预览到曲线当前的状态，同时该工具还能直接对绘制的线条进行编辑修改。

1. 绘制线条

在工具箱中选择“钢笔”工具，如图 2.32 所示。在绘图页面中单击开始绘制线条，移动鼠标到需要的位置后单击创建节点，此时拖动鼠标将能绘制曲线，拖动出现的控制柄可调整线段的弯曲度，如图 2.33 所示。线条绘制完成后，双击鼠标即可完成操作。

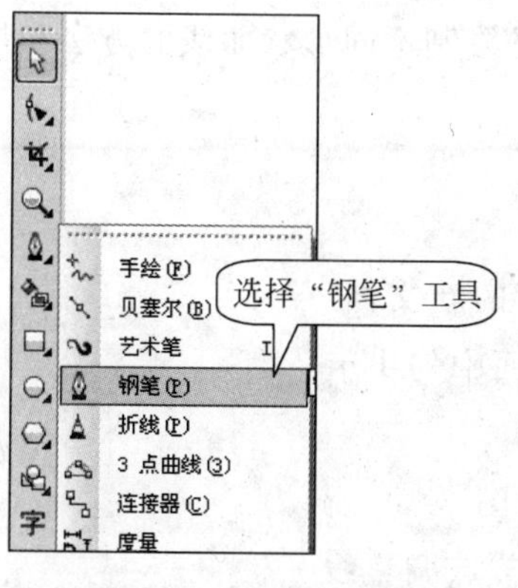

图 2.32　选择“钢笔”工具

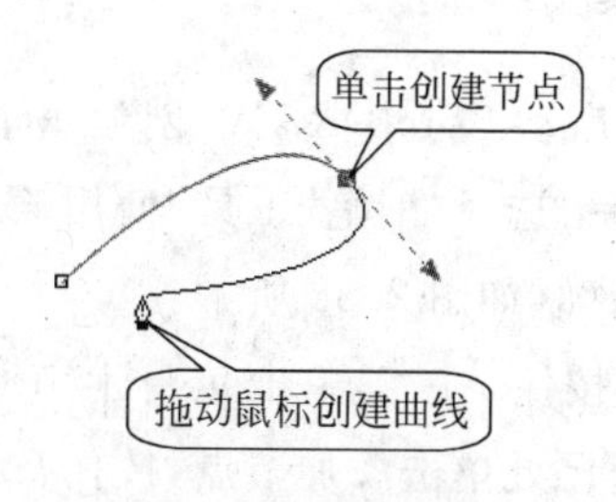

图 2.33　绘制线条

2. 修改线条形状

使用"钢笔"工具能够对创建的线条的形状进行编辑修改。完成线条绘制后，在线条上单击将能新建一个节点，如图 2.34 所示。在已经存在的节点上单击能将该节点删除，如图 2.35 所示。

图 2.34　添加节点　　图 2.35　删除节点

按住 Alt 键单击一个节点将其两边的线条变为曲线，拖动该节点可修改线条形状，如图 2.36 所示。

按住 Alt 键将直线变成曲线后，按住 Ctrl 键单击节点将该节点转变为可编辑状态，同时按住 Ctrl 键拖动该节点即可出现控制柄，此时通过拖动控制柄即可对线条形状进行修改，如图 2.37 所示。

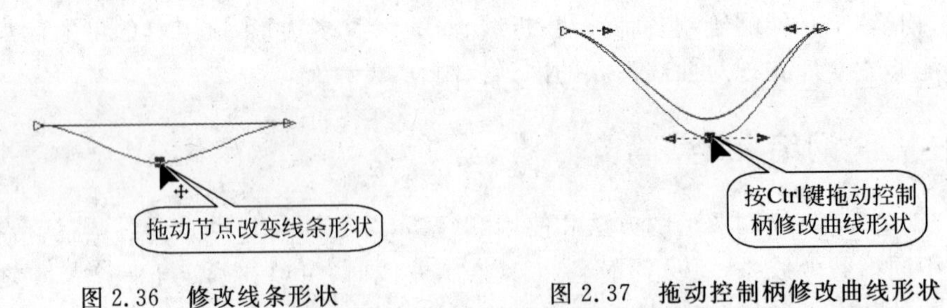

图 2.36　修改线条形状　　图 2.37　拖动控制柄修改曲线形状

2.3.2 "钢笔"工具应用实例——绘制卡通鱼

1. 实例简介

本实例使用"钢笔"工具绘制一条卡通鱼。在制作过程中，首先使用"钢笔"工具勾勒图形的大致形状，然后通过添加节点以及对节点进行调整的方式对图形进行编辑修改。

通过本实例的制作，读者将熟悉使用"钢笔"工具绘制不同形状曲线的方法和技巧，同时掌握对图形轮廓进行编辑修改的技巧。

2. 实例制作步骤

(1) 启动 CorelDRAW，创建一个名为"卡通鱼"的新文档。在工具箱中选择"钢笔"工具，使用该工具在绘图页面中勾出卡通鱼的轮廓，如图 2.38 所示。

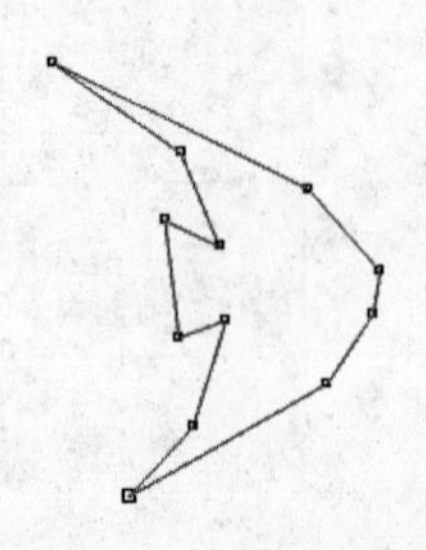

图 2.38　勾画卡通鱼的轮廓

(2) 按住 Alt 键单击鱼身上节点获得曲线，如图 2.39 所示。在鱼尾处单击添加节点，按住 Ctrl 键拖动这些节点调整线条的形状，如图 2.40 所示。对鱼的形状进行适当调整，效果满意后，在调色板中选择红色填充图形，如图 2.41 所示。

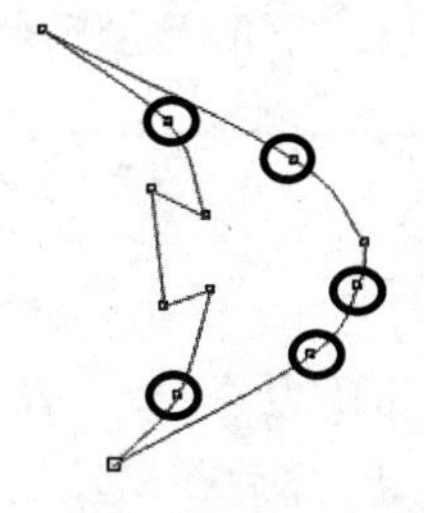

图 2.39 按住 Alt 键单击这些节点

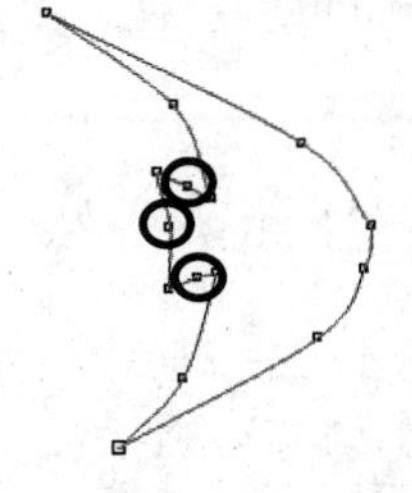

图 2.40 添加节点并调整曲线形状

图 2.41 填充红色

(3) 使用“钢笔”工具在绘图页面中依次单击绘制一个三角形，如图 2.42 所示。将三角形放置到鱼的头部，修改其形状，使其与鱼头部吻合，如图 2.43 所示。使用调色板为刚才创建的形状填充绿色，同时将当前所有形状的轮廓线均设置为“无”，如图 2.44 所示。

(4) 使用“钢笔”工具在绘图页面中绘制一个梯形，如图 2.45 所示。将该梯形放置到鱼头紧后的身体上，再使用“钢笔”工具对梯形形状进行修改，如图 2.46 所示。单击调色板中的绿色色块，使用绿色填充图形，同时在属性栏中将图形的轮廓线设置为“无”，如图 2.47 所示。

图 2.42 绘制三角形

图 2.43 修改三角形形状，使其与鱼头部吻合

图 2.44 填充颜色并将轮廓线设置为“无”

图 2.45 绘制一个梯形

(5) 使用“钢笔”工具在鱼的尾部画 3 条短线，使用“椭圆形”工具绘制一个圆形并填充黑色作为鱼眼。至此，本实例制作完成，保存文档。本实例制作完成后的效果如图 2.48 所示。

图 2.46 修改形状

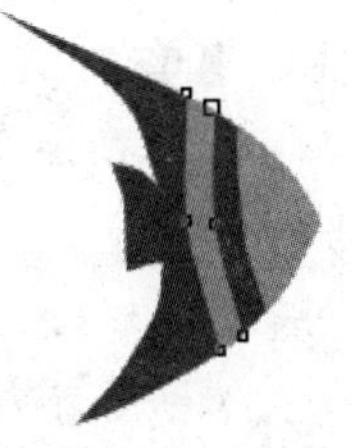

图 2.47 填充颜色并设置轮廓线

图 2.48 实例制作完成后的效果

2.4 “艺术笔”工具

在 CorelDRAW X4 中，“艺术笔”工具能够为鼠标拖动的轨迹填充不同形状和粗细的轮廓线，这些轮廓线是以封闭图形的形式存在，可以是图案，也可以是各种笔触效果。“艺术

笔”工具提供了5种模式，用户可以在属性栏中进行选择并对该模式下的笔触形状、宽度和平滑度等进行设置。

2.4.1 “艺术笔”工具简介

“艺术笔”工具包含5种模式，分别是预设、笔刷、喷灌、书法和压力，每种模式下的属性栏都有相应的设置项。使用“艺术笔”工具时，一般先选择工作模式，然后在属性栏中对工具的属性进行设置。

1. 预设模式

“预设模式”可以用来创建各种形状的粗笔触，该模式下绘制的线条可以对其进行填充，就像填充其他图形对象那样。在工具箱中选择“艺术笔”工具，在属性栏中单击“预设”按钮选择该模式，此时在属性栏中可对工具的各项参数进行设置，如图2.49所示。

完成参数设置后，在绘图页面拖动鼠标即可绘制选择的笔触形状，如图2.50所示。在选择这个笔触后，可以使用调色板对其填充颜色。

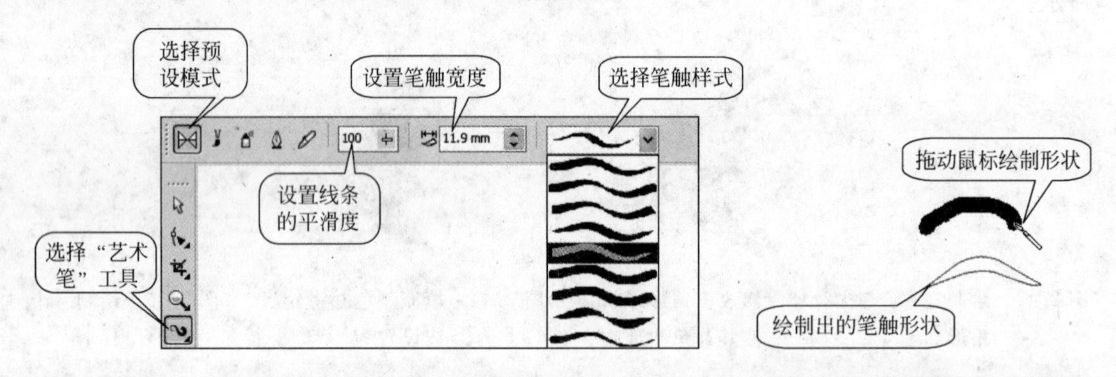

图2.49 预设模式下的属性栏

图2.50 预设模式绘图效果

2. 笔刷模式

CorelDRAW X4的笔刷模式提供了多种笔刷笔触供用户选择使用，在这种模式下用户使用笔刷笔触来创建各种线条效果。在属性栏中单击“笔刷”按钮进入该模式，同时对笔刷的各项参数进行设置，如图2.51所示。完成设置后在绘图页面中拖动鼠标即可用设定的笔触绘制图形，如图2.52所示。

在CorelDRAW X4中，可以使用一个对象或一组矢量对象来自定义笔刷笔触。在绘图页面中选择矢量图形对象，单击属性栏的“保存艺术笔触”按钮打开“另存为”对话框，在对话框的“文件名”下拉列表框中输入笔触名称后单击“保存”按钮将对象作为笔触保存，如图2.53所示。此时矢量图形被添加到“笔触列表”中，如图2.54所示。

专家点拨 单击“笔触列表”左侧的“浏览”按钮将打开“浏览文件夹”对话框，在对话框中选择文件夹后，就能够在“笔触列表”中显示该文件夹中包含的笔触。在“笔触列表”中选择自定义笔触后，单击“删除”按钮就能够将该笔触从列表中删除。

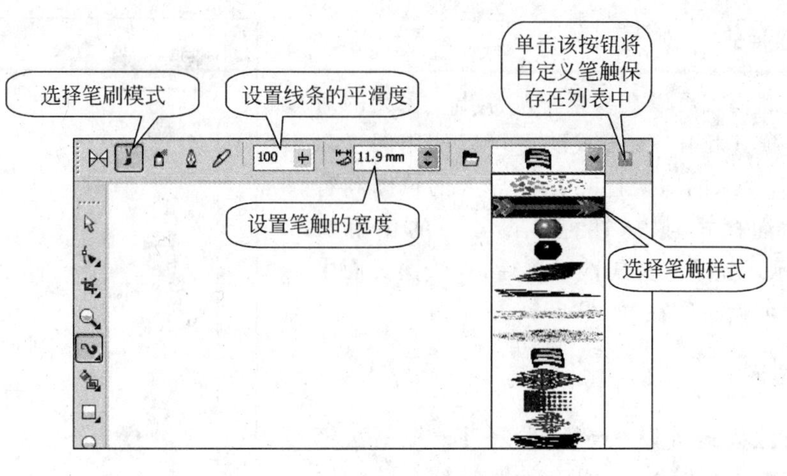

图 2.51 笔刷模式属性栏的设置

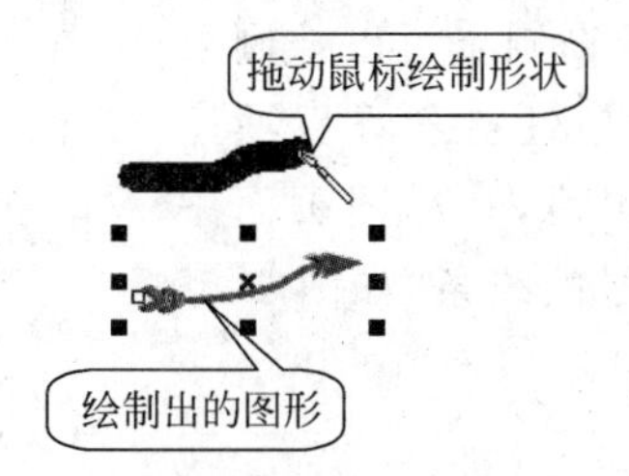

图 2.52 笔刷模式绘图效果

图 2.53 自定义笔触

3. 喷灌模式

使用喷灌模式可以在线条上喷涂出一系列的对象。与画笔模式相比，该模式除了可以使用图形和文本对象外，喷涂的对象还可以是导入的位图和符号。使用喷灌模式时，属性栏各设置项的作用如图 2.55 所示。完成工具属性设置后，在绘图页面中拖动鼠标即可喷涂形状，如图 2.56 所示。

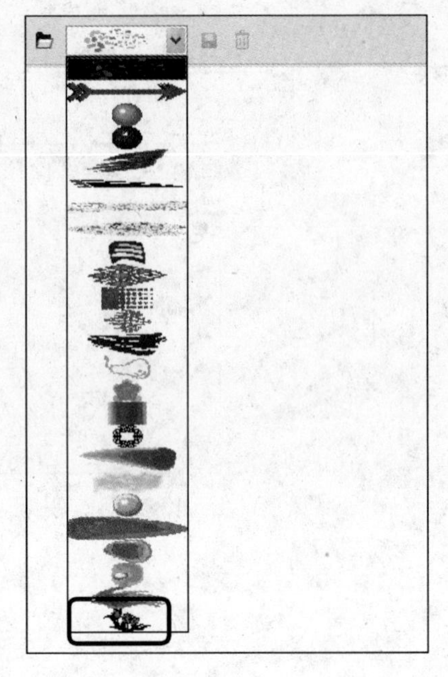

图 2.54　矢量图形添加到“笔触列表”中

4. 书法模式

使用书法模式可以在绘制线条时模拟书法笔的效果，绘制的书法线条的粗细会随着线条的方向和角度而改变。在默认情况下，书法线条显示为封闭线条形状，通过改变图形上的控制点可以控制书法线条的粗细。书法模式下的属性栏各设置项的作用如图 2.57 所示。完成设置后，在绘图页面中拖动鼠标即可绘制具有书法效果的线条，如图 2.58 所示。

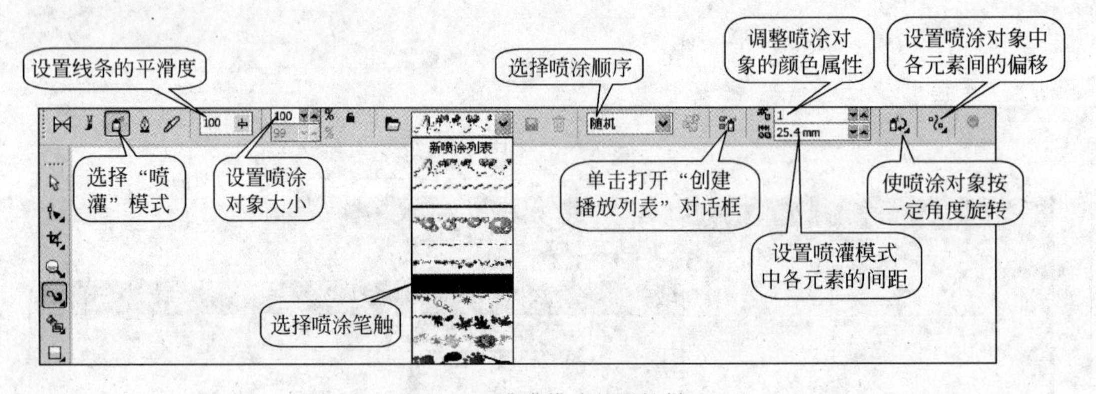

图 2.55　喷灌模式的属性栏

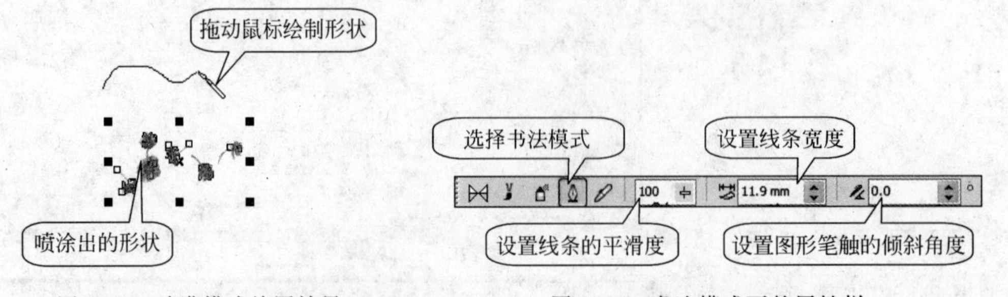

图 2.56　喷灌模式绘图效果

图 2.57　书法模式下的属性栏

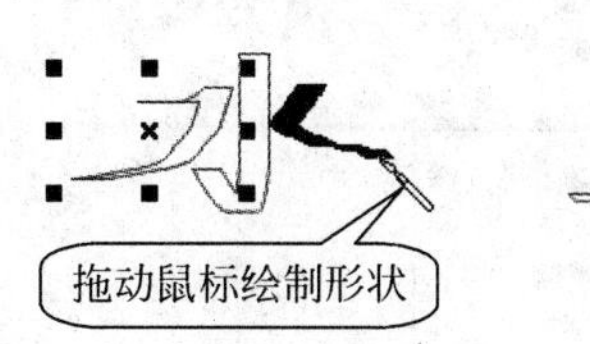

图 2.58　书法模式绘图效果

专家点拨　在设置图形笔触的宽度时，用户设置的宽度是线条的最大宽度，线条的实际宽度是由所绘线条和笔触的倾斜角度共同决定的。

5. 压力模式

使用压力模式可以创建各种粗细的压感线条，此时绘制的线条带有曲边，并且路径各部分的宽度不一。压力模式下的属性栏如图 2.59 所示。

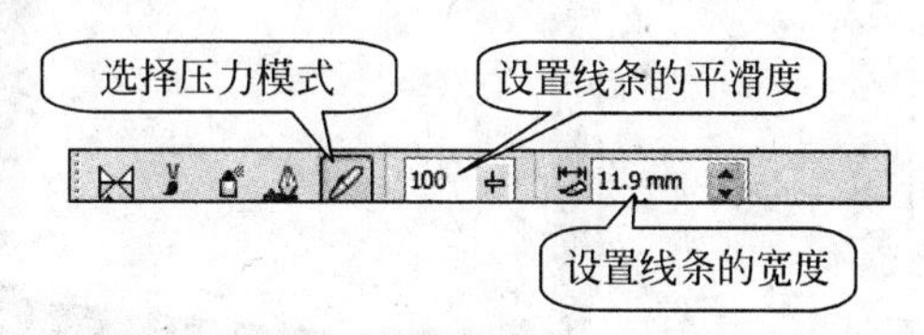

图 2.59　压力模式下的属性栏

专家点拨　"压力"模式的实施需要图形板和压感笔配合进行手绘操作，如果使用鼠标进行绘画，则无法表现出压力效果。

2.4.2 "艺术笔"工具应用实例——制作风景画

1. 实例简介

本实例使用"艺术笔"工具绘制一幅风景画。在实例的制作过程中，使用"艺术笔"工具的"笔刷"模式绘制风景画的边框，使用"喷灌"模式绘制风景画中的飞鸟、天空中的白云和山坡上的小草等对象。

通过本实例的制作，读者将掌握应用笔触绘制矢量线条的方法，掌握使用"艺术笔"工具绘制单个或多个图形的操作方法。同时，读者还将了解对绘制的对象进行旋转、缩放和偏移等操作的方法。

图 2.60　使用"钢笔"工具绘制一个矩形

2. 实例制作步骤

(1) 启动 CorelDRAW X4，创建一个名为"风景画"的新文档。选择"钢笔"工具，在绘图页面中绘制一个封闭的矩形，如图 2.60 所示。

(2) 在工具箱中选择"艺术笔"工具，在属性栏中单击"笔刷"按钮。使用"艺术笔"工具单击绘图页面中的矩形框，在属性栏的"笔触列表"下拉列表中选择一款笔触将其应用到矩形框，如图 2.61 所示。

专家点拨　在将笔刷应用到线条后，可以对线条的形状进行修改，笔刷会根据线条形状的改变自动适应线条。

(3) 在工具箱中选择"挑选"工具，选择刚才绘制的矩形框。在调色板中单击蓝色色块并对其填充颜色，如图 2.62 所示。

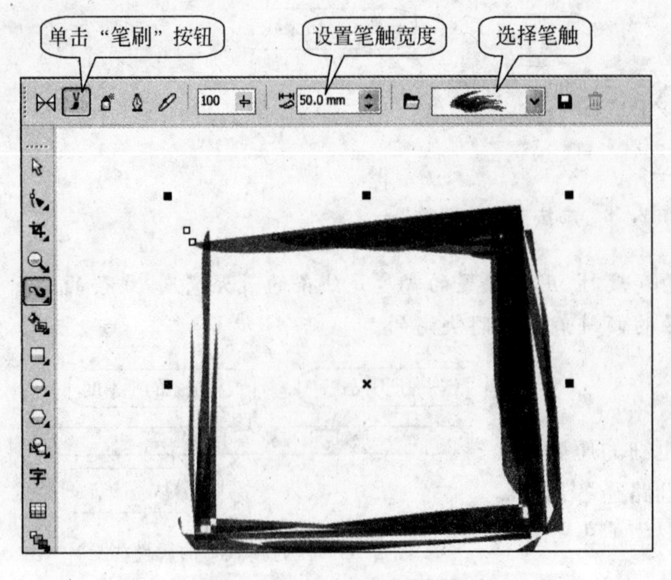

图 2.61 对矩形框应用笔触

图 2.62 对矩形框填充颜色

(4) 选择“钢笔”工具,首先使用该工具绘制一个封闭的多边形,如图 2.63 所示。对图形进行编辑,获得山峦的形状。取消对象的轮廓线并为对象填充绿色,如图 2.64 所示。

图 2.63 绘制一个封闭的多边形

图 2.64 创建山峦

(5) 再使用“钢笔”工具绘制一个矩形并编辑该矩形的形状,取消轮廓线后对图形填充比山峦稍浅的绿色。此时为图形添加了绿色的山坡效果,如图 2.65 所示。

(6) 使用“钢笔”工具在山坡上绘制一个矩形并编辑该矩形的形状,取消轮廓线后对图形填充白色。此时获得山坡上蜿蜒伸展的道路效果,如图 2.66 所示。

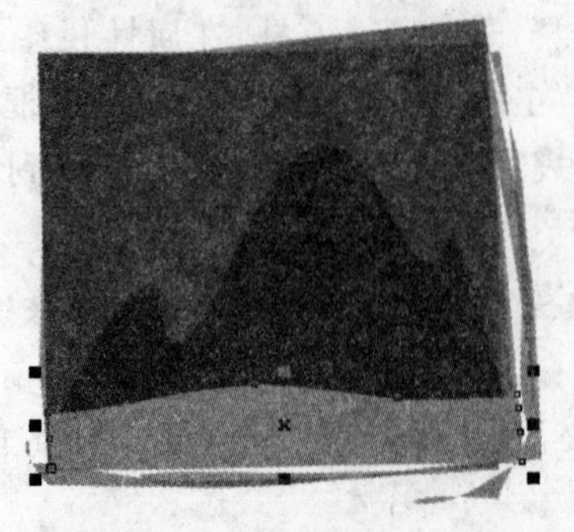

图 2.65 绘制绿色的山坡

图 2.66 绘制蜿蜒伸展的道路

(7) 在工具箱中选择“艺术笔”工具，在属性栏中单击“喷灌”按钮。在“新喷涂列表”下拉列表中选择白云笔触样式，如图 2.67 所示。在图形中稍微拖动一下鼠标即可创建一朵白云，依次创建 4 朵白云。在工具箱中选择“挑选”工具，单击白云两次，拖动白云四角上的控制柄适当旋转白云，如图 2.68 所示。

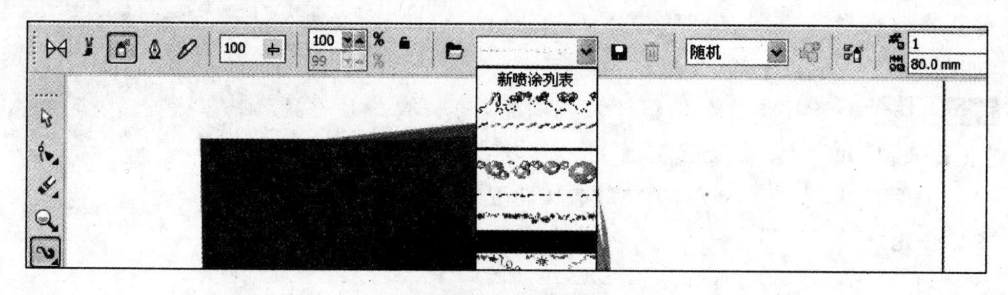

图 2.67　选择笔触样式

图 2.68　旋转白云

专家点拨　在绘制喷涂对象时，由于在“选择喷涂顺序”下拉列表中选择了“随机”选项，因此白云是随机产生的，可以获得大小不一的白云。

(8) 选择“艺术笔”工具，在属性栏中选择“喷灌”模式，同时设置喷涂对象的大小、笔触样式和间距，如图 2.69 所示。拖动鼠标绘制一行飞鸟，如图 2.70 所示。

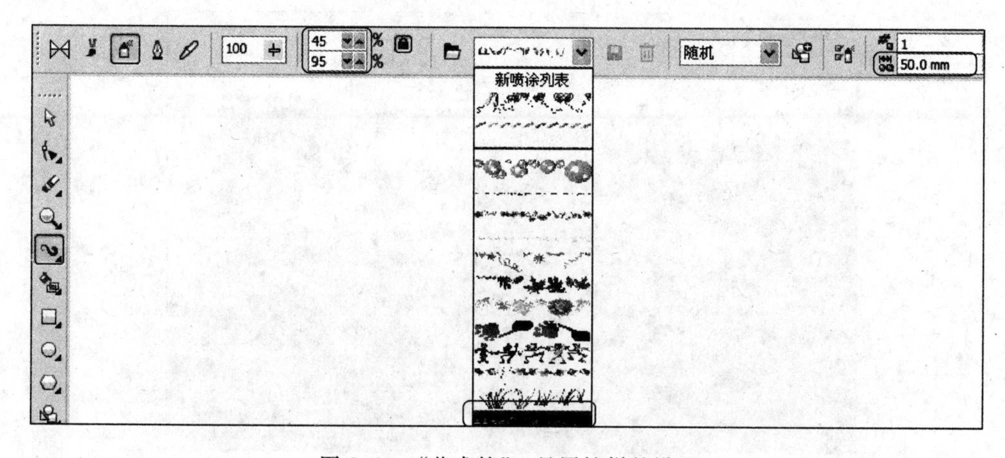

图 2.69　“艺术笔”工具属性栏的设置

(9) 在属性栏中单击“角度”按钮，在打开面板的“旋转角度”微调框中输入角度值。按 Enter 键后，对象将按照设置旋转一定角度，如图 2.71 所示。

(10) 在属性栏中单击“偏移”按钮，在打开的面板中设置对象的偏移量和方向。完成设置后按 Enter 键确认操作，如图 2.72 所示。

专家点拨 如果对旋转和偏移效果不满意，可以单击“重置值”按钮 将设置值恢复到初始状态。此外，如果在设置时，发现效果不满意，可以设置不同的值多实验几次。

图 2.70 绘制一行飞鸟

图 2.71 设置旋转角度

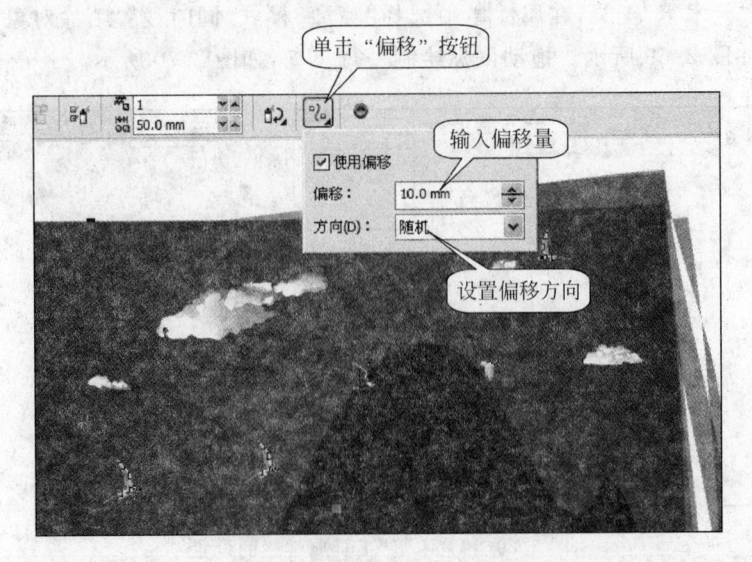

图 2.72 设置偏移量和方向

(11) 选择"艺术笔"工具,在属性栏中对工具进行设置,如图 2.73 所示。在图像的下部拖动鼠标喷涂对象,创建山坡上的小草效果,如图 2.74 所示。

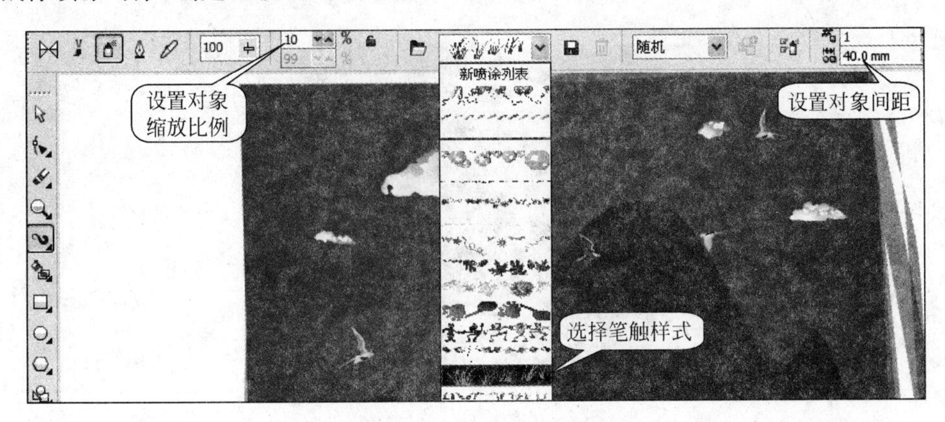

图 2.73 设置工具属性

图 2.74 创建小草

(12) 在属性栏的"新喷涂列表"下拉列表中选择"蘑菇"笔触样式,设置喷涂对象的大小。依次在山坡的不同位置稍微拖动鼠标绘制几棵蘑菇,如图 2.75 所示。

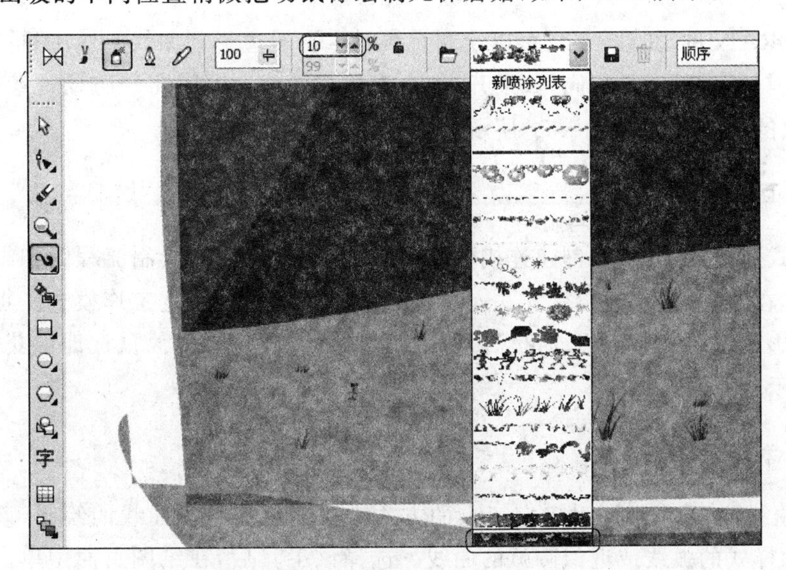

图 2.75 选择"蘑菇"笔触并设置喷涂对象大小

(13) 对各个图形对象的大小和位置进行适当调整,效果满意后,保存文件完成本实例的制作。本实例制作完成后的效果如图 2.76 所示。

图 2.76 实例制作完成后的效果

2.5 其他连线工具

在某些特殊场合下,往往需要绘制特殊的线条,如折线、连接线或弧线,CorelDRAW 提供了专门的工具来实现对折线线条的快速绘制。

2.5.1 工具简介

对于绘制折线和对象间的连接线,CorelDRAW 提供了专门的工具,它们是"折线"工具和"交互式连线"工具。同时,CorelDRAW 还提供了一个"3 点曲线"工具来帮助用户快速绘制各种弧线。

1. "折线"工具

CorelDRAW 的"折线"工具可以绘制直线、折线、多边形和曲线。使用"折线"工具绘制折线的方法与"钢笔"工具相同,如果开启"自动闭合曲线"功能,可以方便地绘制封闭图形。"折线"工具的使用方法如图 2.77 所示。

2. "交互式连线"工具

"交互式连线"工具用于创建连接各个图形的线,如常用于绘制流程图和组织结构图中的流程线。在工具箱中选择"交互式连线"工具,在属性栏中指定工作模式。将鼠标放置到图形边缘,出现提示文字后拖动鼠标到达另一对象的节点上,释放鼠标即可获得连接线,如图 2.78 所示。

3. "3 点曲线"工具

"3 点曲线"工具可以通过确定三点的方式来快速完成一段曲线的绘制,该工具能够快速绘制各种样式的弧线或近似圆弧的曲线。选择该工具后,在绘图页面中单击确定曲线起

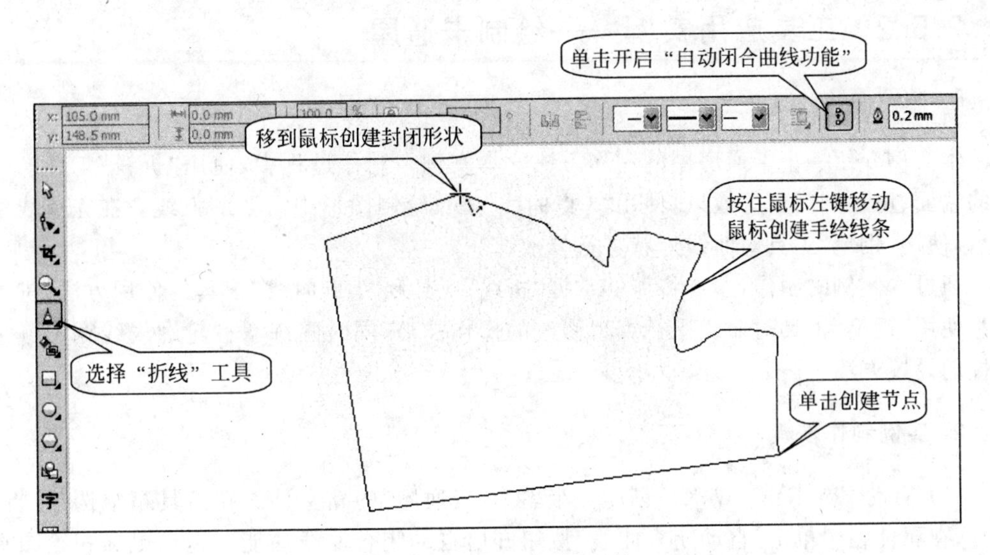

图 2.77 使用“折线”工具

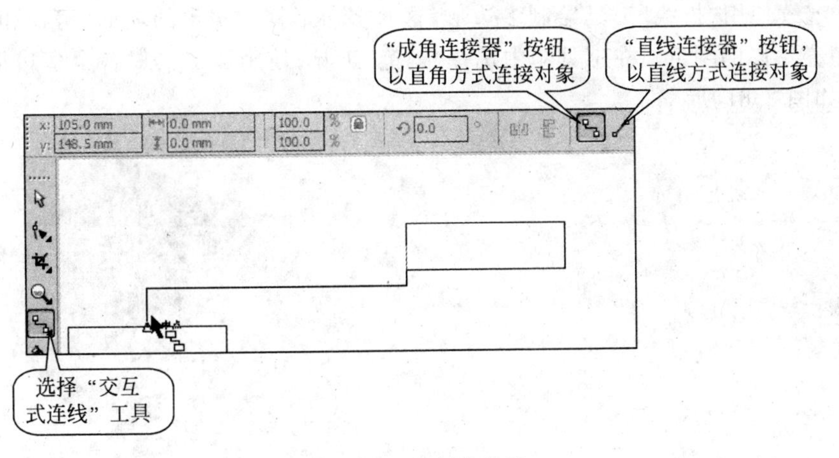

图 2.78 绘制连接线

点，拖动鼠标到曲线的第二个端点处释放鼠标，移动鼠标到适当的位置后单击确定曲线上的第三个节点，此时即可完成曲线绘制，如图 2.79 所示。

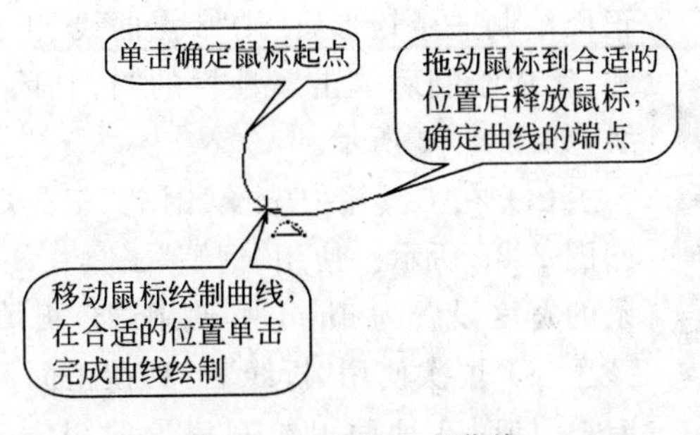

图 2.79 绘制 3 点曲线

2.5.2 工具应用实例——绘制卡通屋

1. 实例简介

本实例介绍一个卡通房屋的制作方法。本实例在制作过程中,使用“折线”工具制作房屋的墙面、房顶和门窗等效果,使用“3点曲线”工具绘制图形中需要的弧线。在完成线条绘制后,使用“钢笔”工具对曲线形状进行修改。

通过本实例的制作,读者将能够掌握“折线”工具和“3点曲线”工具的使用方法,进一步熟悉使用“钢笔”工具对曲线进行编辑修改的操作技巧,同时熟练掌握轮廓线线宽和颜色等属性的设置方法。

2. 实例制作步骤

(1) 启动CorelDRAW X4,创建一个名为“卡通屋”的新文件。在工具箱中选择“折线”工具,在属性栏中单击“自动闭合曲线”按钮开启自动闭合曲线功能。拖动鼠标在绘图页面中绘制一个封闭多边形,如图2.80所示。

(2) 继续使用“折线”工具绘制多边形,这些多边形构成房子的墙面、房顶和房檐,分别对它们填充不同的颜色。在工具箱中选择“钢笔”工具,使用该工具对各个多边形的形状进行调整,如图2.81所示。

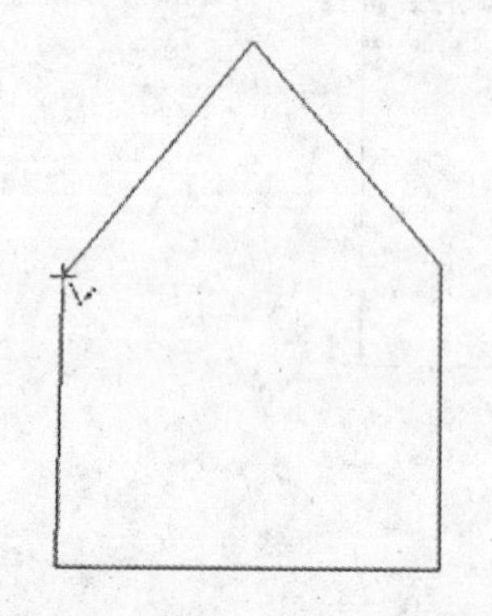

图2.80 绘制一个封闭多边形

图2.81 使用“钢笔”工具调整多边形的形状

(3) 分别选择这些多边形,在属性栏中将轮廓线设置为“无”。使用“折线”工具在房子正面绘制一个矩形,使用“3点曲线”工具在该矩形上绘制一段圆弧,完成绘制后单击属性栏的“自动闭合曲线”按钮获得闭合曲线,如图2.82所示。

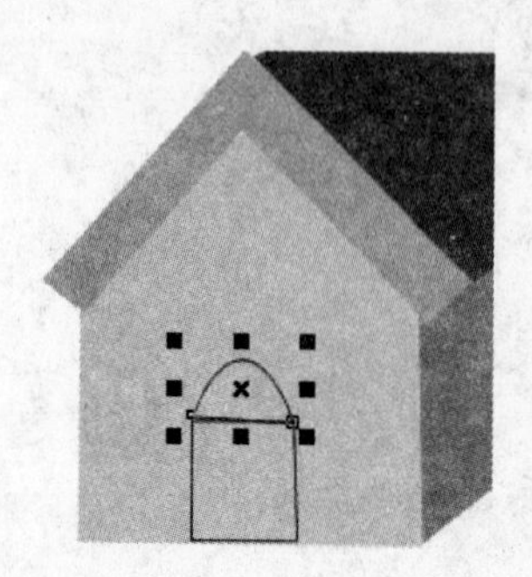

图2.82 自动闭合曲线

(4) 在工具箱中选择“钢笔”工具,对曲线的形状进行调整,如图2.83所示。使用“钢笔”工具在矩形中绘制线条,将所有线条的宽度设置为5mm,并使用调色板填充颜色,如图2.84所示。

(5) 再次使用“折线”工具在正面和侧面的墙上绘制牌匾和窗户,同时在地面上绘制房子的阴影,并沿着墙脚绘制一条折线。为图形填充颜色并设置轮廓线,完成设置后的效果如图2.85所示。

图 2.83 调整曲线形状

图 2.84 设置线条宽度并填充颜色后的效果

(6) 使用“钢笔”工具在屋顶上绘制几条线段，将线宽设置为 5mm。保存文档完成本实例的制作，本实例制作完成后的效果如图 2.86 所示。

图 2.85 绘制矩形和折线

图 2.86 实例制作完成后的效果

2.6 本章小结

线条是图形的基本构成元素，绘制图形离不开各类线条的绘制，本章详细介绍了 CorelDRAW 各种常用线条绘制工具的使用方法和操作技巧。通过本章学习，读者将能掌握各种工具的使用特点、工具属性的设置方法以及线条的编辑修改技巧。

2.7 上机练习与指导

2.7.1 绘制带藤叶的飞机

绘制带藤叶的飞机，图形绘制完成后的效果如图 2.87 所示。

主要练习步骤指导：

(1) 使用“钢笔”工具绘制一条曲线，同时对曲线进行修改。

(2) 在“钢笔”工具的属性栏中设置轮廓线宽度将线条加粗，同时设置线条两个端点的箭头形状为图中形状。在“对象属性”泊坞窗的“轮廓”选项卡中将线条颜色设置为“绿色”。

(3) 使用“钢笔”工具勾画叶片和叶片上的叶脉，并对叶片填充“绿色”，叶脉使用

图 2.87 带藤叶的飞机

“白色”。

(4) 复制绘制的叶片,使用“挑选”工具调整叶片的大小和旋转角度,将叶片放置到需要的位置。

2.7.2 绘制蓝天、白云和彩虹

绘制蓝天、白云和彩虹,绘制完成后的效果如图 2.88 所示。

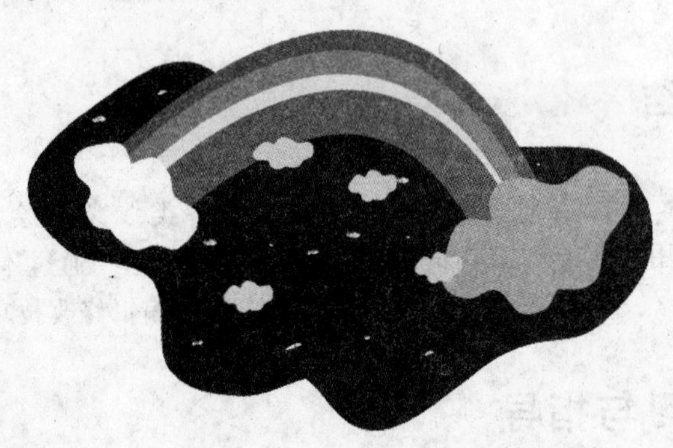

图 2.88 蓝天、白云和彩虹

主要练习步骤指导:

(1) 使用“钢笔”工具绘制一个多边形,对多边形进行编辑修改后填充“蓝色”并取消轮廓线,该图形作为本实例的背景。

(2) 使用“贝塞尔”工具绘制几条形状相同的曲线,设置较大的轮廓线宽度,并在“对象属性”泊坞窗的“轮廓”选项卡中设置轮廓线颜色。

(3) 将背景图形复制 6 个,分别填充为“白色”和“灰色”,这些图形作为白云使用。使用“钢笔”工具对白云形状进行适当调整,调整它们的大小后放置于图形的不同位置。

(4) 使用“艺术笔”工具的“喷灌”模式，选择“白云”笔触，在图形中添加一些小白云作为点缀。

2.8 本章习题

一、选择题

1. 在 CorelDRAW 中绘制流程图时，常使用选项(　　)。

A. “手绘”工具　　B. “艺术笔”工具

C. “折线”工具　　D. “交互式连线”工具

2. “折线”工具的属性栏不能进行(　　)的设置。

A. 旋转　　B. 轮廓线宽度　　C. 手绘平滑度　　D. 线条颜色

3. “艺术笔”工具的“书法”模式选项栏无法设置(　　)的属性。

A. 手绘平滑度　　B. “艺术笔”工具宽度

C. 压力　　D. 书法角度

4. 在使用“钢笔”工具绘制图形时，将鼠标移到起点位置，如果需要获得封闭图形，应该使用(　　)操作。

A. 鼠标单击　　B. 鼠标右击　　C. 按 Enter 键　　D. 按空格键

二、填空题

1. “贝塞尔”工具可用于绘制________、________和________。

2. 在使用“钢笔”工具绘制曲线时，按住________键单击节点可以将直线转换为曲线，按住________键单击节点可以使该节点处于可编辑状态。

3. “艺术笔”工具一共有________、________、________、________和________这 5 种模式，要在图形中添加一行脚印，应该使用________模式。

4. “3 点曲线”工具可以通过三点来绘制一条曲线，其中先绘制的两个节点作为曲线的________，第三个节点用于曲线的________。

绘制图形

作为一款强大的绘图软件，CorelDRAW X4 提供了多种图形工具，用户可以方便快速地绘制各种图形，如矩形、圆和星形等。本章将介绍工具箱中的基本绘图工具，包括矩形工具、椭圆工具和多边形工具等，以及常见的图形修改工具的使用方法。

本章主要内容：

- “矩形”工具和“3 点矩形”工具。
- “椭圆形”工具和“3 点椭圆形”工具。
- “多边形”工具和“星形”工具。
- “图纸”工具和“螺纹”工具。
- “形状”工具。
- 其他变形工具。

3.1 “矩形”工具和“3 点矩形”工具

矩形是图形中的常见图形，使用“矩形”工具和“3 点矩形”工具都可以绘制矩形，但它们的操作方法略有不同。

3.1.1 “矩形”工具

“矩形”工具能够用来绘制矩形、正方形和圆角矩形，用户可以通过使用“矩形”工具沿对角线拖动鼠标的方式来绘制矩形。在完成矩形的绘制后，用户可以通过使用属性栏对图形的形状进行修改。“矩形”工具属性栏各设置项的意义如图 3.1 所示。

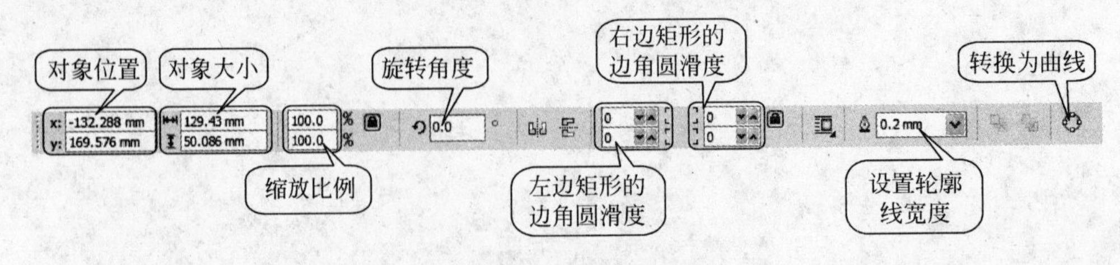

图 3.1 “矩形”工具的属性栏

1. 绘制矩形

在工具箱中选择“矩形”工具，如图 3.2 所示。在绘图页面中单击鼠标确定矩形位置，然后拖动鼠标到合适的位置后释放鼠标即可绘制一个矩形,如图 3.3 所示。

2. 绘制正方形

选择"矩形"工具后,按住 Ctrl 键单击,然后拖动鼠标,在合适的位置释放鼠标即可创建一个正方形,如图 3.4 所示。

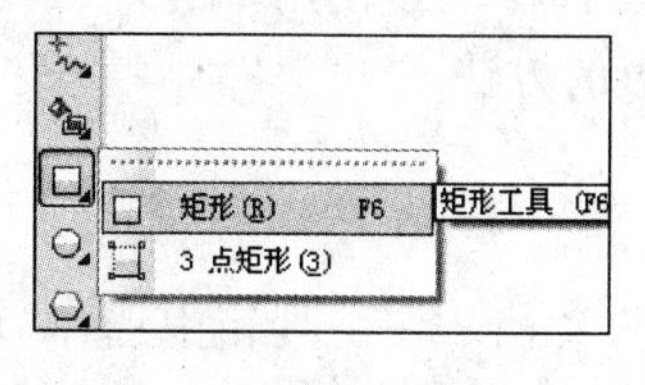

图 3.2　选择"矩形"工具

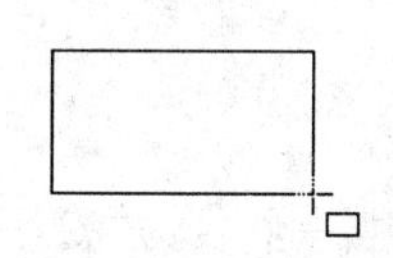

图 3.3　绘制矩形

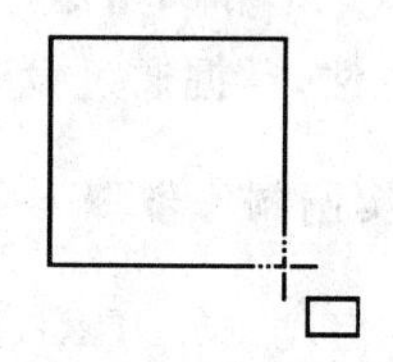

图 3.4　绘制正方形

3. 绘制圆角矩形

圆角矩形与一般矩形的区别在于其 4 个角是圆滑的而不是尖锐的。绘制圆角矩形一般有两种方法:一种方法是使用属性栏进行设置,另一种方法是使用"形状"工具进行调整。在绘制矩形后,在工具箱中选择"形状"工具,拖动矩形上出现的控制柄即可获得圆角矩形,如图 3.5 所示。

选择绘制的矩形,在属性栏的 4 个"边角圆滑度"微调框中输入数值后按 Enter 键,即可使矩形对应的角变为圆角,如图 3.6 所示。

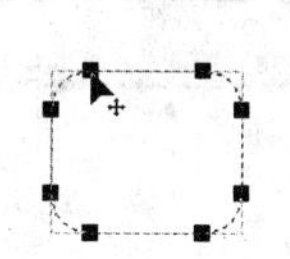

图 3.5　拖动控制柄创建圆角矩形

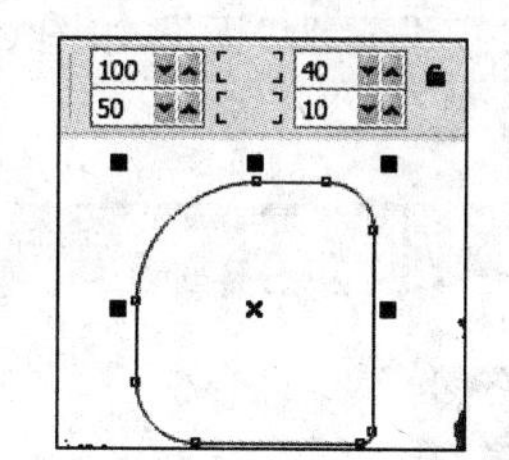

图 3.6　创建圆角矩形

专家点拨　在属性栏中单击"全部圆角"按钮使其处于按下状态,此时在 4 个"边角圆滑度"微调框中的任何一个输入数值后按 Enter 键,其他三个微调框中的数值将等比例变化。

3.1.2　"3 点矩形"工具

"3 点矩形"工具是通过创建三个位置点来绘制矩形的工具,其中前两个点指定矩形的一条边长和旋转角度,最后一个点确定矩形的宽度。在工具箱中选择"3 点矩形"工具,在绘图页中拖动鼠标绘制矩形的一边,释放鼠标后将光标移动到合适的位置单击,即可创建出一个矩形,如图 3.7 所示。

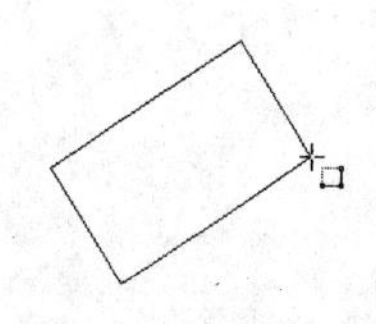

图 3.7　绘制矩形

3.1.3 工具应用实例——餐厅标志

1. 实例简介

本实例介绍一个标志的制作过程。本标志由一个圆角矩形和一副刀叉构成。其中,刀叉图形由矩形和圆角矩形组合而成。通过本实例的制作,读者将掌握使用"矩形"工具绘制矩形的方法,掌握通过设置边角圆滑度来创建不同圆角矩形的方法。

2. 实例制作步骤

(1) 启动 CorelDRAW X4,创建一个名为"餐厅标志"的文档。在工具箱中选择"矩形"工具,在绘图页面中按住 Ctrl 键绘制一个正方形。使用红色填充正方形,在属性栏中设置图形的大小和边角圆滑度,同时将轮廓线设置为"无",如图 3.8 所示。

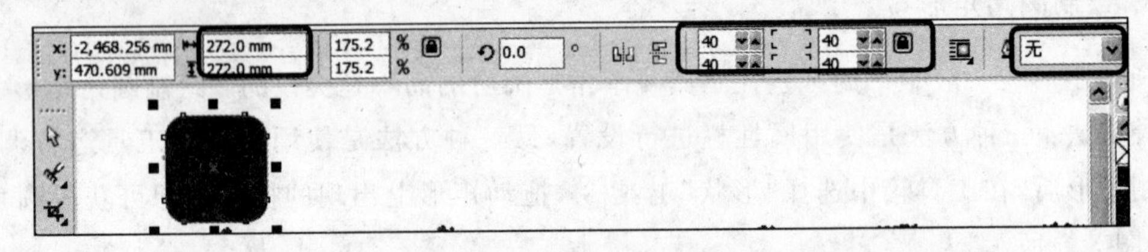

图 3.8　图形属性栏的设置

(2) 在正方形中绘制一个矩形,将其填充为"白色"。在属性栏中设置矩形的边角圆滑度,同时将轮廓线设置为"无",如图 3.9 所示。将该矩形再复制三个,使用"挑选"工具摆放它们的位置,如图 3.10 所示。

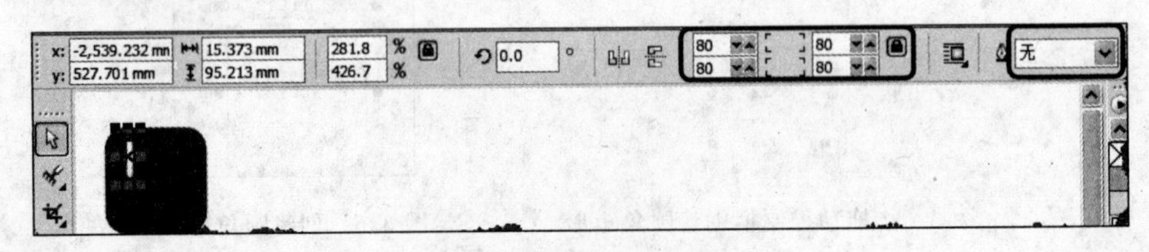

图 3.9　绘制矩形并设置其属性

图 3.10　复制并摆放矩形

(3) 同样绘制一个白色矩形,在属性栏中对图形进行设置,同时将其放置到上一步制作的矩形上,如图 3.11 所示。再绘制一个白色的矩形,将其放置在前面绘制图形的下方作为叉柄，如图 3.12 所示。

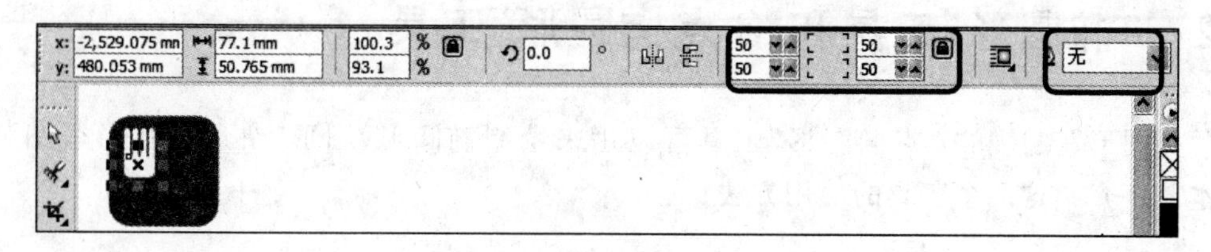

图 3.11 绘制一个白色矩形

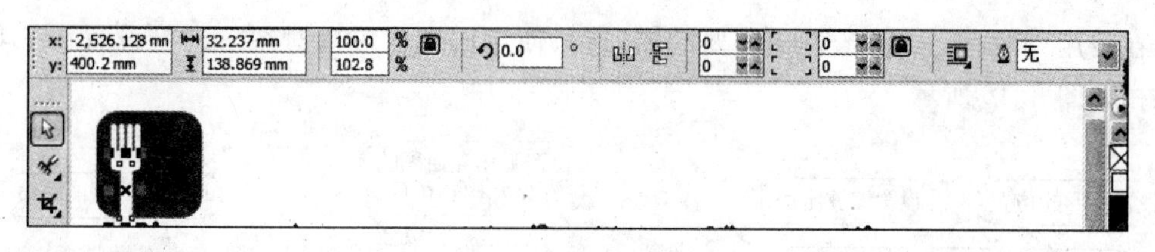

图 3.12 绘制叉柄

(4) 再绘制一个矩形，为其填充“白色”。在属性栏中单击“全部圆角”按钮取消其被按下状态，分别设置矩形左右两个顶端处的圆角，同时将轮廓线设置为“无”，如图 3.13 所示。最后绘制一个矩形作为右侧餐刀的刀柄，该矩形属性栏的设置如图 3.14 所示。

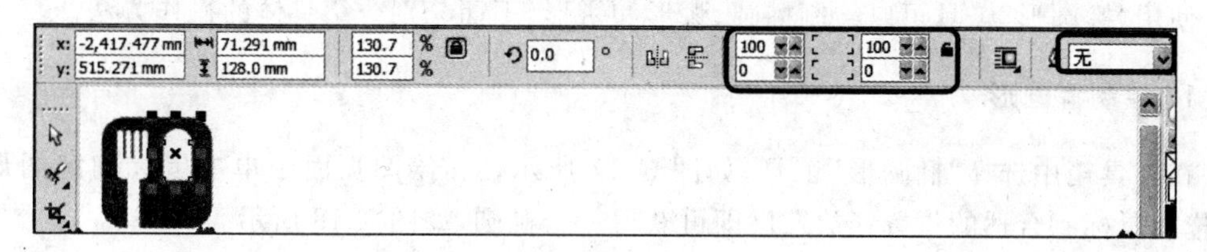

图 3.13 绘制矩形并设置圆角

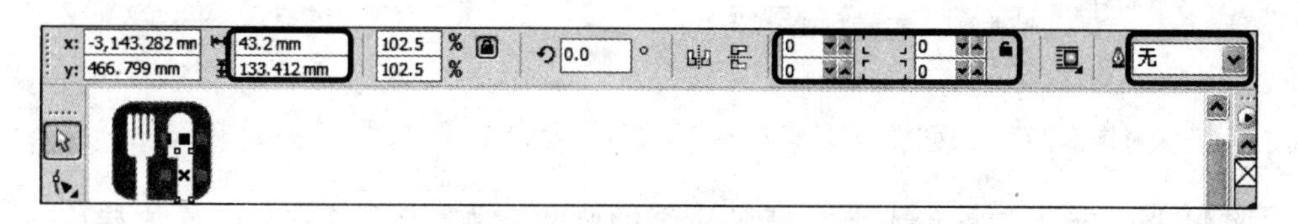

图 3.14 绘制刀柄并设置属性

(5) 对各个图形的位置和相对大小进行适当调整，保存文档，完成本实例的制作。本实例制作完成后的效果如图 3.15 所示。

图 3.15 实例制作完成后的效果

3.2 “椭圆形”工具和“3 点椭圆形”工具

“椭圆形”工具和“3 点椭圆形”工具可以用来绘制椭圆形、圆形、饼形和弧形等圆弧对象，本节将介绍这两个工具的使用方法。

3.2.1 “椭圆形”工具

在使用“椭圆形”工具绘制出需要的图形后，使用属性栏可以对图形进行设置。工具的属性栏如图 3.16 所示。

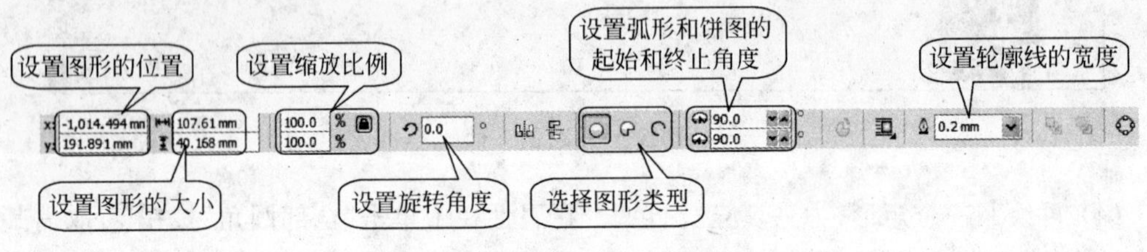

图 3.16 “椭圆形”工具的属性栏

使用“椭圆形”工具可以绘制椭圆、弧形和饼形，下面分别介绍具体的操作方法。

1. 绘制椭圆形

在工具箱中选择“椭圆形”工具，如图 3.17 所示。在绘图页面中单击鼠标确定图形位置，拖动鼠标到合适的位置释放左键即可获得一个椭圆，如图 3.18 所示。

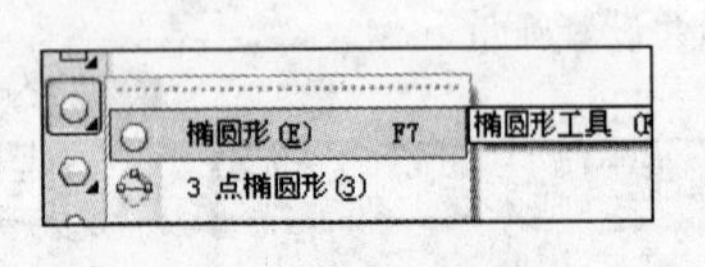

图 3.17 选择“椭圆形”工具

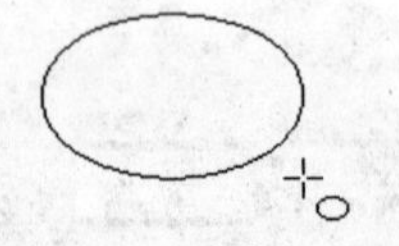

图 3.18 绘制椭圆

专家点拨 如果需要绘制圆形，可以按住 Ctrl 键拖动鼠标到需要的位置释放鼠标即可。

2. 绘制饼形和弧形

饼形是椭圆从中心产生的一个有封闭缺口的图形，而弧形是椭圆上的一段开放的弧线，绘制饼形和弧形的方法相同。选择“椭圆形”工具，在属性栏中单击“弧形”按钮，在绘图页面中单击后拖动鼠标到合适的位置释放鼠标即可获得一个弧形，如图 3.19 所示。

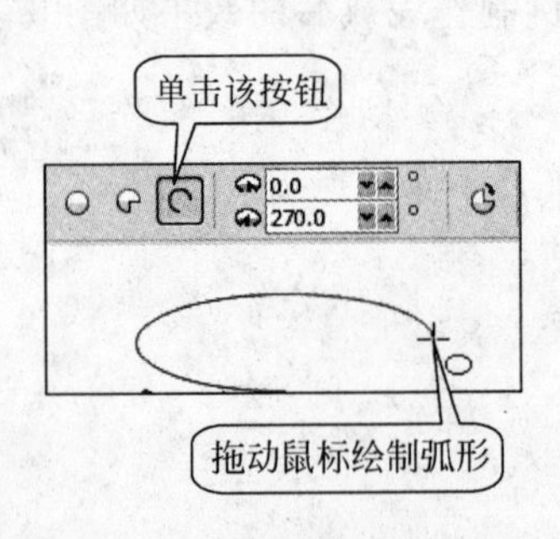

图 3.19 拖动鼠标绘制弧形

在完成弧形的绘制后，可以对图形进行修改。例如，选择绘制的弧形，单击“饼形”按钮，可以将弧形转换为饼形，如图 3.20 所示。

在工具箱中选择“形状”工具，拖动图形上的控制柄可以对图形进行修改，如图 3.21 所示。

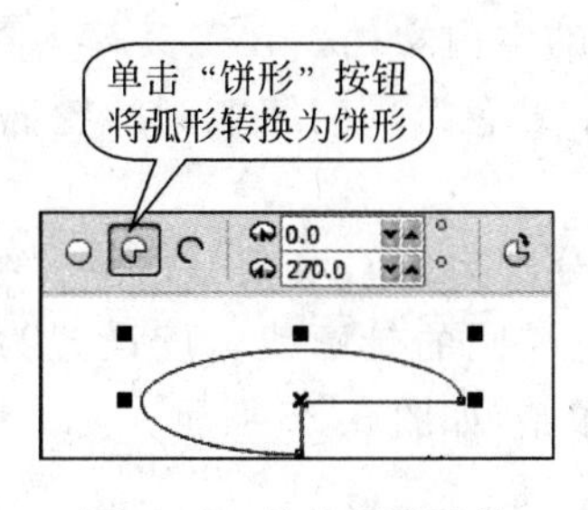

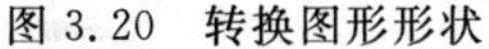
图 3.20 转换图形形状

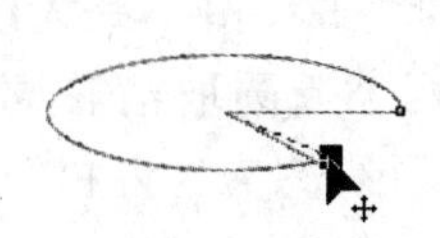
图 3.21 拖动控制柄调整图形形状

专家点拨 绘制椭圆后，选择“形状”工具，然后在属性栏中单击“饼形”或“弧形”按钮，拖动椭圆上的控制柄可以创建饼形或弧形。选择饼形或弧形后，在属性栏的“起始和结束角度”微调框中输入数值，可以修改饼形或弧形的开口大小。

3.2.2 “3 点椭圆形”工具

“3 点椭圆形”工具可以根据轴的两点和椭圆上的一个点来绘制椭圆。在绘制图形时，先确定轴所在的两个点，然后再确定第三个点的位置，轴的长短由椭圆上的点来确定。在工具箱中选择“3 点椭圆形”工具，在绘图页面单击，拖动鼠标获得一条直线，释放鼠标后便会产生一个随着鼠标移动的曲线，在合适的位置单击鼠标即可创建椭圆，如图 3.22 所示。

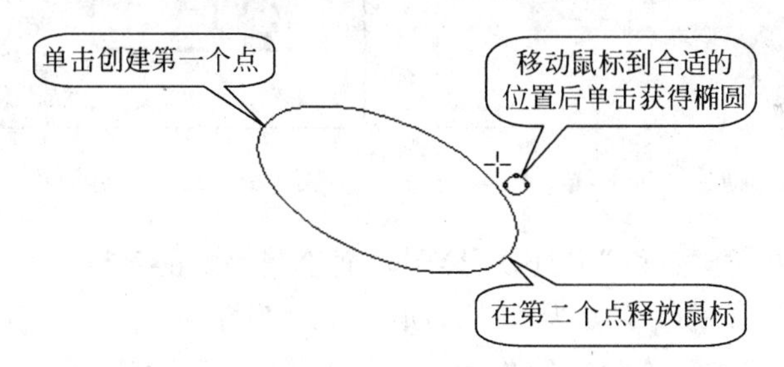

图 3.22 使用“3 点椭圆”工具绘制椭圆

3.2.3 工具应用实例——卡通蚂蚁

1. 实例简介

本实例介绍卡通蚂蚁的制作过程。在本实例的制作过程中，蚂蚁的头、眼睛、两只脚和两只竖起大拇指的手等对象直接使用“椭圆形”工具绘制。蚂蚁头上的触角、眯起的眼睛和翘起的嘴巴都是弧形，通过在属性栏中设置弧形的起始和结束角度来创建。另外，蚂蚁的手臂、两腿和身体使用“钢笔”工具绘制。

通过本实例的制作，读者将能够掌握使用“椭圆形”工具绘制椭圆和圆形的方法，掌握通过属性栏参数设置绘制各种形状的弧形的方法。同时，读者将能够了解使用基本图形组合复杂图形的方法和技巧。

2. 实例制作步骤

(1) 启动 CorelDRAW X4,创建一个名为"蚂蚁"的空白文档。在工具箱中选择"椭圆形"工具,在绘图区域内绘制一个椭圆形。为椭圆填充"黄色",同时将椭圆的轮廓线设置为5mm,如图 3.23 所示。

(2) 使用"椭圆形"工具由小到大绘制 4 个椭圆,分别为它们填充"白色"、"绿色"、"黑色"和"白色",中间两个椭圆取消轮廓线,最大的白色椭圆的轮廓线宽度设置为 3mm,如图 3.24 所示。使用"挑选"工具将它们放到一起构成眼睛,如图 3.25 所示。

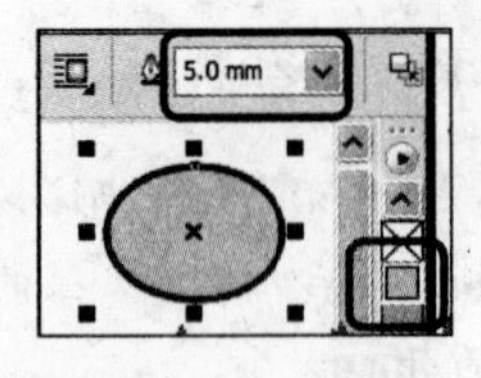

图 3.23　绘制椭圆

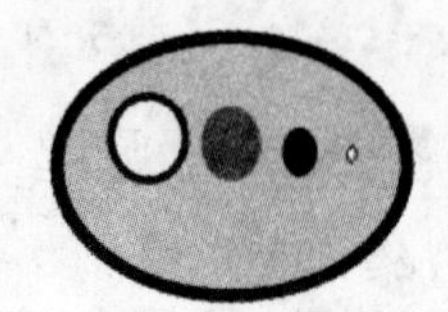
图 3.24　依次绘制 4 个椭圆

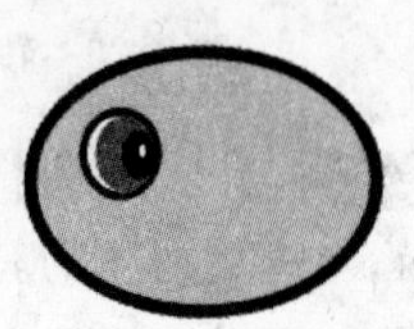
图 3.25　获得眼睛

(3) 使用"椭圆形"工具绘制一个椭圆,将轮廓线宽设置为 3mm。在属性栏中的"起始和结束角度"微调框中输入角度值,单击"弧形"按钮创建一条曲线,如图 3.26 所示。使用相同的方法再创建一条曲线,如图 3.27 所示。

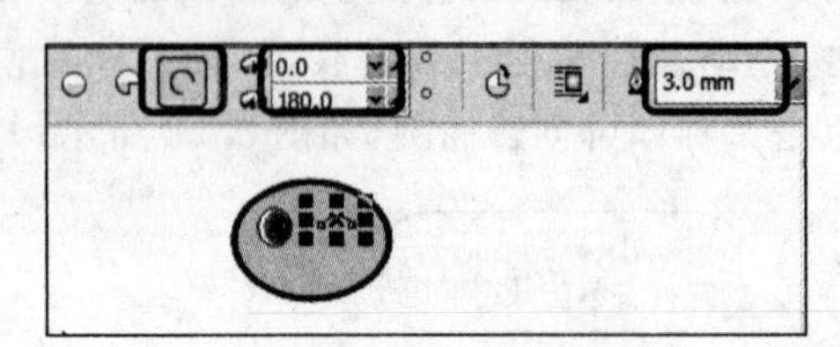

图 3.26　创建一条曲线

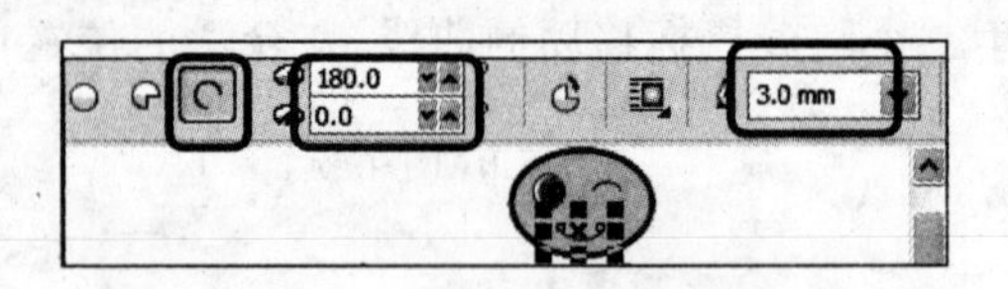

图 3.27　再创建一条曲线

(4) 在工具箱中选择"钢笔"工具,在绘图页面绘制蚂蚁的身体、两只手臂和两条腿。这里填充颜色为"黄色",轮廓线宽度为 5mm,如图 3.28 所示。

(5) 使用"椭圆形"工具绘制椭圆作为脚面。椭圆的填充色和轮廓线的宽度与腿相同。在工具箱中选择"挑选"工具,调整椭圆的大小和角度,如图 3.29 所示。

(6) 在椭圆上右击,从弹出的快捷菜单中选择"顺序"|"到页面后面"命令。使用"钢笔"工具绘制一个方块,取消其轮廓线并填充"黄色",这个方块盖住脚和腿的接触部位。至此,完成蚂蚁右脚的绘制,如图 3.30 所示。使用相同的方法制作蚂蚁的左脚,此时图形效果如图 3.31 所示。

图 3.28　绘制身体、手臂和腿

图 3.29　绘制脚

图 3.30　获得蚂蚁的右脚

(7) 使用“椭圆形”工具绘制两个椭圆，使用与脚部椭圆相同的填充色和轮廓线宽度。重新放置它们的位置，如图 3.32 所示。使用“椭圆形”工具绘制一条弧线，如图 3.33 所示。

图 3.31　添加左脚后的效果

图 3.32　绘制两个椭圆

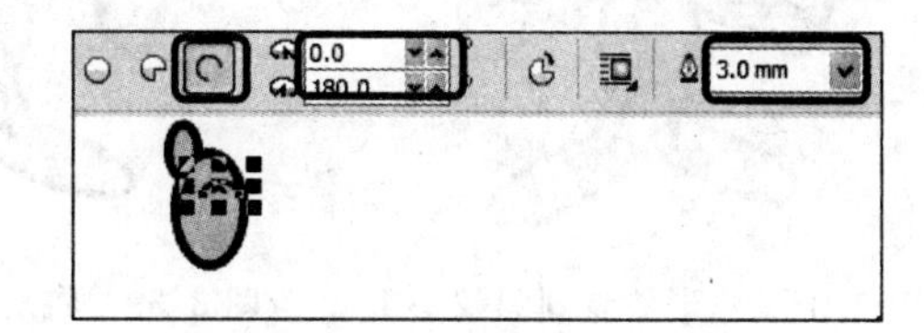

图 3.33　绘制弧线

专家点拨　使用“挑选”工具同时选择多个对象，一般采用两种方法。可以拖动鼠标框选所有的对象，也可以按住 Shift 键依次单击需要选择的对象。

(8) 将该弧线复制一个，放置到上一步创建的弧线的下方。使用“挑选”工具同时选择这里创建的图形，将其放置到蚂蚁右手的位置，如图 3.34 所示。复制右手，使用“挑选”工具横向拖动复制图形对其进行镜像变换。将变换后的图形放置到蚂蚁左手的位置，此时图像的效果如图 3.35 所示。

(9) 选择“椭圆形”工具，按住 Ctrl 键拖动鼠标分别创建一大一小两个圆形。小圆形以“白色”填充，同时将轮廓线设置为“无”。大圆形以“红色”填充，轮廓线的宽度设置为 5mm。将这两个圆形叠放在一起，拖放到蚂蚁的胸前，如图 3.36 所示。

图 3.34　创建蚂蚁右手

图 3.35　创建左手

图 3.36　绘制并放置两个圆形

(10) 使用“椭圆形”工具绘制弧形，如图 3.37 所示。复制该弧形并将它们放置到蚂蚁的头上，如图 3.38 所示。

(11) 使用“椭圆形”工具绘制一大一小两个圆形，将它们的轮廓线宽度设置为“无”。为大圆填充“红色”，小圆填充“白色”。将小圆放置在大圆后，复制这两个圆形构成的对象。将这两个对象分别放置到蚂蚁头部的触须上，如图 3.39 所示。

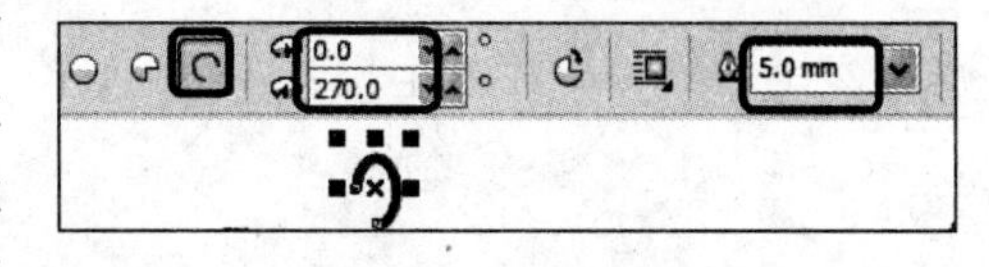

图 3.37　绘制弧形

(12) 对构成图像的各个图形的大小和位置进行适当调整，效果满意后保存文档。本实例制作完成后的效果如图 3.40 所示。

图 3.38　弧形放置到蚂蚁头上　　图 3.39　将对象放置到触须上　　图 3.40　实例制作完成后的效果

3.3 “多边形”工具和“星形”工具

在绘制各种图形时，少不了绘制多边形和各种星形。本节将分别介绍 CorelDRAW 的“多边形”工具和“星形”工具的使用方法。

3.3.1 “多边形”工具

多边形指的是具有三条或三条以上边的图形，CorelDRAW 的“多边形”工具就是用来绘制各种多边形的工具。在工具箱中选择“多边形”工具，如图 3.41 所示。在属性栏中设置多边形的边数，如图 3.42 所示。在绘图页面中拖动鼠标即可绘制出指定边数的多边形，如图 3.43 所示。

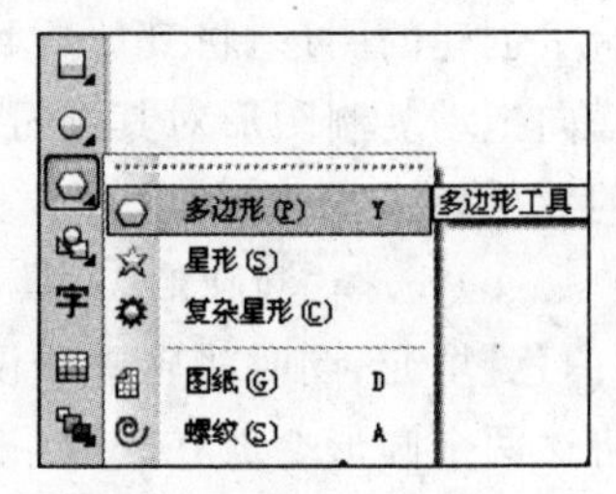

图 3.41　选择“多边形”工具

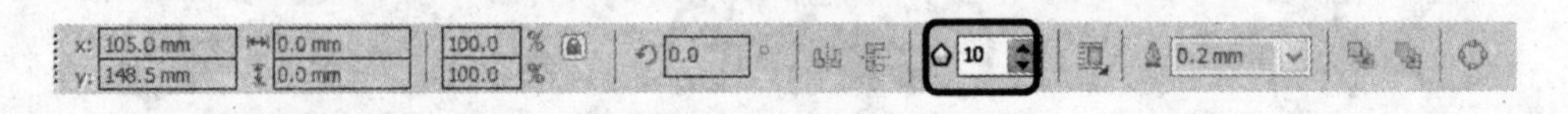

图 3.42　设置多边形边数

在 CorelDRAW 中绘制的多边形的各个边角是关联的，使用“形状”工具拖动边上的任意一个节点，其余各边的节点位置也会随着发生改变。使用这种方法可以对多边形的形状进行修改，如图 3.44 所示。

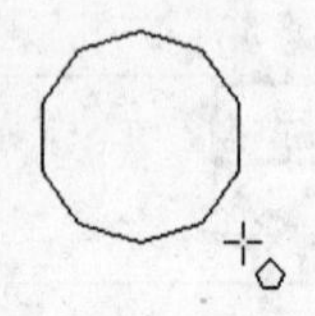

图 3.43　绘制多边形

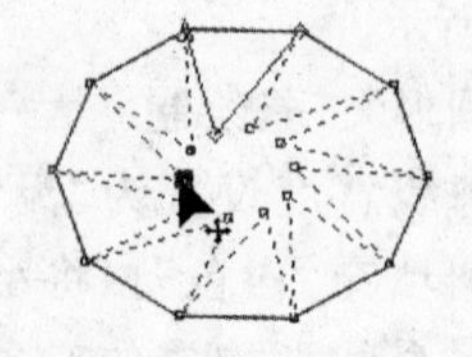

图 3.44　拖动节点改变多边形的形状

3.3.2 “星形”工具

星形实际上是由多边形衍生而来的，当多边形产生锐利的尖角时就变成了星形，即星形是由多边形每个角的连接线组成的。在 CorelDRAW 中，用户可以在属性栏中设置星形的点数和锐度，如图 3.45 所示。

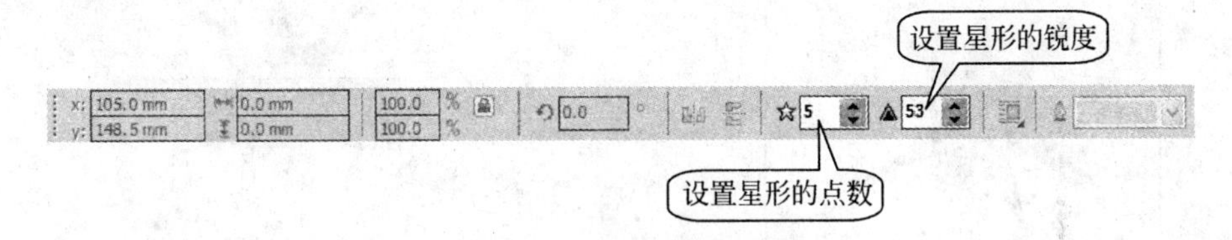

图 3.45　“星形”工具的属性栏

CorelDRAW X4 提供了两种工具来绘制星形，它们是“星形”工具和“复杂星形”工具，下面分别对这两个工具进行介绍。

1. “星形”工具

在工具箱中选择“星形”工具，如图 3.46 所示。在属性栏中设置星形的点数和锐度，在绘图页面中拖动鼠标拖出星形，在合适位置释放鼠标即可绘制出需要的形状，如图 3.47 所示。

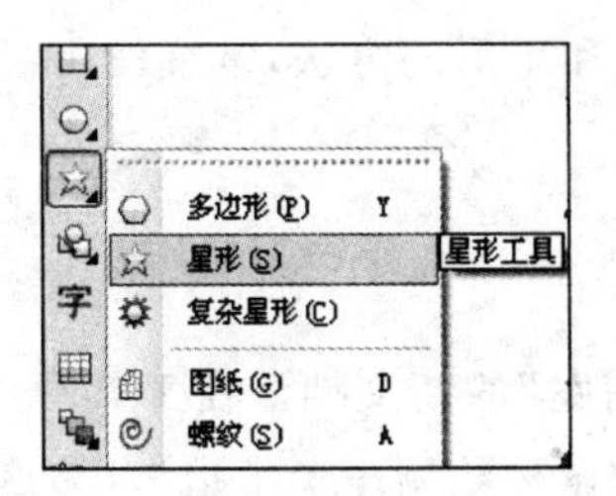

图 3.46　选择“星形”工具

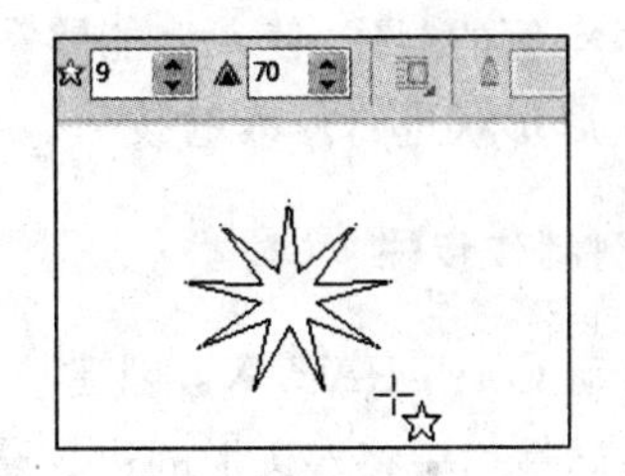

图 3.47　绘制星形

专家点拨　“星形”工具可以设置的点数范围为 0～500，在“星形和复杂星形的锐度”微调框中的输入值范围为 1～99，其中数值越小，对象就越细。

2. “复杂星形”工具

与“星形”工具类似，在工具箱中选择“复杂星形”工具，在属性栏中对星形的点数和锐度进行设置，然后在绘图页面中单击并拖动鼠标到需要的位置释放鼠标，此时即可得到复杂星形。对复杂星形填充颜色后的效果如图 3.48 所示。

专家点拨　与“星形”工具相比，复杂星形点数的取值范围为 5～500，锐度值的取值范围为 1～3，数值越大，对象越饱满。同时，由于复杂星形中存在着多个节点，当为其填充颜色时，交叉重叠区域将不会被填充颜色。

3. 调整星形的锐度

在绘制星形后，可以通过在属性栏中重新设置图形的锐度值来调整星形的锐度。同时，用户也可以在工具箱中选择“形状”工具，通过拖动星形的节点来调整其锐度，如图 3.49 所示。

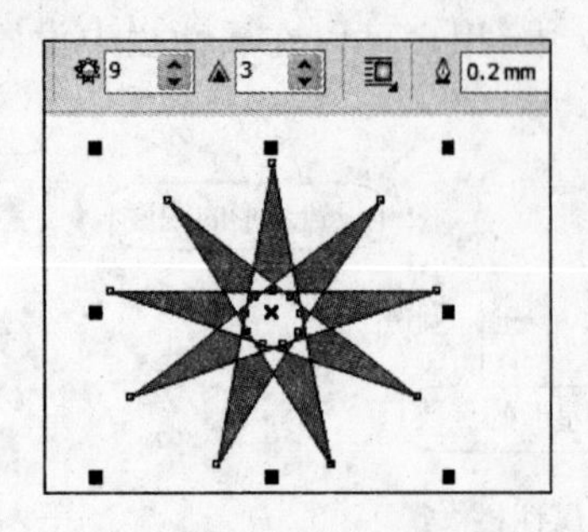

图 3.48　对复杂星形填充颜色后的效果

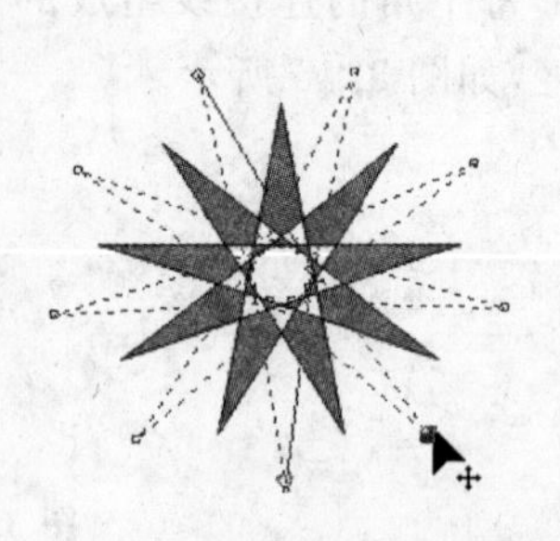

图 3.49　拖动节点调整锐度

3.3.3　工具应用实例——制作装饰图案

1. 实例简介

本实例介绍一个装饰图案的制作方法。本实例的装饰图案由多边形和星形组合而成，在实例的制作过程中使用“多边形”工具、“星形”工具和“复杂星形”工具来绘制组成图案的多边形和星形，同时使用“形状”工具对图形形状进行修改。

通过本实例的制作，读者将能够掌握绘制多边形和星形的方法，掌握使用“形状”工具对多边形和星形形状进行修改的技巧。

2. 实例制作步骤

(1) 启动 CorelDRAW X4，创建一个名为“星形图案”的新文档。在工具箱中选择“多边形”工具，在属性栏中将多边形的边数设置为 10。拖动鼠标绘制一个十边形，为这个十边形填充“黄色”。打开“对象属性”面板，在“轮廓线”选项卡中设置轮廓线宽度和颜色，如图 3.50 所示。

(2) 选择“视图”|“标尺”命令打开标尺，从水平标尺和垂直标尺上分别拖出两条辅助线放置于十边形的中心。在工具箱中选择“星形”工具，拖动鼠标绘制一个有 10 个角的星形。为该星形填充与十边形相同的颜色，设置轮廓线宽度和颜色，如图 3.51 所示。

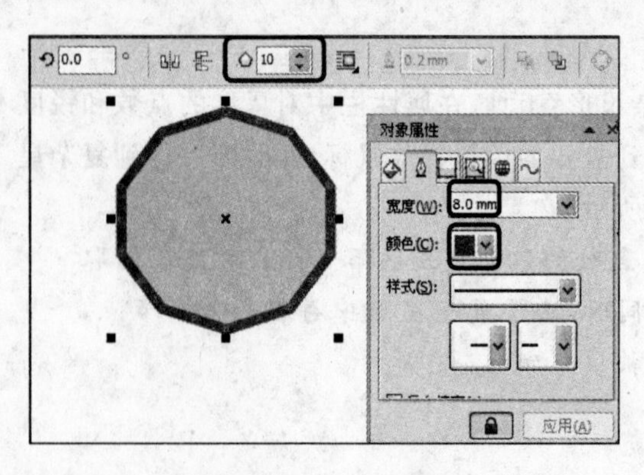

图 3.50　绘制十边形

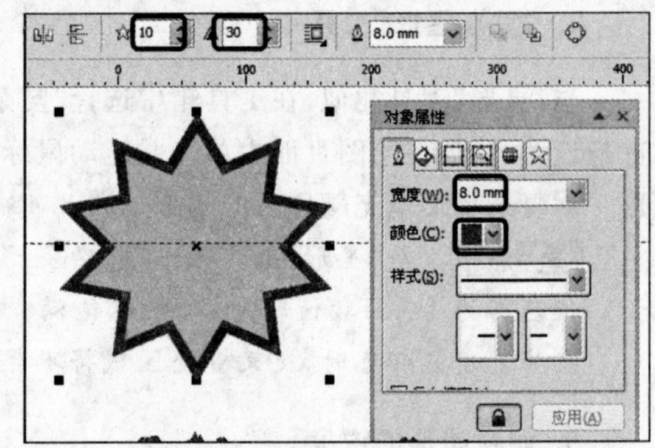

图 3.51　绘制星形

(3) 在工具箱中选择“挑选”工具，根据辅助线将星形放置到十边形的中心。同时调整星形的大小，如图 3.52 所示。

(4) 在工具箱中选择“复杂星形”工具，使用该工具创建一个有10个角的星形，对该星形填充“绿色”。在属性栏中设置星形的锐度，同时将轮廓线设置为“无”，如图3.53所示。

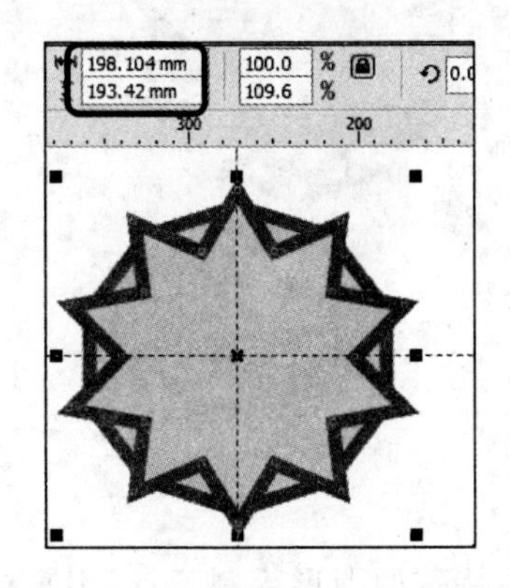

图3.52　放置星形并调整其大小

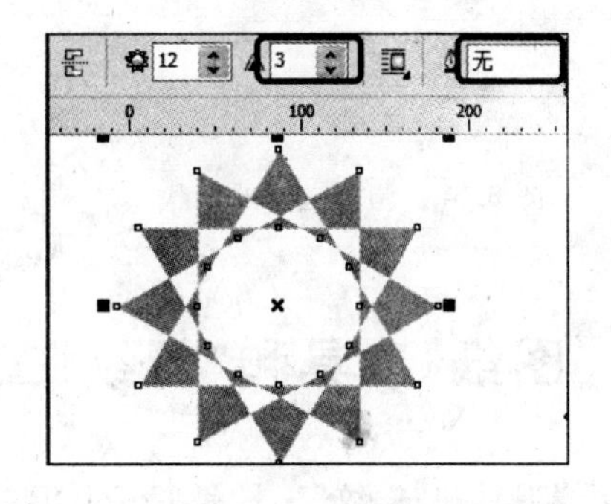

图3.53　设置星形锐度和轮廓线宽度

专家点拨　要精确放置对象，可以在属性栏的“对象位置”微调框中直接输入X和Y值。同时，按键盘上的方向键可以对对象位置进行微调。

(5) 在工具箱中选择“形状”工具，拖动星形上的控制点对星形的形状进行调整，如图3.54所示。

(6) 使用“挑选”工具将星形放置于前面制作图形的中心位置，对星形的大小进行调整，如图3.55所示。

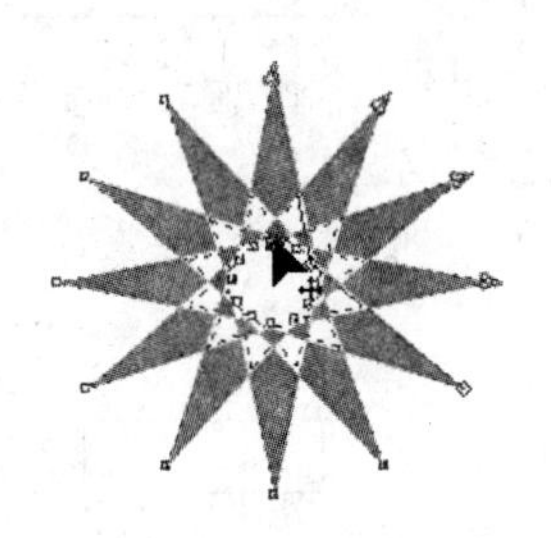

图3.54　调整星形形状

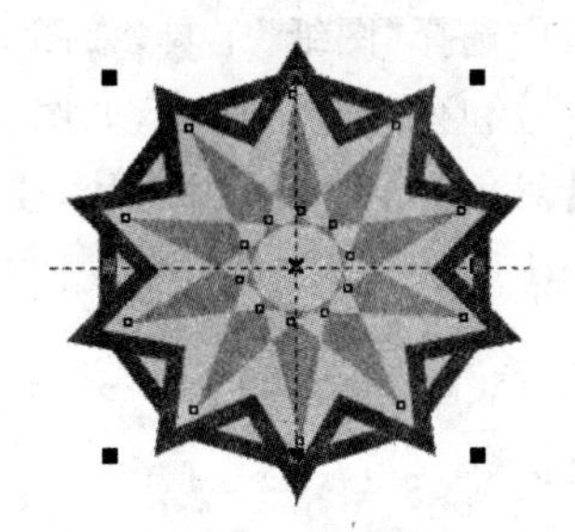

图3.55　放置星形

(7) 使用“多边形”工具再绘制一个十边形，为其填充“绿色”并将轮廓线设置为“无”。将该十边形放置于图形的中心，如图3.56所示。

(8) 使用“复杂星形”工具再绘制一个有10个角的星形，取消其轮廓线，同时为其填充“黄色”。使用“形状”工具调整星形的形状，如图3.57所示。

(9) 将这个星形放置到图形的中心并将其缩小，保存文档，完成本实例的制作。本实例制作完成后的效果如图3.58所示。

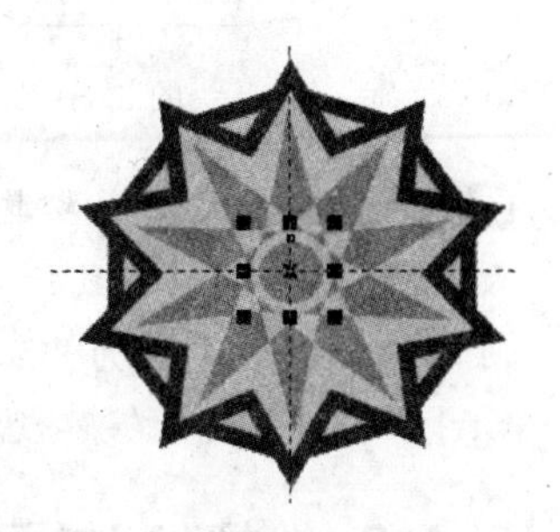

图3.56　在中心放置一个十边形

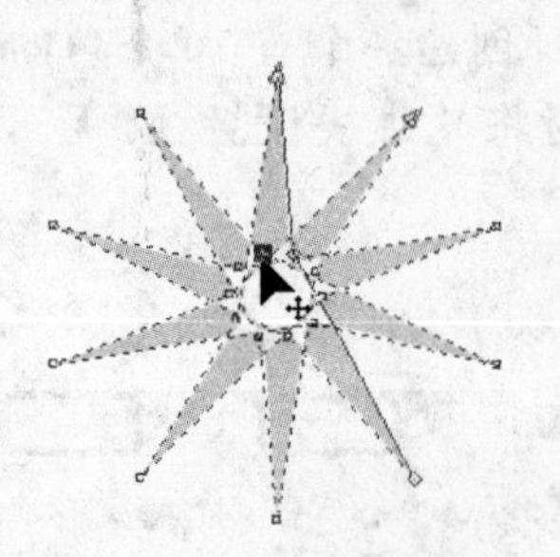

图 3.57　调整星形的形状

图 3.58　实例制作完成后的效果

3.4　“图纸”工具和“螺纹”工具

“图纸”工具和“螺纹”工具是 CorelDRAW 中两种特殊的图形绘制工具，用来绘制网格状图形和特殊的曲线。

3.4.1　“图纸”工具

在 CorelDRAW 中，使用“图纸”工具可以绘制具有不同行数和列数的网格图形。使用“图纸”工具绘制的网格，实际上是一组由矩形或正方形群组而成，取消群组后可以获得独立的矩形或正方形。

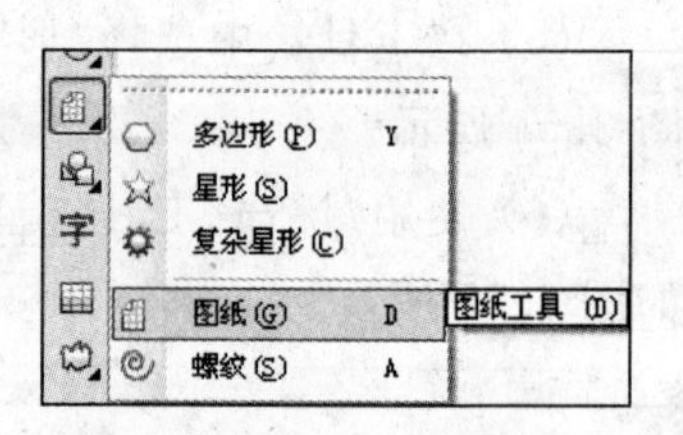

图 3.59　选择“图纸”工具

在工具箱中选择“图纸”工具，如图 3.59 所示。在属性栏中对网格的行数和列数进行设置，如图 3.60 所示。在绘图页面中单击并沿对角方向拖动鼠标到需要位置释放即可绘制出网格，如图 3.61 所示。

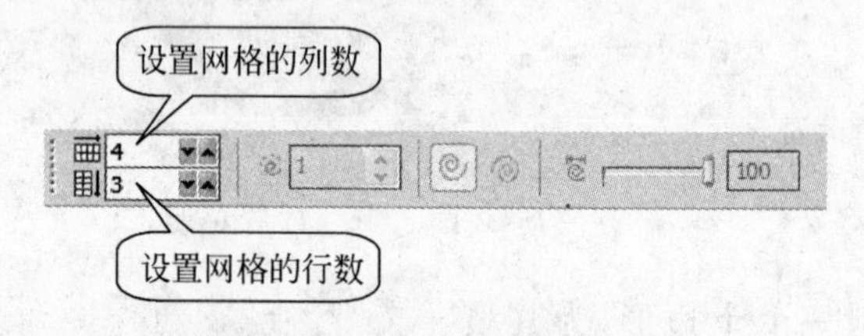

图 3.60　设置网格的行列数

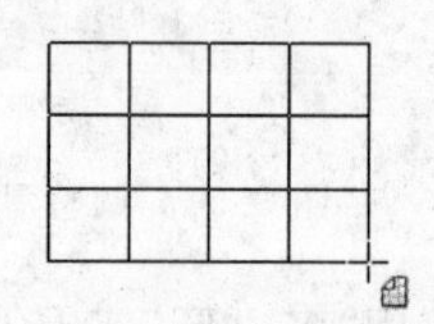

图 3.61　绘制网格

专家点拨　按住 Ctrl 键拖动鼠标，可以绘制出正方形边界的网格；按住 Shift 键拖动鼠标，可以绘制以鼠标单击点为中心的网格；按住 Ctrl+Shift 组合键拖动鼠标，可以绘制以单击点为中心的具有正方形边界的网格。选择绘制完成的网格，按 Ctrl+U 组合键能够解散群组，网格此时被分成多个独立的图形对象。

3.4.2　“螺纹”工具

在 CorelDRAW 中，使用“螺纹”工具能够绘制两种螺纹：对称式螺纹和对数式螺纹。下面对这两种螺纹的绘制方法进行介绍。

1. 对称式螺纹

对称式螺纹是由多圈间隔相同的环绕曲线组成的，螺纹线均匀扩展，每个回圈之间的间距相等。在工具箱中选择“螺纹”工具，在默认状态下属性栏中的“对称式螺纹”按钮处于按下状态。在属性栏中对工具进行设置，如图 3.62 所示。在绘图页面中单击并沿对角方向拖动鼠标即可绘制出需要的螺纹线，如图 3.63 所示。

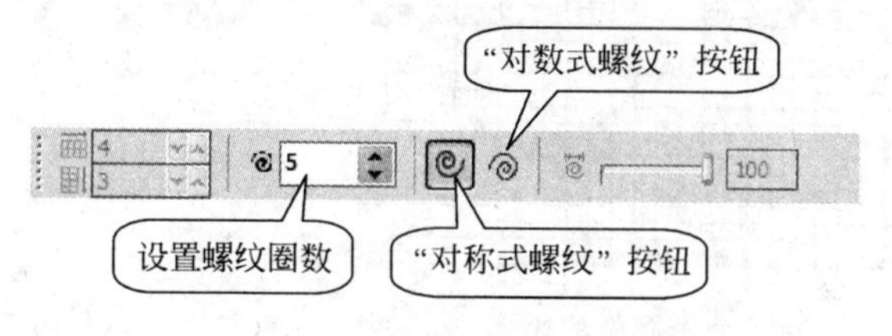

图 3.62 对称式螺纹的属性栏

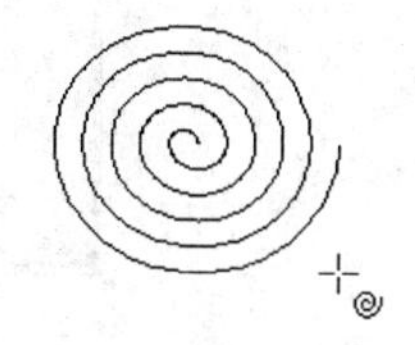

图 3.63 拖动鼠标绘制对称式螺纹

2. 对数式螺纹

对数式螺纹指的是从螺纹中心不断向外扩展的螺旋方式，螺纹间的距离由内向外不断扩大。在工具箱中选择“螺纹”工具，在属性栏中单击“对数式螺纹”按钮，指定螺纹的圈数并设置螺纹的扩展参数，如图 3.64 所示。在绘图页面中拖动鼠标即可绘制出对数式螺纹，如图 3.65 所示。

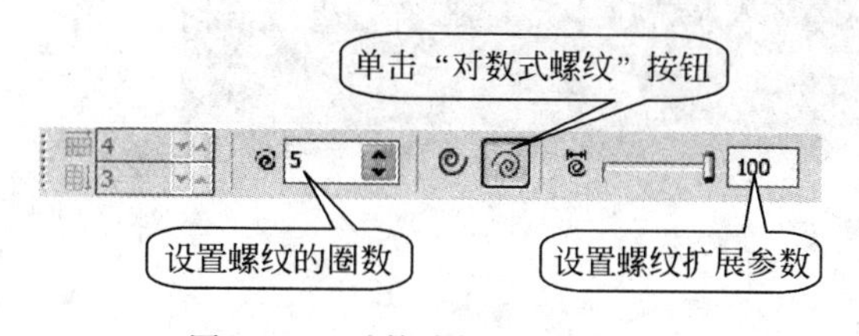

图 3.64 对数式螺纹的属性栏

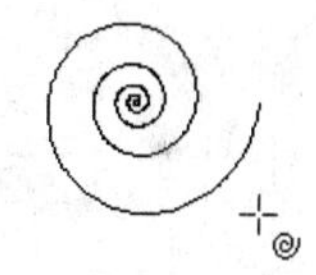

图 3.65 绘制对数式螺纹

3.4.3 工具应用实例——节约用水宣传画

1. 实例简介

本实例介绍一个节约用水宣传画的制作。本实例使用“螺纹”工具绘制螺纹线，使用“艺术笔”工具的笔触来描绘螺纹线，然后使用“挑选”工具对绘制的图形进行倾斜变换以获得水波效果。图中的感叹号下部使用“椭圆形”工具绘制完成，上部使用“螺纹”工具并使用“钢笔”工具对形状进行修改，两个部分使用“艺术笔”工具描绘线条。另外，本实例使用“图纸”工具绘制网格，通过对网格填充颜色并取消轮廓线来创建背景。

通过本实例的制作，读者将掌握使用“螺旋”工具绘制螺旋线以及使用“钢笔”工具对螺旋线进行编辑修改的方法，进一步掌握使用“艺术笔”工具描绘曲线的方法。

2. 实例制作步骤

(1) 在工具箱中选择“图纸”工具，在属性栏中设置网格的个数，拖动鼠标在绘图页面中绘制一个带网格的矩形，如图 3.66 所示。打开“对象属性”泊坞窗，在“轮廓”选项卡中将轮廓线的“宽度”设置为“无”,如图 3.67 所示。

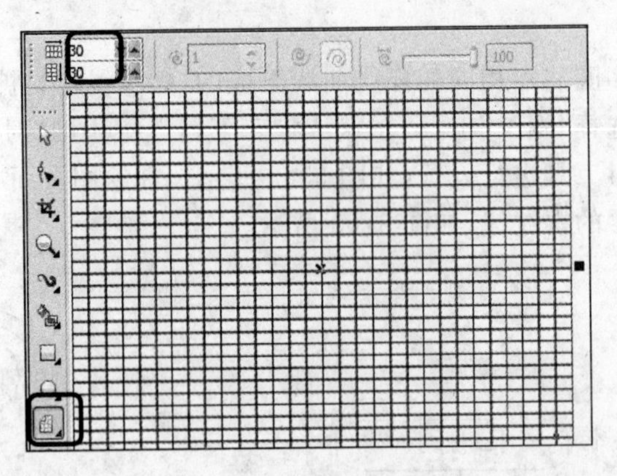

图 3.66　绘制一个带网格的矩形

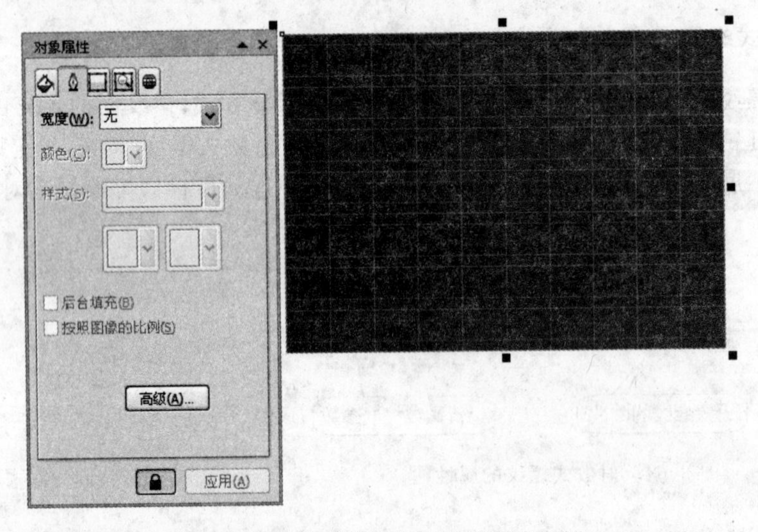

图 3.67　将轮廓线的“宽度”设置为“无”

(2) 在工具箱中选择“螺纹”工具,在属性栏中对工具进行设置。拖动鼠标在绘图页面中绘制一个螺纹,如图 3.68 所示。

(3) 在工具箱中选择“艺术笔”工具,在属性栏中选择“笔刷”模式,将艺术笔的宽度设置为 100mm。在“笔触列表”下拉列表中选择需要使用的笔触应用到螺纹线,如图 3.69 所示。

(4) 将图形放置到步骤(1)制作的矩形中,将笔触的颜色设置为“白色”。使用“挑选”工具在图形上单击两次,拖动图形 4 条边中间的倾斜符号将图形调整为水平放置,同时调整图形的大小,如图 3.70 所示。

(5) 使用“椭圆形”工具绘制一个椭圆,选择“艺术笔”工具,在属性栏中选择“笔刷”模式,将笔触宽度设置为 20mm。在“笔触列表”下拉列表中选择笔触样式应用到椭圆。将笔触的填充颜色设置为“白色”,如图 3.71 所示。

(6) 复制该椭圆并将其放置于旁边备用。再使用“椭圆形”工具绘制一个椭圆,在属性栏中将其轮廓线设置为“无”,同时为其填充“白色”。将该椭圆放置到上一步绘制的椭圆中,

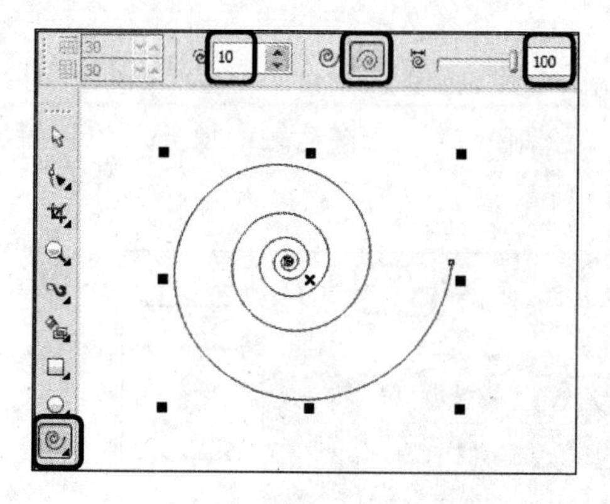

图 3.68　绘制一个螺纹线

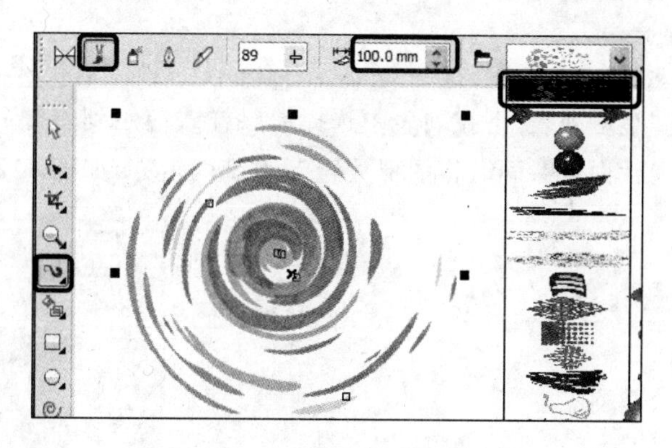

图 3.69　对螺纹线应用笔触效果

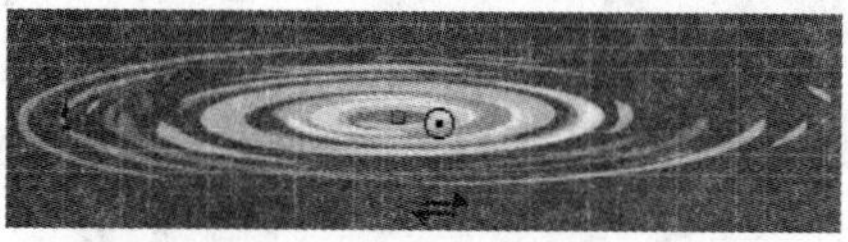

图 3.70　将图形变为水平放置

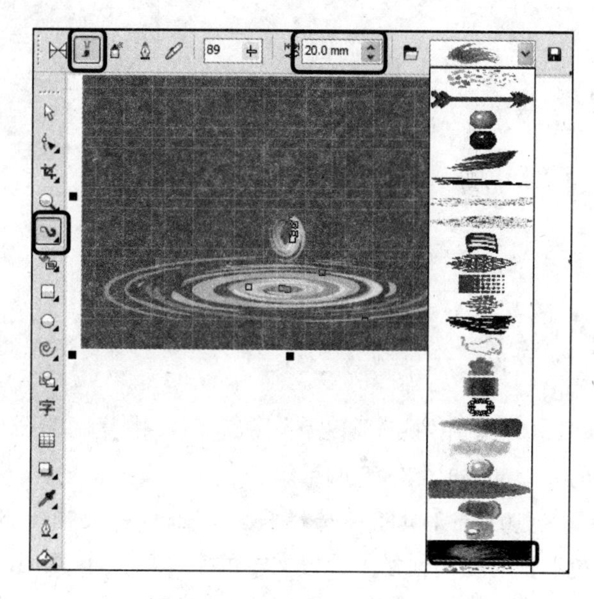

图 3.71　对椭圆应用笔触效果

得到第一滴水滴，如图 3.72 所示。

(7) 使用“螺纹”工具绘制一个螺纹，如图 3.73 所示。在工具箱中选择“钢笔”工具对螺纹的形状进行修改，如图 3.74 所示。

图 3.72　绘制并放置椭圆

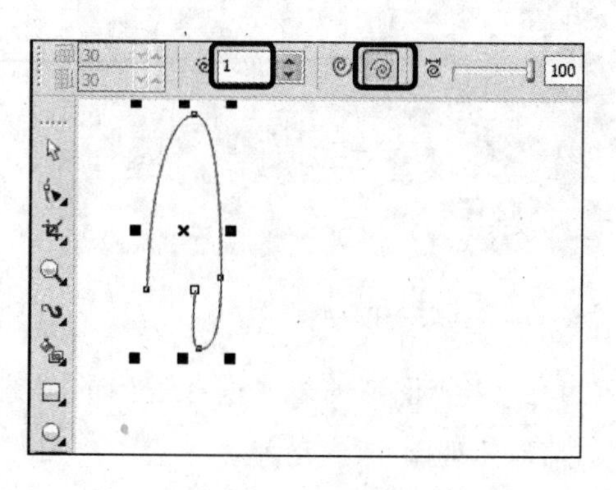

图 3.73　绘制螺纹

(8) 选择"艺术笔"工具，在属性栏中选择"笔刷"模式，将笔触宽度设置为 40mm。在"笔触列表"下拉列表中选择笔触样式应用到步骤(7)绘制的螺纹。将笔触的填充颜色设置为"白色"，同时将图形放置到水滴的上方，如图 3.75 所示。

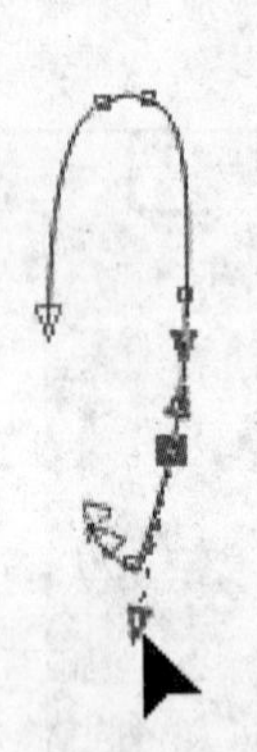

图 3.74 修改螺纹形状

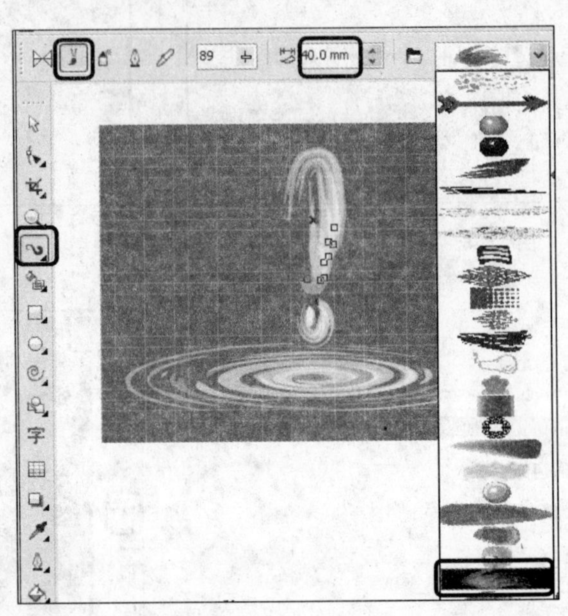

图 3.75 应用笔触

(9) 使用"挑选"工具选择步骤(6)中复制的图形，将其缩小并放置到步骤(8)绘制图形的左上部，如图 3.76 所示。

(10) 在工具箱中选择"文本"工具在文档中输入文本，将文字的填充颜色设置为"白色"，同时在属性栏中设置文本的字体和大小，如图 3.77 所示。在工具箱中选择"交互式阴影"工具，在文字上拖动鼠标为文字添加阴影效果，如图 3.78 所示。

图 3.76 放置图形

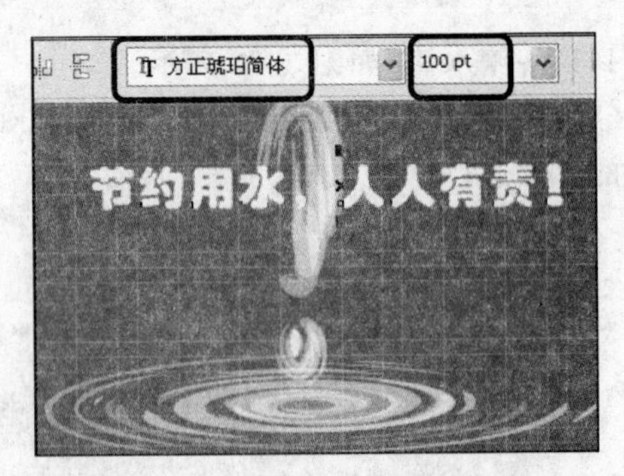

图 3.77 设置文字字体和大小

(11) 对各个图形的位置进行适当的调整，保存文档，完成本实例的制作。本实例制作完成后的效果如图 3.79 所示。

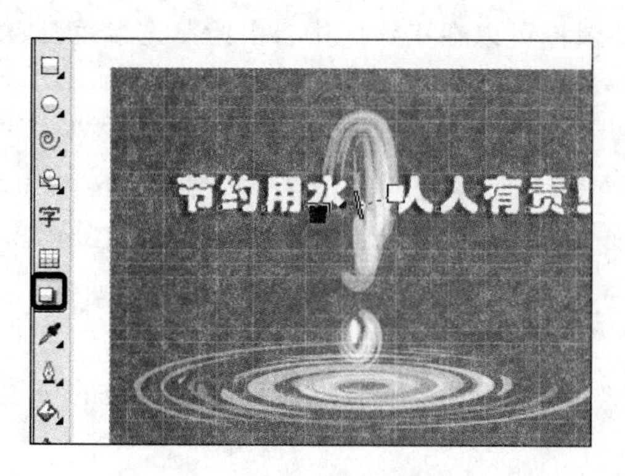

图 3.78　为文字添加阴影效果

图 3.79　实例制作完成后的效果

3.5　“形状”工具

在使用 CorelDRAW X4 进行图形绘制时，通常需要对图形对象的外形进行调整以获得满意的图形效果，这时就需要运用“形状”工具来对图形的节点进行添加、删除、平滑以及尖突等操作。本节将介绍使用“形状”工具对图形形状进行编辑的操作方法。

3.5.1　选择节点

在 CorelDRAW 中，使用“形状”工具可以通过处理图形对象的节点和线段来改变图形的形状。节点指的是沿对象轮廓显示的小方块，两个节点之间的线条称为线段。移动对象线段能够调整整个对象形状，改变节点位置可以精确调整对象形状。

在对图形对象进行编辑处理时，必须首先选择节点。选择节点时，首先使用“挑选”工具选择需要进行编辑处理的对象，单击工具箱上的“形状”工具，此时被选择对象上的所有节点都将显示出来。单击某个节点即可将其选择，如图 3.80 所示。

“形状”工具的属性栏提供了矩形和手绘两种节点选择模式，用户可以方便地使用这两种模式对节点进行选择。选择“形状”工具，默认选择模式是“矩形”模式，此时拖动鼠标可以将绘制的矩形虚线范围内的节点选中，如图 3.81 所示。

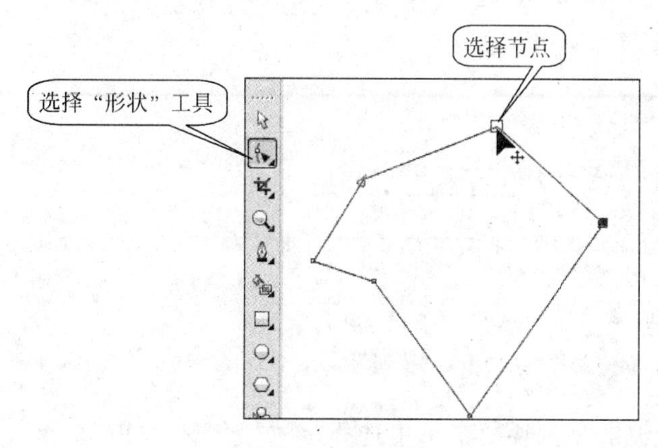

图 3.80　选择节点

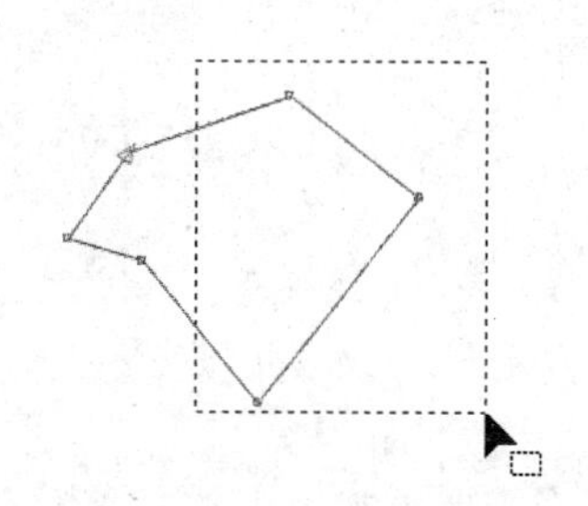

图 3.81　在“矩形”模式下选择节点

在属性栏中将选择模式设置为“手绘”，拖动鼠标可以在工作区中自由绘制选取范围，如图 3.82 所示。释放鼠标后，鼠标绘制范围内的节点被选择。

专家点拨 按住 Shift 键单击多个节点，这些节点将同时被选择。选择“编辑”|“全选”|“节点”命令能够选择图形上的所有节点。在同时选择多个节点后，按住 Shift 键单击一个或多个节点，将取消对这些节点的选择。在绘图页面的空白区域单击，将取消选择所有节点。按 Home 键将选择图形上的第一个节点，按 End 键将选择最后一个节点。

线条上的任意节点都是可以移动的，在选择节点后，拖动该节点即可移动节点的位置，从而实现对图形形状的修改，如图 3.83 所示。

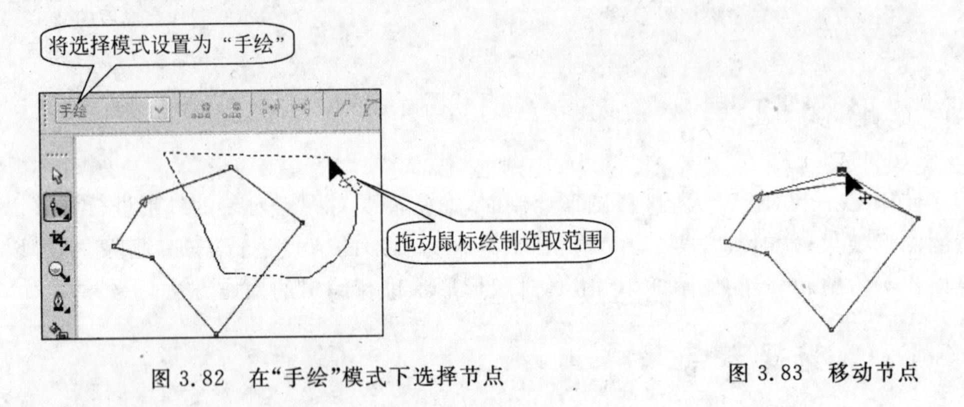

图 3.82 在“手绘”模式下选择节点

图 3.83 移动节点

3.5.2 添加和删除节点

图形形状的修改实际上是通过对节点的操作来实现的，为了能够准确地对图形形状进行编辑，往往需要在曲线上添加或删除节点。

1. 添加节点

在图形的路径空白处单击标记需要添加节点的位置，在属性栏中单击“添加节点”按钮即可在标记位置处添加新节点，如图 3.84 所示。

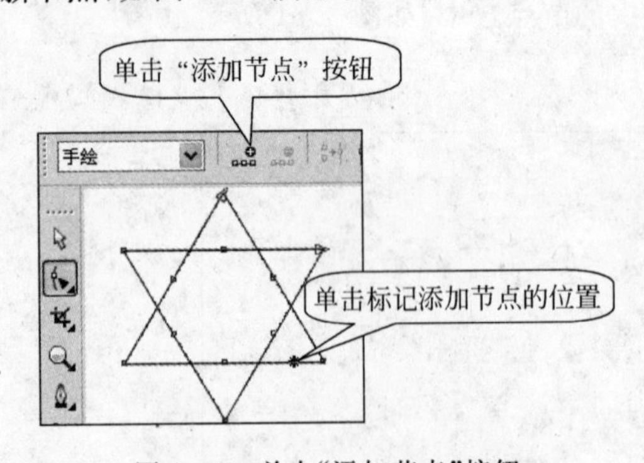

图 3.84 单击“添加节点”按钮

在需要添加节点的线条上右击，从弹出的快捷菜单中选择“添加”命令即可在线条上鼠标右击处添加一个节点，如图 3.85 所示。

专家点拨 如果鼠标右击处已经存在着节点，则 CorelDRAW 会自动在此处以逆时针方向在与之相邻的节点之间添加一个节点。另外，在线条上选择某个节点后，按数字键盘上的"＋"键将自动在选择节点和前面节点之间的中间位置添加节点。同时，在需要添加节点的位置双击鼠标也能添加节点。

2. 删除节点

在实际操作中，可以通过删除多余的节点来简化图形的形状。在图形上选择需要删除的节点，单击属性栏中的"删除节点"按钮即可将该节点删除，如图 3.86 所示。

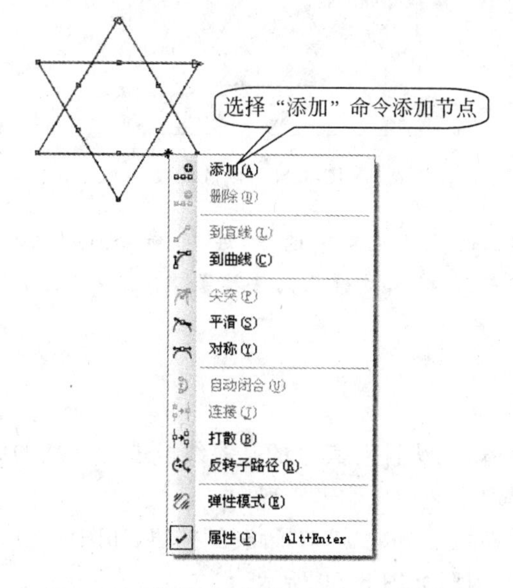

图 3.85 选择快捷菜单中的命令添加节点

图 3.86 删除节点

专家点拨 与添加节点相类似，在某个节点上右击，从弹出的快捷菜单中选择"删除"命令可以删除该节点。双击某个节点，选择节点后按 Delete 键或数字键盘上的"－"键均能快速删除节点。

3.5.3 连接与分割线条

在进行图形绘制时，有时需要将两条线段连接为一条线段或是将一条线段分割为两条线段。要实现这样的操作，可以使用属性栏的命令按钮或右键菜单中的命令来实现。

1. 连接节点

连接节点是将一个对象上两个相邻的节点连接为一个节点，从而将不封闭的图形变为封闭的图形。按住 Shift 键的同时选择两个节点，在属性栏中单击"连接两个节点"按钮即可将两个节点连接为一个节点，如图 3.87 所示。

2. 分割曲线

分割曲线是将曲线上的一个节点在原位置分离为两个节点，从而断开曲线的连接，图形由封闭状态变为不封闭状态。通过分割曲线，能够将由多个节点连接而成的曲线分离成多条独立的线段。

使用“形状”工具选取线条上需要分割的节点，在属性栏中单击“断开曲线”按钮即可断开线条的连接，如图3.88所示。

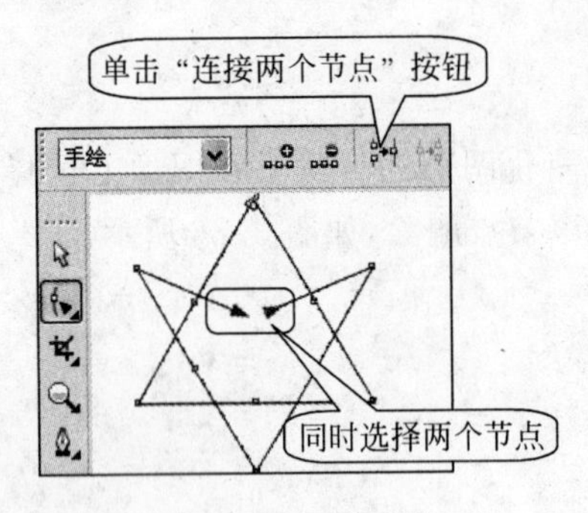

图3.87 连接节点

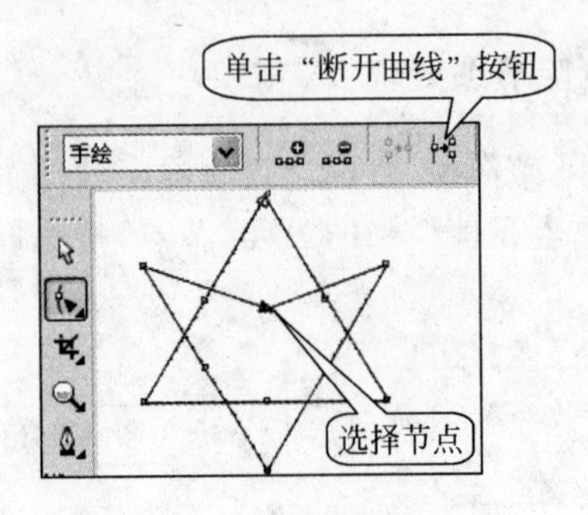

图3.88 断开曲线

专家点拨 选择两个节点后右击，从弹出的快捷菜单中选择“连接”命令可以实现这两个节点的连接。同样，选择某个节点后右击，从弹出的快捷菜单中选择“打散”命令将断开曲线。

3. 提取子路径

曲线被分割后，各段线条仍然是一个整体，无法针对其中的某段线段进行单独的编辑。要对这些线段进行单独的操作，可以通过提取子路径操作来实现。

在图形上选取分割后获得的节点，在属性栏中单击“提取子路径”按钮，如图3.89所示。此时子路径被提取出来，可以对其进行单独处理，如图3.90所示。

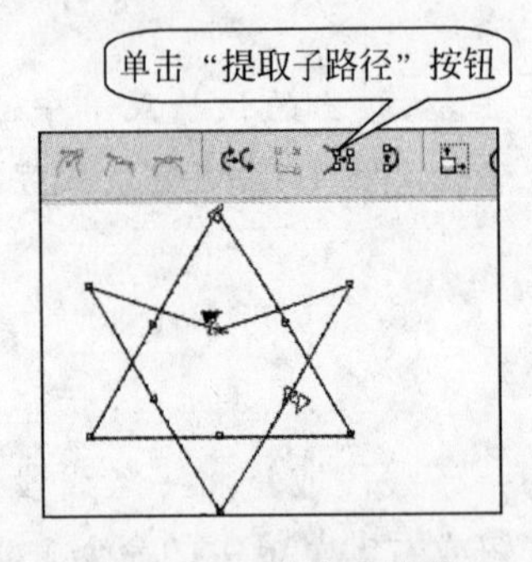

图3.89 提取子路径

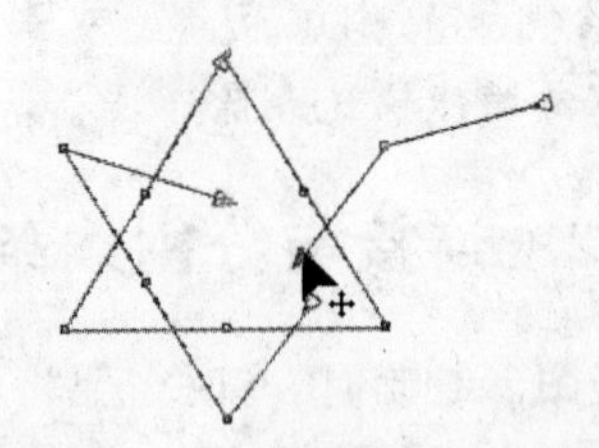

图3.90 单独处理子路径

3.5.4 转换曲线和直线

CorelDRAW中的线条分为直线和曲线两类，用户可以根据需要在这两类线条间进行转换。

1. 曲线转换为直线

选择“形状”工具，在图形上选择节点。在属性栏中单击“转换曲线为直线”按钮，曲线转换为直线，如图3.91所示。

2. 直线转换为曲线

使用“形状”工具在图形上选择节点，在属性栏中单击“转换直线为曲线”按钮，此时在线条上将出现两个控制点，拖动其中一个控制点即可调整曲线的曲度，如图 3.92 所示。

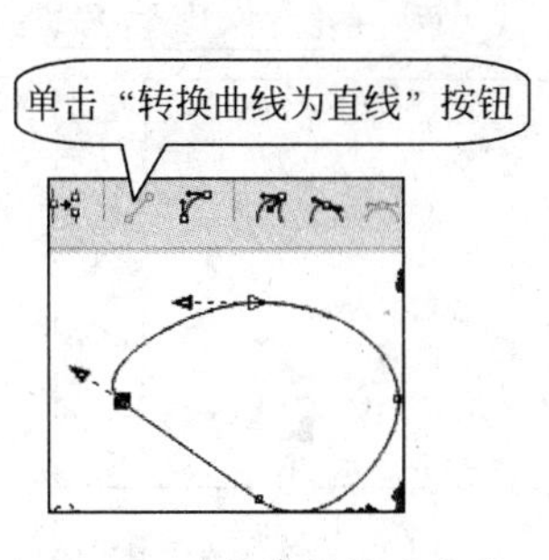

图 3.91 曲线转换为直线

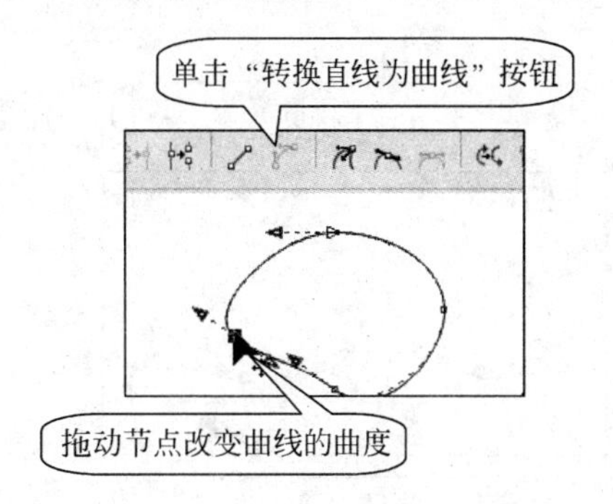

图 3.92 直线转换为曲线

3.5.5 更改节点属性

CorelDRAW X4 中，不同的图形有不同的属性，分为尖突、平滑和对称 3 种。通过属性栏可以更改图形上某个节点的属性，从而调整图形的形状。

1. 尖突节点

尖突节点两边的控制柄是相对独立的，移动一个控制柄不会影响另一个控制柄。尖突节点通常在曲线转弯或突起时使用，其脱离了节点两侧曲线间的关联，可以实现对节点两侧曲线的单独调整。

使用“形状”工具选择节点，在属性栏上单击“使节点成为尖突”按钮即可将节点转换为具有独立属性的尖突节点。此时拖动节点上的控制柄不会影响另一边线条的形状，如图 3.93 所示。

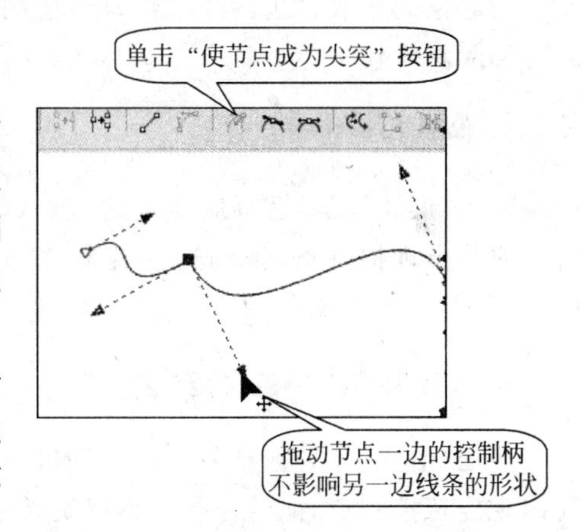

图 3.93 使节点成为尖突节点

2. 平滑节点

通过将对象转换为曲线或在曲线上增加节点所获得的节点都属于平滑节点。平滑节点两侧的控制点是相互关联的，移动其中一个控制点时，另一个控制点也会随着移动，这样的节点能够形成平滑过渡的曲线。

使用“形状”工具选择尖突节点，在属性栏中单击“平滑节点”按钮将该节点转换为平滑节点。此时拖动控制柄可以同时改变节点两侧曲线的形状，如图 3.94 所示。

3. 对称节点

对称节点具有平滑节点的特征，但与平滑节点不同的是，其各个控制柄的长度是相等的，这样可以使平滑节点两侧曲线的曲率始终保持相等，即节点两侧的曲线相对于节点对称。

使用“形状”工具选择节点，在属性栏中单击“生成对称节点”按钮。此时，拖动控制柄可以看到另一侧的控制柄也会随着变化，始终保持两个控制柄长度相等，如图 3.95 所示。

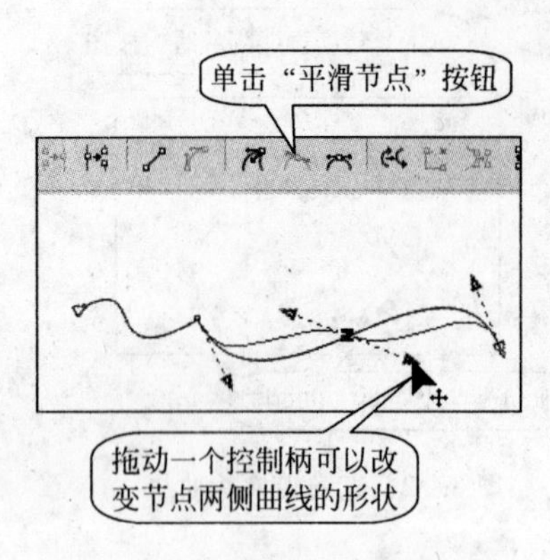

图 3.94　使节点成为平滑节点

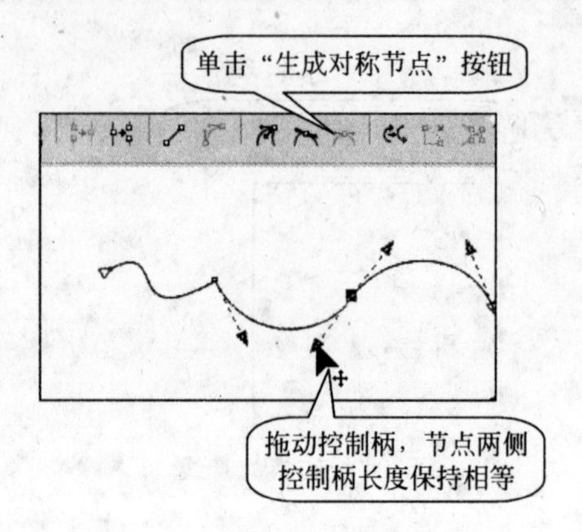

图 3.95　使节点成为对称节点

3.5.6　变换节点连线

与对象的缩放、旋转和倾斜一样，使用“形状”工具也可以对节点两侧的曲线进行伸缩、旋转和倾斜操作。

1. 伸长和缩短节点连线

使用“形状”工具选择曲线上的节点，单击属性栏上的“伸长和缩短节点连线”按钮，此时节点四周出现控制点，拖动这些控制点可以对节点两侧的曲线进行缩放操作，如图 3.96 所示。

2. 旋转和倾斜节点连线

使用“形状”工具选择节点，单击属性栏上的“旋转和倾斜节点连线”按钮，此时在节点四周出现旋转控制点，拖动控制点可以旋转节点两侧的曲线。同时，拖动出现的倾斜控制点可以对曲线进行倾斜变换，如图 3.97 所示。

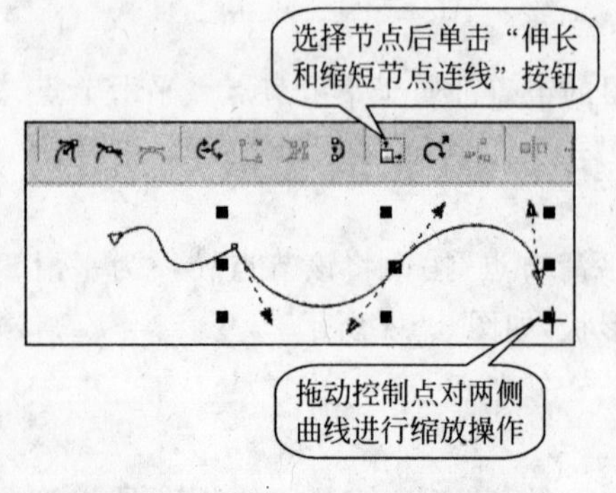

图 3.96　伸长和缩短节点连线

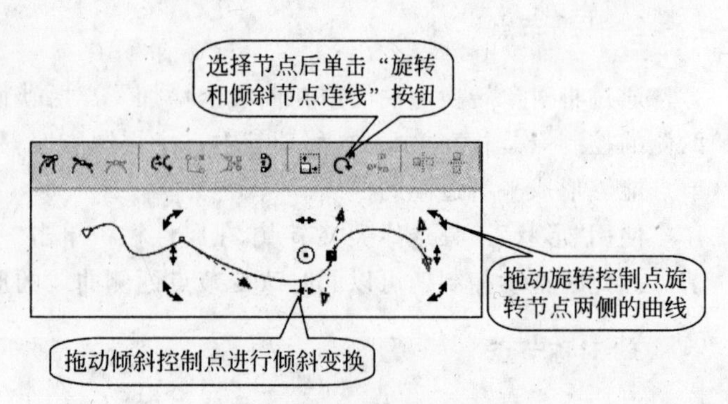

图 3.97　旋转和倾斜节点连线

3.5.7　工具应用实例——绿孔雀图案

1. 实例简介

本实例介绍一个绿孔雀图案的制作过程，实例的制作分为勾勒身体、绘制头部和绘制尾巴这几个步骤。图案各个部分的制作，先使用“钢笔”工具勾勒基本形状，然后使用“形状”工具对形状进行编辑修改。通过本实例的制作，读者将掌握使用“形状”工具修改图形形状的方法，熟悉节点属性的改变和将直线转换为曲线等操作在形状编辑中所起的作用。

2. 实例制作步骤

(1) 在工具箱中选择“钢笔”工具勾出孔雀颈部的线条，如图 3.98 所示。在工具箱中选择“形状”工具，选择所有的节点。在属性栏中单击“转换直线为曲线”按钮将直线转换为曲线，然后单击“生成对称节点”按钮。拖动节点上的控制柄对线条形状进行调整，如图 3.99 所示。

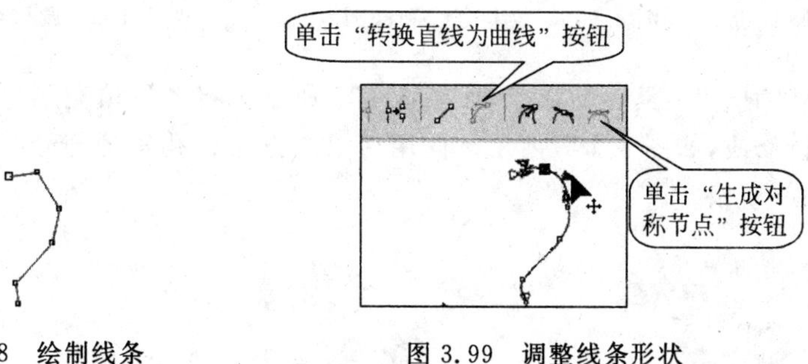

图 3.98　绘制线条　　　　图 3.99　调整线条形状

(2) 使用相同的方法勾勒出孔雀身体上的线条。打开“对象属性”泊坞窗，将线条的颜色均设置为“灰绿”，轮廓线宽度均设置为 1.5mm，如图 3.100 所示。

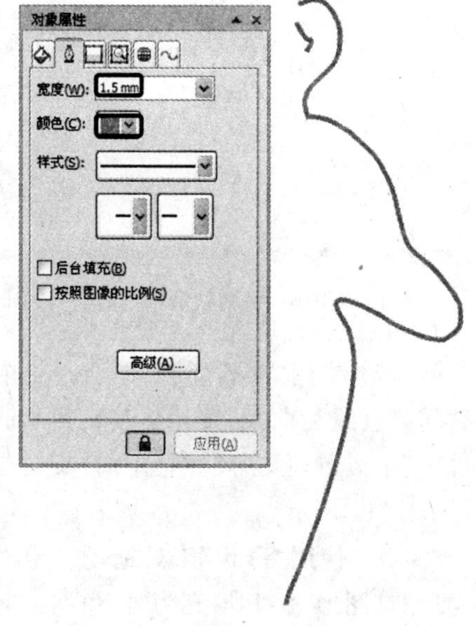

图 3.100　勾勒线条并设置轮廓线

(3) 使用“钢笔”工具绘制一个多边形，如图 3.101 所示。使用“形状”工具框选右侧的三个节点。在属性栏中单击“转换直线为曲线”按钮将直线转换为曲线，同时单击“生成对称节点”按钮，如图 3.102 所示。

(4) 选择绘制的图形，以与轮廓线相同的颜色填充图形，同时取消轮廓线。将该图形放置到前面绘制线条的合适部位获得孔雀的嘴部，如图 3.103 所示。使用相同的方法绘制孔雀的眼睛，如图 3.104 所示。

(5) 使用“钢笔”工具绘制一条直线，将其轮廓线宽度设置为 1mm，颜色设置为“灰绿”。绘制一个椭圆放置于直线顶端，取消轮廓线并填充“绿色”，如图 3.105 所示。使用“挑选”工具选择直线和椭圆后按 Ctrl+G 组合键将其群组为一个对象，然后将对象复制多个，放置复制对象并调整大小和角度，如图 3.106 所示。

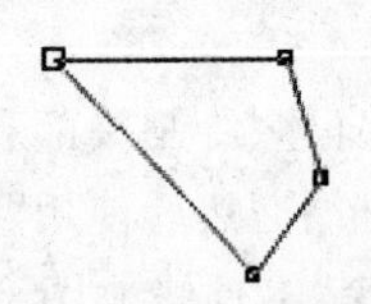
图 3.101 绘制多边形

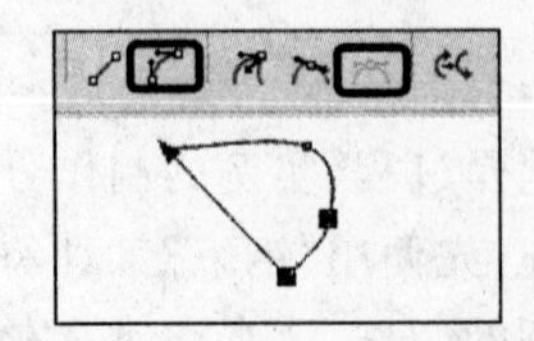
图 3.102 将直线转换为曲线

图 3.103 获得孔雀嘴部

图 3.104 绘制眼睛

图 3.105 绘制直线和椭圆

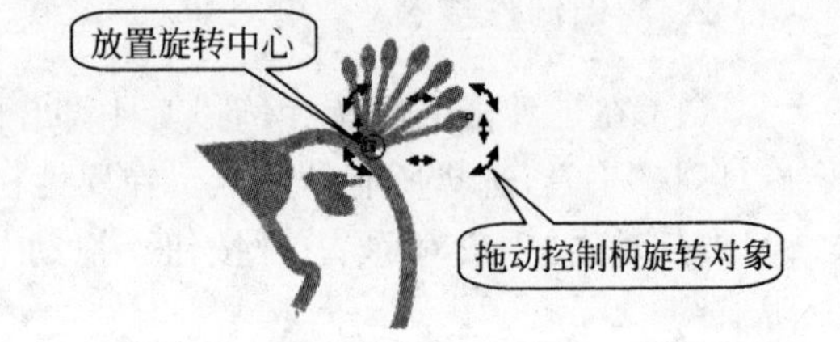

图 3.106 调整对象大小和角度

(6) 使用“钢笔”工具勾勒形状，如图 3.107 所示。将图形填充颜色后使用“形状”工具对其形状进行修改，如图 3.108 所示。使用相同的方法在孔雀背部绘制各种形状的斑点图案，如图 3.109 所示。

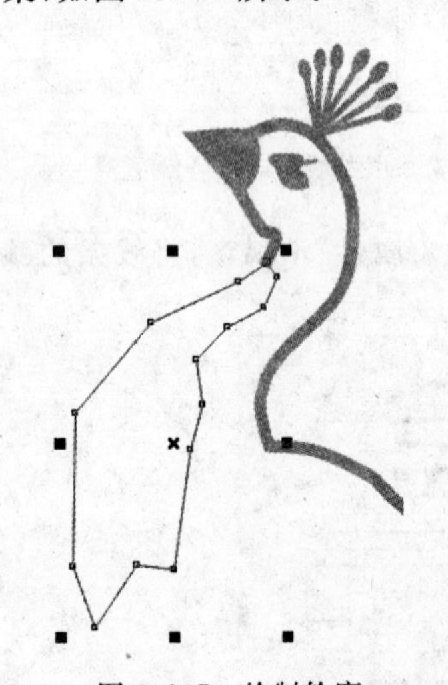
图 3.107 绘制轮廓

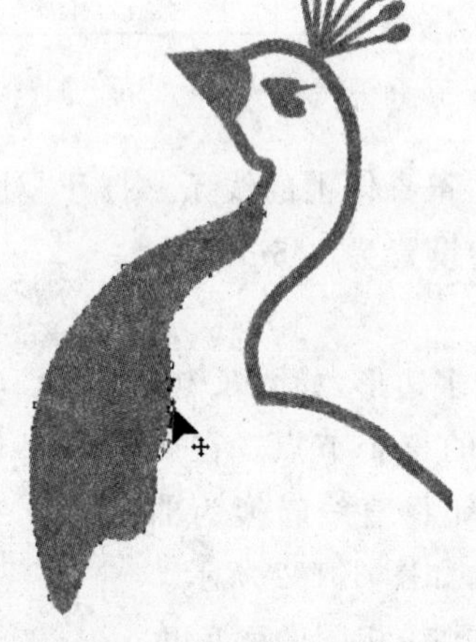
图 3.108 修改形状

图 3.109 绘制各种形状的斑点图案

(7) 使用“椭圆形”工具绘制一个椭圆，对其填充颜色并取消轮廓线。在属性栏中单击“转换直线为曲线”按钮将其转换为曲线，如图 3.110 所示。使用“形状”工具选择椭圆下部的三个节点，单击属性栏中的“旋转与倾斜节点”按钮，拖动控制柄对曲线进行旋转操作，如图 3.111 所示。

(8) 使用“形状”工具拖动节点和节点上的控制柄调整图形的形状，如图 3.112 所示。复制该图形，将其填充为“白色”，同时使用“挑选”工具将该图形缩小并放置于合适的位置。至此，绘制出孔雀的第一条尾巴，如图 3.113 所示。

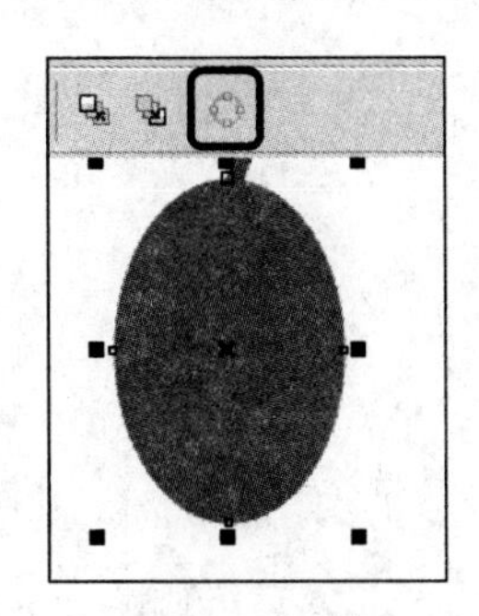

图 3.110　转换为曲线

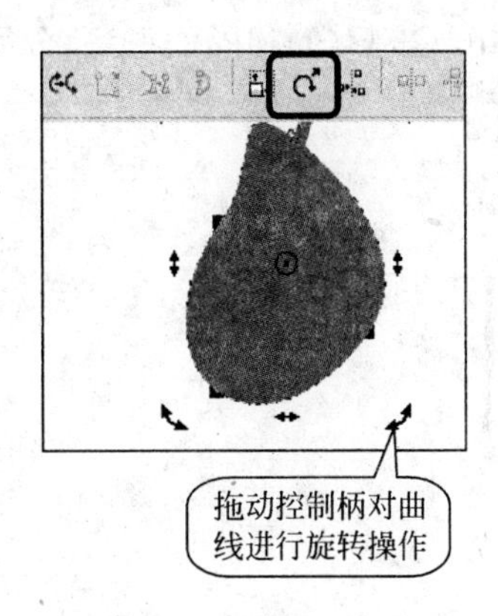

图 3.111　旋转曲线

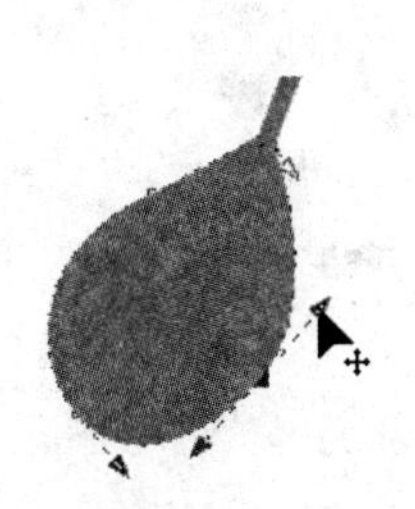

图 3.112　调整图形形状

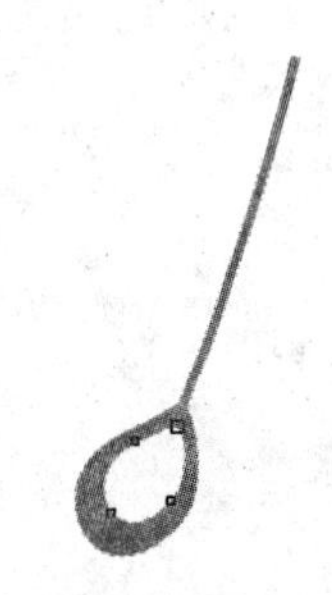

图 3.113　绘制出第一条尾巴

(9) 使用“钢笔”工具绘制一条折线，如图 3.114 所示。使用与步骤(1)相同的方法将折线转换为曲线后调整其形状。同时将曲线轮廓线宽度设置为 1.5mm，并将曲线轮廓线颜色设置为“灰绿”，如图 3.115 所示。复制步骤(8)中绘制的尾巴图案，将其放置于曲线下方，使用“形状”工具修改图案形状，如图 3.116 所示。

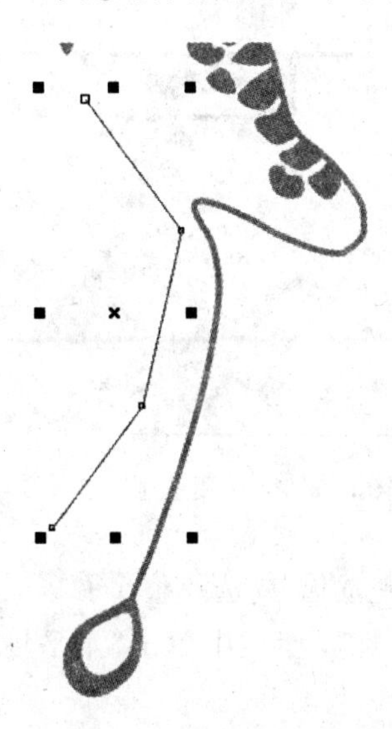

图 3.114　绘制一条折线

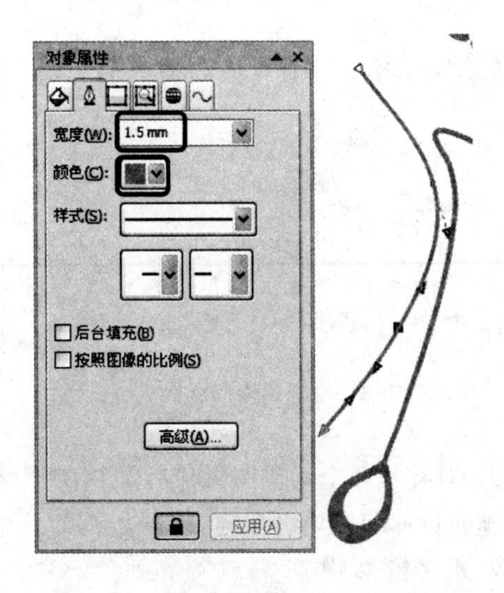

图 3.115　修改曲线形状并设置轮廓线

(10) 使用与步骤(9)相同的方法，分别绘制孔雀的其他尾巴图案，绘制完成后的效果如图 3.117 所示。

图 3.116　复制图案并修改形状

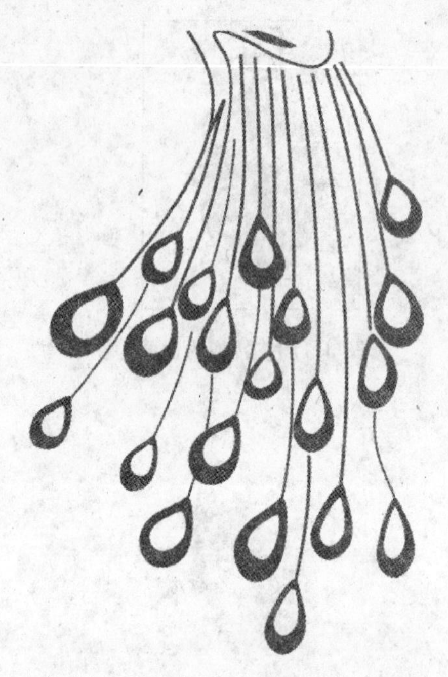

图 3.117　绘制完成后的孔雀尾巴

(11) 使用“钢笔”工具绘制一条折线，采用步骤(1)的方法使用“形状”工具将其转换为曲线，如图 3.118 所示。在工具箱中选择“艺术笔”工具，在属性栏中单击“笔刷”按钮，将“艺术笔宽度”设置为 4.5mm，在“笔触列表”下拉列表中选择笔触。将笔触的填充颜色设置为“灰绿”，此时图形效果如图 3.119 所示。

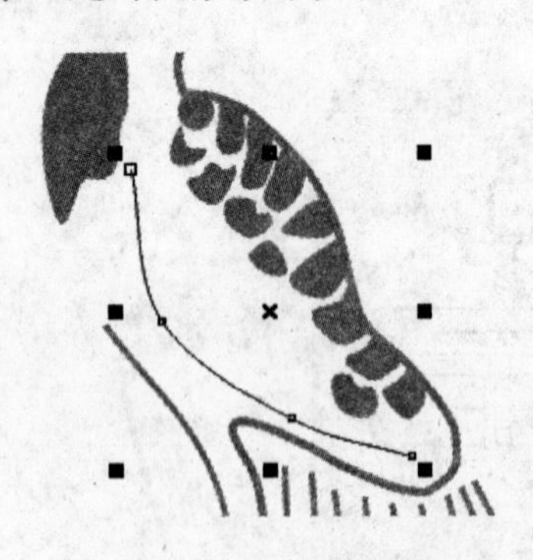

图 3.118　绘制曲线

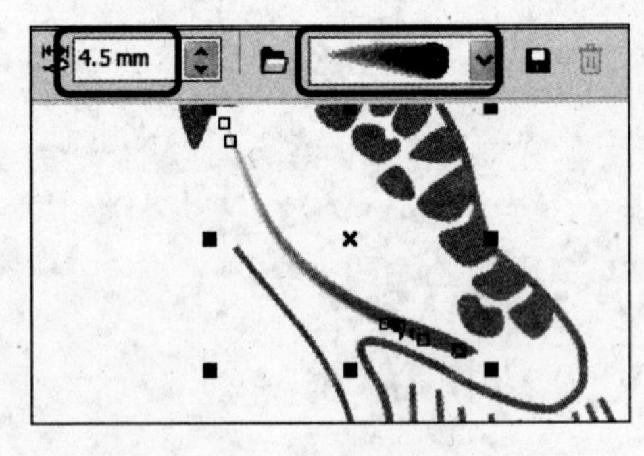

图 3.119　应用笔触

(12) 对孔雀各个构成图形进行适当的调整。使用“挑选”工具选择整个孔雀，按 Ctrl＋C 组合键后按 Ctrl＋V 组合键，得到孔雀的一个复制品。在属性栏中单击“水平镜像”按钮将复制品水平镜像，如图 3.120 所示。

(13) 使用“挑选”工具移动这两只孔雀，将它们相对放置。保存文档，完成本实例的制作。本实例制作完成后的效果如图 3.121 所示。

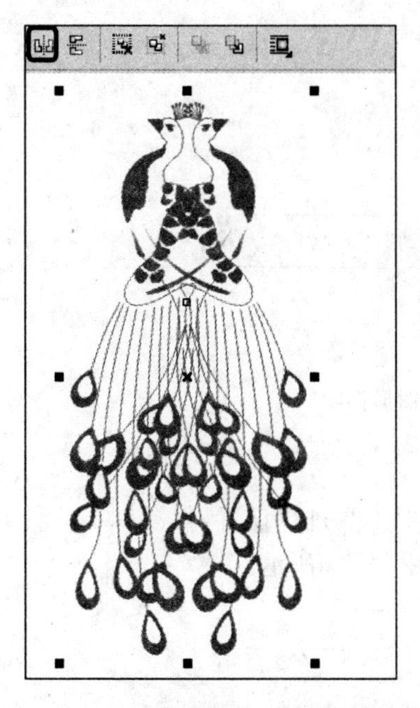

图 3.120　复制对象并水平镜像复制对象　　　　图 3.121　实例制作完成后的效果

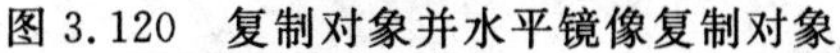

3.6　其他变形工具

在使用 CorelDRAW 进行图形绘制时，往往需要通过调整对象的外形来获得需要的图形。调整图形的形状除了可以使用"形状"工具外，还可以使用"涂抹笔刷"工具、"粗糙笔刷"工具和"变换"工具实现。

3.6.1　"涂抹笔刷"工具

"涂抹笔刷"工具能够使简单的曲线复杂化，也可以对曲线的形状进行任意修改。使用"涂抹笔刷"工具在矢量图形边缘或内部任意涂抹，能够绘制出特殊的图形效果。

在工具箱中选择"涂抹笔刷"工具，如图 3.122 所示。在属性栏中对该工具进行设置，如图 3.123 所示。拖动鼠标在图形上涂抹即可改变图形的形状，如图 3.124 所示。

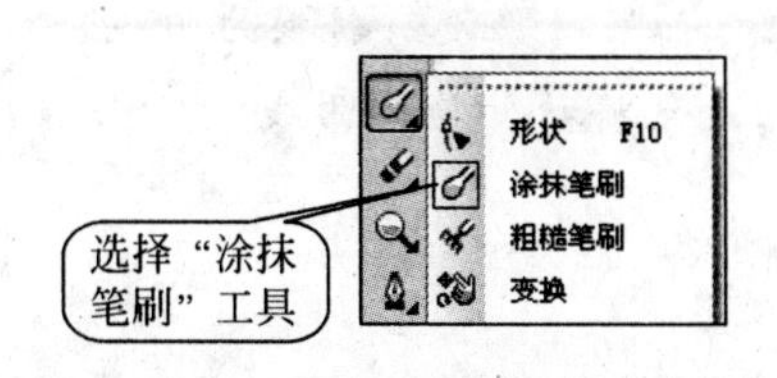

图 3.122　选择"涂抹笔刷"工具

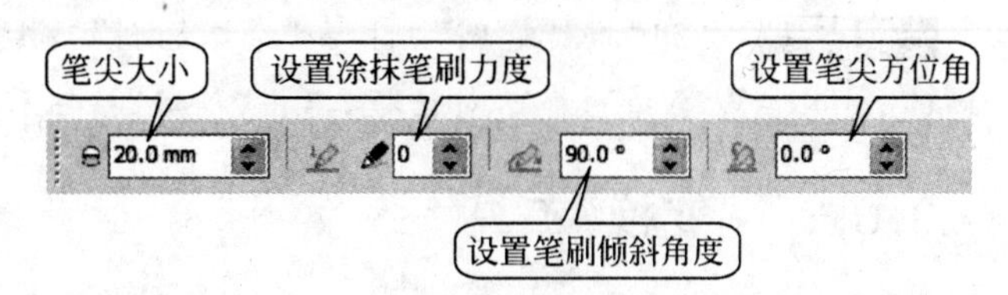

图 3.123　"涂抹笔刷"工具属性栏的设置

3.6.2　"粗糙笔刷"工具

"粗糙笔刷"工具是一种多变的扭曲变形工具，它可以改变矢量图形中曲线的平滑度，从

图 3.124 涂抹改变图形形状

而实现对图形形状的改变。

在工具箱中选择“粗糙笔刷”工具，在属性栏中对工具进行设置，如图 3.125 所示。在图形边缘拖动鼠标，图形边缘即可产生变形效果，如图 3.126 所示。

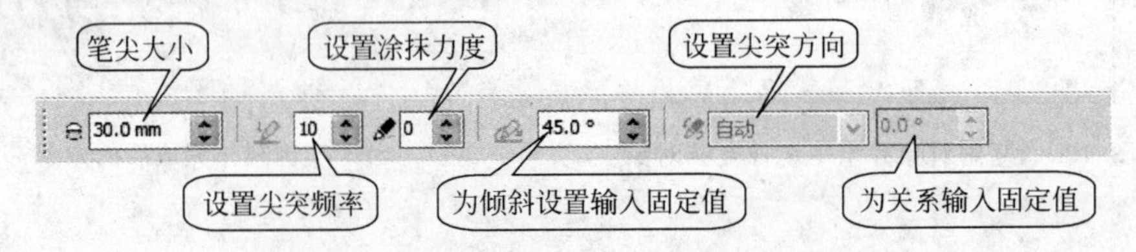

图 3.125 “粗糙笔刷”工具的属性设置

图 3.126 边缘变形

专家点拨 使用“粗糙笔刷”工具和“涂抹笔刷”工具时，如果对象没有转换为曲线，CorelDRAW 会给出提示对话框，单击“确定”按钮后，对象将被转换为曲线。

3.6.3 “变换”工具

使用“变换”工具能够对对象进行旋转、扭曲、镜像和缩放等操作。“变换”工具包括“自由旋转”工具、“自由角度镜像”工具、“自由扭曲”工具和“自由调节”工具四种。

在工具箱中选择“变换”工具，在属性栏单击相应的按钮，拖动对象即可实现对象的变换操作，如图 3.127 所示。

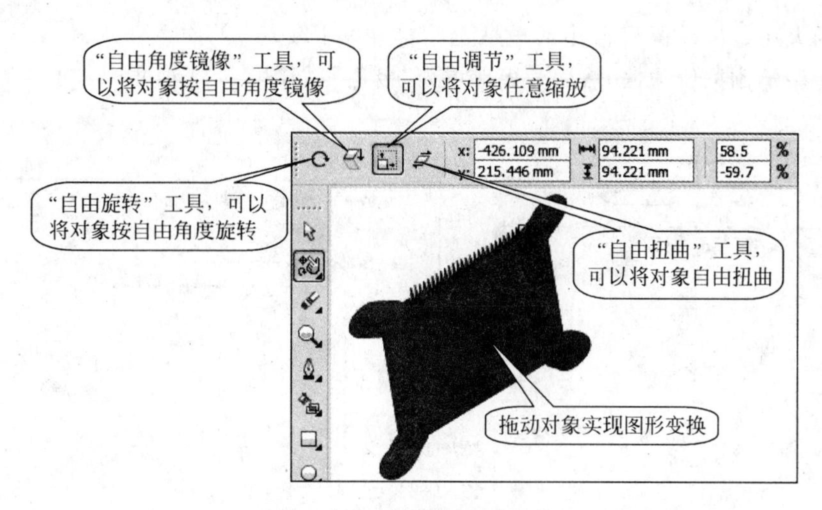

图 3.127　使用"变换"工具

专家点拨　在属性栏中单击"应用到再制"按钮，可以在旋转、镜像、调节和扭曲对象的同时再制对象。单击"相对于对象"按钮使其处于按下状态，在"对象位置"文本框中输入数值后按 Enter 键，对象移动到数值指定的位置。

3.6.4 工具应用实例——星形挂饰

1. 实例简介

本实例介绍一个星形挂饰(最终效果参见图 3.137)的制作过程。本实例星形挂饰的制作分为制作背景图案、制作星形图案和制作飘带三个步骤。其中背景图案使用"矩形"工具绘制基本形状，使用"涂抹笔刷"工具和"粗糙笔刷"工具对矩形形状进行编辑，然后使用"艺术笔"工具的笔刷描绘边界获得需要的效果。星形图案的制作主要是使用"椭圆形"工具和"多边形"工具绘制基本图形，然后使用"粗糙笔刷"工具修改边界形状。而飘带的制作则是使用"钢笔"工具勾勒外形，使用"形状"工具编辑图形形状。

通过本实例的制作，读者将能够掌握"涂抹笔刷"工具和"粗糙笔刷"工具的使用方法和技巧，以及进一步使用"形状"工具编辑图形形状的操作技巧。

2. 实例制作步骤

(1) 启动 CorelDRAW X4，创建一个空白文档。在工具箱中选择"矩形"工具在绘图区中绘制一个矩形，在属性栏中单击"转换直线为曲线"按钮将其转换为曲线，如图 3.128 所示。

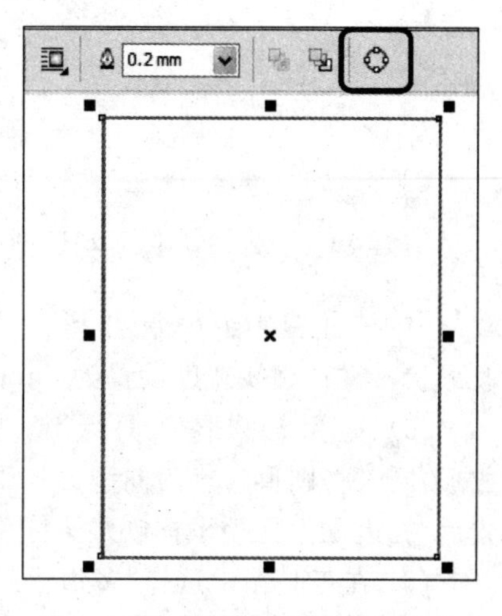

图 3.128　绘制矩形并转换为曲线

(2) 在工具箱中选择"粗糙笔刷"工具，在属性栏中设置笔尖大小和尖突频率值。在矩形的四边上拖动鼠标产生边缘变形效果，如图 3.129 所示。

(3) 在工具箱中选择"涂抹笔刷"工具，在属性栏中设置笔尖的大小。拖动鼠标在矩形边框上涂抹，如图 3.130 所示。在工具箱中选择“艺术笔”工具，使用笔刷描绘边框，然后为矩形填充“金色”，如图 3.131 所示。

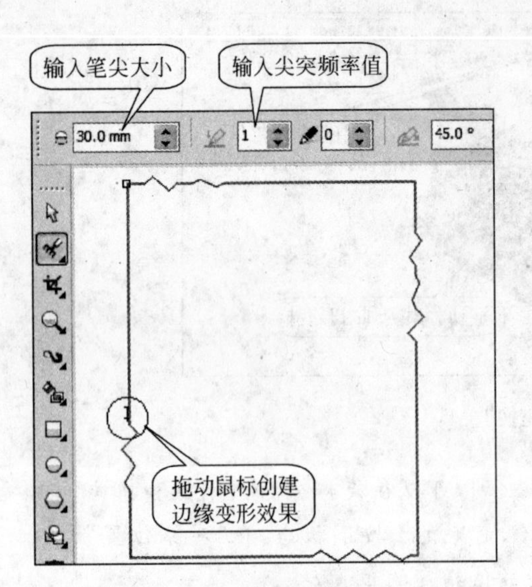

图 3.129　使用“粗糙笔刷”工具

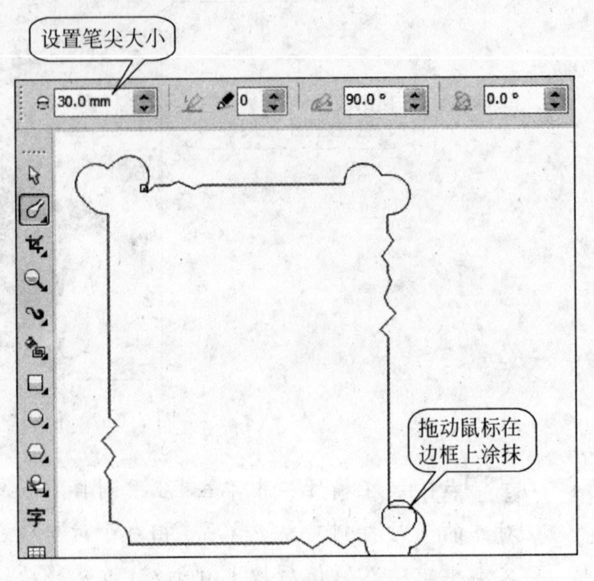

图 3.130　使用“涂抹笔刷”工具

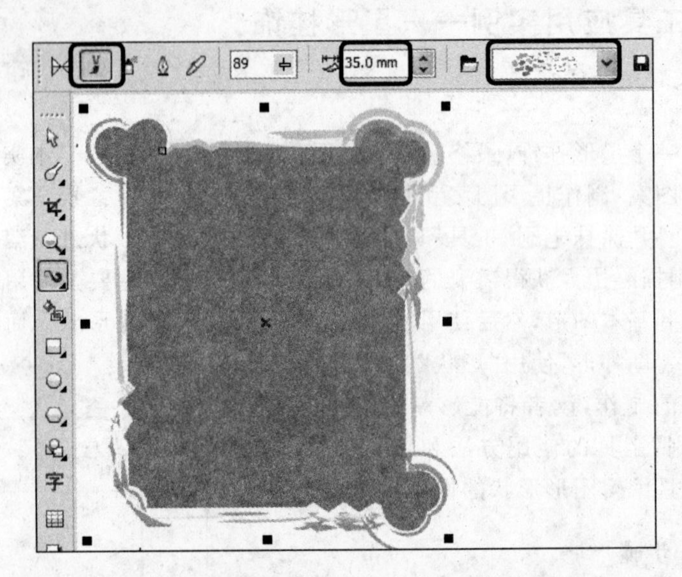

图 3.131　使用笔刷描绘边框并为矩形填充“金色”

(4) 在工具箱中选择“矩形”工具绘制一个矩形，将其转换为曲线后使用“形状”工具修改形状。将轮廓线宽度设置为 3mm，并以“红色”填充图形，如图 3.132 所示。

(5) 使用“椭圆形”工具绘制一个圆形，将轮廓线宽度设置为 5mm，并以“马丁绿”填充图形，同时将图形转换为曲线。在工具箱中选择“粗糙笔刷”工具，在属性栏中对工具进行设置后，在边框上拖动鼠标创建边缘粗糙效果，如图 3.133 所示。

(6) 在工具箱中选择“多边形”工具，在属性栏中将多边形的边数设置为 3，拖动鼠标绘制一个三角形，将轮廓线宽度设置为 5mm。将图形转换为曲线后，使用“粗糙笔刷”工具沿

图 3.132 绘制矩形并修改形状

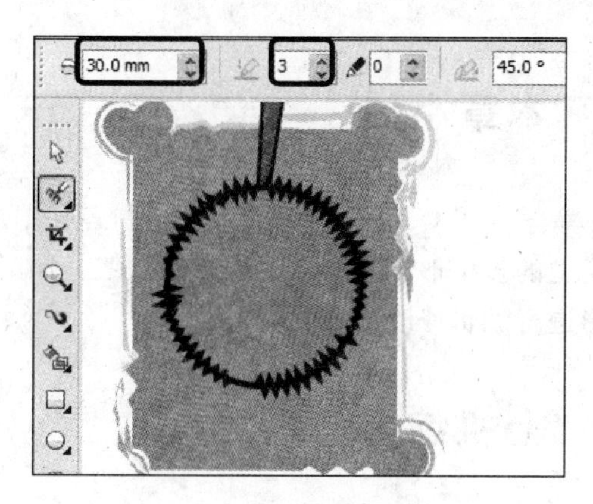

图 3.133 创建边缘粗糙效果

着图形边缘拖动鼠标创建边缘效果，如图 3.134 所示。

(7) 将刚才绘制的三角形复制 4 个，调整它们的位置和角度，使它们构成五角星的 5 个角。同时分别为它们填充不同的颜色，如图 4.135 所示。

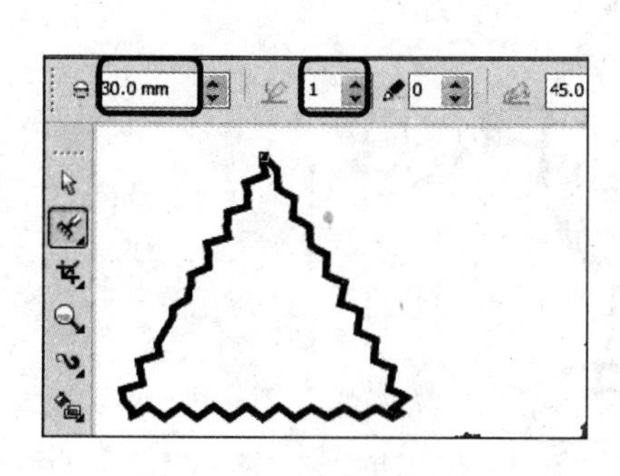

图 3.134 创建边缘效果

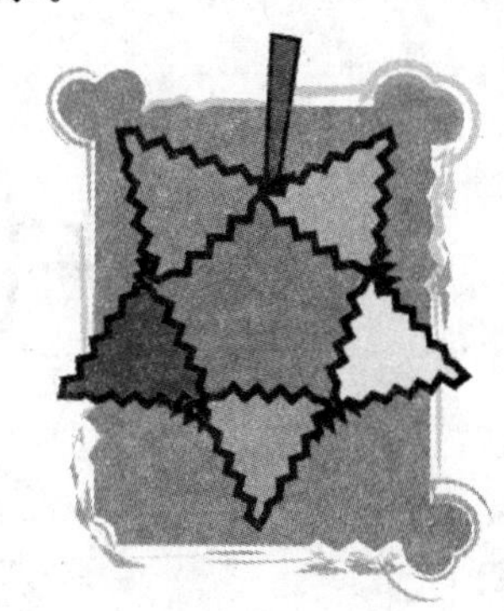

图 3.135 复制三角形并填充不同颜色

(8) 首先使用“钢笔”工具勾勒飘带形状，然后使用“形状”工具对飘带形状进行调整。绘制本例中 5 个角上的飘带，对图形填充“红色”，轮廓线宽度设置为 3mm，如图 3.136 所示。

(9) 对各个图形元素的位置和大小进行调整，效果满意后保存文档。本实例制作完成后的效果如图 3.137 所示。

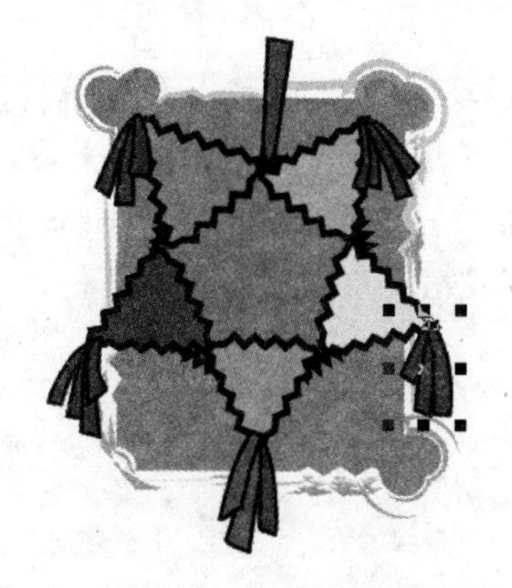

图 3.136 绘制飘带

图 3.137 实例制作完成后的效果

3.7 本章小结

本章学习了 CorelDRAW X4 中绘制各种图形对象的方法，其中包括绘制矩形、椭圆形、各种类型的多边形以及网格图纸和螺纹线。同时还介绍了使用“形状”工具和其他变形工具对图形进行编辑修改的方法。

3.8 上机练习与指导

3.8.1 咆哮的水滴

绘制卡通形象——咆哮的水滴，绘制完成后的效果如图 3.138 所示。

图 3.138 咆哮的水滴

主要练习步骤指导：

(1) 使用“椭圆形”工具绘制一个椭圆，将其转换为曲线。使用“形状”工具对形状进行调整，获得水滴形状后，设置轮廓线宽度和填充颜色。

(2) 使用“椭圆形”工具绘制眼睛和嘴，设置轮廓线宽度和填充颜色。使用“钢笔”工具绘制眉毛和眼睛上的睫毛。

(3) 使用“钢笔”工具勾勒手和脚的形状，使用“形状”工具对手、脚形状进行编辑。完成图形造型后，设置轮廓线宽度并填充颜色。

(4) 使用“矩形”工具创建手臂和腿的基本形状，转换为曲线后，使用“形状”工具对图形进行编辑，获得需要的形状。完成造型后设置轮廓线宽度和填充颜色。

3.8.2 制作 Logo

制作 Logo，图形效果如图 3.139 所示。

主要练习步骤指导：

(1) 使用“钢笔”工具勾勒图形基本形状，使用“形状”工具将线条转换为曲线后，调整图

图 3.139　Logo 效果

形的形状。

(2) 完成形状创建后，将轮廓线宽度设置为“无”，并分别为各个图形添加填充色。

3.9 本章习题

一、选择题

1. 要绘制正方形和圆形，在绘图时可以按(　　)键。

A. Alt　　B. Ctrl　　C. Shift　　D. Space

2. 在使用“矩形”工具时，属性栏中(　　)按钮处于按下状态时，可以同时设置圆角矩形 4 个角的圆角程度。

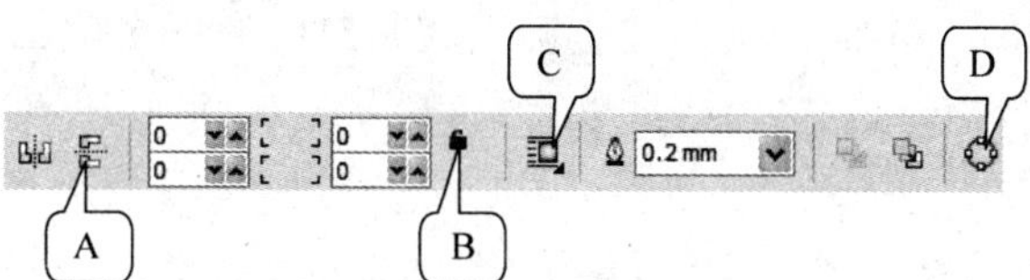

3. 按下面快捷键(　　)能够将图形转换为曲线。

A. Ctrl+P　　B. Ctrl+Q　　C. Ctrl+A　　D. Ctrl+L

4. 在使用“形状”工具编辑图形形状时，单击属性栏中的(　　)按钮能够将图形转换为曲线。

A.　　B.　　C.　　D.

二、填空题

1. 要绘制一个矩形，可以选择使用工具箱中的________和________；要绘制圆形，可以选择使用工具箱中的________和________。

2. 使用属性栏对绘制的星形进行设置时，星形的点数或边数必须在________以上，星形的锐度值越________，星形将越________。

3. CorelDRAW 的“螺纹”工具能够绘制________和________两种形状的对象。

4. 尖突节点两边的控制柄是________，平滑节点两侧的控制点是________，对称节点具有平滑节点的特征，但其各个控制柄________，这样可以使节点两侧的曲线相对于节点________。

色彩填充

色彩是作品的重要组成部分，色彩运用是否合理是图形作品成功与否的关键。CorelDRAW 提供了多种颜色选择和色彩填充的方式，包括均匀填充、渐变填充、图样填充和底纹填充等。本章将对图形色彩填充的方法进行介绍。

本章主要内容：

- 均匀填充。
- 渐变填充。
- 图样填充和底纹填充。
- 交互填充。

4.1 均匀填充

在 CorelDRAW 中，所谓的均匀填充实际上就是对图形填充单色。用户可以通过使用固定或自定义调色板、“均匀填充”对话框以及“滴管”和“颜料桶”工具等多种方式来获取颜色并填充对象。

4.1.1 自定义均匀填充

CorelDRAW X4 提供了 10 多种调色板供用户使用，系统默认的是 CMYK 调色板，即位于主界面右侧的那些色块按钮。在选择图形后，直接单击按钮即可为图形填充颜色。但在大多数情况下，用户都需要对均匀填充的颜色进行自定义。

在 CorelDRAW 中，要实现颜色的自定义，可以使用“均匀填充”对话框实现。该对话框包含“模型”、“混和器”和“调色板”三个选项卡，利用该对话框能够对图形填充任何需要的颜色。

1. “模型”选项卡

在工具箱中单击“填充”按钮，从弹出的菜单中选择“均匀填充”工具，如图 4.1 所示。此时将打开“均匀填充”对话框的“模型”选项卡。在进行颜色自定义时，“参考”选项区域将显示上一次使用的颜色和最新选取的颜色供用户进行颜色对比。拖动颜色查看器右侧的滑块可以调整颜色显示范围，在颜色查看器中单击即可选择需要的颜色。同时，通过在“组件”选项区域的文本框中输入颜色值可以手动定义颜色，如图 4.2 所示。完成颜色的设置后，单击“确定”按钮关闭对话框，图形即可被填充设定的颜色。

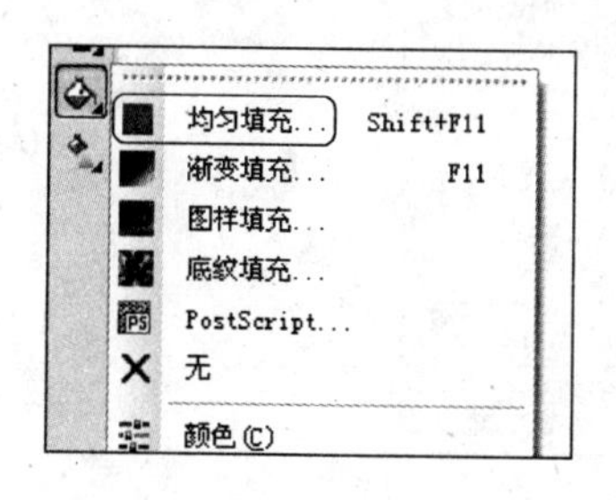

图 4.1　选择"均匀填充"工具

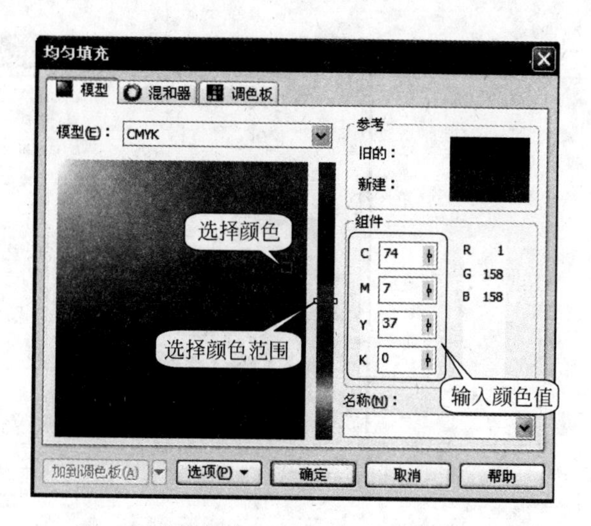

图 4.2　"均匀填充"对话框的"模型"选项卡

在进行颜色设置时，用户可以在"模型"下拉列表中根据绘制对象的不同选择不同的颜色模式，如图 4.3 所示。可以在"名称"下拉列表中选择使用 CorelDRAW 的内置颜色，如图 4.4 所示。

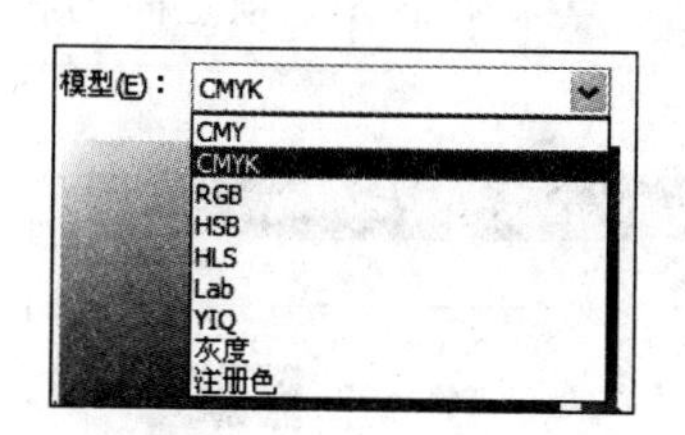

图 4.3　选择颜色模式

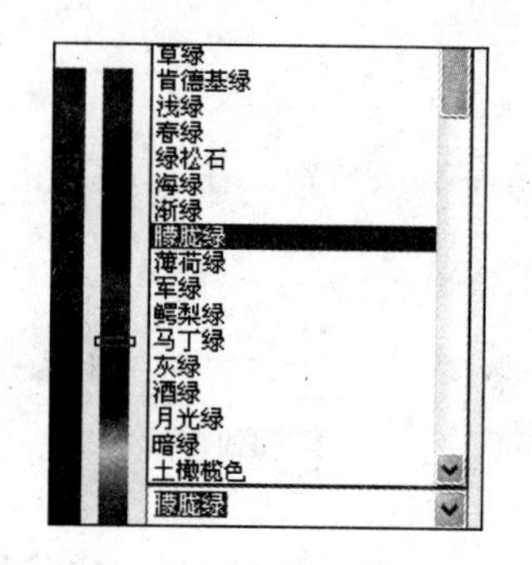

图 4.4　"名称"下拉列表

单击"选项"按钮，在弹出的下拉列表中可以对"模型"选项卡的显示进行设置。如选择"颜色查看器"|"HSB-基于色轮"命令，颜色查看器将显示色轮，如图 4.5 所示。

专家点拨　在"值 2"子菜单中可以选择"组件"选择区域中附件显示的颜色模式和参数，CorelDRAW 提供了 4 种颜色模式供选择。在选择一种颜色后，选择"对换颜色"命令可以新建一个与之相对的颜色。

2. "混和器"选项卡

CorelDRAW 的混和器实际上是一个配色器，在"均匀填充"对话框中选择"混和器"选项卡，在其中显示一个色环，色环中有一个多边形，多边形的各个顶点在色环中分别定位一种颜色。其中多边形黑色顶点定位的颜色表示当前颜色，其他顶点定位的颜色为参考颜色。

在"混和器"选项卡的下方有一个调色板，在调色板中单击相应的色块可以选择颜色，调色板的颜色由多边形各个顶点的位置决定。如果要改变调色板的颜色，可以拖动黑色顶点，

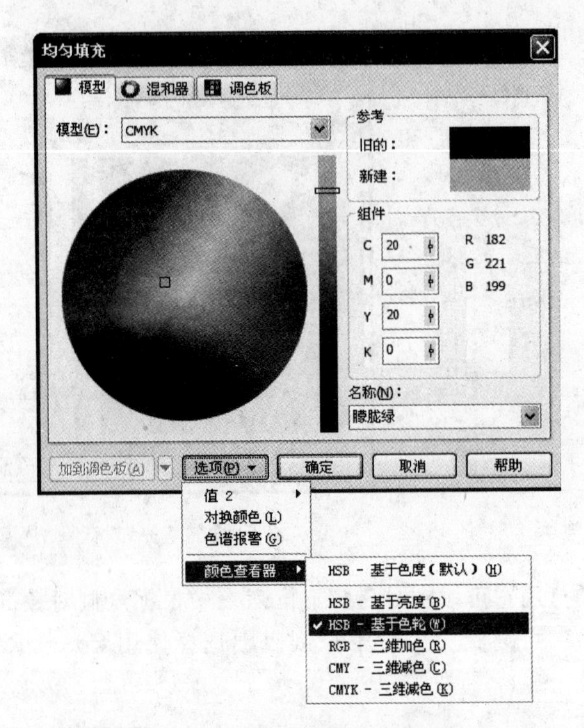

图 4.5 使颜色查看器显示色轮

也可以直接在色环上单击来旋转多边形，或拖动白色顶点来调整各个顶点间的相对位置，如图 4.6 所示。

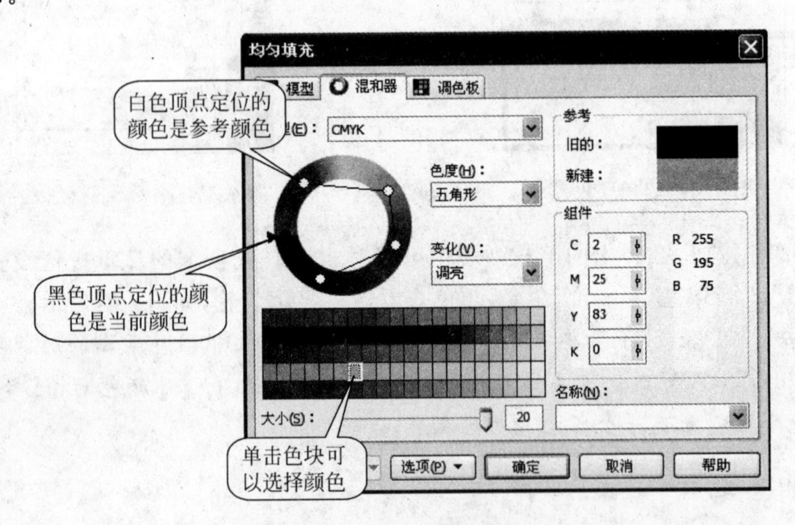

图 4.6 “均匀填充”对话框的“混和器”选项卡

专家点拨 使用“色度”下拉列表，用户可以确定选择器中选择颜色的方式，如五角形、三角形或矩形等。“变化”下拉列表用于调整色标中的颜色，如调冷或调暖颜色、调亮或调暗颜色或以饱和度逐渐降低的方式来调整颜色。“大小”滑块用于调整调色板中每排显示的色块数。

3. "调色板"选项卡

在"均匀填充"对话框中选择"调色板"选项卡,该选项卡集中了 CorelDRAW 中所有可以使用的调色板。在"调色板"下拉列表中选择需要使用的系统预设调色板,在颜色选择器中单击色块即可选择需要的颜色。拖动颜色选择器右侧的滑块可以调整颜色范围。拖动"淡色"滚动条上的滑块可以调整颜色的饱和度,如图 4.7 所示。

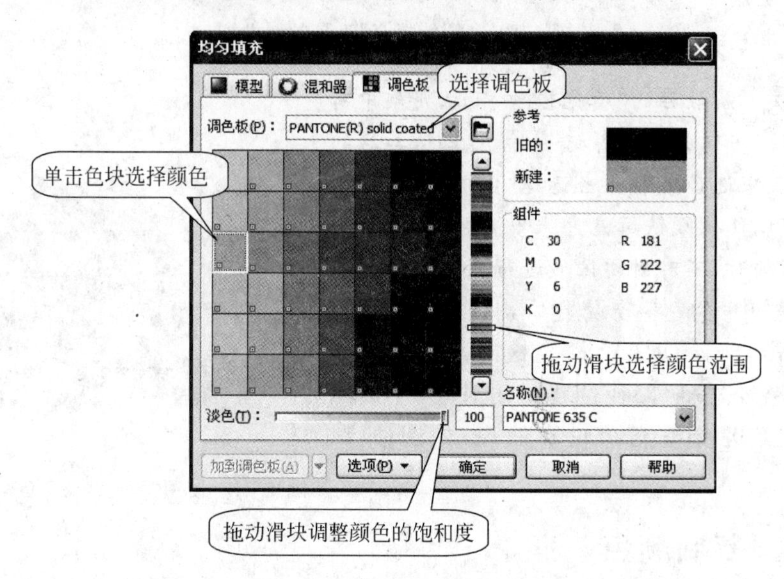

图 4.7 "均匀填充"对话框的"调色板"选项卡

4.1.2 颜色泊坞窗

对于图形的单色填充,除了使用"均匀填充"对话框外,还可以使用"颜色"泊坞窗来对图形进行填色。选择"窗口"|"泊坞窗"|"颜色"命令将打开"颜色"泊坞窗,拖动泊坞窗中的颜色滑块或在滑块后的文本框中输入颜色值设置颜色,单击"填充"按钮即可向指定的图形填充颜色,如图 4.8 所示。

专家点拨 "颜色"泊坞窗右上角三个按钮决定泊坞窗的显示方式。单击"显示颜色查看器"按钮,泊坞窗中将显示颜色查看器。单击"显示调色板"按钮,泊坞窗中将显示颜色调色板。

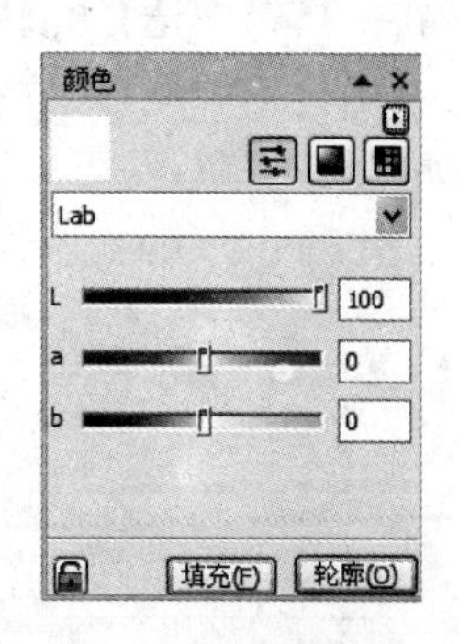

图 4.8 "颜色"泊坞窗

4.1.3 智能填充

为了方便对封闭区域的颜色填充,CorelDRAW 提供了"智能填充"工具。在工具箱中选择"智能填充"工具,如图 4.9 所示。在属性栏中对工具进行设置,如图 4.10 所示。

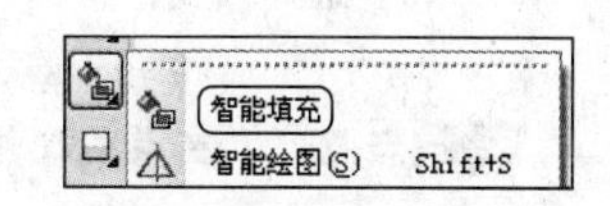

图 4.9 选择"智能填充"工具

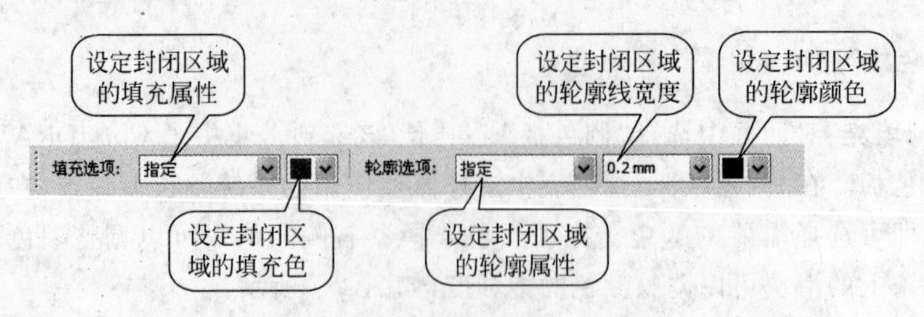

图 4.10 “智能填充”工具的属性栏

专家点拨 属性栏的“填充选项”下拉列表中有三个选项，当选择“指定”选项时，可以从其后的下拉列表中选择颜色。当选择“使用默认值”选项时，可以使用默认填充色来填充。当选择“无填充”选项时，不对封闭区域进行颜色填充。

在属性栏中完成参数设置后，只需在图形的封闭区域单击，CorelDRAW 即会检测与单击点周围最接近的路径，按照路径创建封闭对象，并按照属性栏的设置进行填充和轮廓处理，如图 4.11 所示。

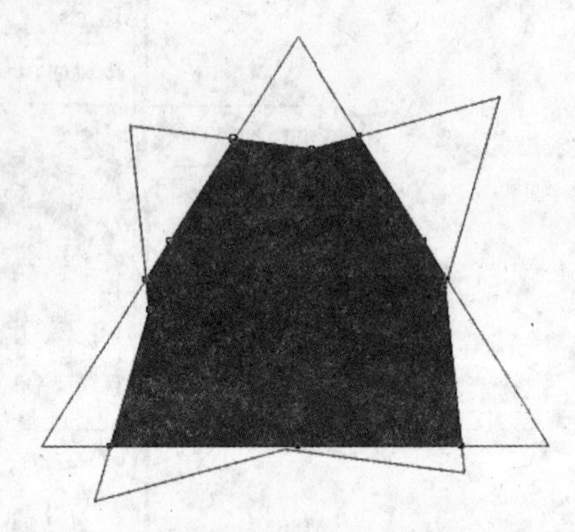

图 4.11 使用“智能填充”工具填充相交区域

4.1.4 复制颜色

CorelDRAW 提供了填充取色的辅助工具，它们是“滴管”工具和“颜料桶”工具。这是两个相互关联的工具，使用“滴管”工具获取颜色，使用“颜料桶”工具将颜色应用到图形中。使用这两个工具能够方便地将一种对象颜色复制并填充到另一个图形对象上。

在工具箱中选择“滴管”工具，如图 4.12 所示。在对象上单击吸取颜色，如图 4.13 所示。在工具箱中选择“颜料桶”工具，在目标对象上单击即可向其填充“滴管”工具吸取的颜色，如图 4.14 所示。

图 4.12 选择“滴管”工具　　图 4.13 吸取颜色　　图 4.14 填充颜色

专家点拨 “滴管”工具不仅可以吸取对象的颜色，还可以对位图、渐变色图形、图案填充图形、底纹填充图形以及 PostScript 填充图形等进行取色。

4.1.5　均匀填充应用实例——猴子

1. 实例简介

本实例对一个卡通猴子线稿进行填色。实例制作时，使用"挑选"工具选择图形，使用"填充"工具的"均匀填充"对话框设置颜色值并向图形填充颜色。对于不同部位的相同颜色，使用"滴管"工具吸取颜色并使用"颜料桶"工具进行填充。通过本实例的制作，读者将熟悉对复杂图形进行颜色填充的方法和技巧。

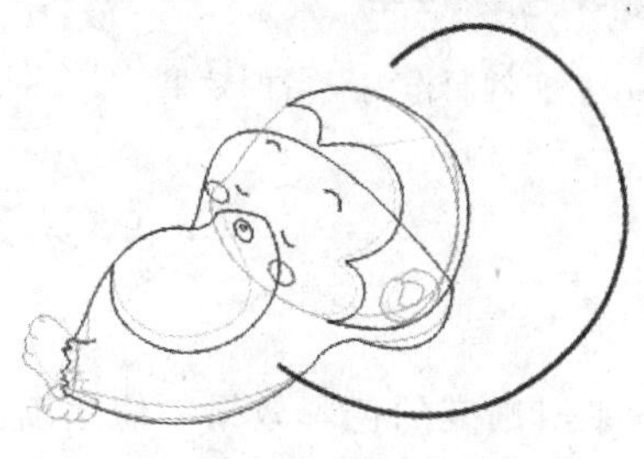

图 4.15　未填充颜色的图形

2. 实例制作步骤

(1) 启动 CorelDRAW X4，打开图形文件。该图形文件是一个完成形状勾勒而未填充颜色的猴子，如图 4.15 所示。

(2) 在工具箱中选择"挑选"工具后在猴子的头部单击选择图形。在工具箱中单击"填充"工具按钮，在弹出的菜单中选择"均匀填充"命令打开"均匀填充"对话框，在对话框中设置 CMYK 颜色值为 C:14，M:50，Y:95，K:3。单击"确定"按钮对选择图形填充颜色，如图 4.16 所示。

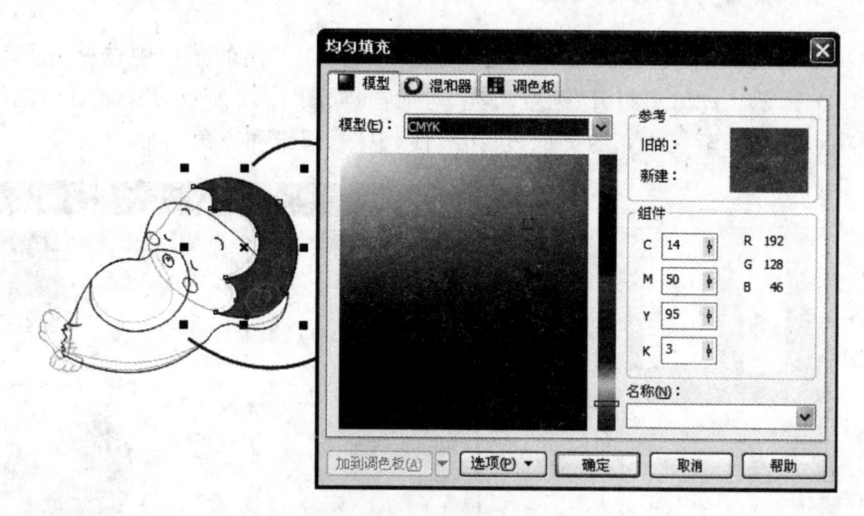

图 4.16　对选择图形填充颜色

(3) 在工具箱中选择"滴管"工具，在填充颜色的图形上单击吸取颜色。按住 Shift 键将"滴管"工具转换为"颜料桶"工具，在作为身体的图形上单击填充相同的颜色，如图 4.17 所示。

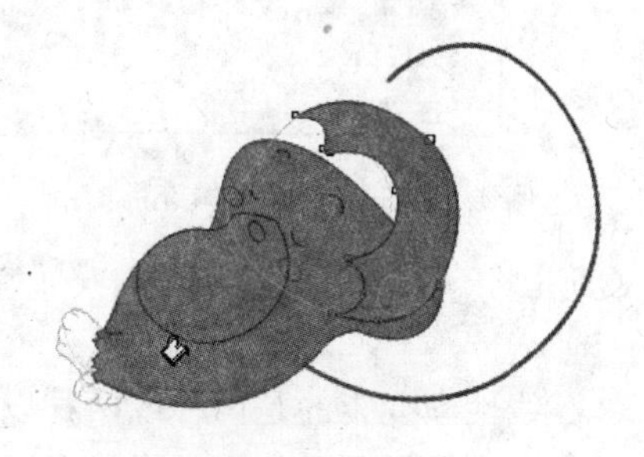

图 4.17　使用"颜料桶"工具填充颜色

(4) 使用相同的方法，依次为所有的图形填充合适的颜色。完成填充后，将脸蛋上的两个红色色块和笔尖上的白色色块的轮廓线宽度设置为"无"，如

图 4.18 所示。填充完成后保存文件，完成本实例的制作。本实例制作完成后的效果如图 4.19 所示。

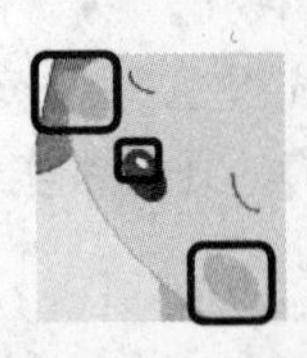

图 4.18　将轮廓线宽度设置为“无”

图 4.19　实例制作完成后的效果

4.2　渐变填充

渐变填充可以为图形对象添加两种或两种以上颜色的平滑渐变的色彩效果。使用渐变填充能够避免颜色急剧变化而给人带来的生硬感，是图形设计的一个重要技巧，其常用来表现物体的质感、光度以及物体表面的高光和阴暗区域，使对象具有立体感。

4.2.1　渐变填充的类型

在选择图形对象后，在工具箱中单击“填充”按钮，在弹出的菜单中选择“渐变填充”命令，如图 4.20 所示。此时将打开“渐变填充”对话框，如图 4.21 所示。在该对话框的“类型”下拉列表中可以选择渐变填充的类型，包括线性、射线、圆锥和方角 4 种。

图 4.20　选择“渐变填充”命令

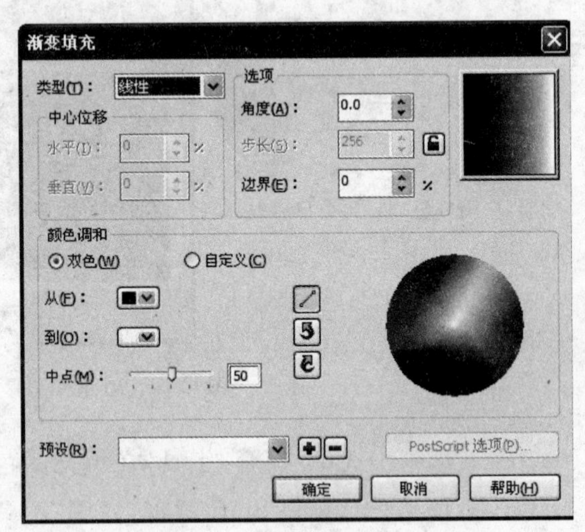

图 4.21　“渐变填充”对话框

1. 线性渐变

线性渐变指的是两种或两种以上颜色之间产生直线型的颜色渐变，这种渐变是颜色饱和度在一定方向上线性递增或递减，这是 CorelDRAW 默认的渐变填充方式。

在“渐变填充”对话框的“选项”选项区域中，“角度”微调框用于控制渐变倾斜的角度；“边界”微调框用于控制渐变各种颜色交界区域的软硬程度，其值越大，则边界过渡就越窄，颜色过渡就越生硬；“步长”微调框用于设置颜色间的过渡数量。如图 4.22 所示。

在“渐变填充”对话框的“颜色调和”选项区域中，选择“双色”单选按钮将以双色渐变来填充对象。“从”和“到”下拉列表框用于设置渐变的起始和终止颜色。拖动“中点”滑块能够调节两种颜色渐变中点的位置。

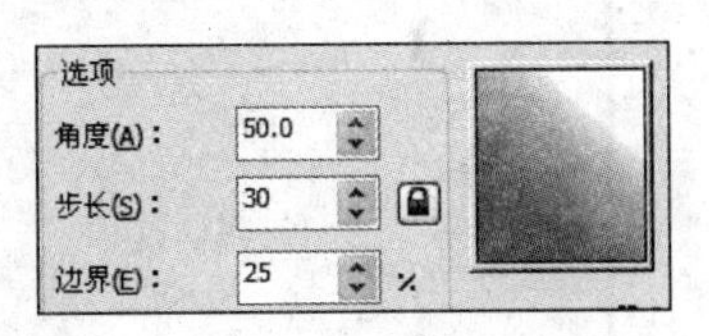

图 4.22　“选项”选项区域中的设置项

在“渐变填充”对话框的色轮上显示黑色的路径，该路径指示从开始颜色到结束颜色的渐变走向，色轮左侧的“直线”按钮、“逆时针”按钮和“顺时针”按钮用于决定这个路径的走向，CorelDRAW 将以路径经过的颜色来定义最终的渐变色。因此，双色渐变也会有多个颜色参与渐变，而不仅仅是起始颜色和结束颜色。例如，单击“逆时针”按钮后，色轮上的路径将变为逆时针旋转，如图 4.23 所示。

选择“自定义”单选按钮，在“颜色调和”选项区域中将出现渐变颜色条，选择颜色条后，其上方会出现虚线框。在虚线框上双击可以添加一个三角形滑块，该滑块表示一个过渡色。单击滑块，滑块显示为黑色，表示其被选择，在右侧的颜色列表中单击色块可以为其设置颜色。拖动滑块或在“位置”微调框中输入数值，可以改变滑块的位置，如图 4.24 所示。如果要删除渐变中的某个颜色，只需要双击对应的颜色滑块即可。

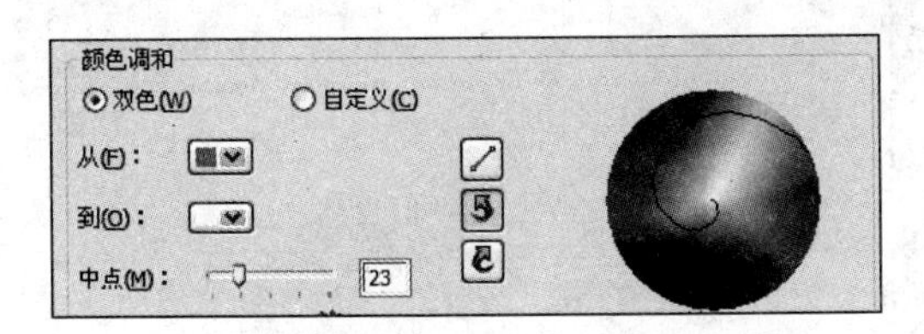

图 4.23　色轮上的路径逆时针旋转

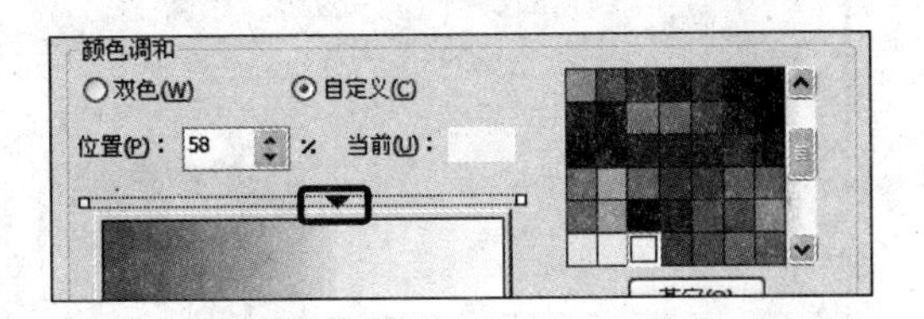

图 4.24　自定义渐变色

CorelDRAW 提供了大量的预设渐变样式供用户使用，这些样式包含了多种渐变类型，如线性、射线和锥形等。要使用预设渐变样式，可以在“预设”下拉列表中直接选择。当选择某个预设渐变样式后，“渐变填充”对话框的参数也会发生改变，用户可以对渐变进行重新定义，如图 4.25 所示。单击“确定”按钮关闭“渐变填充”对话框，设置的渐变效果应用到选择的图形，如图 4.26 所示。

专家点拨　如果要把自定义渐变保存为预设渐变样式，可以先在“预设”下拉列表框中输入名称，然后单击右侧的按钮即可。在“预设”下拉列表中选择某个选项后单击按钮可将该渐变样式删除。

2. 射线渐变

射线渐变是指在两种或两种以上的颜色之间产生以同心圆的形式由对象中心向外辐射的颜色渐变效果，其能够较好地体现球体的光线变化效果和光晕效果。射线渐变的设置与线性渐变基本相同，区别只是在于“渐变填充”对话框中增加了“中心位移”选项区域，在该选

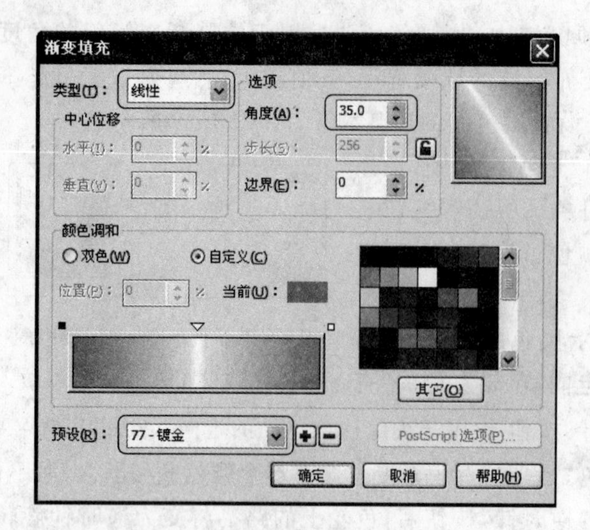

图 4.25　选择预设渐变样式并进行设置

图 4.26　图形应用线性渐变后的效果

项区域的微调框中输入数值可以指定渐变中心的位置，如图 4.27 所示。图形应用射线渐变后的效果如图 4.28 所示。

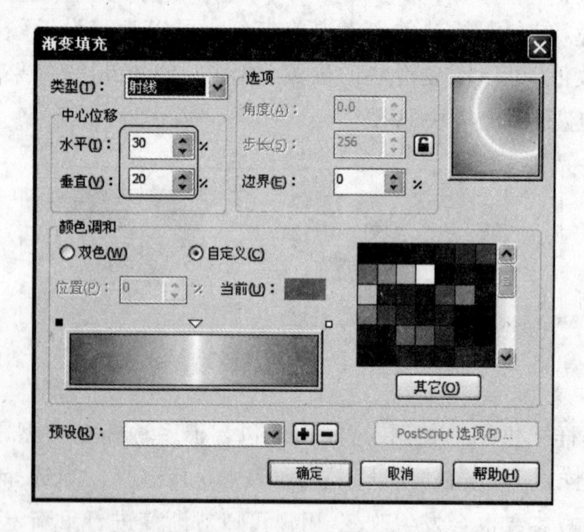

图 4.27　射线渐变的设置

图 4.28　图形应用射线渐变后的效果

3. 圆锥渐变

圆锥渐变是以一点为中心，从一种颜色向另一种颜色旋转渐变，能用来模拟光线落在圆锥上的视觉效果，能使平面图形具有空间立体感。圆锥渐变的设置与线性渐变基本相同，只是增加了“中心位移”选项区域，该选项区域中的微调框用于设置中心的位置，如图 4.29 所示。图形应用圆锥渐变后的效果如图 4.30 所示。

4. 方角渐变

方角渐变指的是两个或两个以上的颜色以一点为中心，以同心方形的形式从中心向外扩散的渐变效果。方角渐变的设置与圆锥渐变的设置相同，也是通过“中心位移”选项区域

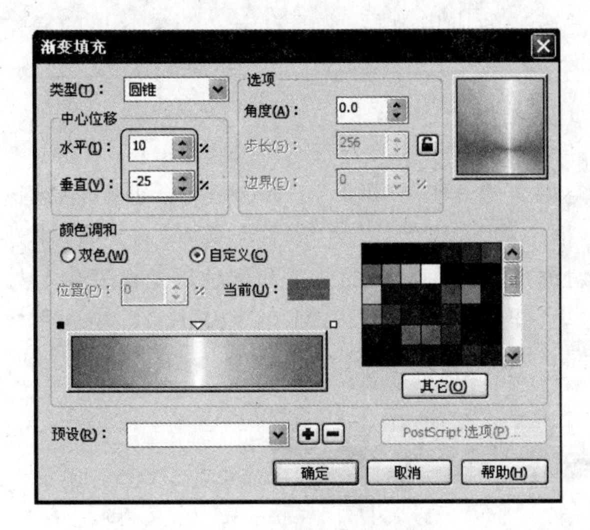

图 4.29　圆锥渐变的设置

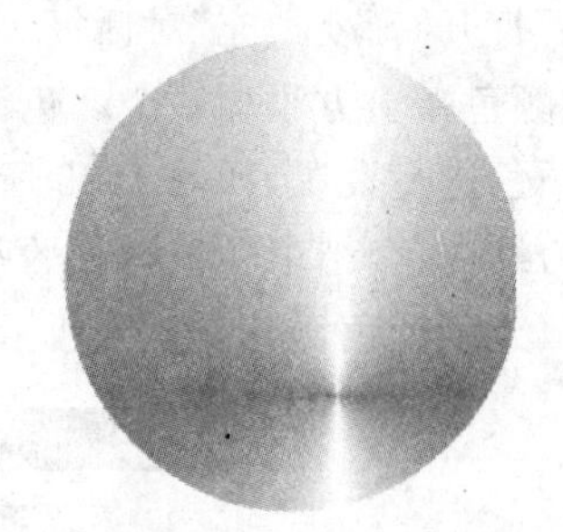

图 4.30　图形应用圆锥渐变后的效果

中的微调框来指定中心的位置，如图 4.31 所示。对图形应用方角渐变后的效果如图 4.32 所示。

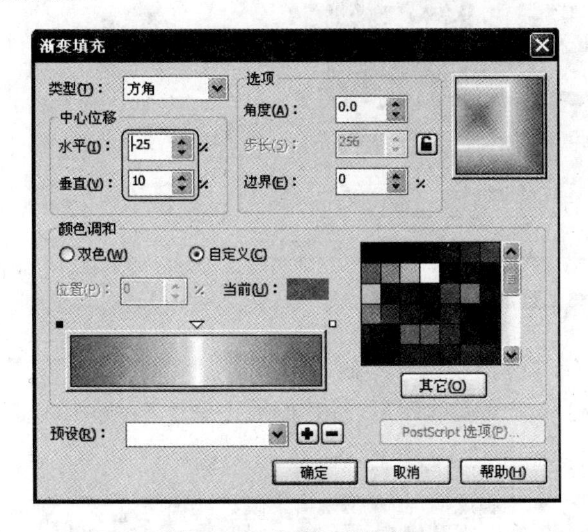

图 4.31　方角渐变的设置

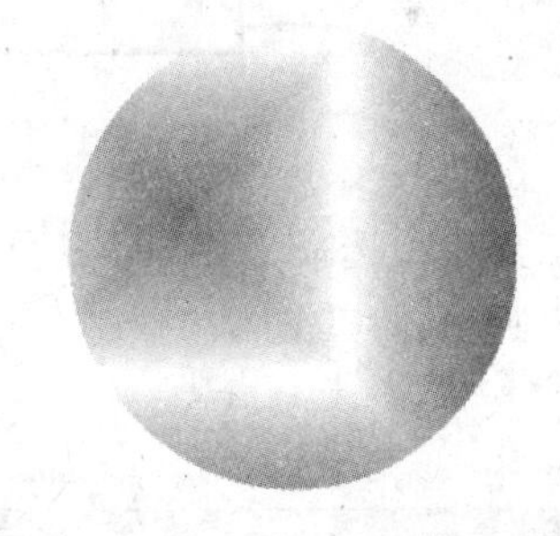

图 4.32　图形应用方角渐变后的效果

4.2.2　渐变填充应用实例——光盘效果

1. 实例简介

本实例介绍光盘效果的制作过程。本实例的制作分为三步：制作背景效果、制作光盘效果和添加文字效果，其中光盘效果的制作是制作的重点。本实例的背景通过向矩形添加三色的线性渐变来获得，文字效果通过对文字应用预设渐变效果来获得，光盘效果使用自定义圆锥类型的渐变来获得。在制作过程中通过自定义颜色滑块的颜色和位置来创建自定义渐变。

通过本实例的制作，读者将能够掌握对图形进行渐变填充的操作方法，熟悉

CorelDRAW 的线性渐变、射线渐变和圆锥渐变的应用效果，掌握自定义渐变效果的操作方法。

2. 实例制作步骤

(1) 启动 CorelDRAW X4，创建一个空白文件。使用“矩形”工具绘制一个正方形，选择该图形后打开“渐变填充”对话框。在对话框中将“类型”设置为“线性”，选择“自定义”单选按钮，在颜色条上方添加一个颜色滑块。对添加的颜色滑块的位置和颜色以及渐变的起始和终止颜色进行设置，如图 4.33 所示。这里，开始颜色为 C：20，M：0，Y：0，K：20，中间色块的颜色为纯白色，结束颜色与开始颜色相同。单击“确定”按钮关闭“渐变填充”对话框，此时矩形被填充渐变色，如图 4.34 所示。

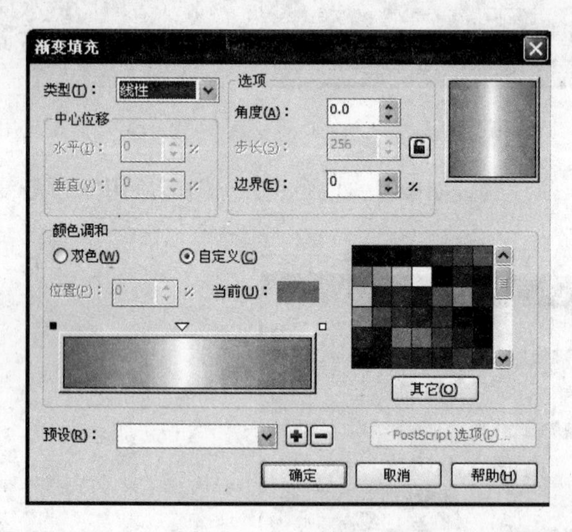

图 4.33 自定义渐变

在工具箱中选择“椭圆形”工具，按住 Ctrl 键拖动鼠标绘制一个圆形。使用“挑选”工具选择这个圆形，将其复制 4 个。依次选择这 4 个复制的圆形，将它们等比例缩小，如图 4.35 所示。

图 4.34 渐变填充后的效果

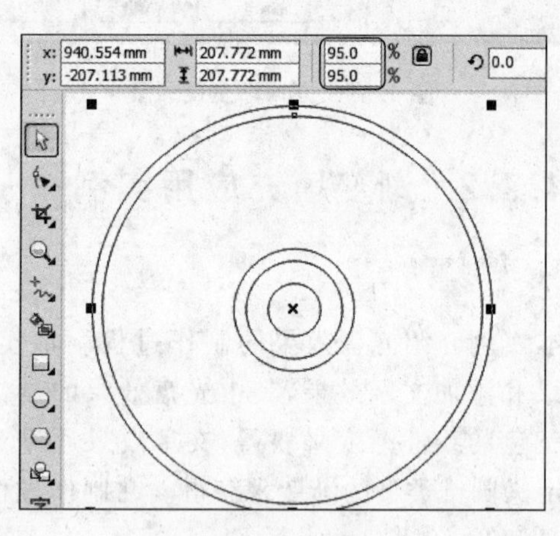

图 4.35 绘制圆形

（2）选择由外向内的第二个圆形，在工具箱中单击“填充”按钮，在弹出的菜单中选择“渐变填充”命令打开“渐变填充”对话框。在“类型”下拉列表中选择“圆锥”，选择“自定义”单选按钮，并选择颜色条左侧表示起始颜色的色块，单击“其他”按钮，如图 4.36 所示。此时将打开“选择颜色”对话框，在“组件”选项区域中输入颜色值，如图 4.37 所示。单击“确定”按钮关闭“选择颜色”对话框，完成渐变起始颜色的设置。

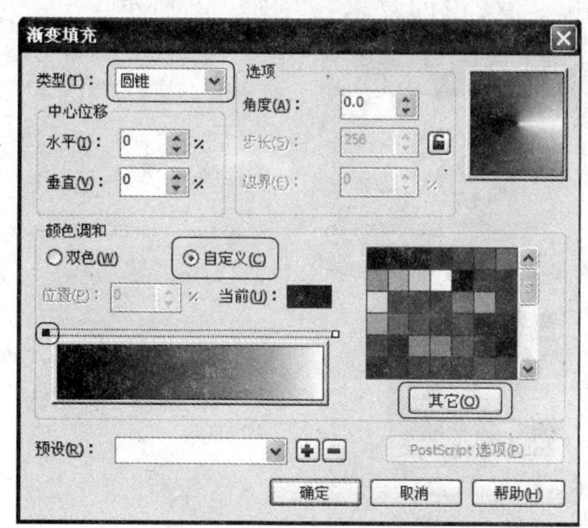

图 4.36 “渐变填充”对话框

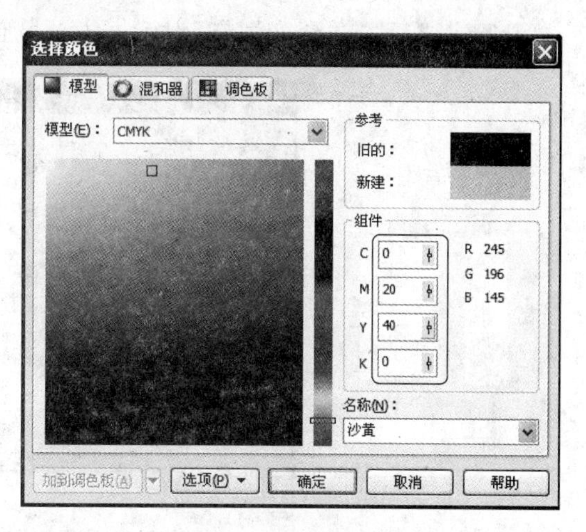

图 4.37 “选择颜色”对话框

（3）在颜色条上方的虚线框上双击创建一个颜色滑块，在“位置”微调框中输入数字“2”指定滑块的位置。单击“其他”按钮，打开“选择颜色”对话框设置颜色值，如图 4.38 所示。

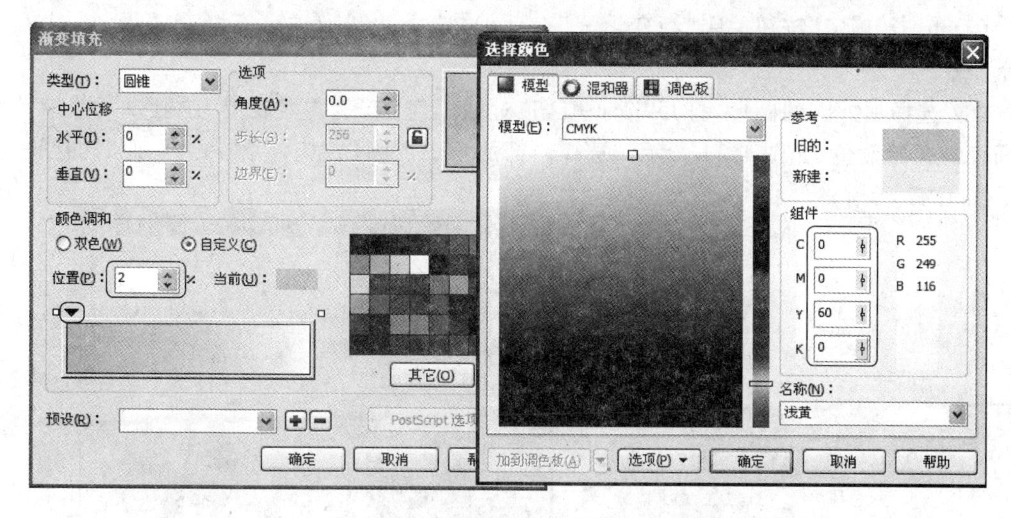

图 4.38 创建颜色滑块并设置颜色

（4）使用相同的方法继续添加颜色滑块，指定位置并设置颜色。这些滑块从左向右的参数依次如下所述。

- 位置 7 的颜色滑块为 C：0，M：0，Y：40，K：0。
- 位置 20 的颜色滑块为 C：0，M：0，Y：0，K：0。
- 位置 35 的颜色滑块为 C：50，M：0，Y：20，K：0。

- 位置 50 的颜色滑块为 C:0,M:0,Y:60,K:0。
- 位置 75 的颜色滑块为 C:0,M:40,Y:80,K:0。
- 位置 85 的颜色滑块为 C:20,M:20,Y:0,K:0。
- 位置 94 的颜色滑块为 C:20,M:0,Y:20,K:0。
- 位置 100 的颜色滑块为 C:0,M:20,Y:100,K:0。

设置完成后,在"渐变填充"对话框中预览自定义渐变色的效果,如图 4.39 所示。

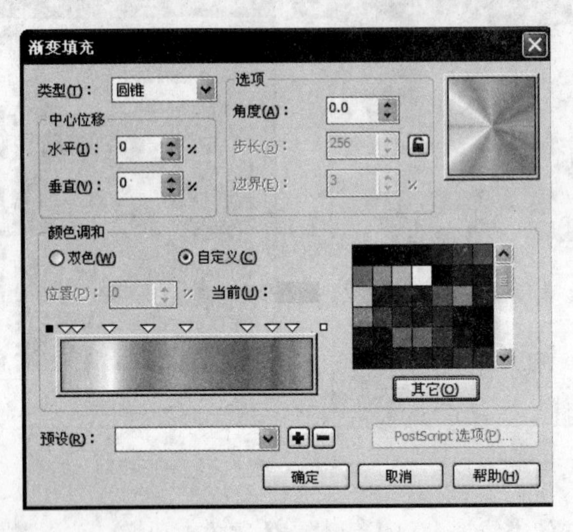

图 4.39　预览渐变效果

(5) 单击"确定"按钮关闭"渐变填充"对话框,选择的圆形被填充渐变效果,如图 4.40 所示。

(6) 选择最外圈的圆形,打开"渐变填充"对话框,将渐变类型设置为"射线",并设置双色渐变的开始颜色,如图 4.41 所示。选择内部的第二个圆,为其填充"白色",此时的图形效果如图 4.42 所示。

图 4.40　图形填充渐变效果

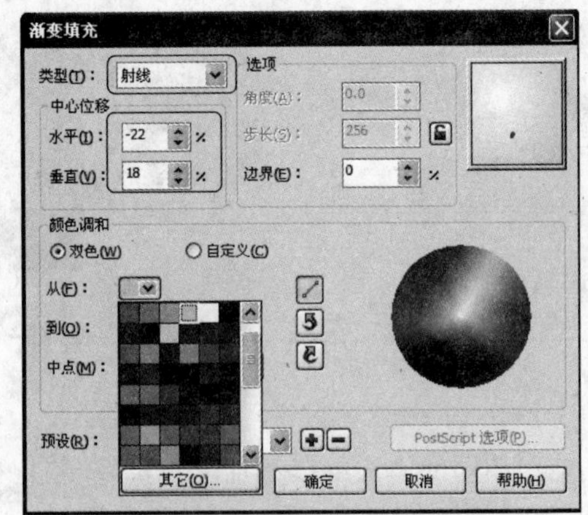

图 4.41　设置双色渐变

(7) 在工具箱中选择"文字"工具,在绘图页面中输入文字,同时设置文字的字体和大小,如图 4.43 所示。打开"渐变填充"对话框,在"预设"下拉列表中选择预设渐变样式,如

图 4.44 所示。完成设置后，单击“确定”按钮关闭对话框，应用渐变填充。

图 4.42 图形渐变填充后的效果

图 4.43 输入文字并设置文字的字体和大小

(8) 将光盘和文字放置到步骤(1)制作的矩形上，调整它们的位置和大小，保存文档后完成本实例的制作。本实例制作完成后的效果如图 4.45 所示。

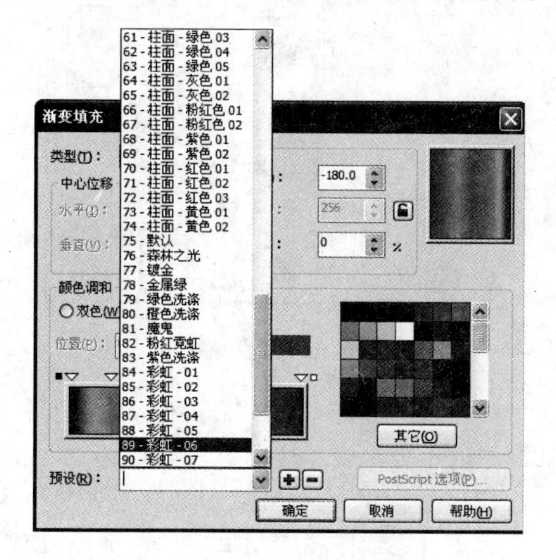

图 4.44 选择预设渐变样式

图 4.45 实例制作完成后的效果

4.3 图样填充和底纹填充

在 CorelDRAW 中，除了可以对图形填充颜色外，还可以向图形内部填充图案，或者使用各种底纹来填充对象以获得与众不同的效果。

4.3.1 图样填充

CorelDRAW 能够为对象填充预设的图案花纹效果，也可以使用绘制的对象或从外部导入图片进行填充。这大大增强了图形填充的灵活性，可以制作出各种风格独特的填充效果。

在工具箱中单击“填充工具”按钮，在弹出的菜单中选择“图样填充”命令即可打开“图样填充”对话框。在该对话框中，CorelDRAW 为用户提供了双色、全色和位图三种图样填充模式，每种模式都有不同的花纹和样式供用户选择，如图 4.46 所示。

1. 双色填充

双色填充是指对象只能应用前景色和背景色两种颜色的图案样式进行填充的方式。在进行双色填充时,用户可以调整填充图案的前部和后部颜色的设置。选择需要填充的图形对象,打开“图样填充”对话框,CorelDRAW 默认的模式是双色填充模式。此时,在对话框中打开图样列表,选择需要使用的预设图样,如图 4.47 所示。使用“前部”和“后部”下拉列表框设置图案的前景色和背景色,如图 4.48 所示。

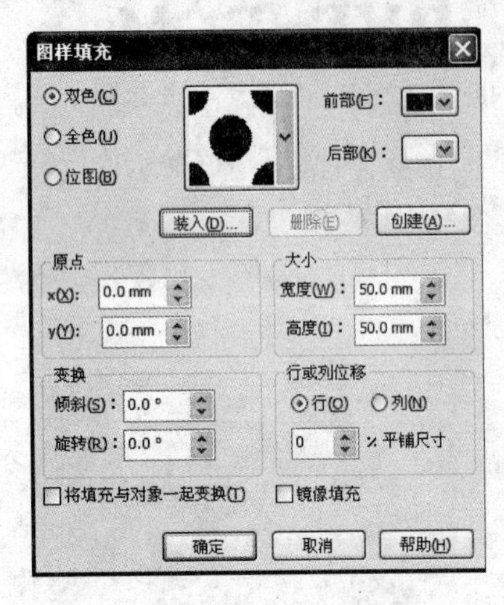

图 4.46 “图样填充”对话框

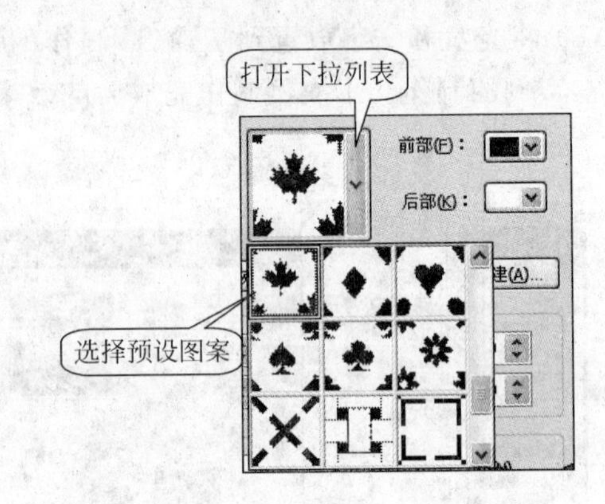

图 4.47 选择预设图样

在“图样填充”对话框中单击“创建”按钮,打开“双色图案编辑器”对话框,该编辑器是根据位图构成原理来绘制和编辑图案的。对话框中的小方格表示位图像素,像素尺寸可以在对话框右侧的“位图尺寸”选项区域中选择,可以在“笔尺寸”选项区域中选择笔尖大小。使用鼠标在网格中拖动即可进行绘画,如图 4.49 所示。完成图案绘制后,单击“确定”按钮即可将图案添加到预设列表中。

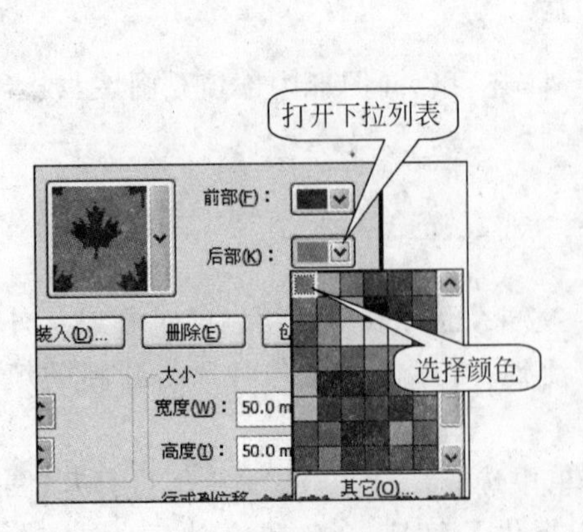

图 4.48 设置前景色和背景色

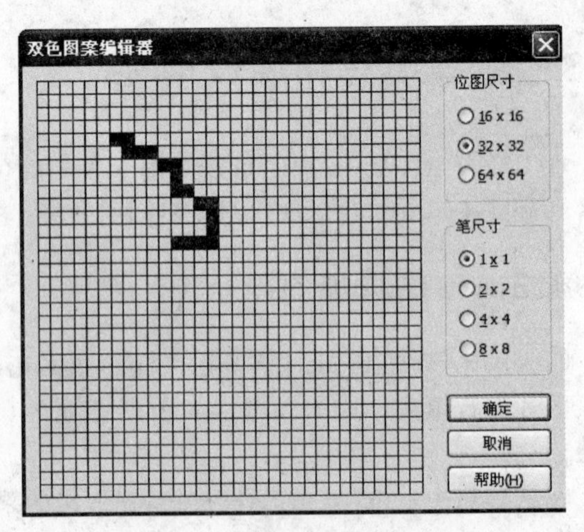

图 4.49 “双色图案编辑器”对话框

专家点拨　在绘制图案时，鼠标拖动的快慢将影响像素的着墨。绘图时，一般是先绘制出图形的整体效果，然后再单击像素格进行细节处理。在处理过程中，可以根据需要随时调整笔尖的大小。

在“图样填充”对话框中单击“装入”按钮将打开“导入”对话框，在对话框中选择需要导入的文件后单击“导入”按钮，该图形文件即可自动转换为双色样式并添加到样式列表中，如图 4.50 所示。

图 4.50　“导入”对话框

在“图样填充”对话框中，向 X 和 Y 微调框中输入数值可以设置图案填充后相对于图形的位置。向“宽度”和“高度”微调框中输入数值可以设置填充图案的单元图案大小。在“倾斜”和“旋转”微调框中输入数值可以对单元图案进行倾斜和旋转变换。选择“行”或“列”单选按钮，在其下的微调框中输入数值，可以设置图案按行或列的位移量，这样可以使填充的图案产生错位效果，如图 4.51 所示。

专家点拨　在“图样填充”对话框中选中“将填充与对象一起变换”复选框，则对图形进行缩放、倾斜和旋转等变换操作时，图案将随着变换，否则图案将保持不变。选中“镜像填充”复选框，对图形进行填充后，将产生图案镜像的填充效果。

完成双色填充的设置后，单击“确定”按钮关闭“图样填充”对话框，图样将被填充到选择的图形中，如图 4.52 所示。

2. 全色填充

全色图样填充可以由矢量图案和线描样式图形生成，也可以通过装入图像的方式进行填充。与双色填充不同，全色填充可以对对象填充全彩图案，这样能够获得更为精美的图案效果。

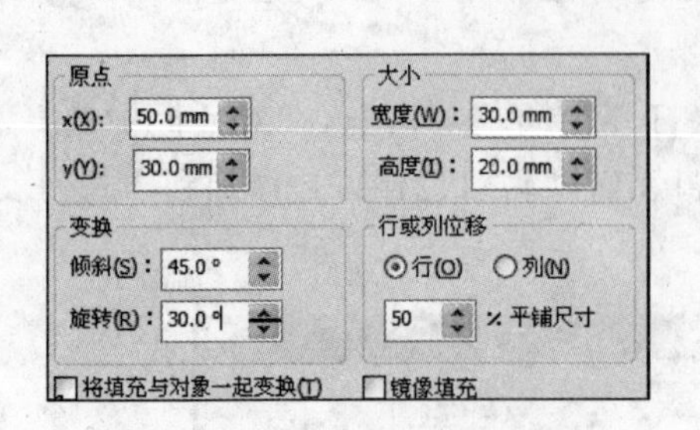

图 4.51　对话框中各参数设置

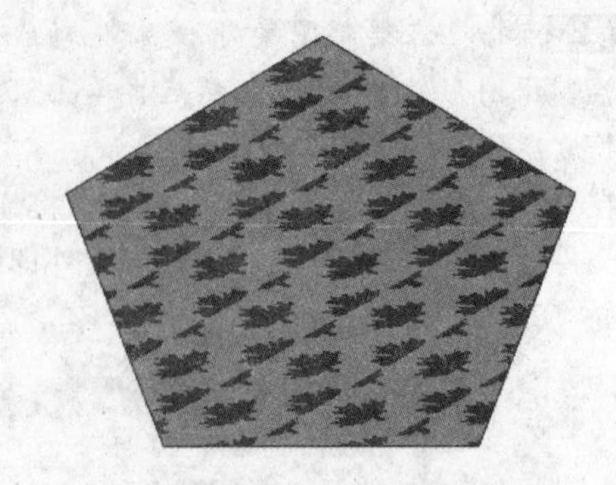

图 4.52　应用双色图样填充后的效果

全色填充的操作与双色填充一样，在打开“图样填充”对话框后选择“全色”单选按钮，在预设图样下拉列表中选择需要使用的预设图案，如图 4.53 所示。单击“确定”按钮关闭对话框，选择图案填充到选择的对象中，如图 4.54 所示。

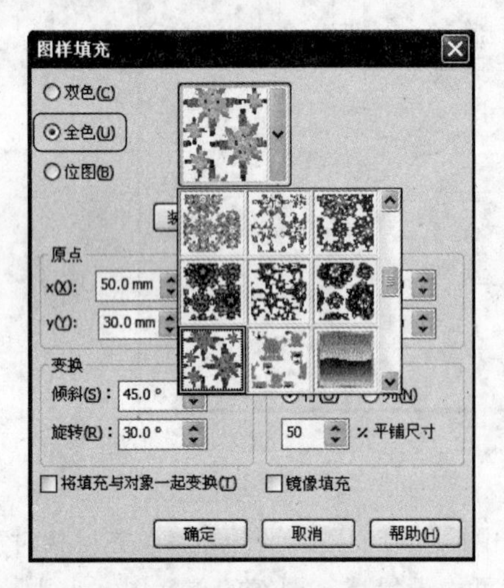

图 4.53　选择全色方式和填充图案

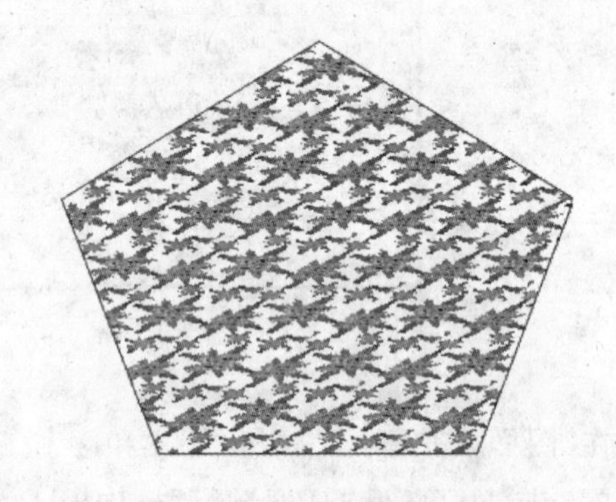

图 4.54　应用全色图样填充后的效果

3. 位图填充

位图填充可以选择位图图案进行图样填充，图案的复杂性取决于图像的大小和分辨率，其可以获得比前两种填充方式更为丰富的填充效果。在“图样填充”对话框中选择“位图”单选按钮，选择用于填充的位图图案，如图 4.55 所示。单击“确定”按钮，选择的图案将填充到图形中，如图 4.56 所示。

4.3.2　底纹填充

底纹填充是一种随机生成的填充，可以赋予对象自然的外观。CorelDRAW X4 提供了预设的底纹样式，用户可以通过底纹的设置项对底纹效果进行设置。

在工具箱中单击“填充”按钮，在弹出的菜单中选择“底纹填充”命令打开“底纹填充”对话框。在对话框的“底纹库”下拉列表中选择底纹类型，在“底纹列表”列表框中选择需要使

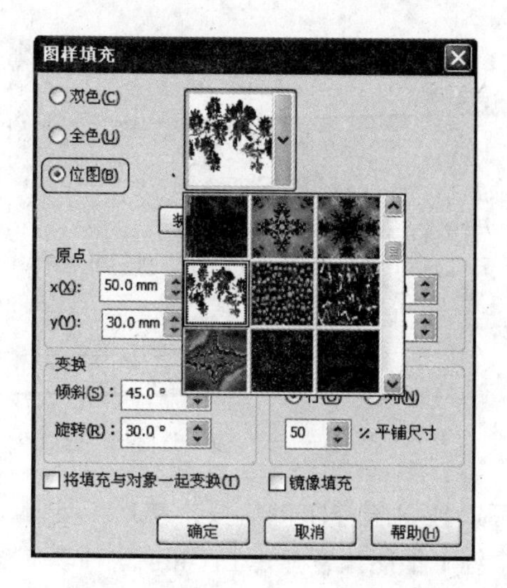

图 4.55 选择位图方式和填充图案

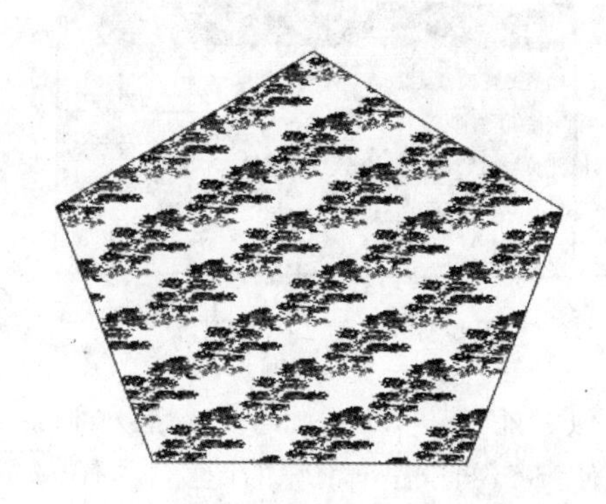

图 4.56 应用位图图样填充后的效果

用的底纹，在对话框右侧对底纹效果进行设置，如图 4.57 所示。单击“确定”按钮关闭对话框，选择底纹填充到图形中，如图 4.58 所示。

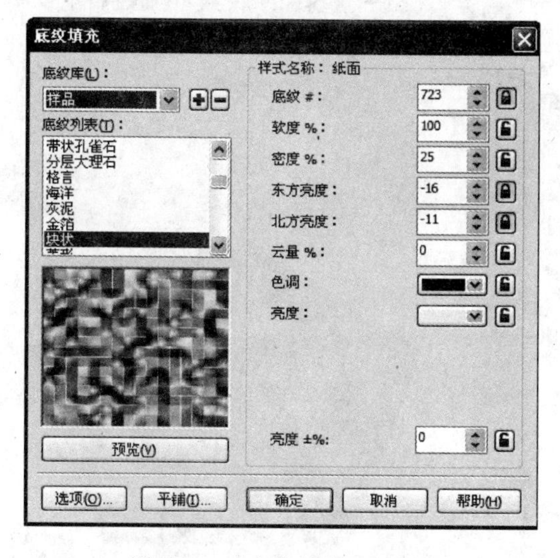

图 4.57 “底纹填充”对话框

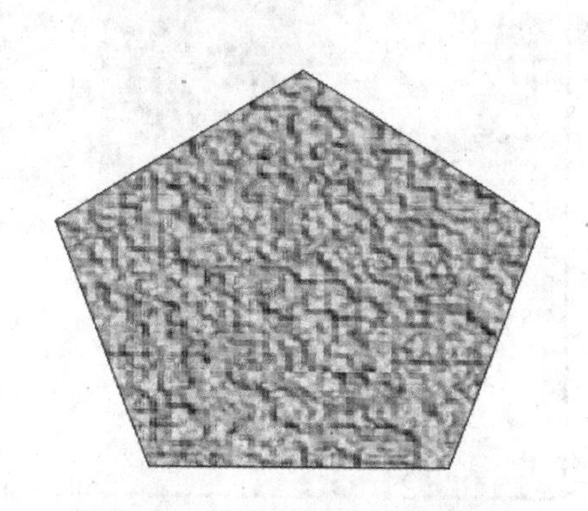

图 4.58 应用底纹填充后的效果

在“底纹填充”对话框中单击“选项”按钮将打开“底纹选项”对话框，使用该对话框能够对填充位图的分辨率和最大平铺宽度进行设置，如图 4.59 所示。

在“底纹填充”对话框中单击“平铺”按钮将打开“平铺”对话框，如图 4.60 所示。在其中可以设置“原点”、“大小”和“变换”等参数，这里各参数的意义与“图样填充”对话框中的参数相同。

4.3.3 PostScript 填充

所谓的 PostScript 填充指的是使用 PostScript 语言设计的特殊纹理进行填充，这种填充方式填充的图案只有在增强视图模式下才能显示出来。PostScript 格式文件和 PDF 文件

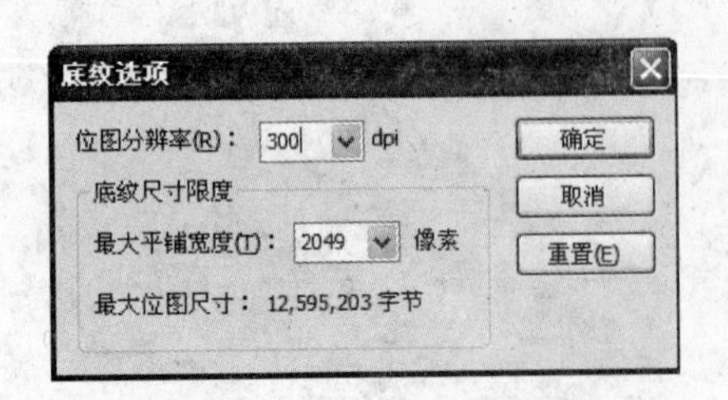

图 4.59 “底纹选项”对话框

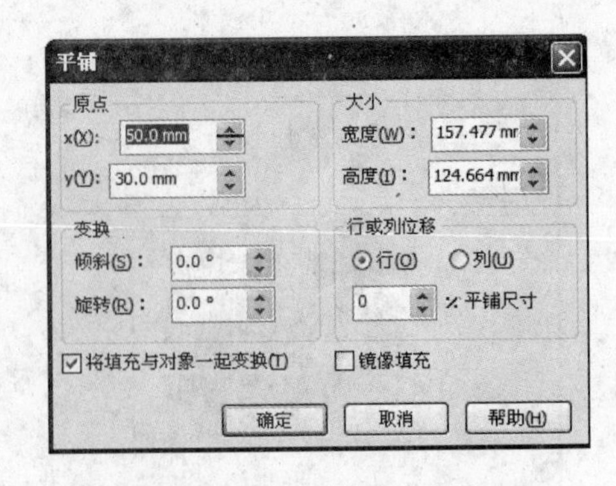

图 4.60 “平铺”对话框

有相似之处，其可以进行跨平台显示和打印，可以独立于打印机的分辨率而不受环境的影响。使用 PostScript 填充的图案，在任何操作系统下都能正常显示，但由于这种填充图案比较复杂，在打印和更新屏幕时需要较长时间，从而造成等待时间过长。

在工具箱中单击“填充”按钮，在弹出的菜单中选择“PostScript 填充”命令打开“PostScript 底纹”对话框，在对话框的底纹列表中选择图案，在对话框下部对底纹的参数进行调整，如图 4.61 所示。设置完成后单击“确定”按钮，选择的底纹填充到图形中，如图 4.62 所示。

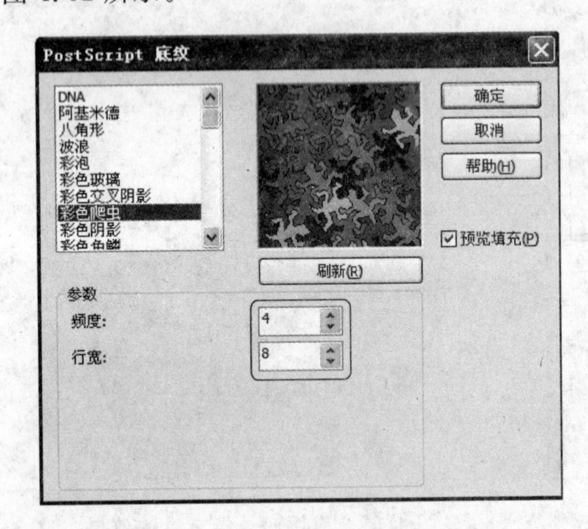

图 4.61 “PostScript 底纹”对话框

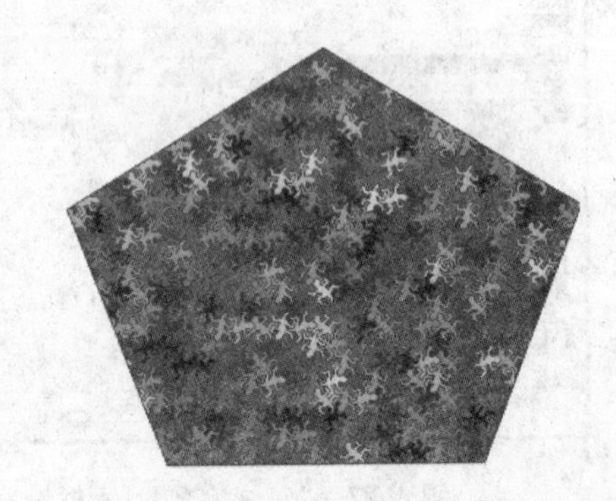

图 4.62 应用 PostScript 底纹填充后的效果

专家点拨 在“PostScript 底纹”对话框中选中“预览填充”复选框，在预览窗口中将显示出底纹图案。在对底纹参数进行修改后，只有单击“刷新”按钮才能在预览窗口中看到新的底纹效果。

4.3.4 图案填充效果应用实例——方形装饰图

1. 实例简介

本实例介绍一个方形装饰图的制作过程。装饰图基本形状是正方形，通过向正方形中填充不同的图样来获得美丽的图案效果。通过本实例的制作，读者将能够掌握使用

"图样填充"对话框向图形添加填充效果的方法，以及导入外部位图文件作为填充图样的方法。

2. 实例制作步骤

(1) 启动 CorelDRAW X4，创建一个新文档。在工具箱中选择"矩形"工具，按住 Ctrl 键拖动鼠标绘制一个矩形。分别选择这些矩形，在属性栏中设置缩放比例，放置在页面最上层的矩形的缩放比例为 50%，其他矩形按照由上到下的顺序分别设置为 100%、110%和 120%。将最上层的正方形旋转 135°，如图 4.63 所示。

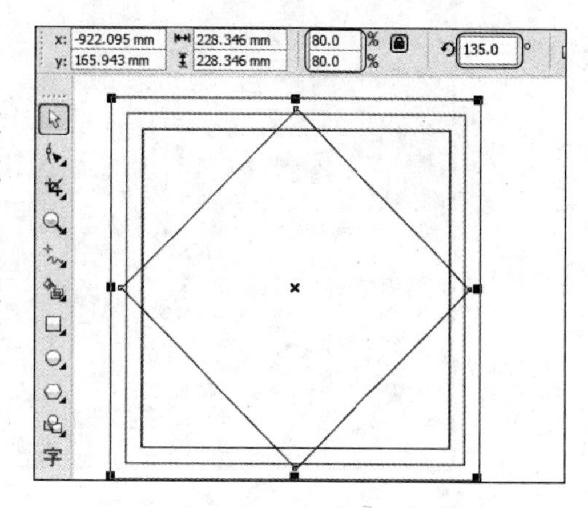

图 4.63　绘制正方形并进行变换

(2) 选择下层最大的正方形，在工具箱中单击"填充"按钮，从弹出的菜单中选择"图样填充"命令，在打开的"图样填充"对话框中选择"位图"单选按钮。单击"装入"按钮打开"导入"对话框，在其中选择需要使用的位图文件，如图 4.64 所示。单击"确定"按钮关闭对话框，此时选择的图像被添加到样式列表中，单击"确定"按钮向正方形填充图样，如图 4.65 所示。在属性栏中将该正方形的轮廓线设置为"无"，此时图形效果如图 4.66 所示。

图 4.64　选择图像文件

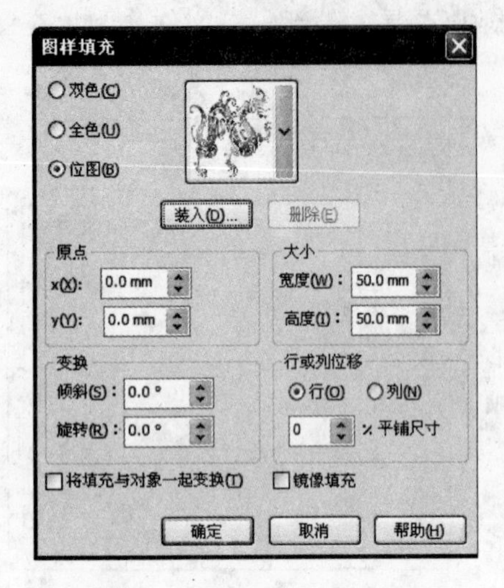

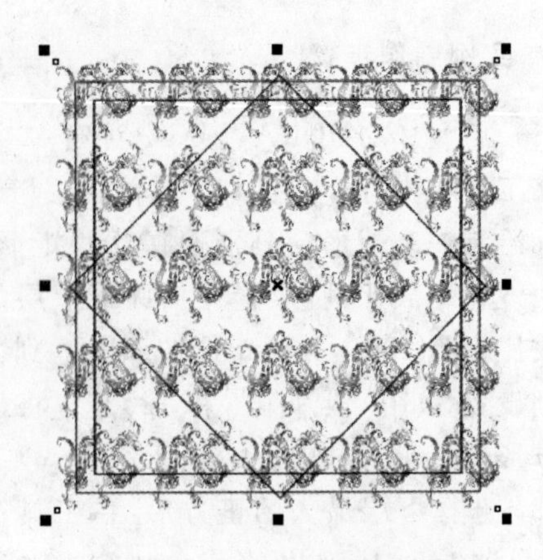

图 4.65　位图添加到样式列表中　　　　图 4.66　图形填充后的效果

(3) 选择第二个正方形，打开“图样填充”对话框，选择“全色”单选按钮，在样式列表中选择需要使用的图案，如图 4.67 所示。单击“确定”按钮对选择的正方形填充选择的图案，同时将其轮廓线设置为“无”。此时图形的效果如图 4.68 所示。

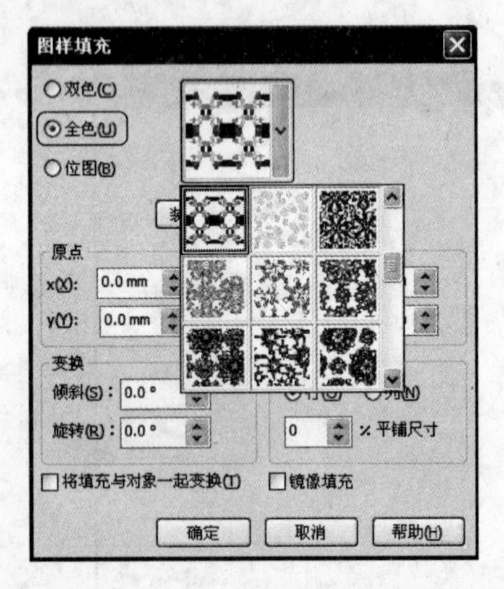

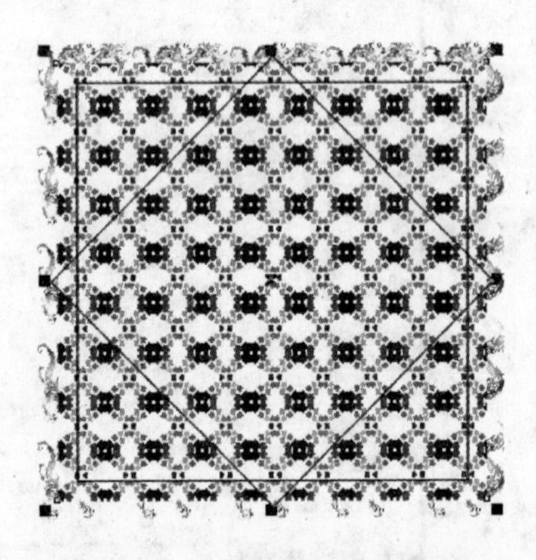

图 4.67　选择需要使用的图案　　　　图 4.68　填充图案后的效果

(4) 选择第三个正方形，打开“图样填充”对话框，选择“位图”单选按钮。单击“装入”按钮打开“导入”对话框，选择需要使用的位图文件，如图 4.69 所示。将位图文件导入样式列表并填充到图形。将该正方形轮廓线的宽度设置为 3mm，此时图形效果如图 4.70 所示。

(5) 选择最后一个正方形，打开“图样填充”对话框，选择“位图”单选按钮，导入作为填充图案的位图文件，设置填充时图案的倾斜角度，如图 4.71 所示。完成设置后单击“确定”按钮填充图形，同时将该正方形轮廓线的宽度设置为 3mm。

(6) 保存文档，完成本实例的制作。本实例制作完成后的效果如图 4.72 所示。

图 4.69　选择需要使用的位图文件

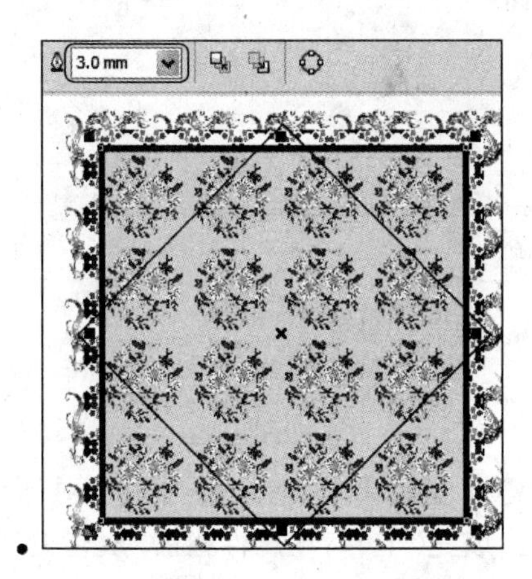

图 4.70　填充位图并设置轮廓线宽度

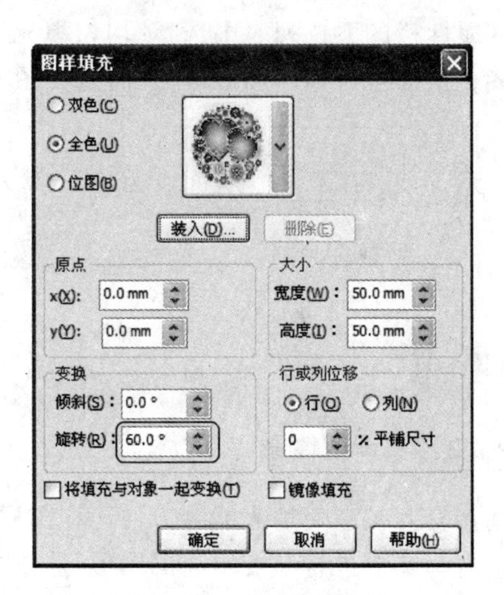

图 4.71　设置旋转角度

图 4.72　实例制作完成后的效果

4.4 交互填充

前面介绍的填充工具，一旦完成图形的填充，在需要对填充效果进行修改时，都必须要重新打开设置对话框来对参数进行调整，这带来了很多的不便。为了能够动态地调整和观察填充效果，CorelDRAW 提供了用于图形填充的交互工具。

4.4.1 “交互式填充”工具

使用“交互式填充”工具能够直接在对象上设置填充参数并进行颜色的调整，其填充方式包括均匀填充、图样填充和底纹填充等各种填充模式，用户可以在属性栏中根据需要进行选择。

1. 交互式均匀填充

在工具箱中选择“交互式填充”工具，如图 4.73 所示。在属性栏的下拉列表中选择“均匀填充”选项，输入填充颜色值即可对选择图形填充颜色，如图 4.74 所示。

图 4.73 选择“交互式填充”工具

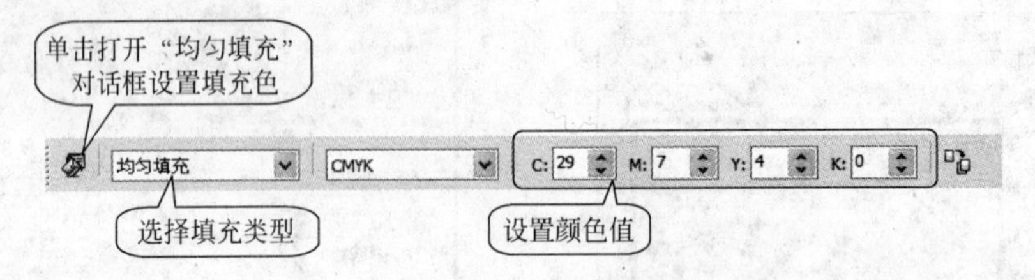

图 4.74 交互式均匀填充属性栏的设置

2. 交互式渐变填充

使用交互式渐变填充能够方便地在图形中创建渐变效果，同时能够灵活地对渐变进行控制。选择需要进行渐变填充的图形，选择“交互式填充”工具，在属性栏的“填充类型”下拉列表中选择渐变填充类型，如线性。此时选择图形即会以默认的黑白双色渐变方式进行填充，同时出现渐变控制线，如图 7.75 所示。

渐变控制线的方向表示渐变的方向，小方块表示颜色节点。在渐变线上双击能够添加一个小方块，渐变将添加颜色，默认的双色渐变更改为自定义渐变方式。拖动渐变线上的小方块可以改变颜色在渐变中的位置，拖动渐变线两端的起始方块和终止方块能够调整渐变的角度和渐变区域。选择一个方块，可以使用调色板设置该处渐变的颜色，如图 4.76 所示。

可以使用属性栏对渐变效果进行精确设置，如图 4.77 所示。

3. 交互式图案填充

选择需要填充的对象，在属性栏中的“填充类型”下拉列表中选择“双色图案”选项，此时图形中将会出现方形的虚线框，对虚线框进行调整即可修改图案填充效果，如图 4.78 所示。

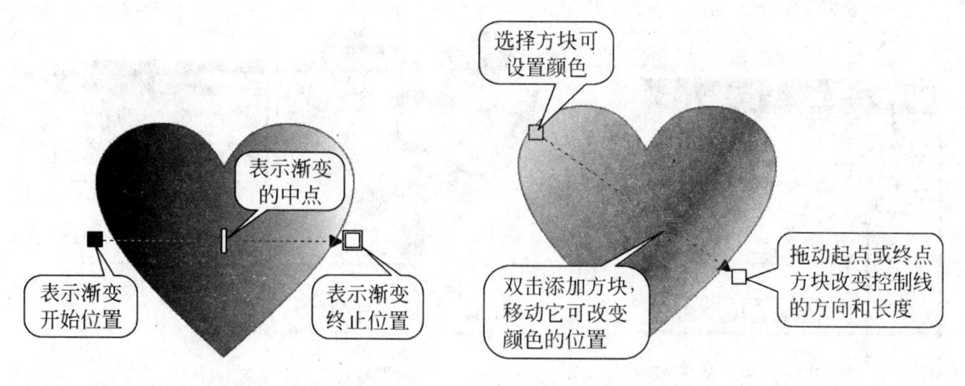

图 4.75 线性渐变的渐变线

图 4.76 调整渐变效果

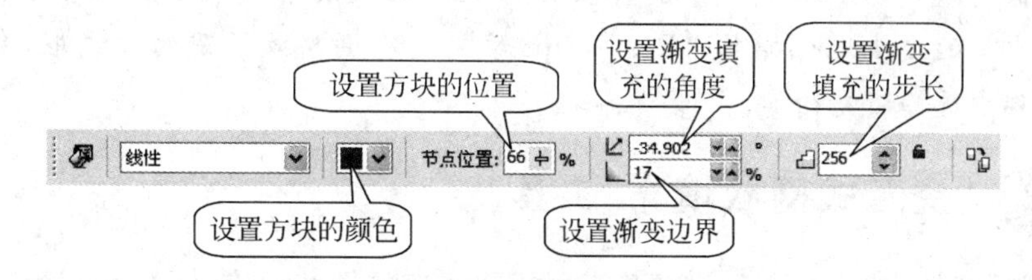

图 4.77 使用属性栏设置渐变效果

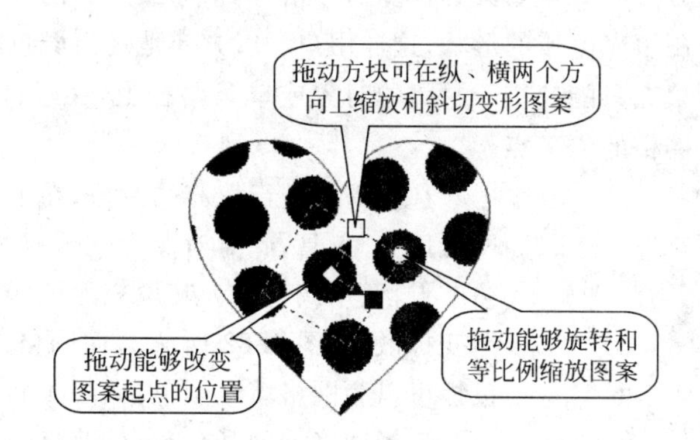

图 4.78 设置交互式图案填充效果

可以使用属性栏对图案的填充效果进行精确设置，如图 4.79 所示。在属性栏中单击“创建图样”按钮可打开“创建图样”对话框，如图 4.80 所示。在对话框中对类型和分辨率进行设置后单击“确定”按钮，框选绘图区域中的图形后，CorelDRAW 会给出提示对话框。单击“确定”按钮可将框选区域定义为图样，如图 4.81 所示。

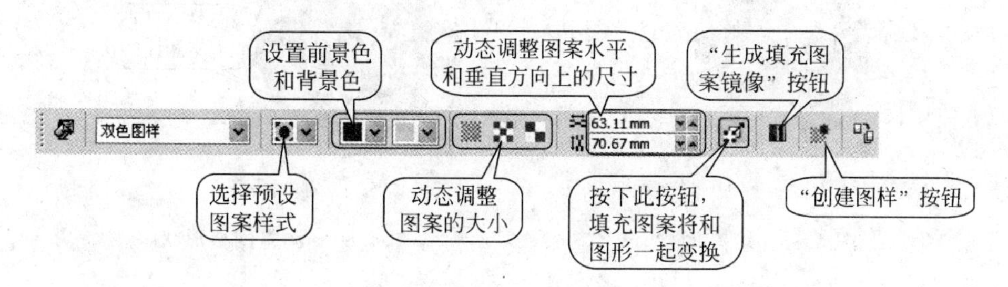

图 4.79 属性栏的设置

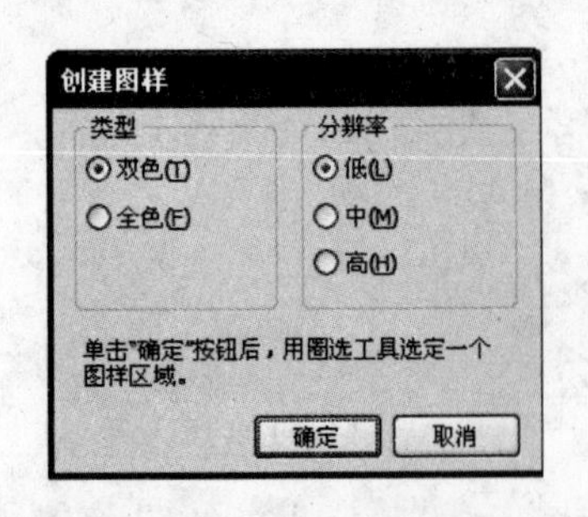

图 4.80 "创建图样"对话框

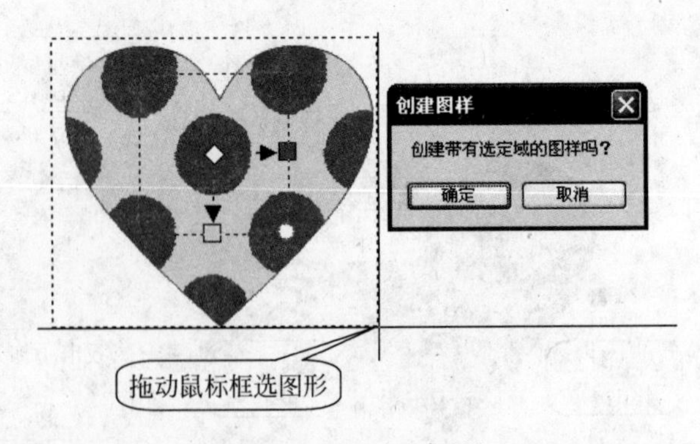

图 4.81 自定义图样

专家点拨 除了 PostScript 填充外，其他的交互式图案填充均可以采用与双色图样填充类似的方法进行操作。PostScript 填充没有调整效果用的虚线框，其只能在属性栏中选择填充图案。

4.4.2 "交互式网状填充"工具

"交互式网状填充"工具用于为对象应用复杂多变的网状填充效果，是一种高自由度的填充方式。这种填充方式将对象划分为许多的网格，网格的交点和网格内都可以填充颜色，通过调整网格线来控制填充区域的形状，这样用户可以方便地定义颜色的扭曲方向，从而产生不同的效果。网状填充只能应用于封闭的对象或单条路径上，在进行填充时可以指定网格的列数和行数以及网格的交叉点。

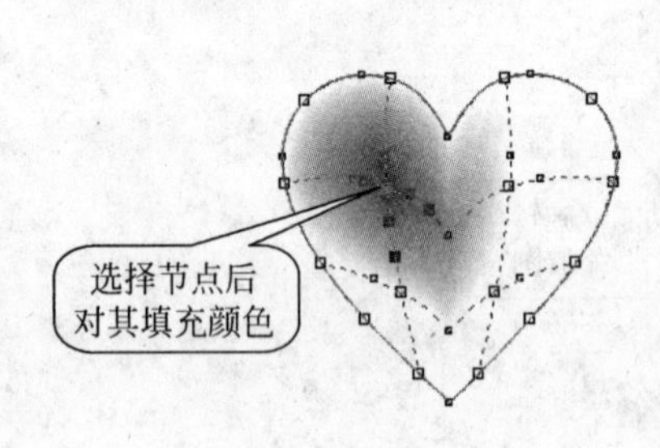

图 4.82 填充节点

选择需要进行填充的对象，在工具箱中选择"交互式网状填充"工具，此时对象上将出现网格线，选择某个网格节点，使用调色板为其填充颜色，颜色将呈放射状向外渐变扩散，如图 4.82 所示。在网格内选择网格，使用调色板可以为网格填充颜色，如图 4.83 所示。

选择网格上的某个节点，节点两侧会出现控制柄，此时可以像调整曲线形状那样来调整网格节点和网格曲线的形状，如图 4.84 所示。

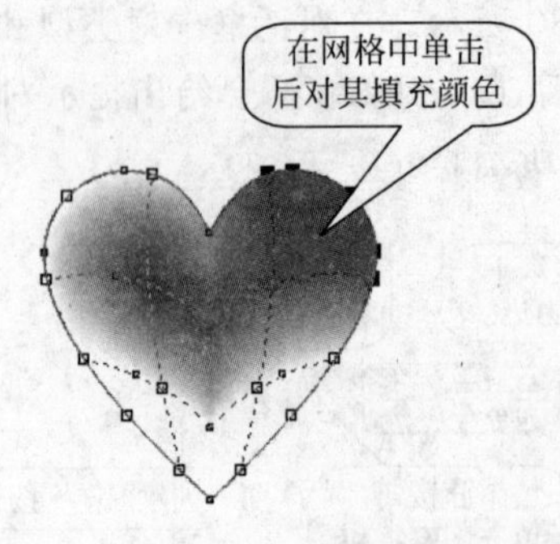

图 4.83 填充网格

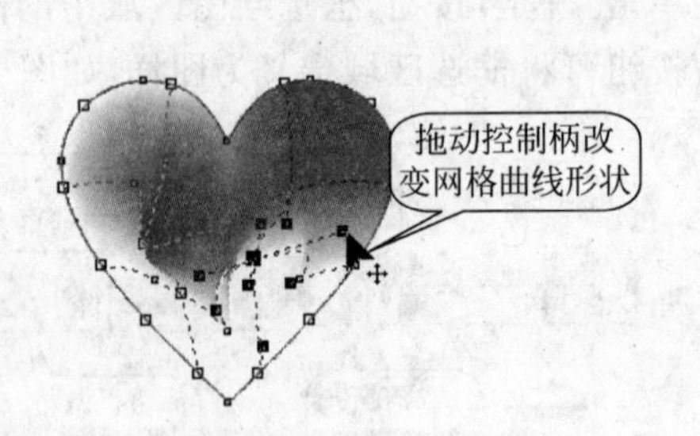

图 4.84 调整网格形状

就像调整曲线形状一样，拖动网格线同样能调整网格的形状。同时，属性栏也提供了与"形状"工具相同的按钮，用户可以实现添加和删除节点、将曲线变为直线或改变曲线属性等操作。用户还可以通过属性栏设置网格的行数和列数，如图4.85所示。

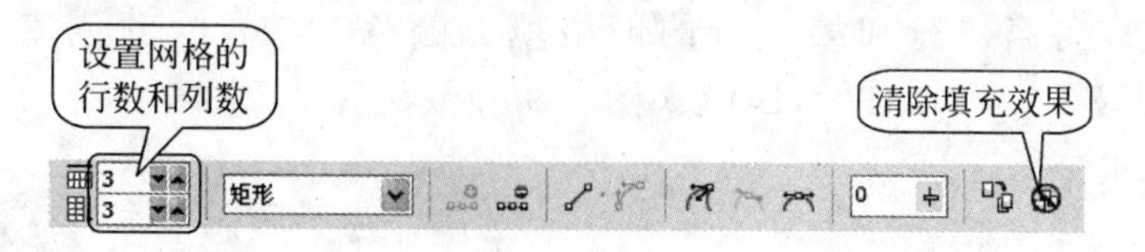

图4.85　"交互式网状填充"工具的属性栏

4.4.3　交互式填充工具的应用实例——悠闲的太阳

1. 实例简介

本实例介绍一幅卡通画的制作过程。这幅画包括蓝天、白云、海面和沙滩，空中是一个戴着墨镜咧嘴而笑的太阳。本实例的制作过程中，天空、天空中的白云、太阳的脸、墨镜、鼻子和嘴等图形均使用"交互式填充"工具来填充渐变色。海面和沙滩可以通过使用"交互式网状填充"工具向矩形图形中填充颜色，并通过调整网格线来获得蜿蜒的海岸效果。

通过本实例的制作，读者将能够掌握使用"交互式填充"工具和"交互式网状填充"工具进行图形填充的方法。同时，读者也能掌握在使用这两个工具创建填充效果时，对填充效果进行编辑修改的技巧。

2. 实例制作步骤

（1）启动CorelDRAW X4，打开需要进行填充颜色处理的文件，如图4.86所示。文件已经完成了需要的所有图形的描绘，只是没有填充颜色。下面对图形填充颜色以获得需要的风景画场景效果。

（2）首先在工具箱中选择"挑选"工具选择作为背景的矩形，然后在工具箱中选择"交互式填充"工具，在属性栏中将渐变模式设置为"线性"，将渐变起点方块放置在矩形的顶端，并将其颜色设置为"天蓝"。将渐变终点方块放置于矩形的下端，颜色设置为"白色"。完成图形填充后，将矩形的轮廓线设置为"无"。此时图形效果如图4.87所示。

图4.86　需要处理的文件

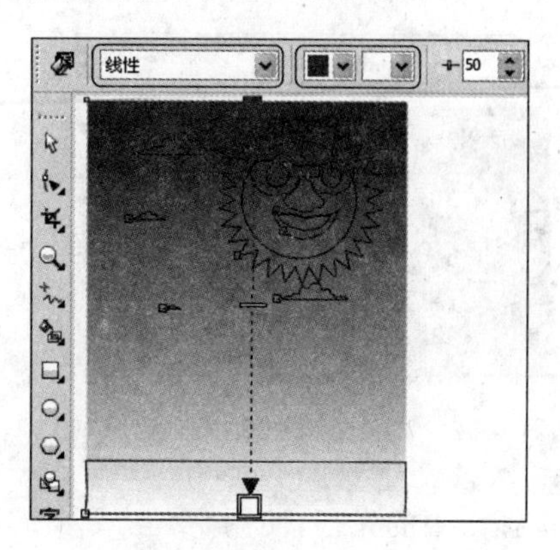

图4.87　线性渐变填充后效果

(3) 选择位于下部的矩形，在工具箱中选择“交互式网状填充”工具，在属性栏中设置网格的行列数量，如图 4.88 所示。从主界面的左侧将“标准色”调色板拖放到绘图区域中，在第一行网格中单击，在“标准色”调色板的色块上单击向网格填充“蓝色”，如图 4.89 所示。使用相同的方法，向第二行和第三行的网格填充颜色。它们的颜色值分别是 R:255，G:255，B:204 以及 R:255，G:204，B:0，如图 4.90 所示。

图 4.88　设置网格行列数量

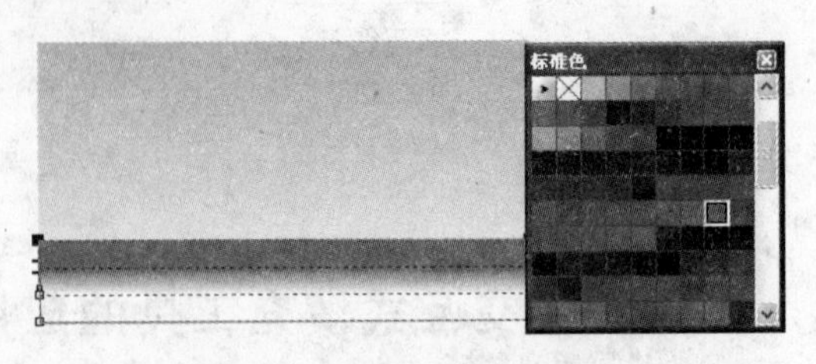

图 4.89　填充第一行的网格

(4) 将鼠标放置到网格显示，拖动网格线改变网格线形状以调整矩形中颜色的渐变填充效果，如图 4.91 所示。完成效果调整后，将该矩形的轮廓线设置为“无”。至此得到蓝天、海面和海岸的效果。

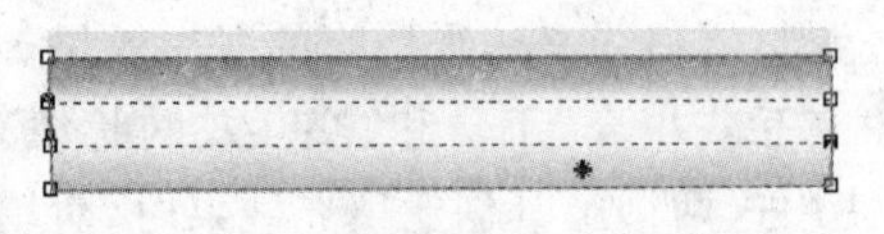

图 4.90　向第二行和第三行网格填充颜色

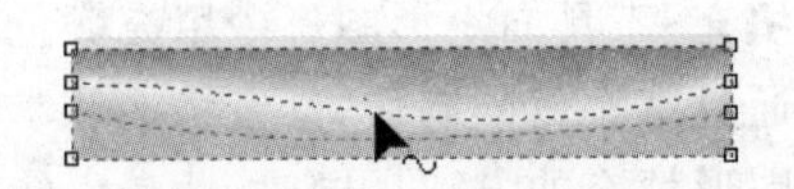

图 4.91　调整网格线形状

(5) 选择云朵形状，在工具箱中选择“交互式填充”工具，在属性栏中将填充模式设置为“射线”，拖动虚线框调整渐变线的位置。分别设置渐变起点和终点颜色，其中起点的颜色为“纯白色”，终点颜色为“冰蓝”，如图 4.92 所示。在工具箱中选择“滴管”工具，在添加了渐变效果的云朵上单击，按下 Shift 键依次单击其他云朵复制渐变效果。此时图形效果如图 4.93 所示。

图 4.92　为云朵添加渐变效果

图 4.93　为云朵添加渐变效果

(6) 选择太阳的光芒，使用“交互式填充”工具创建一个从白色到黄色的线性渐变。在渐变线上双击添加一个颜色方块，将其颜色设置为“深黄”，拖动颜色方块调整其位置。完成设置后取消图形的轮廓线，此时图形的效果如图 4.94 所示。

(7) 选择脸上的圆形，使用“交互式填充”工具对圆形应用射线渐变填充。将渐变的起点和终点的颜色都设置为“红色”，在渐变线 80% 和 39% 位置处添加两个颜色方块，将它们的颜色设置为“深黄”。完成渐变效果的设置后，将圆形的轮廓线设置为“无”，此时的图形效果如图 4.95 所示。

图 4.94 对图形应用线性渐变填充

图 4.95 对圆形应用渐变效果

(8) 分别选择太阳脸上的眼镜、眼镜上的圆形、鼻子、嘴巴内部和嘴唇图形，使用“交互式填充”工具对这些图形添加线性渐变效果，根据需要设置渐变颜色。完成渐变填充后取消轮廓线，此时获得戴墨镜的太阳，如图 4.96 所示。

(9) 对各个图形的填充效果、位置和大小进行适当调整，保存文档。本实例制作完成后的效果如图 4.97 所示。

图 4.96 制作完成的戴墨镜的太阳

图 4.97 实例制作完成后的效果

4.5 本章小结

本章介绍了 CorelDRAW X4 中多种图形填充的方法，其中包括均匀填充、渐变填充、图样和底纹填充以及交互填充等。通过本章的学习，读者将能够掌握各种填充效果的创建方法，能够灵活应用 CorelDRAW 提供的各种填充工具来创建各种图形效果。

4.6 上机练习与指导

4.6.1 制作剪贴画

打开配套光盘中的“上机练习 1——制作剪贴画线稿.cdr”文件，如图 4.98 所示。为该文件填充颜色获得剪贴画效果，如图 4.99 所示。

图 4.98 需要填充颜色的图形

图 4.99 填充颜色后的剪贴画

主要练习步骤指导：

(1) 选择背景矩形，选择“交互式填充”工具，以从黑色到蓝色的双色线性渐变来填充图形。背景上的山坡使用均匀填充即可。

(2) 使用相同的方法，依次选择其他图形对象，使用“交互式填充”工具对图形分别填充渐变色。完成图形填充后，取消所有图形的轮廓线。

4.6.2 制作幻彩折线图

打开配套光盘中的“上机练习 2——幻彩折线图.cdr”文件，如图 4.100 所示。为文件中的图形添加填充效果，获得幻彩折线图，如图 4.101 所示。

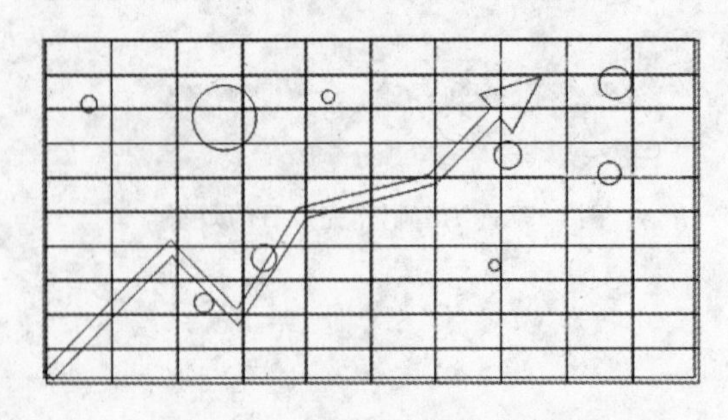

图 4.100 需要填充颜色的图形

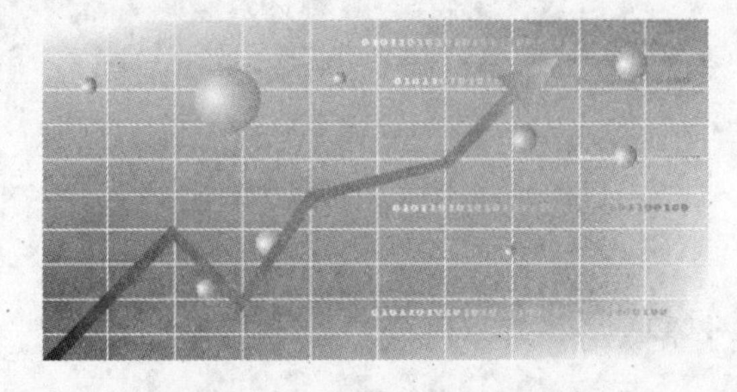

图 4.101 填充颜色后的效果

主要练习步骤指导：

(1) 选择作为背景的矩形，在工具箱中选择“交互式网状填充”工具，将网格设置为 3 行

3 列，分别向网格中填充颜色，并调整网格的大小。

(2) 选择作为背景的图形网格，将轮廓线设置为“白色”。使用“交互式填充”工具对圆形进行射线渐变填充，渐变颜色为“白色”和“绿色”。调整中心的位置，获得球体的效果。

(3) 选择文字，使用“交互式填充”工具创建线性渐变填充。根据文字所在位置的不同，使用不同的渐变颜色。

(4) 选择折线，在工具箱中选择“填充”工具打开“渐变填充”对话框，使用 CorelDRAW 的预设填充样式“90-彩虹-07”对图形进行填充。完成填充后，取消除网格图形外的所有图形的轮廓线。

4.7 本章习题

一、选择题

1. 在“均匀填充”对话框中，默认的颜色模式是(　　)。

A. RGB　　B. Lab　　C. CMYK　　D. HSB

2. (　　)能够获取页面中已绘制图形的色彩。

A. “滴管”工具　　B. “颜料桶”工具

C. “交互式填充”工具　　D. “智能填充”工具

3. 在进行图样填充时，(　　)图案类型不能被填充。

A. 双色　　B. 全色　　C. 位图　　D. PostScript 底纹

4. 在使用“交互式填充”工具对图形进行填充时，如果使用“双色图样”方式，单击属性栏中的(　　)按钮能够使填充的图案与图形一起进行变换。

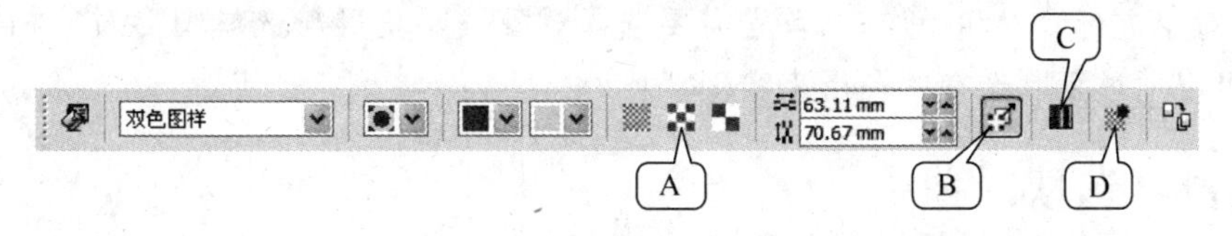

二、填空题

1. 在进行颜色填充时，CorelDRAW 的________能够自动识别不同图形重叠所产生的交叉区域，并对这个区域进行色彩填充。

2. 要将某个图形的填充效果复制到另一个图形，可以在工具箱中选择________在该图形上单击，然后再在工具箱中选择________在另一个图形上单击即可。

3. 双色填充是指对象只能应用________和________两种颜色的图案样式进行填充的方式。全色图样填充可以由________和________生成，也可以通过________的方式进行填充。

4. “交互式网状填充”工具只能应用于________或________，在进行填充时可以指定网格的________以及网格的交叉点。

第5章 管理和编辑对象

一幅完整的 CorelDRAW 作品由许多图形对象构成，在绘制图形时往往需要对这些图形进行编辑和管理。CorelDRAW 为用户提供了对象排列、变换、分布、结合和锁定等多种操作手段，使用这些手段能够准确快捷地实现对对象的编辑和管理。同时，通过对对象的组合、分离和修整，能够将对象组合成新图形。

本章主要内容：

- 选择和复制对象。
- 图形变换。
- 对象的排列和组合。
- 对象造型。

5.1 选择和复制对象

在对对象进行编辑和操作时，首先需要选择对象。要获得与选择图形对象相同的副本图形，则可以通过复制选择的图形来实现。

5.1.1 选取对象

在 CorelDRAW 中，使用“挑选”工具选取对象是一种直观而快捷的方法。在工具箱中选择该工具后，在需要选择的图形上单击即可选择该对象，而按住 Shift 键依次单击多个图形可以将它们同时选择。在 CorelDRAW 中，要想实现更为准确的选择，可以采用下面这些方法。

1. 使用键盘选择

在 CorelDRAW 默认情况下，先绘制的图形位于后绘制图形的下方，因此有时会出现图形遮盖住先绘制的图形对象的情况。直接使用“挑选”工具只能选择位于上层的图形，而对于下层的图形则无法选择。此时，可以先在工具箱中选择“挑选”工具，然后按 Tab 键，将会选择位于顶层的图形对象，如图 5.1 所示。继续按 Tab 键能够从顶层图形开始按向下的顺序依次选择对象，如图 5.2 所示。

专家点拨 按住 Shift 键后不断按 Tab 键，将可逆向选择图形对象，即按照从底层对象开始往上的顺序进行选择。当多个对象重叠在一起时，按住 Alt 键在这些图形上单击，可以按顺序向下依次选择对象直到选择所需要的图形为止。

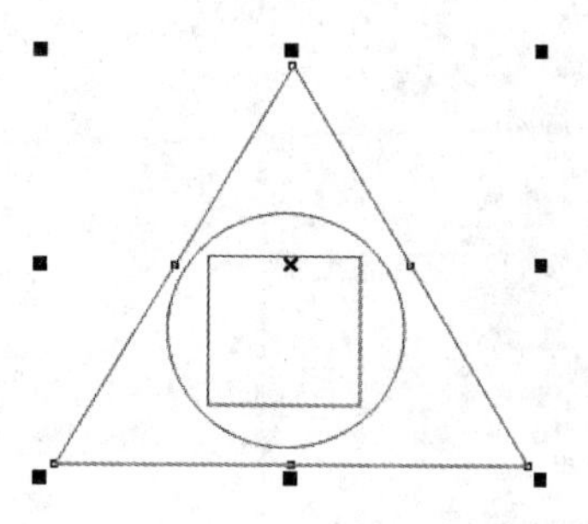

图 5.1　选择位于顶层的三角形

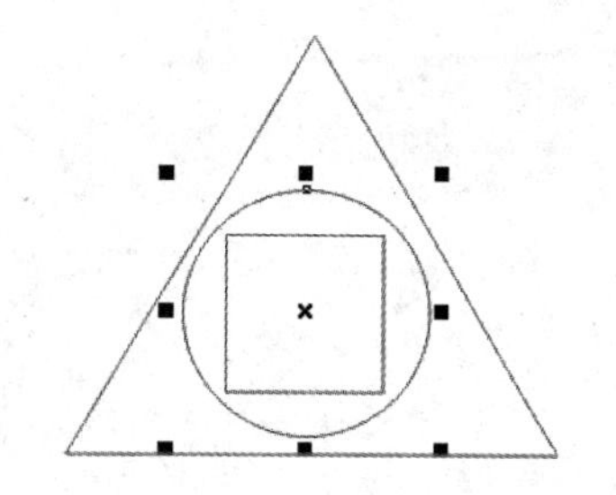

图 5.2　选择位于三角形下层的圆形

2. 使用“对象管理器”泊坞窗

选择“工具”|“对象管理器”命令打开“对象管理器”泊坞窗，其中列出了页面中所有的对象。单击列表中的某个选项即可选择该图形，如图 5.3 所示。

专家点拨　在“对象管理器”泊坞窗中单击某个选项后，按住 Shift 键再次单击列表中的某个选项，这两个选项间的所有选项将被选择。按住 Ctrl 键单击列表中的选项，可以同时选择多个不连续的选项。这里要注意，只有同一页面中的对象才能同时被选择。

3. 全选所有图形

要想选择页面中多个图形对象，可以在工具箱中选择“挑选”工具后拖动鼠标框选所有需要选择的图形即可，如图 5.4 所示。

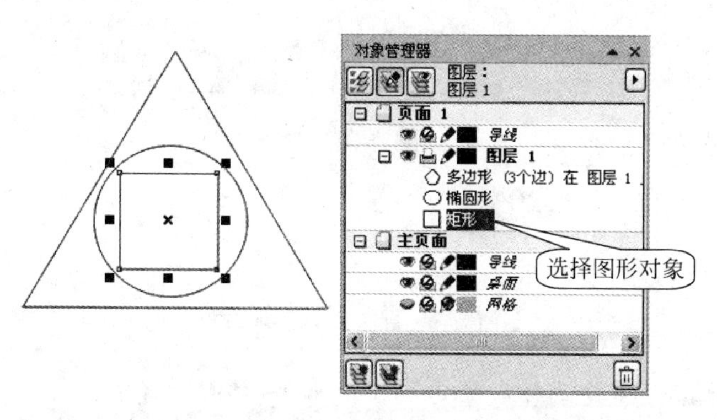

图 5.3　使用“对象管理器”泊坞窗选择图形

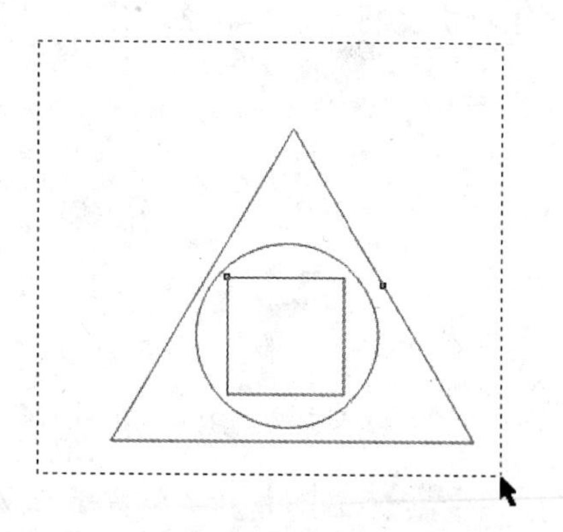

图 5.4　拖动鼠标框选所有图形

专家点拨　使用“挑选”工具框选对象时要注意，只有完全处于选择框内的图形对象才会被选择，那些只有部分在选择框内的图形不会被选择。

在“对象管理器”泊坞窗中将列出当前页面中所有的图形，选择这些图形选项可以同时选择页面中的所有图形，如图 5.5 所示。

专家点拨　选择“编辑”|“全选”|“对象”命令(或按 Ctrl＋A 组合键)可以同时选择页面中的所有图形对象。如果需要选择文本、辅助线或节点，可以选择“编辑”|“全选”命令，在下级菜单中选择相应的命令即可。

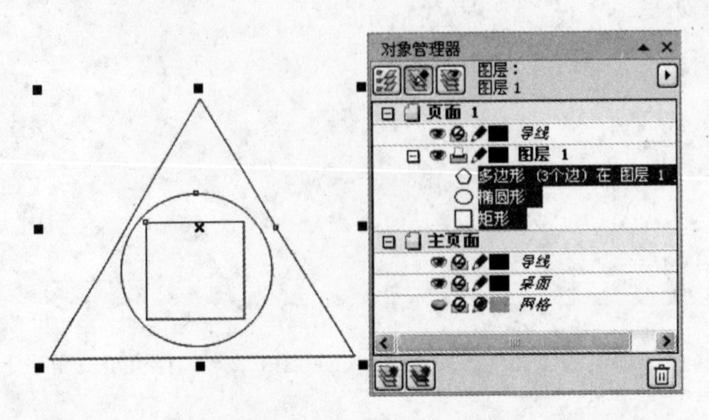

图 5.5 使用“对象管理器”泊坞窗同时选择所有图形

5.1.2 复制对象

在 CorelDRAW 中，复制对象可分为复制和再制两种操作。复制和再制都可以创建一个与源对象完全相同的副本对象，但两者之间还是存在着区别的。复制操作只能在原位创建一个完全相同的副本，而再制操作能够在增加对象副本的同时使其偏移一定的距离。关于复制对象的方法，与其他软件的操作基本相同，这里不再赘述。本节将重点介绍再制对象的方法。

1. 再制对象

按住鼠标左键拖动需要再制的对象，在释放左键前按下鼠标右键可以在当前位置复制一个副本对象，如图 5.6 所示。选择“编辑”|“再制”命令即可按照刚才复制对象的角度和间距再次复制一个新对象，如图 5.7 所示。

图 5.6 复制一个新对象　　　　图 5.7 再制一个新对象

专家点拨 按住鼠标右键拖动图形，释放鼠标后会出现一个菜单，选择其中的“移动”命令能将图形对象移动到当前位置。如果选择“复制”命令，能够在当前位置复制该对象。

在页面中没有选择任何图形对象时，通过属性栏的“微调偏移”微调框可以调整默认状态下的对象偏移量，通过向“再制距离”微调框中输入 x 和 y 方向上的偏移量可以调整再制对象的偏移距离，如图 5.8 所示。

2. 重复复制对象

选择需要复制的图形，选择“编辑”|“步长和重复”命令打开“步长和重复”泊坞窗。在其中的“份数”微调框中输入对象副本的数量，在“水平设置”栏的“距离”微调框中输入水平偏

移的距离，在“垂直设置”栏的“距离”微调框中输入垂直偏移的距离。单击“应用”按钮即可按照设置复制选择图形，如图 5.9 所示。

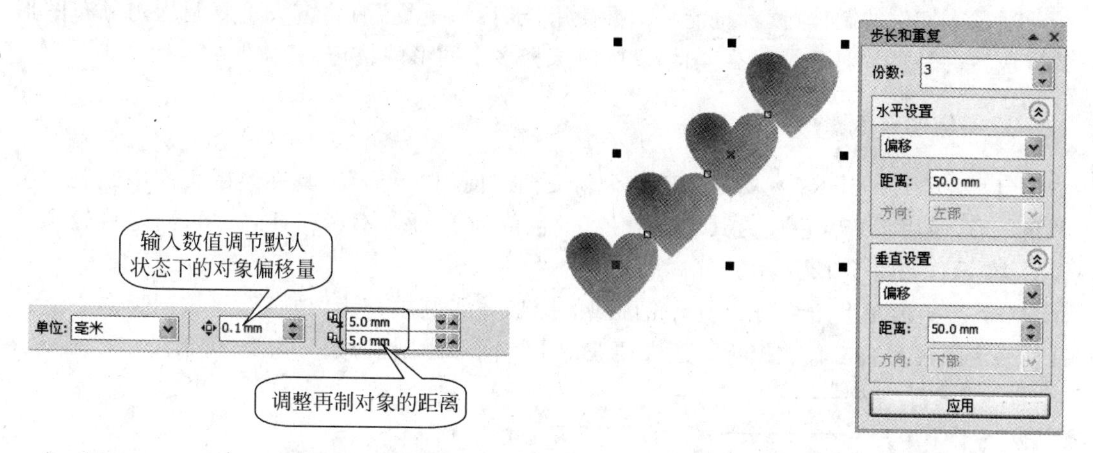

图 5.8　通过属性栏设置再制偏移量　　　图 5.9　重复复制多个图形

专家点拨　在“水平设置”栏和“垂直设置”栏中的下拉列表中如果选择“偏移”选项，则距离值是对象副本的中心点相对于选择对象的中心点的距离。如果选择“对象间距”选项，则距离值是对象副本相对于选择对象的间隔距离，此时“方向”下拉列表框将可用。如果选择“无偏移”选项，则复制对象时将不偏移。

3. 复制对象属性

在 CorelDRAW 中，复制对象属性是一种比较特殊的复制方式，用户可以将填充、轮廓或文本属性从一个对象复制到另一个对象。要复制对象属性，首先选择对象，然后选择“编辑”|“复制属性自”命令，此时将打开“复制属性”对话框，如图 5.10 所示。在对话框中选中需要复制的对象属性后单击“确定”按钮，此时光标变成黑色箭头，单击目标图形即可将源图形的属性复制到该图形，如图 5.11 所示。

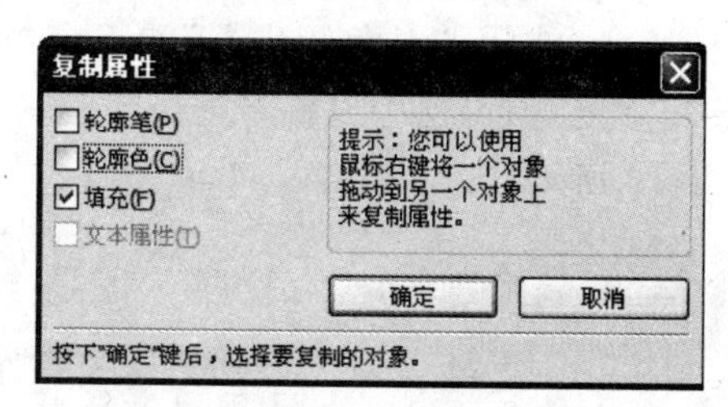

图 5.10　“复制属性”对话框

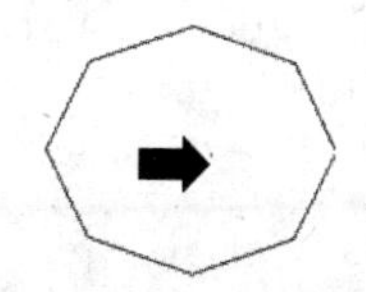

图 5.11　单击复制属性

专家点拨　按住鼠标右键将对象拖放到另一个对象上，在弹出的菜单中选择“复制填充”、“复制轮廓”或“复制所有属性”命令可以进行相应属性的复制。

5.1.3　选择和复制对象应用实例——规则斑点纹理图案

1. 实例简介

本实例介绍一款规则斑点纹理图案的制作方法。本实例的纹理图案由规则分布的圆点和矩形色条组成，在绘制单个图形后，使用“步长和重复”泊坞窗进行图形的复制。由于图形对象较多，使用“对象管理器”泊坞窗来对图形进行选择。

通过本实例的制作，读者将能够掌握使用“步长和重复”泊坞窗大量复制均匀分布图形的方法，掌握使用“对象管理器”泊坞窗同时选择多个图形的技巧。

2. 实例制作步骤

(1) 启动 CorelDRAW X4，创建一个新文档。使用“矩形”工具在绘图页面中绘制一个圆角矩形，使用系统调色板为其填充颜色(颜色值为 R:204，G:255，B:255)，同时将轮廓线设置为“无”，如图 5.12 所示。

(2) 在矩形左上角绘制一个无轮廓线的圆形并将其填充为“白色”，将该圆形向右上角拖动一定距离后右击释放鼠标。这样便获得了该图形的副本，如图 5.13 所示。

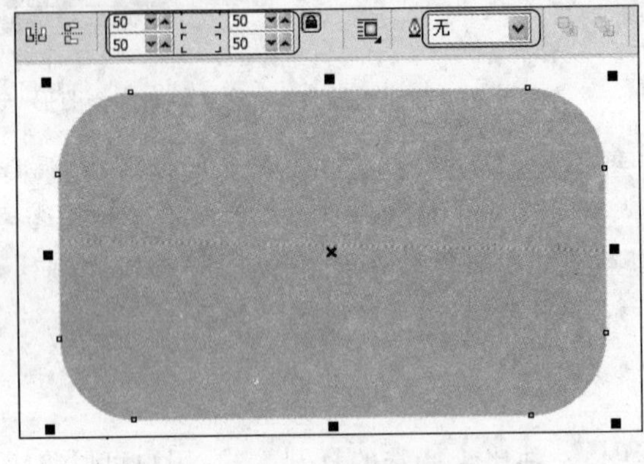

图 5.12 绘制圆角矩形

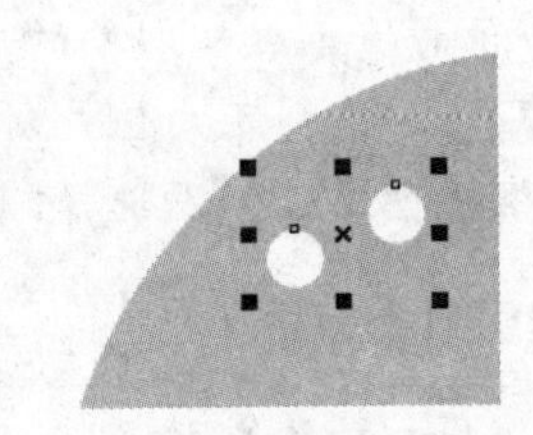

图 5.13 绘制圆形并复制

(3) 同时选择这两个圆形，选择“编辑”|“步长和重复”命令打开“步长和重复”泊坞窗，在其中进行相应的设置，使选择的图形在水平方向复制 6 个并偏移一定的距离，完成设置后单击“应用”按钮进行复制，如图 5.14 所示。

(4) 选择“窗口”|“泊坞窗”|“对象管理器”命令打开“对象管理器”泊坞窗，选择当前页面的所有椭圆形，如图 5.15 所示。在“步长和重复”泊坞窗中设置将选择图形在垂直方向上复制 5 个，单击“应用”按钮进行复制，如图 5.16 所示。

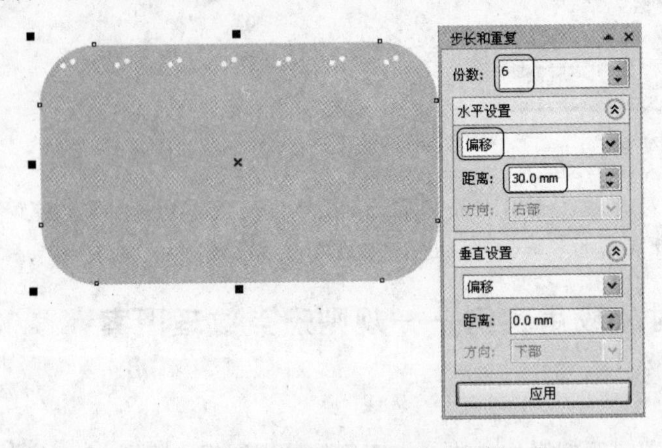

图 5.14 将选择图形在水平方向复制 6 个

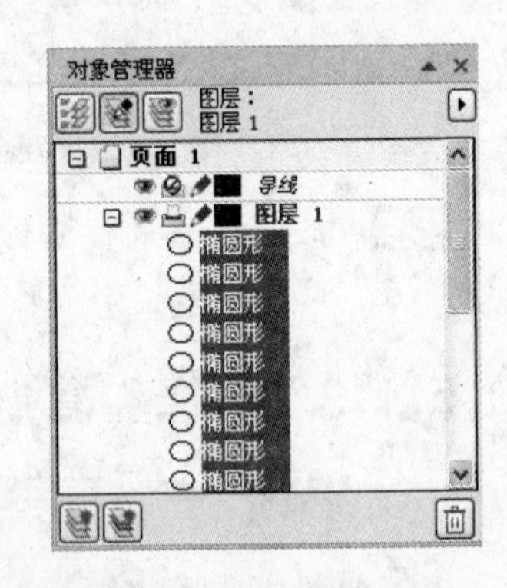

图 5.15 选择所有椭圆形

(5) 绘制一个无轮廓线的矩形并为其填充颜色(颜色值为 R:0,G:255,B:255)。在该矩形中绘制一个白色的圆形,使用"步长和重复"泊坞窗将该圆形在垂直水平方向上复制 20 个,如图 5.17 所示。

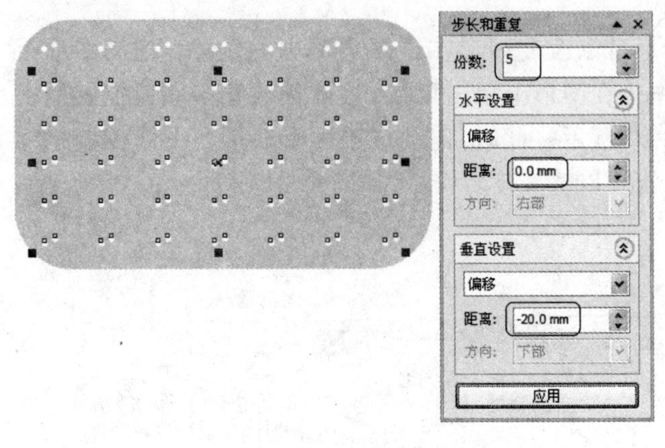

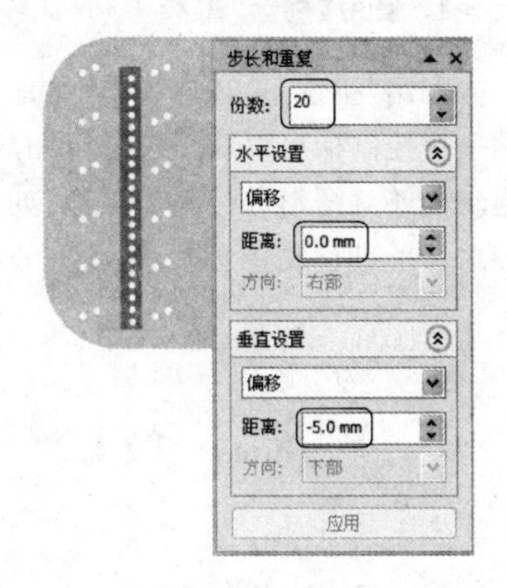

图 5.16　复制图形　　　　图 5.17　绘制圆形并在垂直方向上复制

(6) 在"对象管理器"泊坞窗中同时选择步骤(5)绘制的矩形和圆形,将它们在水平方向上复制 5 个,如图 5.18 所示。

(7) 调整作为背景的圆角矩形的大小,保存文档,完成本实例的制作。本实例制作完成后的效果如图 5.19 所示。

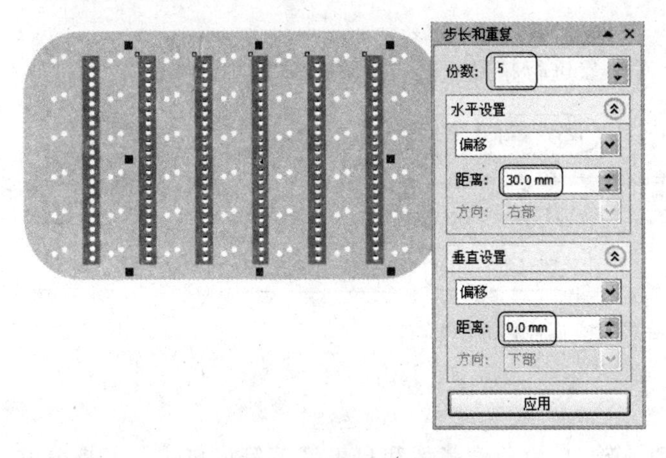

图 5.18　复制选择图形　　　　图 5.19　实例制作完成后的效果

5.2 图形变换

CorelDRAW 图形变换包括移动、缩放、旋转、镜像和斜切等。图形变换的方法很多,可以使用"挑选"工具和"变换"工具进行操作,也可以使用"变换"泊坞窗进行设置。

5.2.1 使用变换工具

在 CorelDRAW 中,"挑选"工具除了用于选择对象外,还可以使用它直接对选择的图形对象进行各种变换操作。同时，CorelDRAW 还提供了“自由变换”工具对图形进行变换操作，下面对工具的操作进行介绍。

1. 使用“挑选”工具

利用“挑选”工具选择图形，拖动图形可以改变图形在绘图页面中的位置。拖动图形上的 8 个控制柄可以对图形进行缩放操作。在图形上单击两次，将鼠标放置于倾斜控制柄上拖动能够对图形进行斜切操作，如图 5.20 所示。此时，拖动位于图形 4 个角上的控制柄能够对图形进行旋转变换，移动中心的位置可以改变旋转中心，如图 5.21 所示。

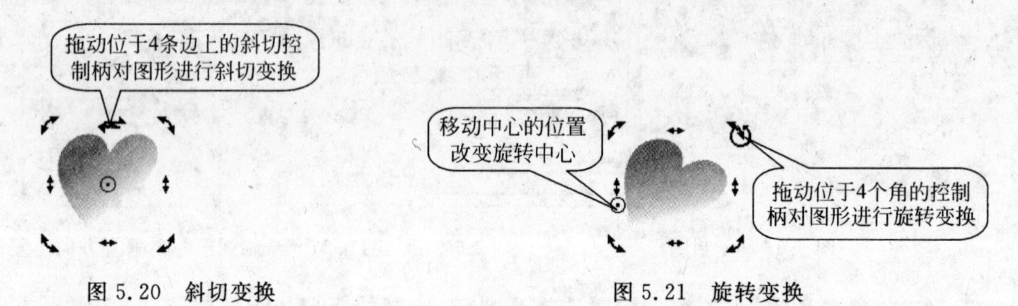

图 5.20 斜切变换　　　　图 5.21 旋转变换

专家点拨 在对图形进行缩放操作时，按住 Shift 键拖动控制柄，可以实现以对象中心为基点的等比例缩放。在移动对象时，按键盘上的方向键可以对对象的位置进行微调。微调的距离可以在不选择任何对象时的属性栏上的“微调偏移”文本框中设置。

在选择对象后，使用属性栏可以对对象进行精确变换，如图 5.22 所示。

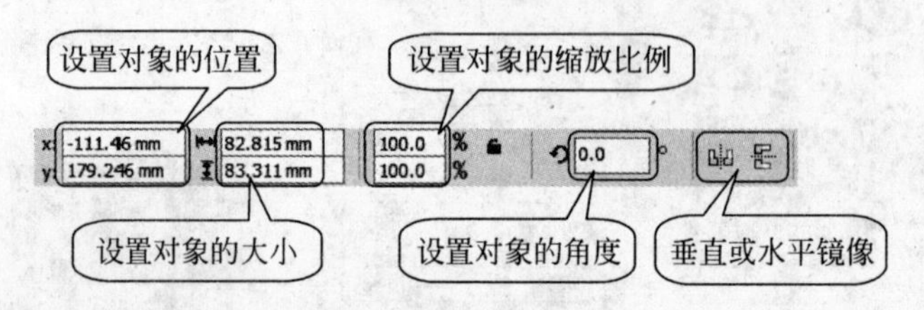

图 5.22 属性栏的设置

2. 使用“变换”工具

“变换”工具可以对对象进行自由旋转、自由角度镜像和自由调节等操作。在工具箱中选择“变换”工具，如图 5.23 所示。在属性栏中选择变换方式后，使用鼠标拖动对象即可进行变换，如图 5.24 所示。

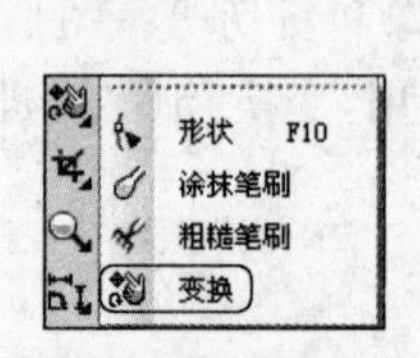

图 5.23 选择“变换”工具

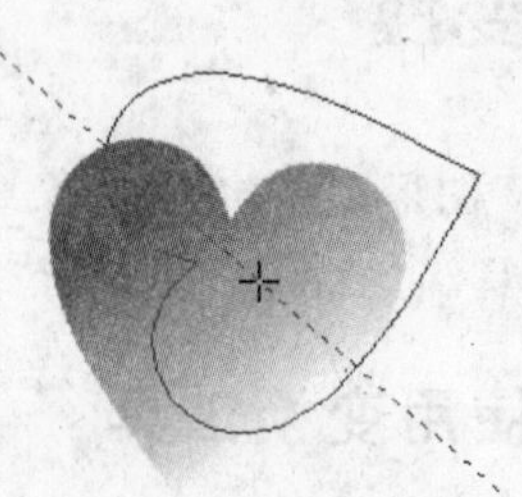

图 5.24 变换对象

如果需要对变换进行精确操作，可以在“变换”工具的属性栏中输入参数，如图 5.25 所示。

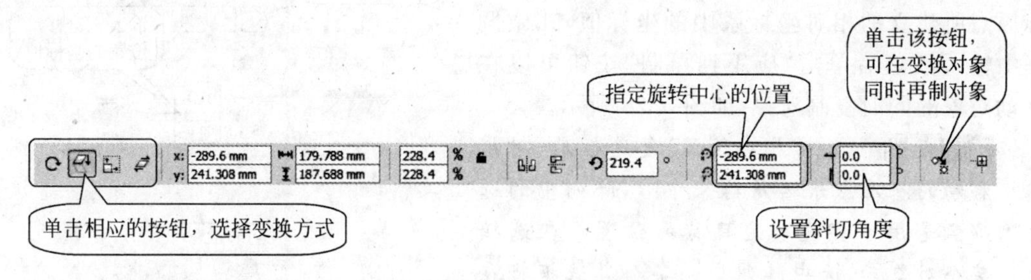

图 5.25　“变换”工具的属性栏

5.2.2　使用泊坞窗

使用“变换”泊坞窗，用户能够方便地实现对象的精确变换。选择“排列”|“变换”下的子菜单命令可以打开“变换”泊坞窗相应面板，使用该泊坞窗可以精确实现对象的移动、旋转、镜像、缩放和倾斜操作。

1. 移动对象

选择图形对象，选择“排列”|“变换”|“位置”命令打开“变换”泊坞窗，此时将切换到泊坞窗的“位置”面板。其中的“水平”和“垂直”微调框用来确定对象移动的目标位置，它分为绝对位置和相对位置。

在泊坞窗中不选中“相对位置”复选框，则“水平”微调框和“垂直”微调框中的数值是绝对坐标值。此时以绘图页左下角为坐标原点，微调框中的值表示对象中心距离页面左下角的距离。此时单击“应用到再制”按钮将复制并移动对象，如图 5.26 所示。

在“变换”泊坞窗的方形阵列中选中相应的复选框，可以指定对象移动的基准点。阵列中的复选框与选择对象后出现在对象四周的 8 个控制柄相对应，“水平”和“垂直”微调框中输入的数值表示以该控制柄为基准点距离坐标原点的位置，如图 5.27 所示。

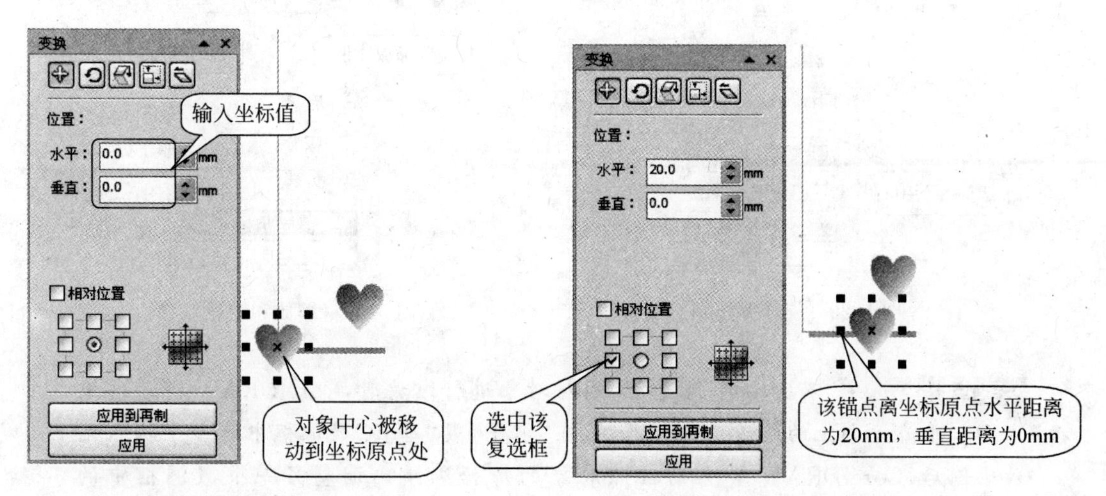

图 5.26　复制并移动对象　　　　图 5.27　指定移动基点

如果选中“相对位置”复选框，则“水平”微调框和“垂直”微调框中的数值是以对象中心为坐标原点所建立的相对坐标系中的坐标值，在微调框中输入数值后单击“应用到再制”按钮可以在移动对象的同时复制对象，如图 5.28 所示。

专家点拨 选中“相对位置”复选框后，对象移动的基准点永远是对象中心，阵列中的选项只是用于直观确定目标的位置。在选择某个对象后，选中阵列中的某个复选框将在“水平”和“垂直”微调框中显示该控制柄到中心的距离值。

对象以中心为坐标原点移动
变换
输入相对移动位置的坐标值
位置：
水平：10.0 mm
垂直：20.0 mm
相对位置
应用到再制
应用

图 5.28 相对于中心移动对象

2. 旋转对象

在“变换”泊坞窗中单击“旋转”按钮，对旋转参数进行设置。单击“应用到再制”按钮可以在旋转图形对象的同时复制该图形对象，如图 5.29 所示。

3. 镜像对象

在“变换”泊坞窗中单击“缩放和镜像”按钮，此时可以对选择对象同时进行缩放和镜像变换，如图 5.30 所示。

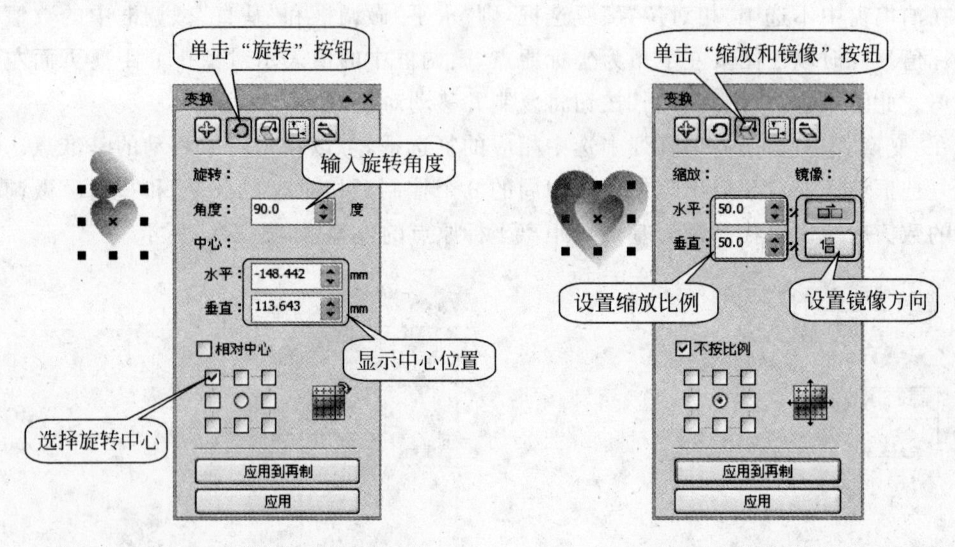

图 5.29 旋转并再制对象

图 5.30 缩放和镜像对象

专家点拨 选中“不按比例”复选框，则对对象进行缩放时，CorelDRAW 将不约束水平和垂直方向上的缩放比例。否则，在“水平”或“垂直”微调框中的一个输入缩放比例后，CorelDRAW 会自动按照对象的原始纵横比调整另一个微调框中的数值。

4. 缩放对象

在“变换”泊坞窗中单击“缩放”按钮，在“水平”和“垂直”微调框中输入数值指定对象的大小，单击“应用到再制”按钮，在改变对象大小的同时再制图形对象，如图 5.31 所示。

5. 斜切对象

在“变换”泊坞窗中单击“斜切”按钮，在“水平”和“垂直”微调框中输入水平和垂直方向上的斜切值，单击“应用到再制”按钮对图形进行斜切变换，如图 5.32 所示。

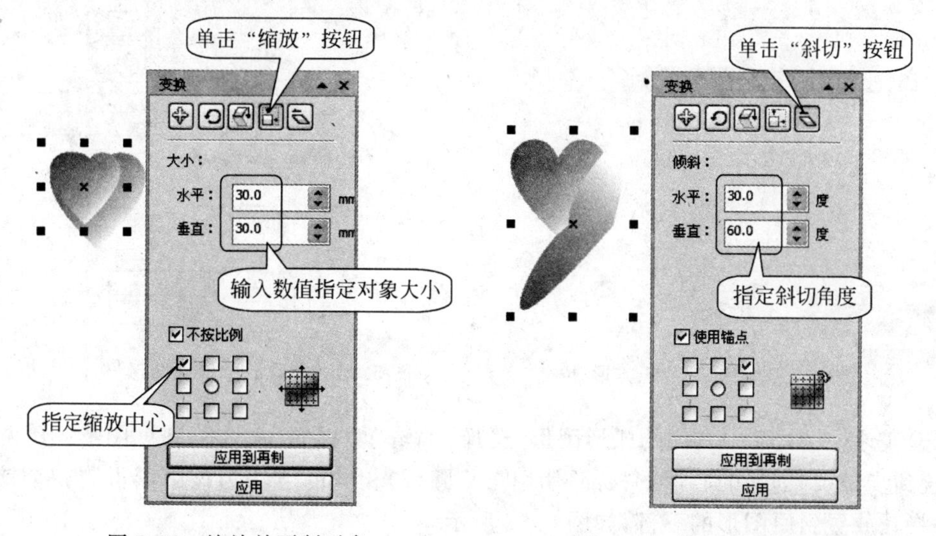

图 5.31　缩放并再制对象　　图 5.32　斜切并再制对象

专家点拨　选中“使用锚点”复选框，变换的基准点将是在下面阵列中选中复选框所对应的控制柄，否则基准点将是对象中心。

5.2.3　图形变换应用实例——对称花纹图案

1. 实例简介

本实例介绍一个对称花纹图案的制作。图案是由多个对称图形组合而成的，使用镜像变换、缩放变换和旋转变换等方法绘制图案。通过本实例的制作，读者将能够掌握使用“变换”泊坞窗来对图形进行精确变换的操作技巧，同时熟悉旋转、移动和缩放等常见变换在构建复杂图形时的作用。

2. 实例制作步骤

(1) 启动 CorelDRAW X4，打开文件“对称底纹图案(素材).cdr”，该文件包含了制作图案需要的素材图形，如图 5.33 所示。使用“矩形”工具绘制一个正方形，将轮廓线设置为“无”，同时为其填充颜色，如图 5.34 所示。在该图形上右击，从弹出的快捷菜单中选择“顺

图 5.33　文件中包含的素材

序”|“到页面后面”命令将其置于页面最下层。

(2) 选择“窗口”|“泊坞窗”|“比例”命令打开“变换”泊坞窗，选择素材图形，在泊坞窗中单击“垂直镜像”按钮并单击“应用到再制”按钮，此时将为选择图形再制一个镜像对象，如图 5.35 所示。使用“挑选”工具选择再制后的图形，移动它与原图形构成一个心形图案，如图 5.36 所示。

图 5.34 绘制一个正方形

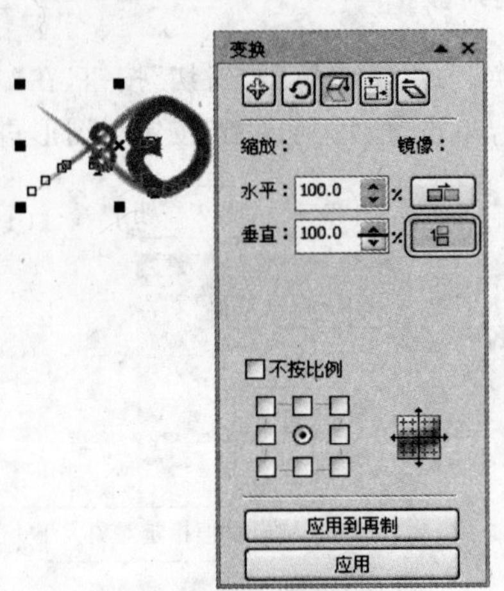

图 5.35 再制一个镜像图形

(3) 选择图 5.33 中右侧的弧形图形，选择“编辑”|“再制”命令复制该图形。将复制图形放置到步骤(2)创建的心形的根部，使用与步骤(2)相同的方法为该图形再制一个镜像图形，并将其放置到原图形的下部，如图 5.37 所示。

(4) 选择图 5.33 中的第二个素材图形，将其放置在心形左侧，如图 5.38 所示。使用“挑选”工具框选所有图形，按 Ctrl＋G 组合键将它们群组为一个对象，将该对象拖放到正方形中。

图 5.36 移动图形构成心形

图 5.37 再制一个镜像图形

图 5.38 放置素材图形

图 5.39 放置中心

(5) 单击群组后的对象两次，拖动对象的中心将其放置到正方形的中心，如图 5.39 所示。在“变换”泊坞窗中单击“旋转”按钮，将旋转角度设置为 90°后，单击“应用到再制”按钮三次。此时选择的对象将被再制三个，如图 5.40 所示。

(6) 选择图 5.33 中的第三个素材图形，再制一个垂直镜像图形，同时将这两个图形摆放为心形图案，如图 5.41 所示。选择图 5.33 中最右侧的弧形，将其放置到心形图形的顶部，并进行镜像复制。放置这两个图形的位置如图 5.42 所示。使用“椭圆形”工具绘制一个圆形,取消轮廓线后填充绿色。复制该圆形,将它们放置到弧形的两侧,如图 5.43 所示。

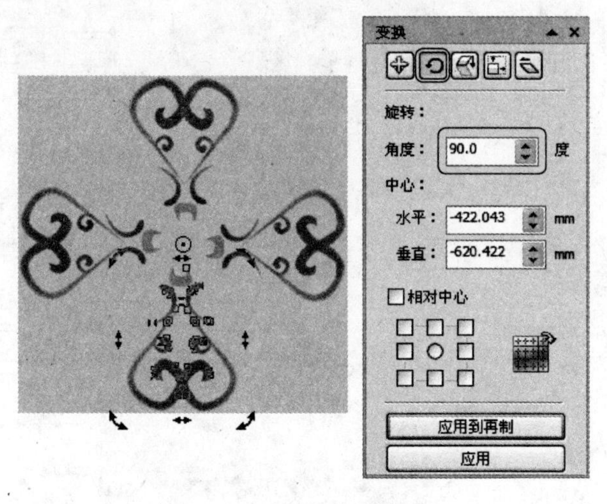

图 5.40 旋转并再制图形

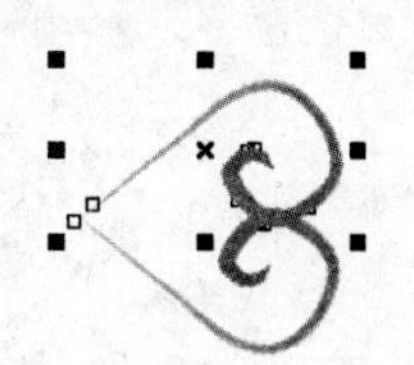

图 5.41 摆放成心形图案

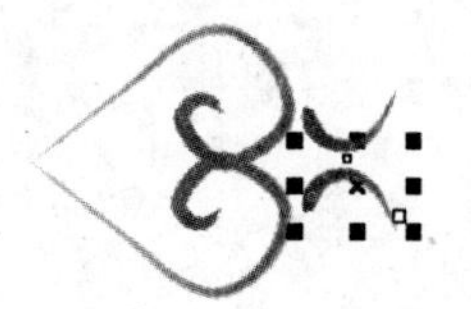

图 5.42 放置弧形

(7) 使用“挑选”工具框选绘制的图形,按 Ctrl+G 组合键群组选择的图形。将对象旋转 45°后放置到正方形中,如图 5.44 所示。将对象的中心放置到正方形的中心,使用“变换”泊坞窗将选择的对象旋转再制三个,如图 5.45 所示。

图 5.43 绘制圆形

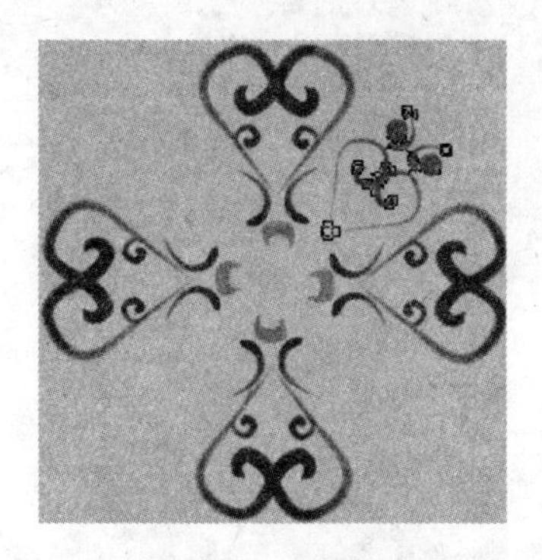

图 5.44 旋转 45°后放置到正方形中

(8) 使用“椭圆形”工具绘制一个圆形,为其填充颜色(颜色值为 R:255,G:204,B:51)。在“变换”泊坞窗中单击“缩放和镜像”按钮,设置缩放比例。单击“应用到再制”按钮再制一个缩小的圆形,并为其填充颜色(颜色值为 R:255,G:204,B:255),如图 5.46 所示。使用相同的方法按照 80%的缩放比例再制三个圆形,依次为它们填充“黄色”、“绿色”和“黑色”,如图 5.47 所示。

(9) 选择所有的圆形,按 Ctrl+G 组合键将它们群组为一个对象。将对象放置到正方形的中心,并将其缩小为原来的 20%,如图 5.48 所示。将该对象复制 5 个,使用“变换”泊坞窗设置不同的缩放比例,将它们放置于正方形的 4 个角,如图 5.49 所示。

(10) 对正方形中图形的位置进行适当调整,保存文档,完成本实例的制作。本实例制作完成后的效果如图 5.50 所示。

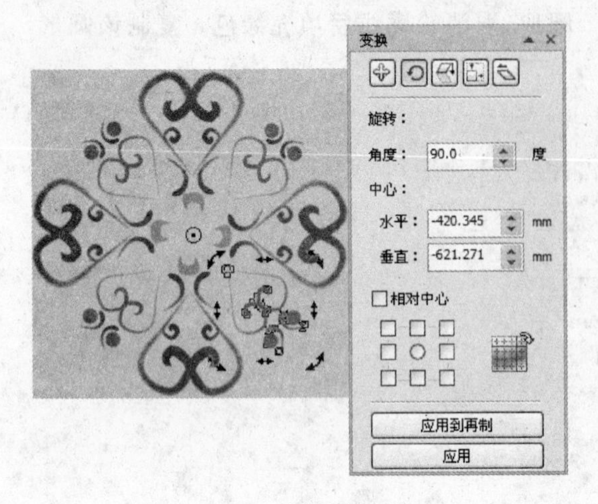

图 5.45　旋转再制对象

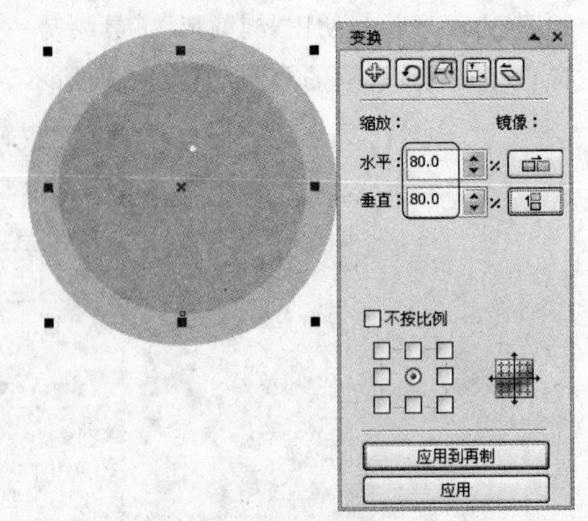

图 5.46　缩小并再制圆形

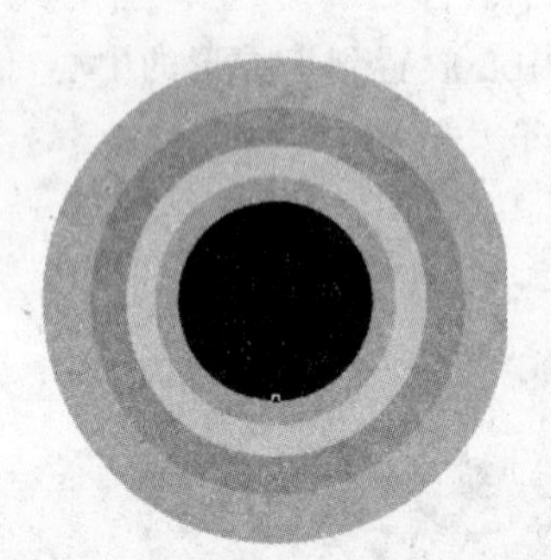

图 5.47　再制 3 个圆形

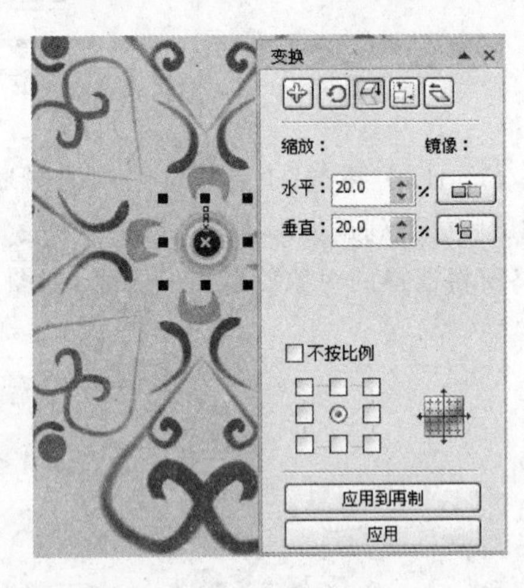

图 5.48　缩小对象

图 5.49　对象再制 5 个

图 5.50　实例制作完成后的效果

5.3 对象的排列和组合

为了使绘制完成的多个对象更加合理地安排在绘图区中,需要调整对象的排列顺序和分布情况。同时,通过多个图形对象的组合,可以获得各种复杂的图形对象。

5.3.1 排列对象

在 CorelDRAW 中,图形对象是按照创建的先后顺序排列的,先绘制的图形位于底层,后绘制的图形位于上层,这种图形顺序是可以根据需要进行更改的。要改变对象的排列顺序,可以使用“排列”|“顺序”子菜单中的命令进行调整,也可以在图形上右击,从弹出的快捷菜单中选择“排列”|“顺序”中的子菜单命令,如图 5.51 所示。例如选择“到页面后面”命令,选择的对象将放置到页面的最底层,如图 5.52 所示。

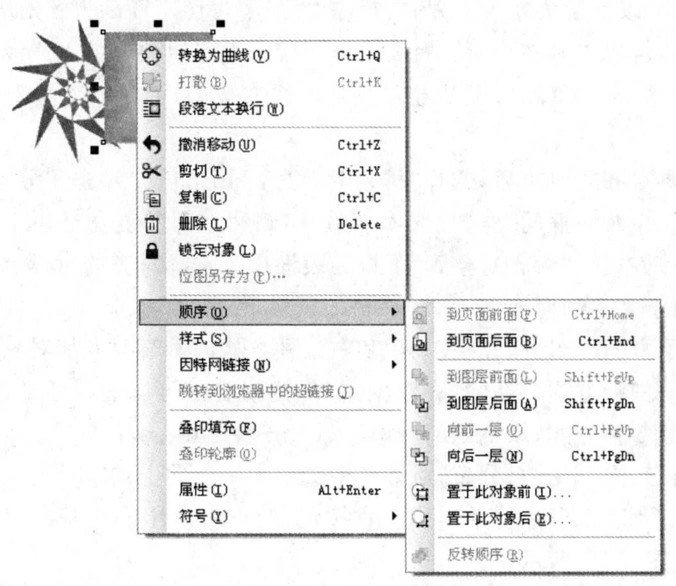

图 5.51 “顺序”子菜单命令　　　　图 5.52 最底层

使用“顺序”子菜单中的“置于此对象前”或“置于此对象后”命令,可以将对象置于指定对象的上层或下层。例如,在一个图形对象上右击,从弹出的快捷菜单中选择“顺序”|“置于此对象后”命令,此时鼠标将变成一个粗黑箭头,在某个对象上单击,如图 5.53 所示。选择对象将位于指定对象的下层,如图 5.54 所示。

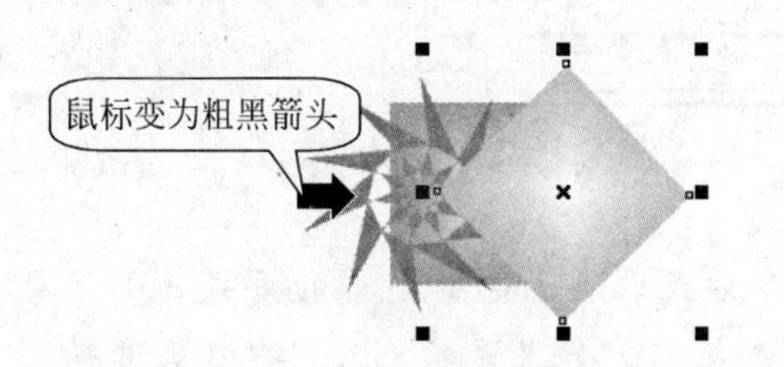

图 5.53 指定对象

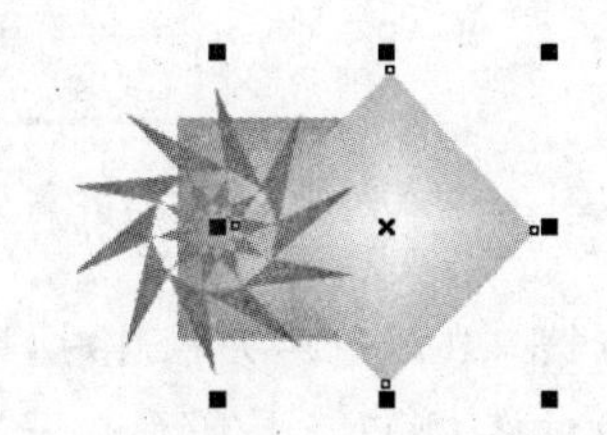

图 5.54 选择对象位于指定对象的下层

专家点拨 “到页面前面”和“到页面后面”命令能够将选择的对象移到页面中所有图形的前面或后面，如果页面中有多个图层的话，对象将进行跨图层移动。而“到图层前面”和“到图层后面”命令能将对象移动到所在图层的最上层或最下层，操作不影响其他图层。另外，使用“反转顺序”命令能够将当前选中对象的叠放顺序进行反向颠倒排列，该命令只对同一图层中的对象有效。

5.3.2 对齐与分布对象

在绘制图形时，有时需要对齐或在绘图区域内对图形进行分布操作。除了可以使用“挑选”工具在选择对象后通过拖移的方式放置对象外，还可以使用 CorelDRAW 提供的对齐和分布功能快速准确地将零散分布的对象按照一定的方式准确对齐和分布。

1. 对齐对象

在 CorelDRAW 中，用户可以将对象在水平方向和垂直方向上按照不同的方式对齐，也可以让对象相对于不同位置的对象来对齐。对齐对象实际上就是选择对象上的点或线作为对齐的基准点或基准线，将选择的对象向这个基准点或基准线靠拢，从而达到对象对齐的目的。

使用“挑选”工具选中需要对齐的对象后，选择“排列”|“对齐和分布”|“对齐和分布”命令打开“对齐与分布”对话框。在对话框的“对齐”选项卡中，左侧和上部的复选框用于选择对象水平和垂直方向上的对齐方式。“对齐对象到”下拉列表框用于选择对齐的目标，“用于文本来源对象”下拉列表框用于文本的对齐。

水平对齐使对象只在水平方向上对齐，包括左、中和右三种方式。垂直对齐使对象只在垂直方向对齐，包括上、中和下三种方式。在“对齐对象到”下拉列表中可以选择活动对象、页边缘、页中心、网格和指定点 5 种方式，以不同的对象作为对齐参照物。

例如，选中需要对齐的图形，在“对齐与分布”对话框中选中水平方向上的“中”复选框和垂直方向上的“中”复选框，如图 5.55 所示。单击“应用”按钮，图形将以中心为基准点在水平和垂直方向上居中对齐，如图 5.56 所示。

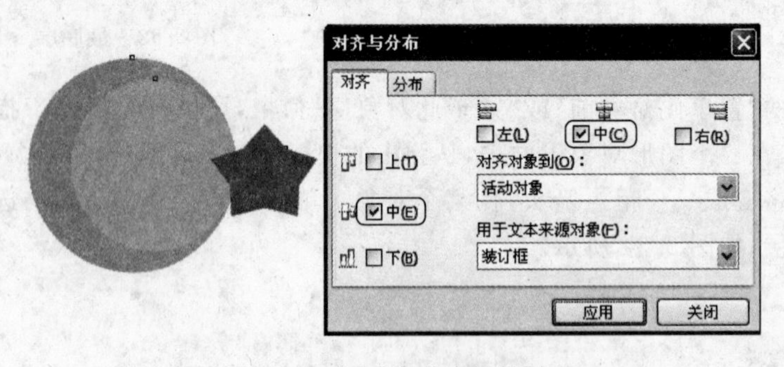

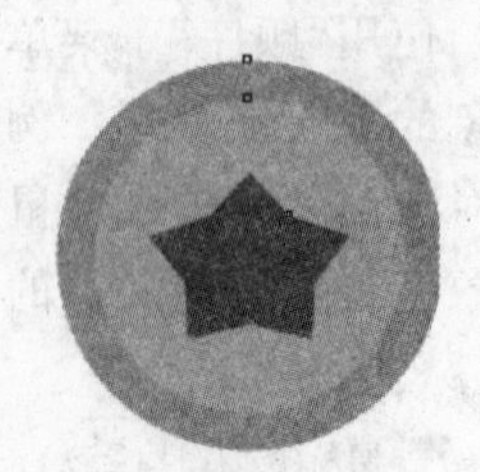

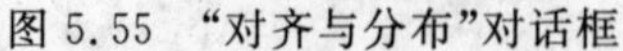

图 5.55 “对齐与分布”对话框　　图 5.56 居中对齐

专家点拨 在进行对齐操作时，图形的对齐方式取决于选择图形的方式。如果是框选的对象，则以底层图形为基准进行对齐排列。如果是按 Shift 键依次选择图形，则以最后选择的图形为基准进行对齐。

2. 分布对象

分布对象是使所选择的图形对象的间隔呈现出规律的变换。CorelDRAW 提供了多种分布对象的方式,对象既可以在水平和垂直方向上按指定方式进行分布,也可以在任意指定的范围内或整个页面中进行分布。

选择多个对象后,打开"对齐与分布"对话框,切换到"分布"选项卡。此时,对话框的左侧和上部的复选框用于选择对象在垂直方向和水平方向上的分布方式。选择"分布到"选项区域中的"选定的范围"单选按钮,将使对象在选定的范围内分布;选择"页面的范围"单选按钮,将使对象在页面范围内分布。

例如,选择需要分布的对象,在"分布"选项卡中选择分布方式,如图 5.57 所示。单击"应用"按钮,对象将按照设置在页面范围内进行分布,如图 5.58 所示。

图 5.57 "对齐与分布"对话框中的"分布"选项卡

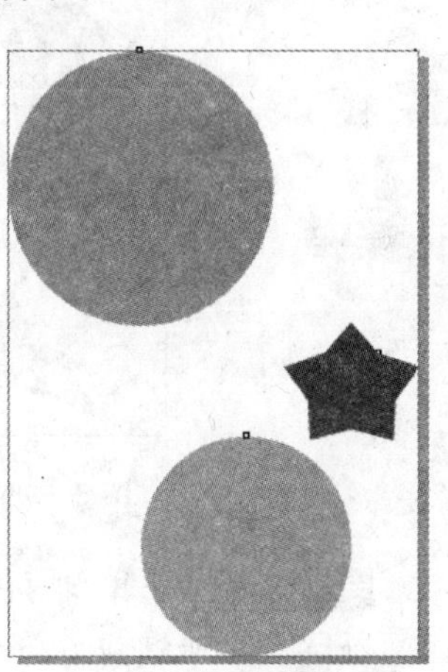
图 5.58 分布效果

专家点拨 如图 5.57 所示,"左"和"右"选项是以对象的左右边界为分布的基准点,"上"和"下"选项是以对象的上边界和下边界为分布的基准点。两个"中"选项分别以对象水平中点和垂直中点作为基准点,而两个"间距"选项则以指定的间距水平或垂直分布对象。

5.3.3 对象的群组、结合和锁定

复杂图形往往由大量基本图形对象构成,为了方便地进行复杂图形的创建和编辑,需要对构成它的各个基本图形进行群组、结合和锁定操作。

1. 群组对象

群组对象是将多个图形对象编组为一个单一的对象,对象的群组便于对一系列对象进行统一编辑和修改,同时能够防止意外操作破坏对象间的相互位置关系。群组后的对象将成为一个整体,使用"挑选"工具单击该对象即可将所有图形全部选中。此时,群组中的对象仍然是独立的,保持各自的属性。

使用“挑选”工具选择多个图形后，选择“排列”|“群组”命令或单击属性栏上的“群组”按钮可以将选择的图形对象群组为一个对象，如图 5.59 所示。

专家点拨 选择需要群组的对象后右击，从弹出的快捷菜单中选择“群组”命令也可以实现对象的群组。另外，选择已经群组的对象和多组对象，执行群组操作可以创建嵌套群组。不同图层中的对象群组后，对象将存在于同一个图层中。

选择群组对象后，选择“排列”|“取消群组”命令或单击属性栏上的“取消群组”按钮能够取消对象群组，如图 5.60 所示。

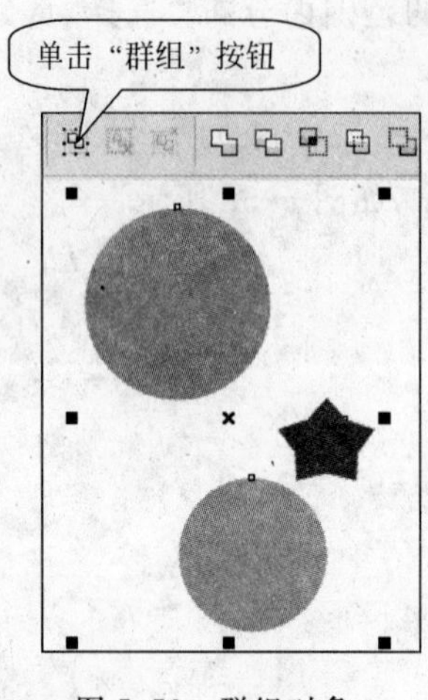

图 5.59 群组对象

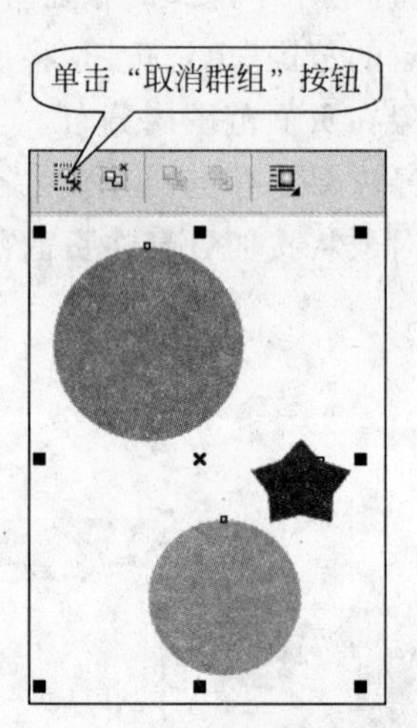

图 5.60 取消群组

专家点拨 选择“排列”|“取消全部群组”命令或单击属性栏中的“取消全部群组”按钮可以取消所有的对象群组。按 Ctrl+G 组合键能群组选择的对象，按 Ctrl+U 组合键将取消群组。

2. 结合对象

对象的结合是将多个不同对象结合为一个新对象，当对象彼此重叠时，重叠区域将被移除。在进行对象结合时，结合后的对象可以作为一个独立对象进行编辑，但其各自的轮廓是相对独立的。结合后的对象将自动套用最后被选择对象的属性。

选择需要结合的对象，选择“排列”|“结合”命令或在属性栏中单击“结合”按钮，如图 5.61 所示。此时，选择的对象将被结合，如图 5.62 所示。

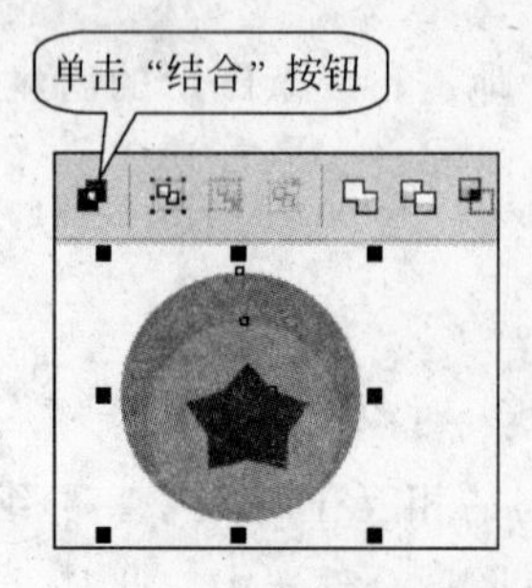

图 5.61 结合对象

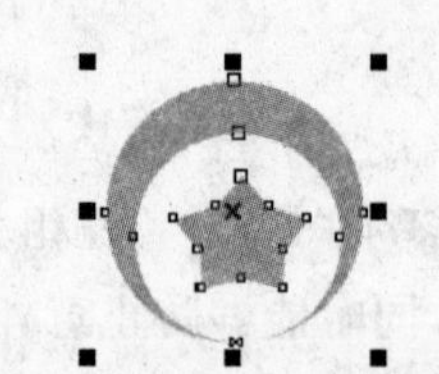

图 5.62 对象结合后的效果

专家点拨　这里要注意，结合后的对象属性与选择对象的方式有关。如果是使用框选的方式选择图形，结合后的对象属性与位于最下层的对象属性保持一致，如图 5.62 所示。如果使用单击的方式选择图形，结合后的对象属性与最后选择对象的属性保持一致。另外，结合后相交的部分将反白显示。

选择结合后的对象，选择“排列”|“打散曲线”命令或单击属性栏中的“打散”按钮，如图 5.63 所示。结合后的对象将被打散，所有图形的颜色将使用结合时的颜色，图形将丢掉原来的颜色，如图 5.64 所示。

3. 锁定对象

在编辑复杂图形时，为了避免误操作对对象的影响，可以将那些暂时无须编辑处理的对象进行锁定。此时，被锁定的对象将无法进行任何操作。

选择需要锁定的对象，选择“排列”|“锁定对象”命令，此时对象控制点将全部变为🔒，表示对象处于锁定状态，如图 5.65 所示。

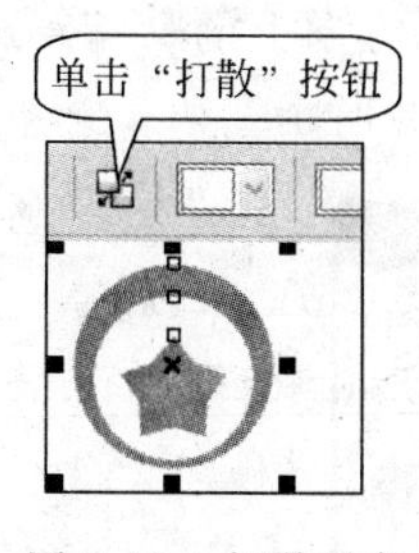

图 5.63　打散对象

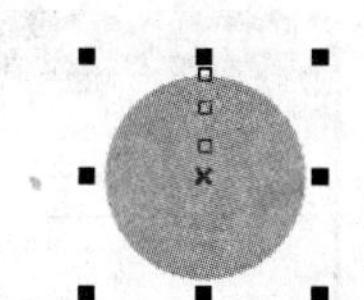

图 5.64　对象被打散后的效果

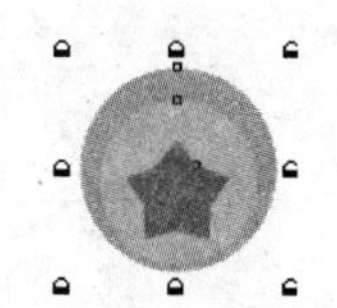

图 5.65　锁定对象

如果需要对对象进行编辑，则需要解除对象的锁定。在选择锁定对象后，选择“排列”|“解除锁定对象”命令可以解除对对象的锁定。

专家点拨　如果在页面中存在多个锁定对象，可以选择“排列”|“解除所有对象锁定”命令将所有对象解锁。

5.3.4　对象的排列和组合应用实例——规则分布圆形底纹

1. 实例简介

本实例介绍一个规则分布圆形底纹图案的制作过程。在正方形区域中，均匀分布着 5 行 5 列圆形图案，这些圆形图案构成一个正方形底纹图案。制作圆形图案时，在“对齐与分布”对话框中使用下对齐的方式制作底部内切的圆形图案。对基本圆形图案进行复制，通过使复制图形在水平方向和垂直方向等距均匀分布得到在正方形范围内规则分布的图案。

通过本实例的制作，读者将能够掌握对齐和分布多个对象的操作方法和技巧，同时熟悉对象群组的方法和意义。

2. 实例制作步骤

(1) 启动 CorelDRAW X4，使用“椭圆形”工具在绘图页面中绘制一个圆形，在属性栏中将圆形的直径设置为 50mm。取消圆形的轮廓线，并使用调色板为其填充"深黄色"，如图 5.66 所示。

(2) 按"+"键复制圆形，在属性栏中将其缩放比例设置为 40%，同时为其填充"黄色"，如图 5.67 所示。将该圆形复制三个，将它们的缩放比例分别设置为 30%、20%和 10%，分别为它们填充颜色"灰绿色"、"黄卡其色"和"海洋绿色"，如图 5.68 所示。

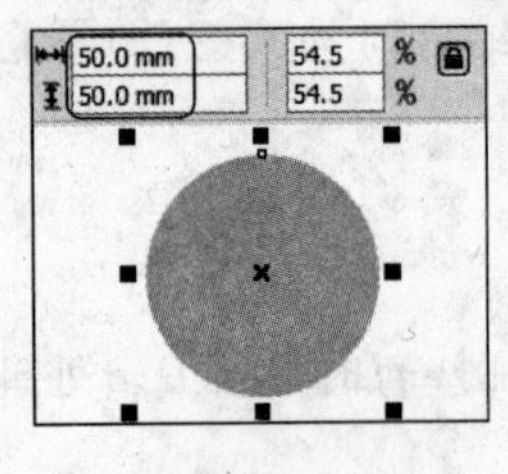

图 5.66 绘制圆形

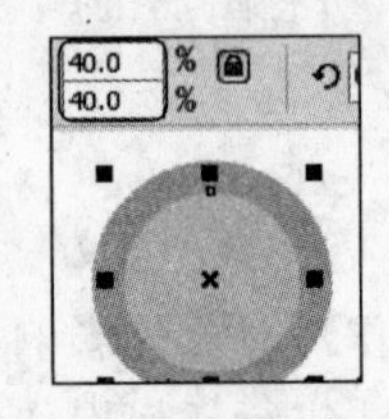

图 5.67 复制一个圆形

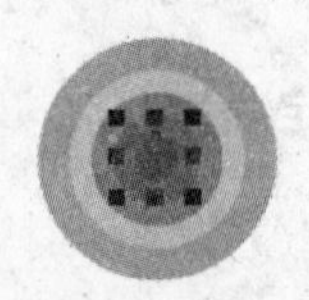

图 5.68 复制三个圆形

(3) 使用"挑选"工具框选所有的圆形，选择"排列"|"对齐与分布"|"对齐与分布"命令打开"对齐与分布"对话框。在对话框的"对齐"选项卡中选中水平方向上的"中"复选框和垂直方向上的"下"复选框，单击"应用"按钮对齐选择对象，如图 5.69 所示。

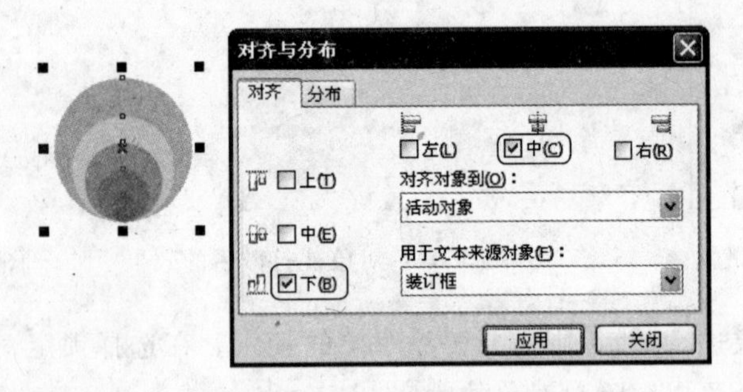

图 5.69 对齐对象

(4) 使用"挑选"工具选择对齐后的所有圆形，按 Ctrl+G 组合键将它们群组为一个对象。按"+"键 4 次，将对象复制 4 个，此时最后一个复制图形处于选择状态。选择"排列"|"变换"|"位置"命令打开"变换"泊坞窗，选中"相对位置"复选框，在"水平"微调框中输入移动距离 200mm。单击"应用"按钮将当前选择图形移动到指定位置，如图 5.70 所示。

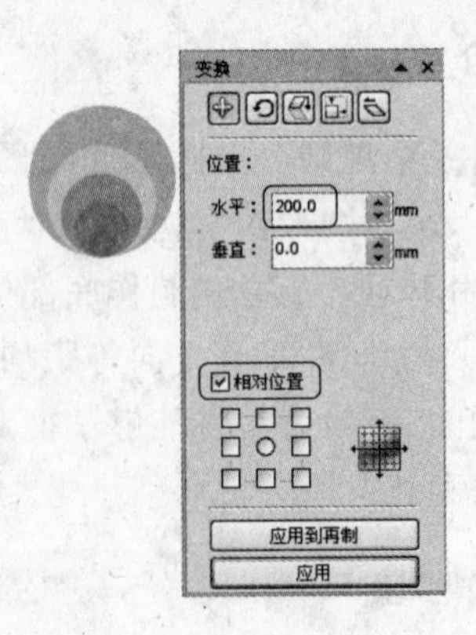

图 5.70 移动图形

(5) 使用“挑选”工具框选所有的对象，在“对齐与分布”对话框中选择“分布”选项卡，选中水平方向上的“间距”复选框。单击“应用”按钮，此时所有选择图形将在框选对象所在的范围内等距均匀分布，如图 5.71 所示。

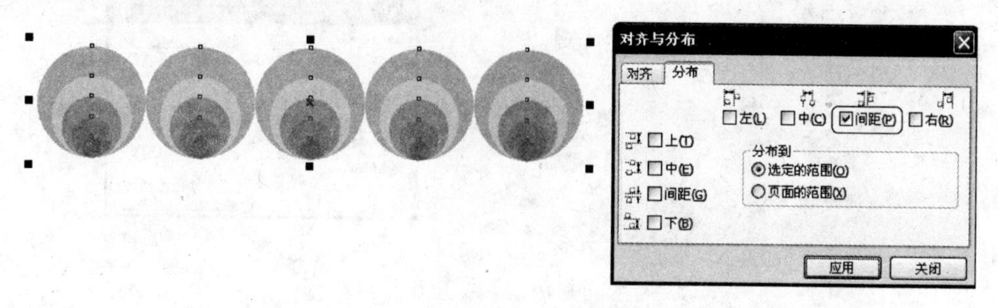

图 5.71　均匀分布对象

(6) 使用“挑选”工具框选当前均匀分布的所有图形对象，按 Ctrl+G 组合键将它们群组为一个对象，按“+”键 4 次，将该对象复制 4 个。在“变换”泊坞窗中设置垂直移动距离为 200mm。单击“应用”按钮将当前选择的对象移动到指定的位置，如图 5.72 所示。

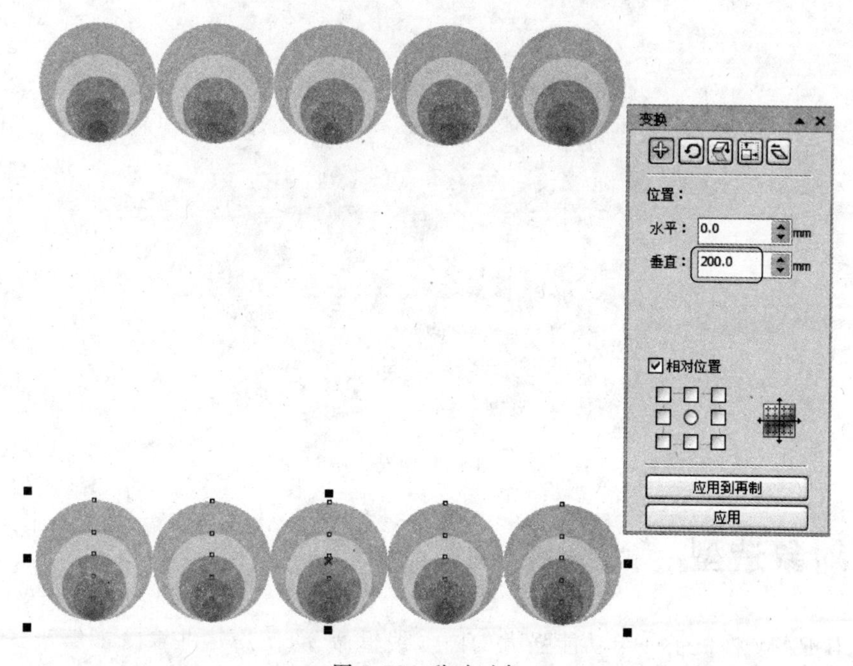

图 5.72　移动对象

(7) 使用“挑选”工具框选当前所有对象，在“对齐与分布”对话框的“分布”选项卡中选中垂直方向的“间距”复选框。单击“应用”按钮，使选择对象在垂直方向上等距均匀分布，如图 5.73 所示。

(8) 使用“挑选”工具框选所有对象，按 Ctrl+G 组合键将其组合为一个对象。保存文档，完成本实例的制作，本实例制作完成后的效果如图 5.74 所示。

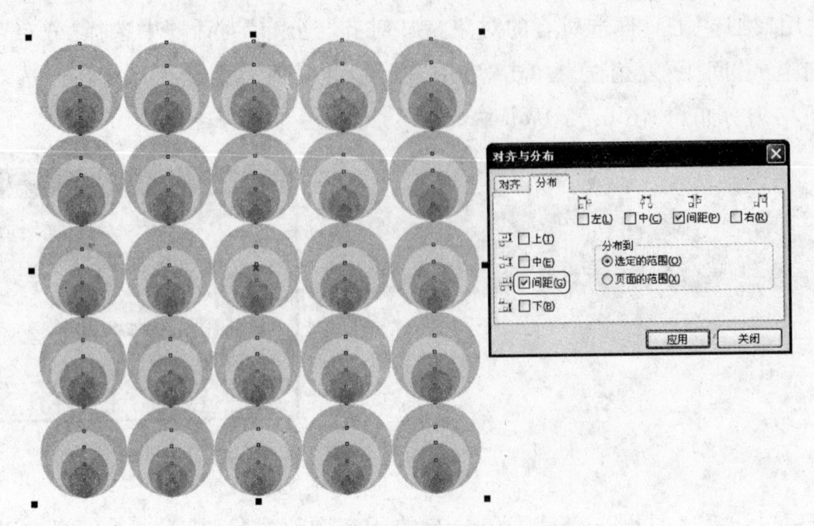

图 5.73 在垂直方向上均匀分布对象

图 5.74 实例制作完成后的效果

5.4 对象造型

CorelDRAW 提供了一组功能强大的图形编辑命令，使用这些命令能够对多个图形进行运算，从而创建新的对象，获得各种形状各异的图形。

5.4.1 焊接对象

焊接对象指的是将两个或多个重叠的对象结合为一个对象，其相当于对多个图形应用相加运算。选择需要焊接的图形，选择“排列”|“造型”|“焊接”命令或单击属性栏中的“焊接”按钮，如图 5.75 所示。此时，选择图形将被焊接为一个图形，如图 5.76 所示。

专家点拨 在焊接图形时，焊接结果将采用目标对象的填充和轮廓线属性。图形的选择顺序将决定焊接的结果，如果是框选图形，焊接后图形的属性将继承最底层图形的属性。如果是按 Shift 键依次选择图形，则焊接后图形将继承最后选择图形的属性。这里介绍的规则，对后面将要介绍的其他造型操作同样适用。

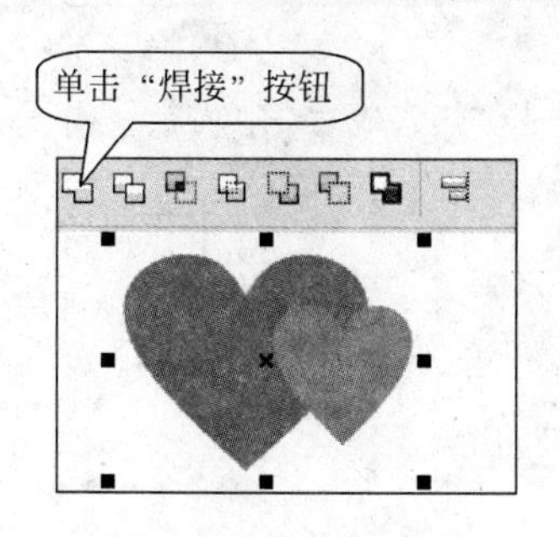

图 5.75　单击“焊接”按钮

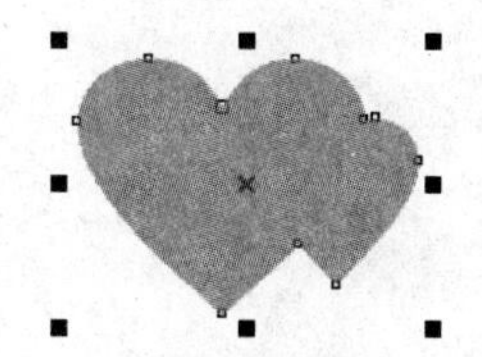

图 5.76　选择图形被焊接为一个图形

选择“窗口”|“泊坞窗”|“造型”命令打开“造型”泊坞窗，选择需要焊接的对象后，单击“焊接到”按钮。此时鼠标变为↖◻，在需要焊接的目标图形上单击，选择的图形将焊接到指定图形上，如图 5.77 所示。

专家点拨　“保留原件”选项区域中的复选框用于指定焊接后是否保留原对象。选中“来源对象”复选框，焊接对象的同时将保留源对象。选中“目标对象”复选框，则在焊接对象的同时保留目标对象。如果取消对这两个复选框的选择，则焊接对象后不保留任何源对象。在焊接对象后，将焊接后的图形移开，用户可以看到保留的对象。

5.4.2　修剪对象

修剪是通过将两个或两个以上重叠对象的重叠区域移除来创建形状，这相当于将两个图形相减。修剪几乎可以用于任何图形对象，但不能修剪段落文本、尺度线和克隆对象的主对象。

选择需要修剪的对象，选择“排列”|“造型”|“修剪”命令或单击属性栏中的“修剪”按钮，如图 5.78 所示。此时，对象重叠部分将被移除，如图 5.79 所示。

图 5.77　使用泊坞窗焊接对象

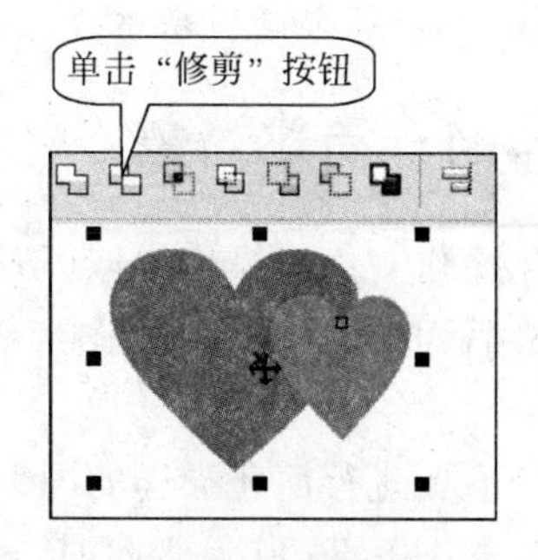

图 5.78　单击“修剪”按钮

选择用于修剪的源对象，如这里的心形，在“造型”泊坞窗中的下拉列表中选择“修剪”选项，单击“修剪”按钮。使用鼠标单击需要修剪的目标对象，如图 5.80 所示。此时，将移除目标对象中与源对象重叠的部分。

图 5.79　修剪后的效果

图 5.80　修剪对象

5.4.3　相交对象

相交对象是将两个或两个以上的图形未重叠的部分删除，保留重叠部分，生成一个新图形。与前面的焊接和修剪一样，相交同样可以指定需要保留的对象或者全不保留。

选择需要进行操作的图形，选择“排列”|“造型”|“相交”命令或单击属性栏中的“相交”按钮，如图 5.81 所示。此时，图形重叠部分将合成为一个新图形，如图 5.82 所示。

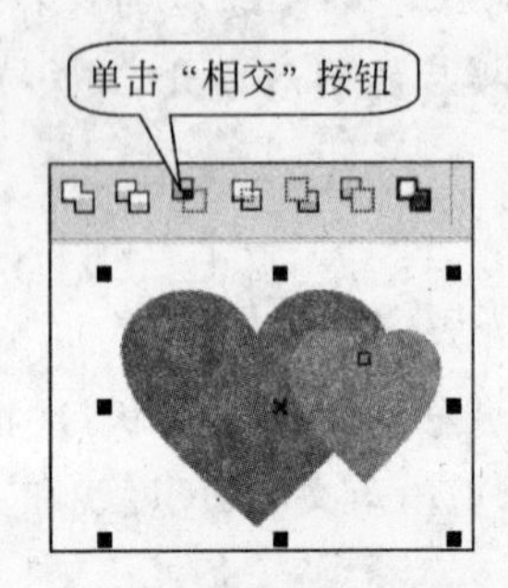

图 5.81　单击“相交”按钮

图 5.82　相交后的效果

专家点拨　相交操作一次只能针对两个对象进行，如果需要对多个对象进行相交操作，可以将部分对象结合或群组后再进行操作。

5.4.4　简化对象

简化操作与修剪操作类似，不同之处在于简化操作能够同时作用于多个图形。该操作能够减去后面图形中与前面图形中的重叠交叉部分，也就是能够将后面图形的公共部分删除。

选择需要进行简化操作的图形，选择“排列”|“造型”|“简化”命令或单击属性栏中的“简化”按钮，如图 5.83 所示。此时，底层的图形与上层图形的公共部分将被删除，如图 5.84 所示。

专家点拨　在执行简化操作后，群组对象将会自动解散群组。另外，在进行造型操作时，如果在“造型”泊坞窗中设置了保留原件，则在进行简化、焊接或修剪等操作后，需要使用“挑选”工具移开被保留的对象才能看到操作的结果。

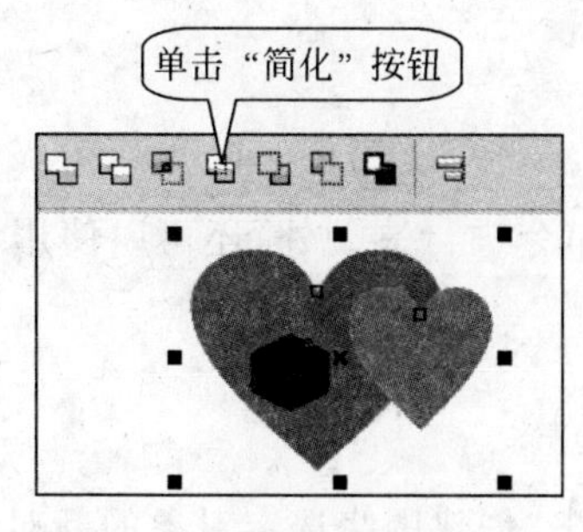

图 5.83　单击“简化”按钮

图 5.84　简化后的效果

5.4.5　移除对象

在 CorelDRAW 中，移除对象是将前后图形相减并移除重叠部分，只保留相减后的剩余部分来创建新图形。

1. 移除后面对象

框选需要操作的图形对象，选择“排列”|“造型”|“移除后面对象”命令或单击属性栏中的“移除后面对象”按钮，如图 5.85 所示。此时，后面图形以及两个图形重叠部分将被移除，新图形继承位于上层图形的属性，如图 5.86 所示。

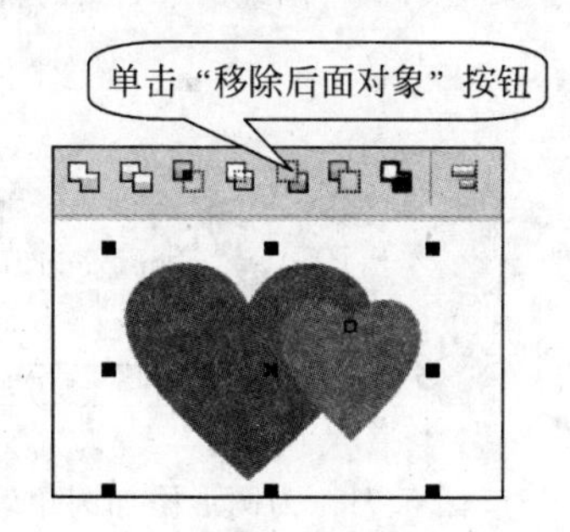

图 5.85　单击“移除后面对象”按钮

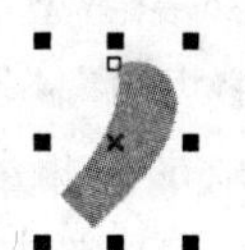

图 5.86　移除后面对象后的效果

2. 移除前面对象

框选需要操作的图形对象，选择“排列”|“造型”|“移除前面对象”命令或单击属性栏中的“移除前面对象”按钮，如图 5.87 所示。此时，前面图形和两个图形的重叠部分被移除，新图形继承下面图形的属性，如图 5.88 所示。

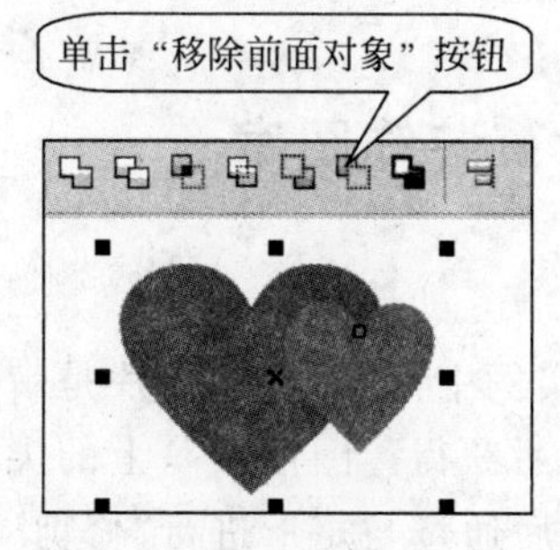

图 5.87　单击“移除前面对象”按钮

图 5.88　移除前面对象后的效果

5.4.6 其他造型方法

CorelDRAW 除了提供“排列”|“造型”子菜单命令进行造型外，还可以使用创建对象边界及添加圆角、扇形切角和倒角的方式来造型。

1. 创建对象边界

选择“效果”|“创建边界”命令或在属性栏中单击“创建围绕选定对象的新对象”按钮，如图 5.89 所示。此时将创建一个围绕所选图形边界的图形，如图 5.90 所示。

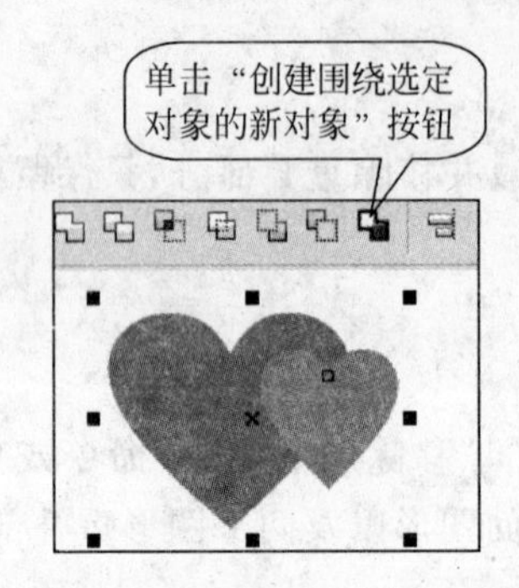

图 5.89 单击“创建围绕选定对象的新对象”按钮

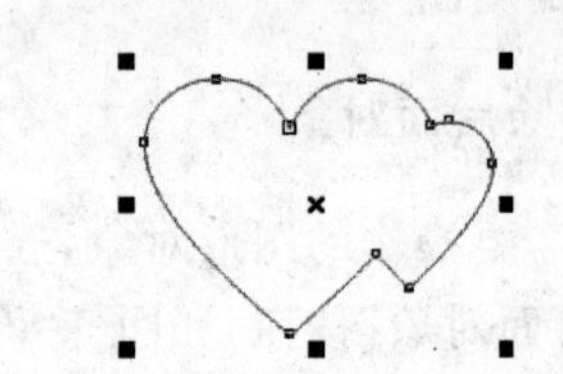

图 5.90 围绕选定对象的新图形

2. 圆角/扇形切角/倒角

在 CorelDRAW X4 中，用户可以通过圆角、扇形切角或倒角进行对象造型。选择需要造型的图形，选择“窗口”|“泊坞窗”|“圆角/扇形切角/倒角”命令打开“圆角/扇形切角/倒角”泊坞窗。在其中的“操作”下拉列表中选择操作类型，在“半径”微调框中输入半径值，单击“应用”按钮即可使图形的角变为圆角、扇形切角或倒角。例如，为图形添加圆角效果，如图 5.91 所示。

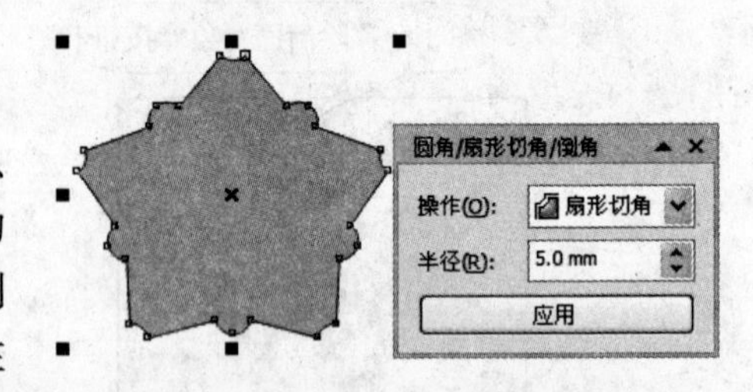

图 5.91 为图形添加圆角效果

专家点拨 “圆角/扇形切角/倒角”泊坞窗能够将任何曲线对象转变成为圆角、扇形切角或倒角，不管这种对象是源自形状、线条、文本还是图形。如果图形未转换为曲线形状，CorelDRAW 会给出提示对话框。另外要注意，平滑的曲线是不能成为圆角、扇形切角和倒角的，角必须通过两根相交的直线线段或曲线线段来创建，且它们的夹角要小于 180°。

5.4.7 对象造型应用实例——三叶草装饰图案

1. 实例简介

本实例介绍制作三叶草装饰图案的过程。在本实例中，三叶草的叶片是带有缺口的椭圆形，通过将椭圆形与一个三角形对象执行移除操作后获得。图形藤蔓上的尖锐叶片是首先通过对两个重叠椭圆执行“修剪”操作获得尖角，然后通过与矩形进行“修剪”操作获得与藤蔓曲线一致的直线边界。在获得图案基本构成图形后，再通过旋转创建需要的图案。通过本实例的制作，读者将掌握应用修剪和移除对象等方式构建各种复杂图形的操作方法和技巧。

2. 实例制作步骤

(1) 启动 CorelDRAW X4，使用"椭圆形"工具在绘图区域内绘制一个椭圆，在属性栏中单击"转换为曲线"按钮将其转换为曲线。使用"形状"工具调整椭圆形的形状，如图 5.92 所示。

(2) 在工具箱中选择"多边形"工具，在属性栏中将多边形的边数设置为 3。从下往上拖动鼠标绘制一个倒三角形，将这个三角形放置到步骤(1)绘制图形的顶部，如图 5.93 所示。

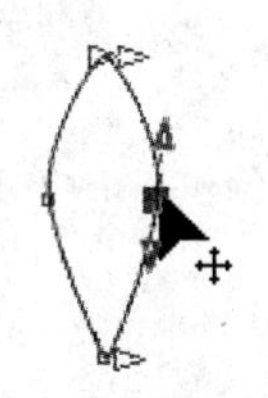

图 5.92　调整曲线形状

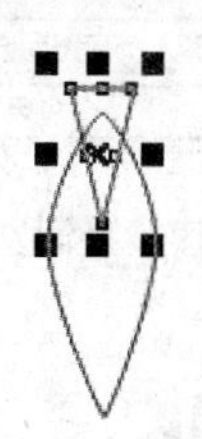

图 5.93　绘制三角形

(3) 在工具箱中选择"挑选"工具，拖动鼠标框选这两个图形。在属性栏中单击"移除前面图形"按钮，如图 5.94 所示。取消图形的轮廓线，使用"洋红"色填充图形，此时获得带缺口的叶片，如图 5.95 所示。

(4) 使用"挑选"工具在图形上单击两次，将图形的中心移动到图形的根部，如图 5.96 所示。选择"排列"|"变换"|"旋转"命令打开"变换"泊坞窗，将旋转角度设置为 60°，单击"应用到再制"按钮复制图形，如图 5.97 所示。按照同样的方法再制作一个顺时针旋转 60°的叶片，如图 5.98 所示。框选获得的三个叶片，按 Ctrl+G 组合键将它们组合为一个对象。

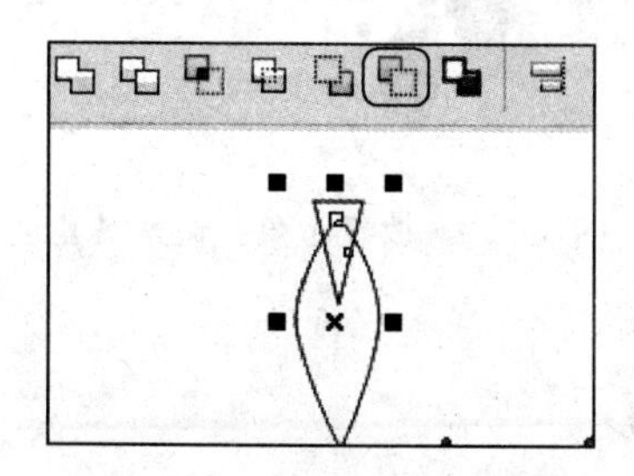

图 5.94　单击"移除前面图形"按钮

图 5.95　获得带缺口的叶片

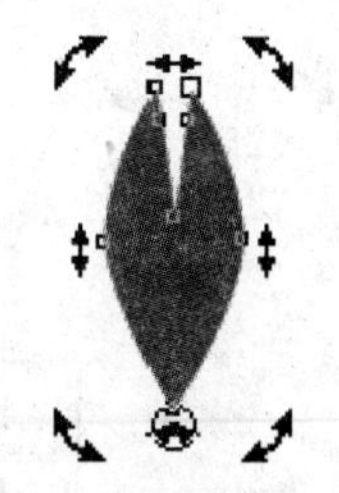

图 5.96　移动中心

(5) 使用"钢笔"工具绘制一条曲线，调整曲线的形状。选择"窗口"|"泊坞窗"|"属性"命令打开"对象属性"泊坞窗，设置轮廓线的宽度，将轮廓线的颜色设置为"渐粉"，如图 5.99 所示。复制步骤(4)创建的叶片，对其进行垂直变换后，将其放置在曲线的另一端，调整图形的角度，如图 5.100 所示。

(6) 在工具箱中选择"椭圆形"工具，在页面中绘制两个椭圆，将这两个椭圆重叠放置。框选这两个椭圆，在属性栏中单击"修剪"按钮，如图 5.101 所示。选择保留下来的椭圆，按 Delete 键将其删除，此时的图形效果如图 5.102 所示。

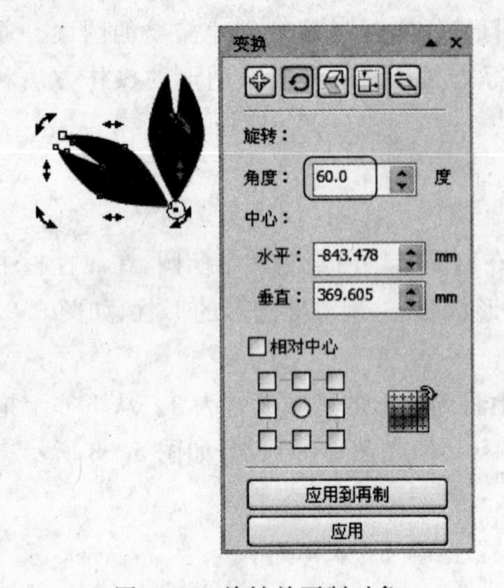

图 5.97 旋转并再制对象

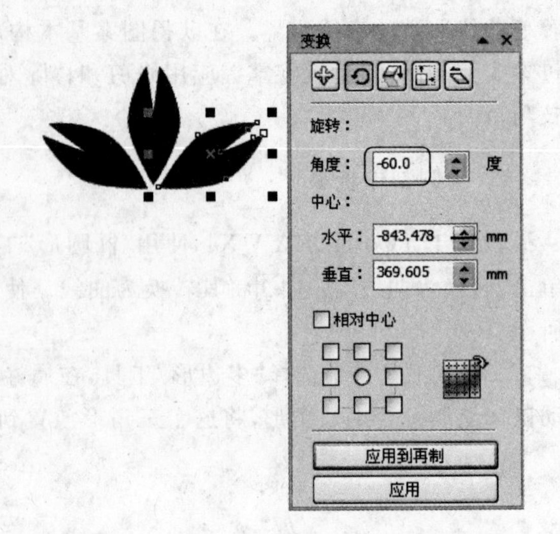

图 5.98 再制作一个顺时针旋转 60°的花瓣

图 5.99 绘制曲线并设置属性

图 5.100 放置对象并调整其角度

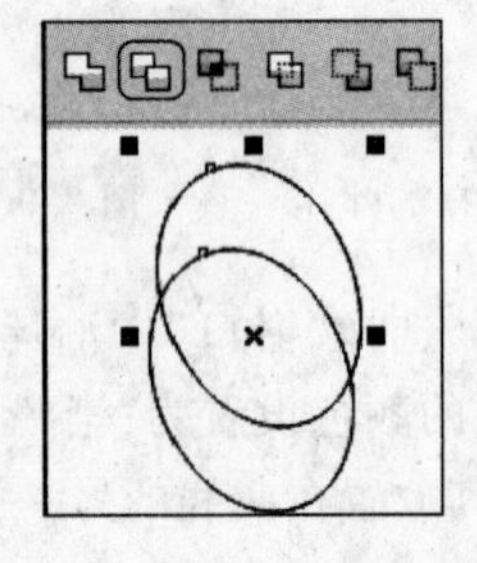

图 5.101 单击"修剪"按钮

图 5.102 完成修剪后的图形效果

(7) 使用"矩形"工具绘制一个矩形,使该矩形与步骤(6)绘制的图形重叠放置,如图 5.103 所示。同时框选这两个图形,在属性栏中单击"修剪"按钮进行修剪操作。删除保留的矩形，取消图形的轮廓线，并填充“渐粉”色。将图形放置到步骤(5)绘制的曲线上。这样将获得一个叶片，如图 5.104 所示。

(8) 将该叶片复制三个，调整它们的大小和角度并分别放置于曲线的不同位置，如图 5.105 所示。使用“挑选”工具框选这些对象，按 Ctrl+G 组合键将它们群组为一个对象。放置中心的位置后，使用“变换”泊坞窗对对象进行旋转和再制操作，如图 5.106 所示。

图 5.103　绘制一个矩形　　图 5.104　获得一个叶片　　图 5.105　放置叶片

(9) 保存文档，完成本实例的制作。本实例制作完成后的效果如图 5.107 所示。

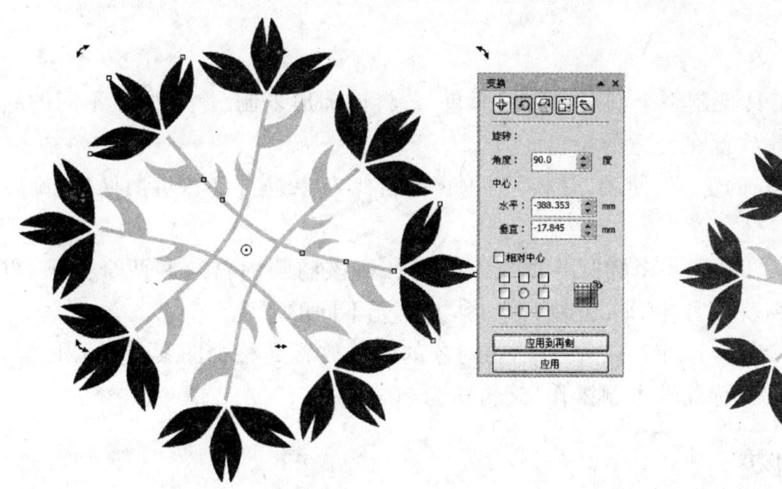

图 5.106　对图形进行旋转再制

图 5.107　实例制作完成后的效果

5.5　本章小结

本章介绍了使用 CorelDRAW 绘制图形时，对图形进行编辑和管理的方法，其中包括对象的选择与复制，对象的移动、旋转、缩放和镜像等变换操作，对象的排列以及对象的修整造型。通过本章的学习，读者将能够掌握图形对象各种编辑变换的方法，能够通过各种变换和造型操作制作复杂的图形对象。

5.6 上机练习与指导

5.6.1 制作四圆对称图案

本练习制作一个四圆对称装饰图案,效果如图 5.108 所示。

图 5.108 练习完成后的效果

主要练习步骤指导:

(1) 使用“椭圆形”工具绘制一个圆形,填充“黑色”。将该圆形复制三个,按照不同的缩放比例缩小后填充颜色并放置在合适的位置。

(2) 群组后,放置中心的位置,使用“变换”泊坞窗对群组对象进行旋转再制操作,旋转角为 90°。

(3) 使用“椭圆形”工具绘制一个椭圆并填充“白色”。在该椭圆内再绘制两个椭圆,重叠放置后使用“修剪”命令获得月牙形。复制月牙形,并填充不同的颜色。

(4) 将白色椭圆和月牙形群组为一个对象,将对象的中心放置到整个图案的中心位置,使用“变换”泊坞窗对对象进行旋转再制操作,旋转角为 90°。

5.6.2 制作团花

本练习制作一个团花图案,效果如图 5.109 所示。

主要练习步骤指导:

(1) 使用“椭圆形”工具绘制一个圆形,取消轮廓线后将其填充为“红色”。复制该圆形并将其缩小,将该圆形放置到大圆形的边界上,将其中心放置到大圆形的中心。打开“变换”泊坞窗,对其进行旋转再制操作,旋转角为 30°。框选获得的图形,使用“焊接”命令将它们焊接为一个整体。将获得的图形复制三个,分别填充不同的颜色,并将它们缩小得到图案中的 4 层花瓣。

(2) 使用“多边形”工具绘制一个等腰三角形,使用“椭圆形”工具绘制一个圆形。将圆形放置在等腰三角形的底边上,使其直径与底边重合。同时选择这两个图形,使用“焊接”命令将它们焊接为一个整体。

图 5.109　练习完成后的效果

(3) 为焊接得到的图形填充“绿色”，将轮廓线颜色设置为“白色”，得到图形中第一片绿色的花瓣。右击该对象，从弹出的快捷菜单中选择“顺序”|“置于此对象前”命令，将该对象置于前面制作的最下层的红色花瓣前面。将这片绿色的花瓣放置到前面制作的图形中，将中心移到整个图案的中心，使用“变换”泊坞窗对其进行旋转再制操作，旋转角为 15°。

(4) 使用“椭圆形”工具绘制几个大小不同的圆形，取消轮廓线后填充不同的颜色。将这些圆形放置到图案的中心作为花心。

5.7　本章习题

一、选择题

1. 下面快捷键(　　)能够实现从最上方开始向下选择对象。

A. Tab　　B. Ctrl+Tab　　C. Shift+Tab　　D. Alt+Tab

2. 在使用“变换”工具对对象进行变换操作时，要对对象进行镜像操作，应该在属性栏中按下(　　)按钮。

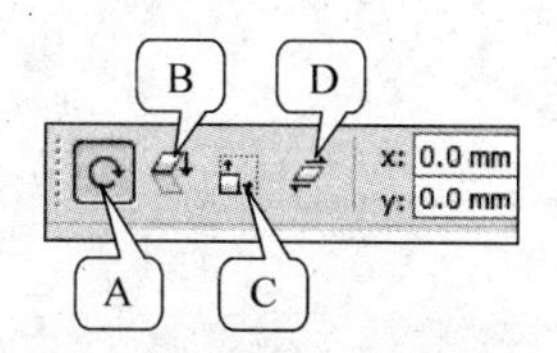

3. 要将目标对象重叠在来源对象上的部分裁剪掉，可以使用(　　)操作。

A. 焊接　　B. 修剪　　C. 相交　　D. 简化

4. 在选择多个对象后，单击属性栏中的(　　)按钮能够将这些对象群组为一个对象。

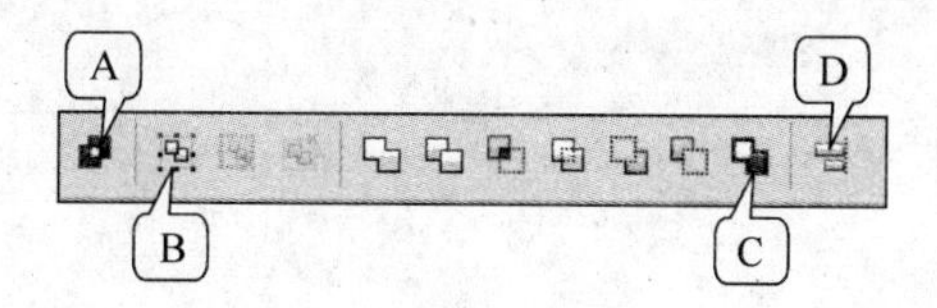

二、填空题

1. 要想同时选择页面中所有的对象，可以按________键；要想选择位于页面最上层的对象，可以按________键。

2. 在对对象进行变换时，按住________键拖动控制柄，可以实现以对象中心为基准点的等比例缩放变换。要想对对象的位置进行微调，可以按________键实现。

3. 选择图形，选择________命令可以将选择的对象锁定，而选择________命令可以将页面中所有锁定对象解除锁定。

4. 在 CorelDRAW X4 中，对象造型包括________、________、________、________、________和________6 种类型。

第6章 对象的交互式效果

CorelDRAW 拥有丰富的图形编辑能力，除了前面介绍的各种创建和编辑几何形状的工具之外，交互式工具能够为图形创建各种效果。CorelDRAW 的交互式工具可以方便地为对象添加调和效果、轮廓图效果、变形效果、阴影效果、封套效果、立体化效果和透明效果。本章将对 CorelDRAW 的交互式效果工具的应用进行介绍。

本章主要内容：

- 交互式调和工具。
- 交互式轮廓图工具。
- 交互式变形工具。
- 交互式阴影工具和交互式封套工具。
- 交互式立体化工具和交互式透明工具。

6.1 交互式调和工具

调和效果也称为混合效果，可以在两个或多个对象之间产生形状或颜色上的渐变过渡。调和效果是由 CorelDRAW 自动生成的，受对象的颜色、外形、位置和排列次序等因素的影响，同时也可以通过属性栏的参数设置来修改调和效果。

6.1.1 创建调和效果

交互式调和工具可以根据起始和结束图形的颜色和形状，在两个图形间创建许多中间图形，从而产生外形和颜色上的渐变。在对象之间创建调和效果，可以分为直线调和、手绘调和、沿路径的调和、复合调和 4 种情况。

1. 直线调和

直线调和是指一个对象过渡到另一个对象时，中间对象填充颜色在色谱中沿直线路径渐变，轮廓将会显示厚度和形状的渐变。

在工具箱中选择“调和”工具，如图 6.1 所示。将鼠标指针移动到需要创建调和效果的起始图形上，按住鼠标左键拖动到结束图形上释放，如图 6.2 所示。此时即可创建这两个图形间的调和效果，如图 6.3 所示。

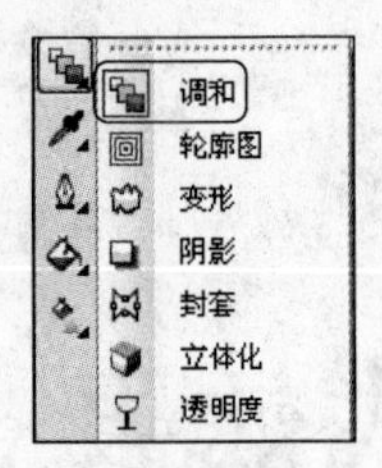

图 6.1 选择“调和”工具

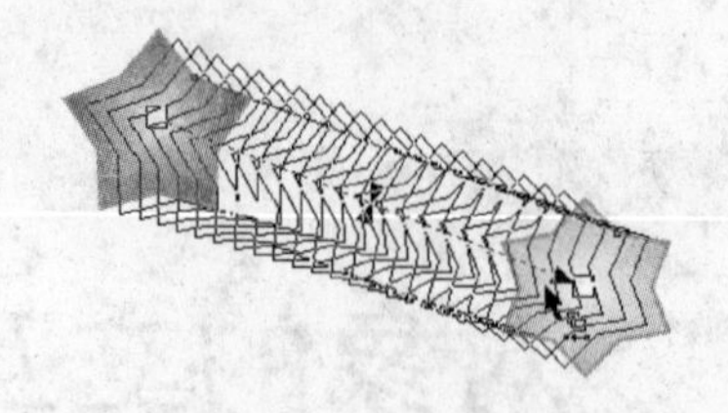

图 6.2 拖动鼠标

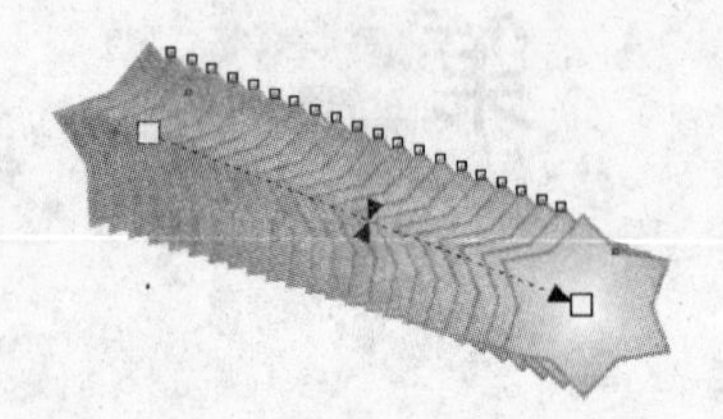

图 6.3 调和效果

2. 手绘调和

在工具箱中选择“调和”工具，按住 Alt 键从起始对象上拖动鼠标到结束对象上，此时将创建沿手绘路径的调和效果，如图 6.4 所示。

3. 沿路径的调和

在创建调和效果时，可以绘制调和路径，然后使对象沿该路径进行调和。首先使用“调和”工具创建对象间的直线调和效果，在属性栏中单击“路径属性”按钮，在弹出的下拉菜单中选择“新路径”命令，如图 6.5 所示。此时鼠标指针变为↙，在绘制的路径上单击即可创建沿路径的调和效果，如图 6.6 所示。

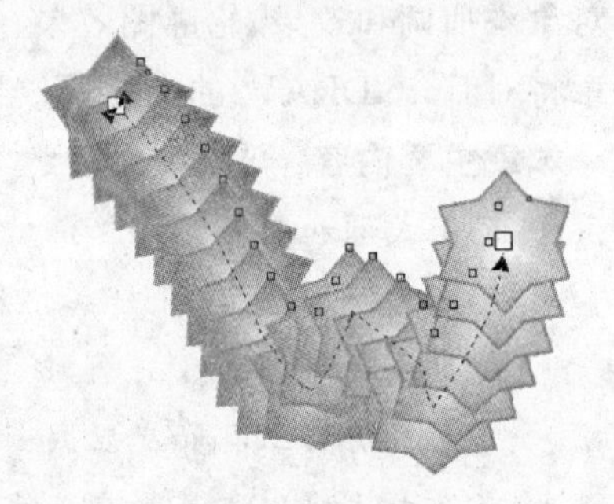

图 6.4 创建沿手绘路径的调和效果

图 6.5 选择“新路径”命令

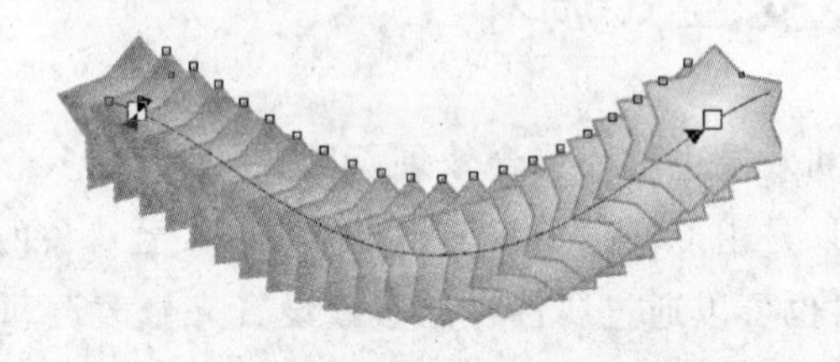

图 6.6 创建沿路径的调和效果

专家点拨 在创建了沿路径的调和效果后，如果需要查看调和路径，可以单击“路径属性”按钮，在弹出的下拉菜单中选择“查看路径”命令。如果选择“从路径分离”命令，则调和对象将和路径分离，调和对象恢复到沿路径调和前的状态。

4. 复合调和

向调和对象添加一个或多个对象，可以创建复合调和。使用“调和”工具创建两个对象间的调和效果，从第三个图形向上一个调和效果的终点图形拖动鼠标，如图 6.7 所示。在上一个调和效果的终点图形上释放鼠标左键即可创建出一个复合调和效果，如图 6.8 所示。

专家点拨 如果需要取消创建的调和效果，可以先选择调和对象，然后在属性栏中单击“清除调和”按钮。

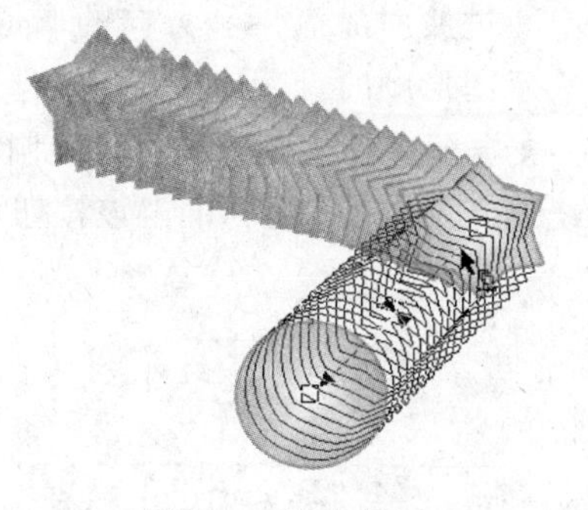

图 6.7　拖动鼠标

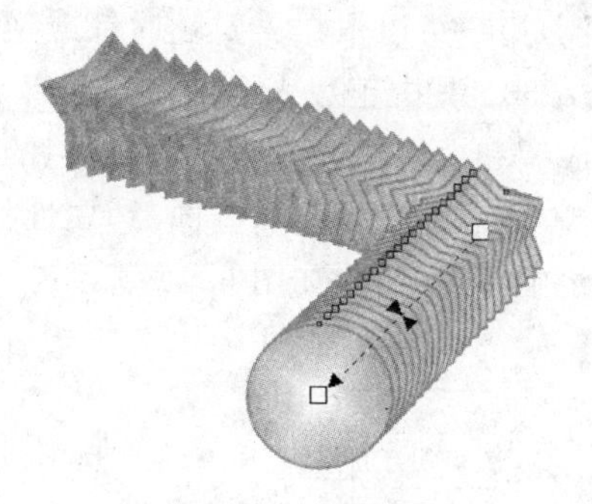

图 6.8　复合调和效果

6.1.2　设置调和属性

在创建调和效果后，可以对创建的调和对象的属性进行设置。使用“调和”工具的属性栏可以设置调和对象的步长、调和方向、颜色渐变和起始/结束对象的属性等。

1. 使用预设调和样式

在创建调和效果后，用户可以对调和对象应用 CorelDRAW 预设的调和样式。在属性栏中的“预设列表”下拉列表中选择需要使用的预设调和样式，此时 CorelDRAW 会给出该样式的效果缩览图。单击需要使用的样式，该样式即可应用到当前的调和对象上，如图 6.9 所示。

2. 设置调和步长

调和步长指的是调和起始和结束对象之间的中间对象的数量，调和步长越大，起始和结束对象间的过渡就越平滑。在默认情况下，调和步长值为 20，用户可以设置 1～999 之间的数值。

选择“调和”工具后，在属性栏的“步长偏移量”微调框中输入数值后按 Enter 键，即可修改调和对象的步长值，如图 6.10 所示。

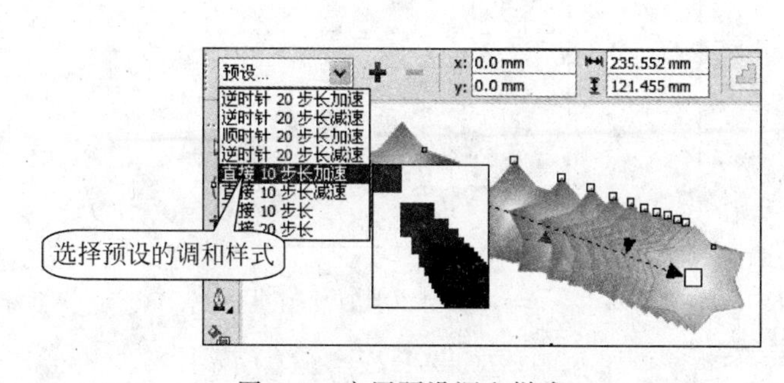

图 6.9　应用预设调和样式

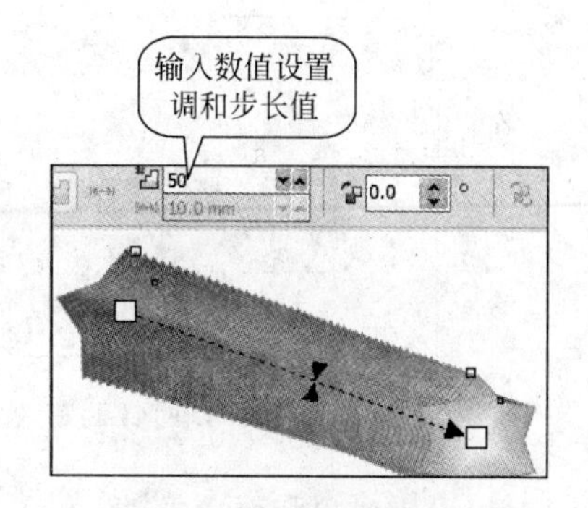

图 6.10　设置调和步长

3. 设置调和方向

一般情况下，调和对象的默认方向为 0°，即起始对象到结束对象之间过渡对象不产生旋转过渡，用户可以根据需要顺时针或逆时针旋转中间过渡对象。调和方向的取值范围为−360°～360°，其中正数表示图形逆时针旋转，负数表示图形顺时针旋转。

完成调和效果的创建后，在属性栏的“调和方向”文本框中输入数值即可设置调和方向，如图 6.11 所示。设置调和方向后，属性栏中的“环绕调和”按钮可用。单击该按钮，调和图形将围绕中心点旋转，如图 6.12 所示。

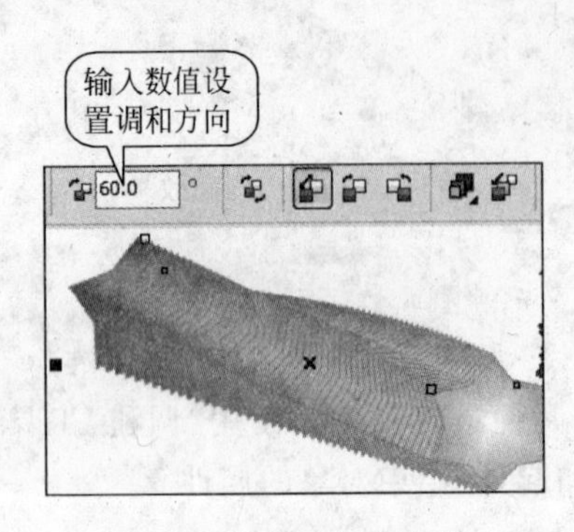

图 6.11　设置调和方向

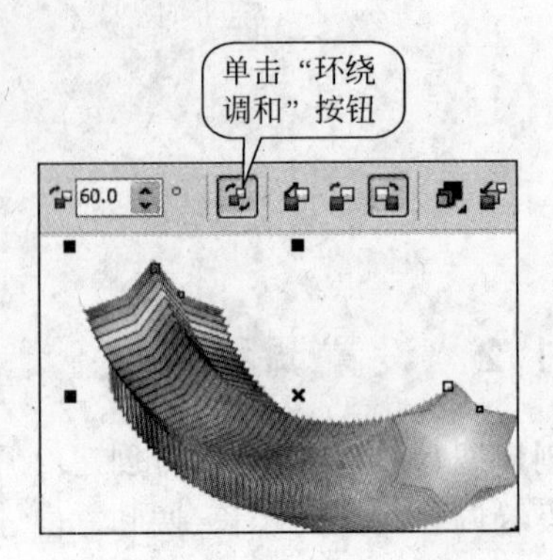

图 6.12　创建环绕调和效果

4. 设置调和颜色

“调和”工具的属性栏提供了“直接调和”按钮、“顺时针调和”按钮和“逆时针调和”按钮。在默认情况下，“直接调和”按钮处于按下状态，此时调和图形将用直接渐变的方式填充中间图形。所谓的顺时针调和，指的是中间过渡图形按照红、橘红、黄、绿、青、蓝和紫的顺序渐变，而逆时针调和指的是中间图形按照顺时针的颜色顺序相反的顺序渐变。

完成调和效果的创建后，在属性栏中单击“顺时针调和”按钮，调和对象将获得顺时针调和效果，如图 6.13 所示。单击“逆时针调和”按钮，调和对象将获得逆时针调和效果，如图 6.14 所示。

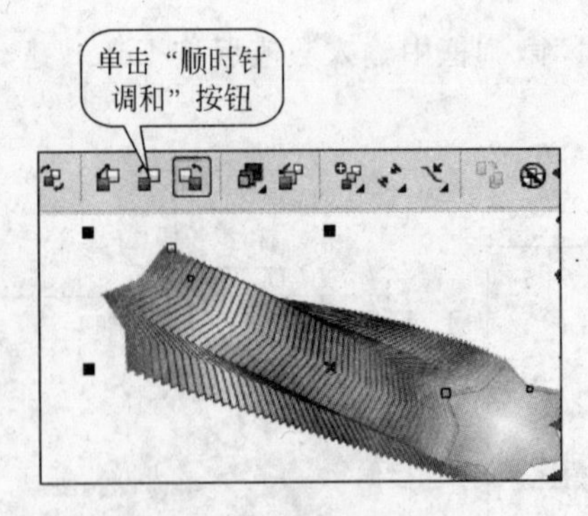

图 6.13　顺时针调和效果

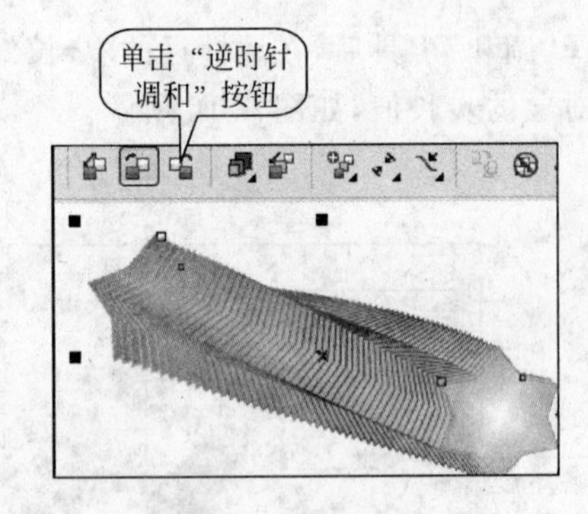

图 6.14　逆时针调和效果

5. 设置对象和颜色加速

在默认情况下，调和起始对象向结束对象的过渡方式是匀速过渡，通过设置调和对象的对象和颜色加速度，可以改变对象在调和路径上的对象分布和颜色分布。

在属性栏中单击“对象和颜色加速”按钮打开“加速”面板，在其中拖动滑块对调和对象图形和色彩分布进行调整，如图 6.15 所示。这里要注意，如果单击“加速调和时的图形大小”按钮，在调整调和对象加速度时，中间图形的大小将会根据设置而改变。

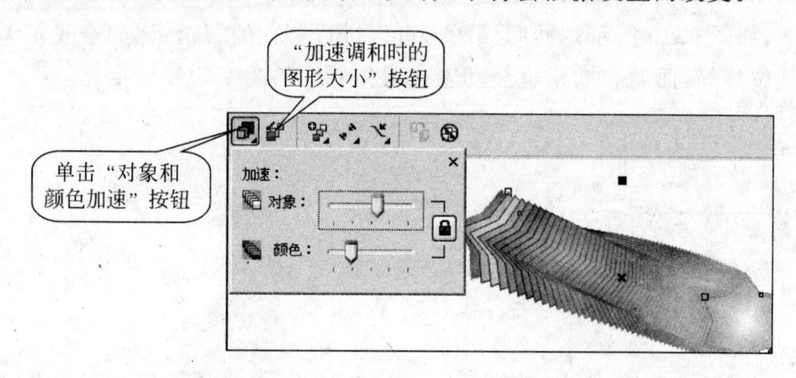

图 6.15　调整对象和颜色加速

专家点拨　在“加速”面板中，当🔒按钮处于按下状态时，“对象”和“颜色”将同时进行加速。单击该按钮使其处于非按下状态，可以分别对“对象”和“颜色”进行调整。

6. 设置起始和结束对象属性

在完成调和对象的创建后，可以重新指定应用调和效果的起点和终点对象。选择调和对象后，在属性栏中单击“起始和结束对象属性”按钮，在弹出的下拉菜单中选择“新起点”命令，如图 6.16 所示。此时鼠标指针变为➧，在作为起点的图形上单击，就能以该图形为新的调和起点创建调和效果，如图 6.17 所示。

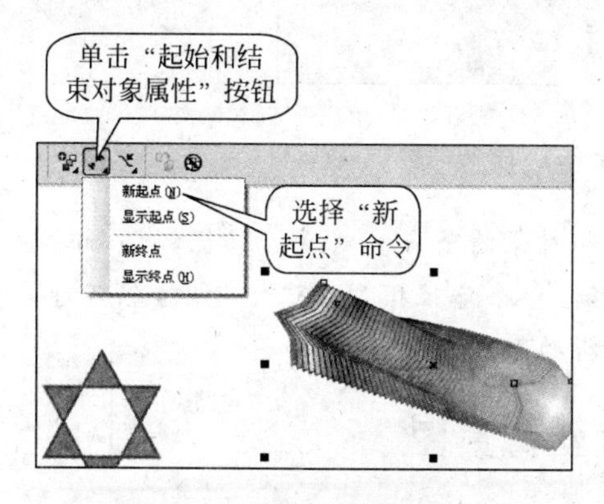

图 6.16　选择“新起点”命令

图 6.17　以新起点创建调和效果

专家点拨　在重新设置调和效果的起点时，新的起点图形必须位于原调和对象结束对象的下层，否则 CorelDRAW 会给出提示。改变调和效果终点图形的操作方法与改变起点图形的操作方法一致，这里不再赘述。

7. 拆分调和对象

拆分调和对象指的是将已创建调和效果的对象拆分，这样可以使调和对象中指定的元素变为独立的对象，从而可以对这些对象进行编辑处理。

选择创建的调和对象，在属性栏中单击“调和杂项”按钮，在弹出的下拉菜单中选择“拆分”命令，如图 6.18 所示。此时鼠标指针变为↙，在需要拆分的图形上单击，单击处的图形即被拆分出来，如图 6.19 所示。此时该图形可以进行单独的编辑，比如修改轮廓线、设置填充色或移动其位置等，而调和效果也会随着该对象属性的改变而发生变化。

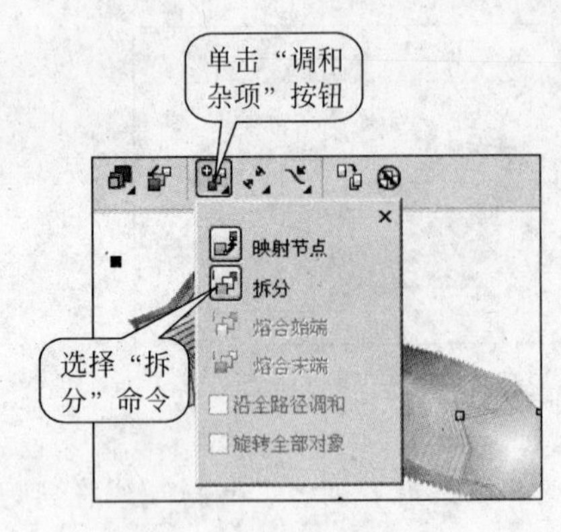

图 6.18 选择“拆分”命令

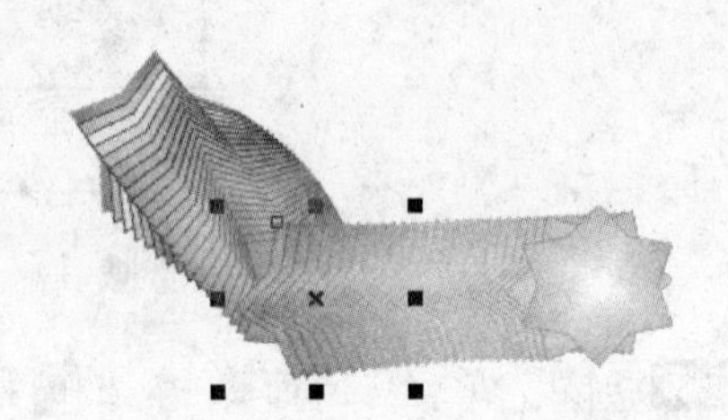

图 6.19 图形被拆分出来

按下 Ctrl 键单击拆分后的调和图形，单击“调和杂项”按钮，在弹出的下拉菜单中选择“熔合末端”或“熔合始端”命令，可以将拆分后的调和对象融合为直接调和图形，如图 6.20 所示。

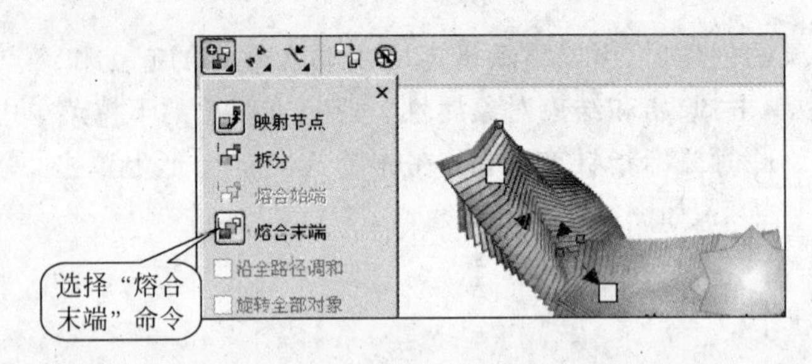

图 6.20 选择“熔合末端”命令

专家点拨 选择“映射节点”命令可以调整调和对象的节点。对于沿路径的调和对象，选中“沿全路径调和”复选框将使调和图形沿整个路径排列。选中“旋转全部对象”复选框，沿路径排列的调和图形将跟随路径的形态旋转。

6.1.3 调和效果应用实例——柔丝背景图

1. 实例简介

本实例介绍柔丝背景图的制作。本实例由多组形态不同的曲线组成，这些曲线组是对不同形态的曲线应用调和效果制作而成。通过本实例的制作，读者将掌握使用“调和”工具创建调和对象的操作方法，熟悉使用属性栏对调和效果进行调整的操作技巧。

2. 实例制作步骤

(1) 启动 CorelDRAW X4，打开素材文档“背景.cdr”，该素材文档中包含一个使用“网状填充”工具填充了颜色的矩形。使用“钢笔”工具在该图形中绘制一条与矩形宽度相等的线段，将该线段的颜色设置为“白色”，如图 6.21 所示。

(2) 按“+”键复制一个线段，将其拖放到矩形的底部。在工具箱中选择“调和”工具，从上端线段向下端线段拖动鼠标创建调和对象，如图 6.22 所示。在属性栏中将调和步长设置为 120，将“调和方向”设置为 80°，并设置调和加速，如图 6.23 所示。

图 6.21　绘制一条线段

图 6.22　创建调和对象

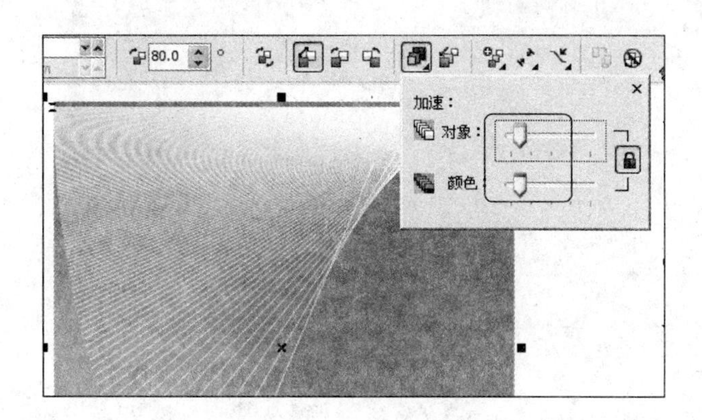

图 6.23　设置调和加速

(3) 使用“挑选”工具选择调和对象，拖动边框上的控制柄调整对象的大小。在工具箱中选择“透明”工具，从右上角向左下角拖动鼠标创建透明效果，如图 6.24 所示。

(4) 使用“钢笔”工具绘制一条曲线，将轮廓线颜色设置为“白色”。复制该曲线，并将其上移，如图 6.25 所示。在工具箱中选择“调和”工具，从上向下拖动鼠标创建调和效果，如图 6.26 所示。

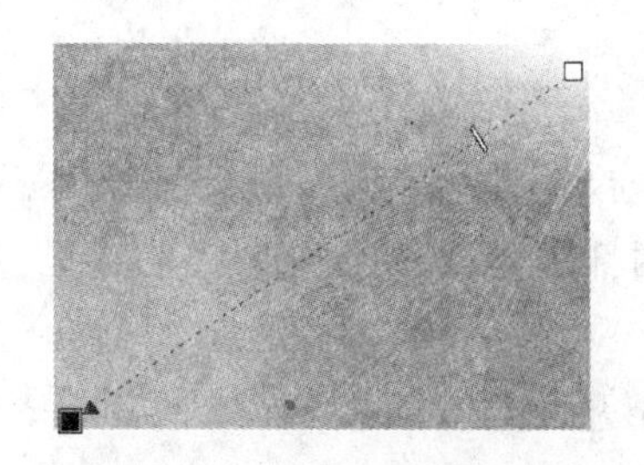

图 6.24　创建透明效果

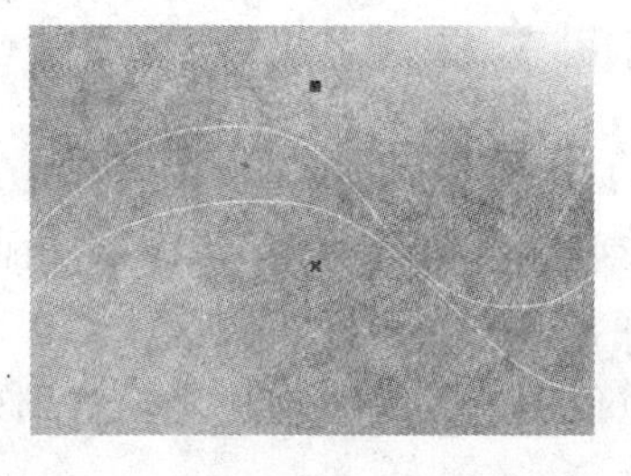

图 6.25　绘制两条白色曲线

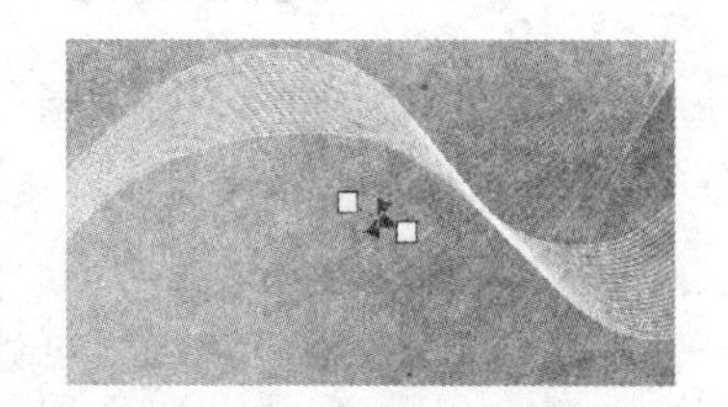

图 6.26　创建调和效果

(5) 再绘制两条白色曲线，如图 6.27 所示。选择“调和”工具，从上向下拖动鼠标创建调和效果，同时在属性栏中单击“顺时针调和”按钮。使用相同的方法再创建一组曲线调和对象,如图 6.28 所示。

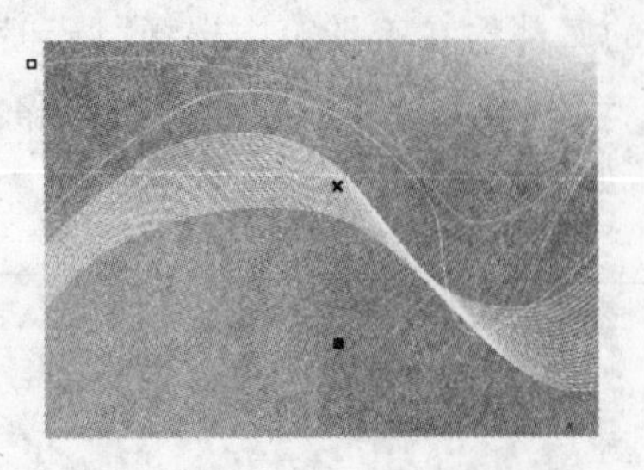

图 6.27 绘制两条白色曲线

图 6.28 第二组曲线调和对象

(6) 使用“挑选”工具分别选择各个调和对象,调整它们的大小和位置。最后效果如图 6.29 所示。

图 6.29 柔丝背景图

6.2 交互式轮廓图工具

轮廓图效果是指对象的轮廓由内向外放射而形成的同心图形效果,它是由一系列的同心线圈组成,具有层次感。在 CorelDRAW X4 中,用户可以通过到中心、向内和向外三种方式创建轮廓图。交互式轮廓图效果可以用于图形或文本对象。

6.2.1 交互式轮廓图工具简介

在工具箱中选择“轮廓图”工具,如图 6.30 所示。在选择对象上按住鼠标左键由内向外拖动可以在对象外部创建一系列轮廓,向内拖动可以在对象内部创建轮廓,向中心点附近拖动可以创建由对象边缘向中心的轮廓,如图 6.31 所示。

在应用轮廓图效果时,可以使用工具的属性栏对轮廓图效果进行设置。“轮廓图”工具的属性栏如图 6.32 所示。

在应用轮廓图效果时,可以设置不同的轮廓图颜色和内部填充颜色,不同的颜色设置将产生不同的轮廓图效果。

图 6.30　选择“轮廓图”工具

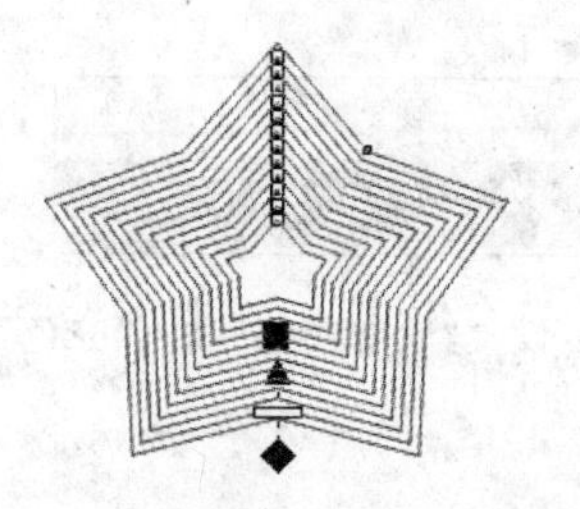

图 6.31　创建从边缘向中心的轮廓图效果

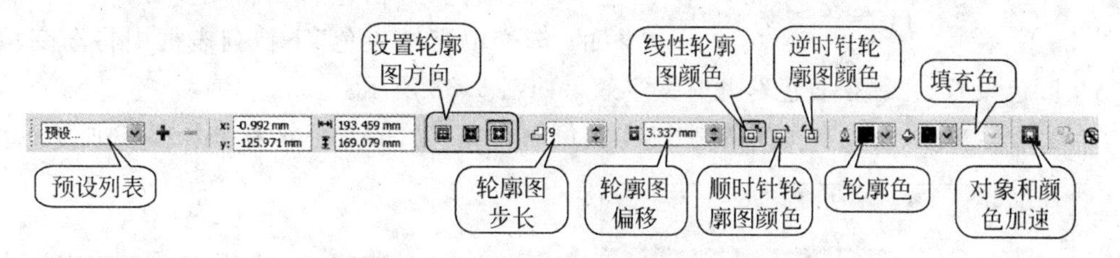

图 6.32　“轮廓图”工具的属性栏

6.2.2　创建轮廓图效果实例——特效文字

1. 实例简介

本实例使用“轮廓图”工具创建一个特效文字。在实例的制作过程中，为文字添加轮廓图效果，通过属性栏对轮廓图效果进行设置。通过本实例的制作，读者将掌握轮廓图颜色的设置、轮廓图对象和颜色加速的设置，以及在轮廓图中使用渐变效果的方法。

2. 实例制作步骤

（1）启动 CorelDRAW X4，打开素材文件“文字.cdr”。该素材文件中包含已经完成文字样式设置的文字，如图 6.33 所示。使用“挑选”工具在文字上右击，从弹出的快捷菜单中选择“转换为曲线”命令将文字转换为曲线。

（2）在文字被选中的情况下，在工具箱中选择“轮廓图”工具，在文字上拖动鼠标创建轮廓图效果。选择轮廓图的起始对象，为其填充“红色”。在属性栏中单击“向外”按钮，将“步长”设置为 7，“轮廓图偏移”设置为 1.0mm，如图 6.34 所示。

图 6.33　素材文档中的文字

图 6.34　属性栏参数设置

（3）在属性栏中单击“顺时针轮廓图”按钮，同时将“轮廓颜色”设置为“淡黄”，将“填充色”设置为“薄荷绿”，如图 6.35 所示。

（4）单击“对象和颜色加速”按钮，在打开的“加速”面板中单击 🔒 按钮解除“对象”和“颜色”的锁定。分别拖动滑块调整“对象”和“颜色”的加速，如图 6.36 所示。

图 6.35　设置“轮廓颜色”和“填充色”

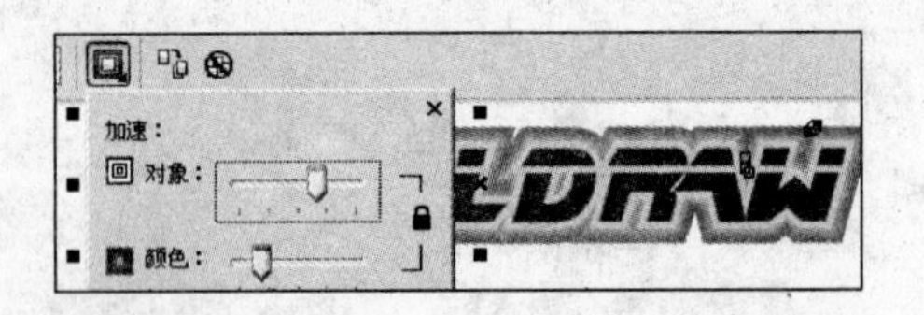

图 6.36　调整“对象”和“颜色”的加速

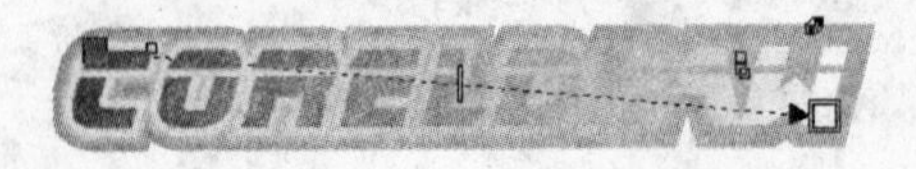

图 6.37　创建线性渐变

(5) 使用“填充”工具在轮廓图中创建从左上角到右下角的线性渐变效果，渐变起始颜色为“红色”，终点颜色为“白色”，如图 6.37 所示。在属性栏的“渐变填充结束色”下拉列表框中将渐变填充的结束颜色设置为“绿松石色”，此时文字效果如图 6.38 所示。

(6) 保存文档，完成本实例的制作，本实例制作完成后的文字效果如图 6.39 所示。

图 6.38　设置“渐变填充结束色”

图 6.39　特效文字

6.3　交互式变形工具

在绘制图形时，可以先绘制一个基本图形，然后通过变形处理让图形转变为具有特殊变形效果的图形。CorelDRAW 提供了多种使图形变形的方法，“变形”工具是其中一种常用的工具，使用该工具能够使图形的变形更方便，获得的图形效果更具弹性。

6.3.1　创建变形效果

使用“变形”工具可以对对象的外形进行修改，获得各种变形效果。在 CorelDRAW 中，“变形”工具能够创建推拉变形效果、拉链变形效果和扭曲变形三种类型的变形效果。

1. 推拉变形

推拉变形是通过推拉图形的控制点来产生变形，包括使对象边缘向内推进的效果和使对象边缘向外拉伸的效果。

在工具箱中选择“变形”工具，如图 6.40 所示。在属性栏中单击“推拉变形”按钮，在图形中向左拖动鼠标即可产生边缘向内的推进效果，向右拖动鼠标可产生边缘向中心的拉伸变形效果，如图 6.41 所示。

图 6.40　选择“变形”工具

在创建推拉变形效果后，可以通过拖动变形控制线上的控制柄来调整变形效果，如图 6.42 所示。使用属性栏可以对变形效果进行调整，如图 6.43 所示。

专家点拨　在设置推拉变形的失真振幅大小时，其参数设置范围为－200～200。当其值为正数时，图形进行推进变形，否则将是图形的拉出变形。

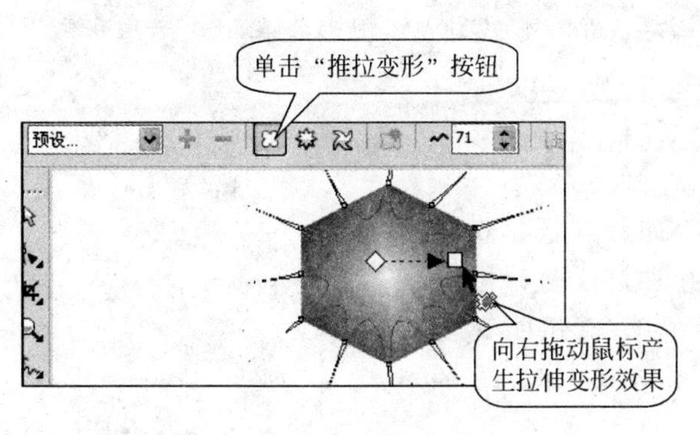

图 6.41　创建推拉变形

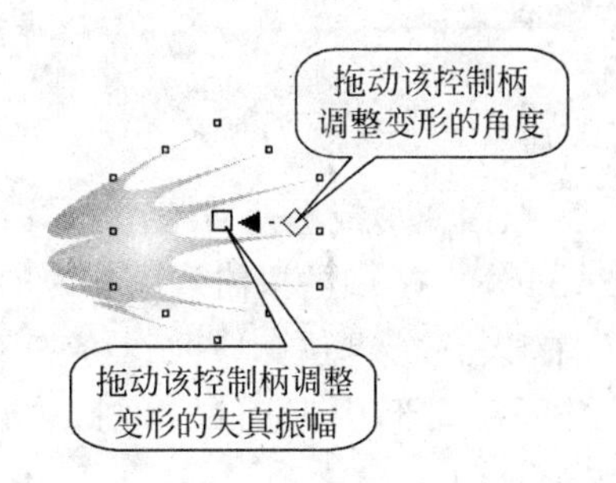

图 6.42　调整变形效果

2. 拉链变形

拉链变形能够使对象边缘产生锯齿状的变形，使对象获得类似于拉链上锯齿的效果。在工具箱中选择“变形”工具，在属性栏中单击“拉链变形”按钮，在图形中拖动鼠标即可创建拉链变形效果，如图 6.44 所示。

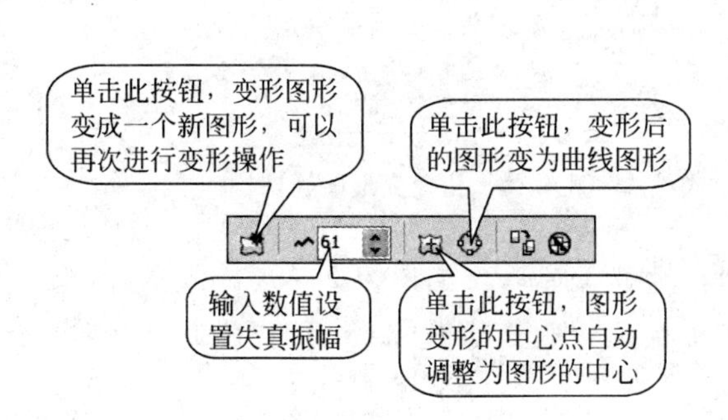

图 6.43　推拉变形的属性栏

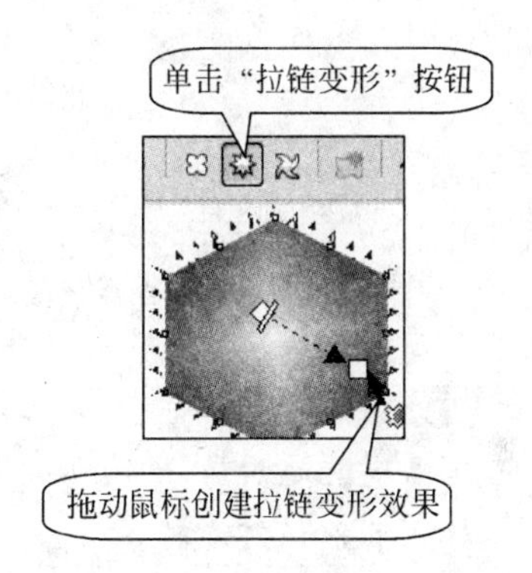

图 6.44　创建拉链变形效果

在创建拉链变形效果后，通过拖动控制线上的控制柄可以对变形效果进行调整，如图 6.45 所示。使用属性栏可以对效果进行更为准确的设置，如图 6.46 所示。

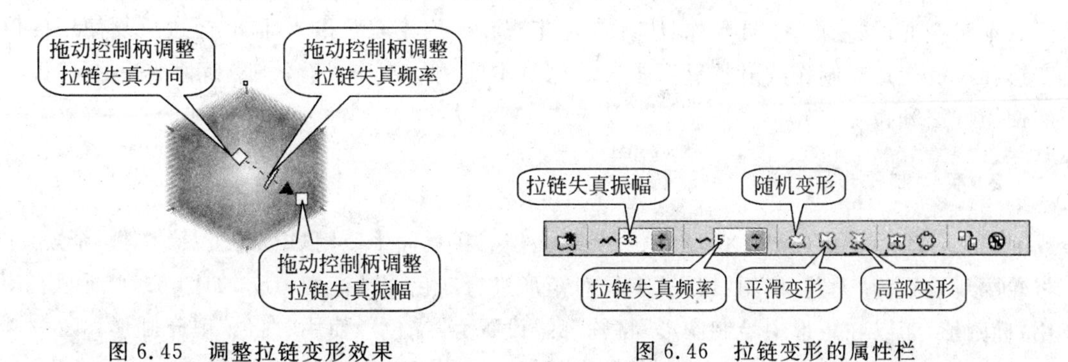

图 6.45　调整拉链变形效果

图 6.46　拉链变形的属性栏

专家点拨　拉链变形的失真振幅和失真频率的取值范围均在 0～100 之间。单击“随机变形”按钮，图形将按照默认的方式进行随机变形。单击“平滑变形”按钮，图形将使变形时产生的尖角变圆滑。单击“局部变形”按钮,图形将在局部产生变形效果。

3. 扭曲变形

图 6.47 创建扭曲变形效果

扭曲变形能够使对象产生旋转扭曲,如旋涡状的效果,CorelDRAW 中的扭曲效果分为顺时针扭曲和逆时针扭曲。在工具箱中选择“变形”工具,在属性栏中单击“扭曲变形”按钮,在图形中拖动鼠标创建扭曲变形效果,如图 6.47 所示。

在创建扭曲变形效果后,拖动控制线上的控制柄能够对变形效果进行调整,如图 6.48 所示。可以使用属性栏对扭曲变形效果进行更为准确的设置,如图 6.49 所示。

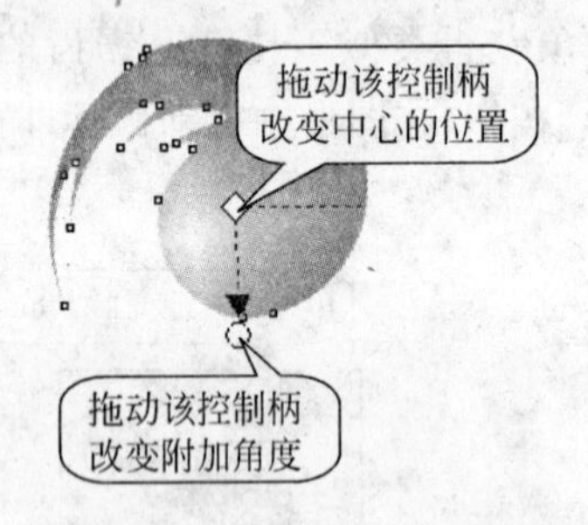

图 6.48 调整扭曲变形效果

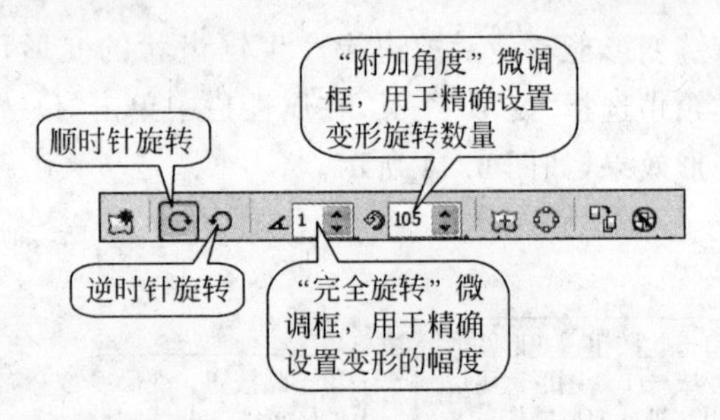

图 6.49 扭曲变形的属性栏

专家点拨 属性栏中“完全旋转”微调框中数值的取值范围为 0～9,数值越大,旋转幅度就越明显。“附加角度”微调框中数值的取值范围为 0～359,数值为 0 时,对象不作任何旋转。

6.3.2 交互式变形工具应用实例——散落的花朵

1. 实例简介

本实例通过“变形”工具制作具有 10 片花瓣和 4 片花瓣的花朵,同时通过反复使用推拉变形和拉链变形来制作放射状星形图形。通过本实例的制作,读者将熟练掌握“变形”工具的使用方法和技巧。

2. 实例制作步骤

(1) 启动 CorelDRAW X4,创建一个新文档。在页面中使用“矩形”工具绘制一个矩形,将轮廓线设置为“无”。使用“填充”工具对矩形进行双色线性渐变填充,如图 6.50 所示。使用“椭圆形”工具在矩形中绘制圆形,将轮廓线设置为“绿色”,使用“白色”填充圆形。复制圆形并调整复制图形的大小,将它们放置在矩形的不同位置,如图 6.51 所示。

(2) 在工具箱中选择“多边形”工具,使用该工具绘制一个五边形,将轮廓线设置为“无”,并为其填充颜色(颜色值为 R:51,G:255,B:0),如图 6.52 所示。在工具箱中选择“变

图 6.50 绘制矩形并进行双色线性渐变填充

图 6.51 在矩形中绘制圆形

形”工具，在属性栏中单击“推拉变形”按钮 。在五边形中从中心向左拖动鼠标创建变形效果，此时将得到一个有 10 片花瓣的花朵，如图 6.53 所示。

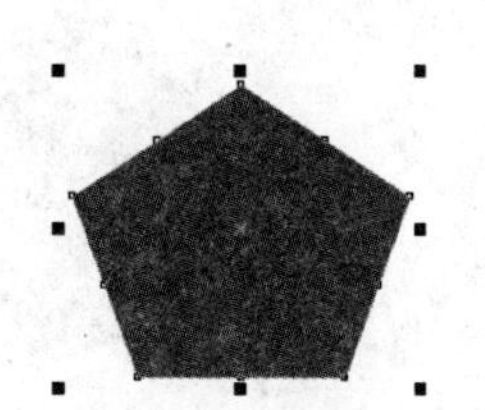

图 6.52 绘制五边形

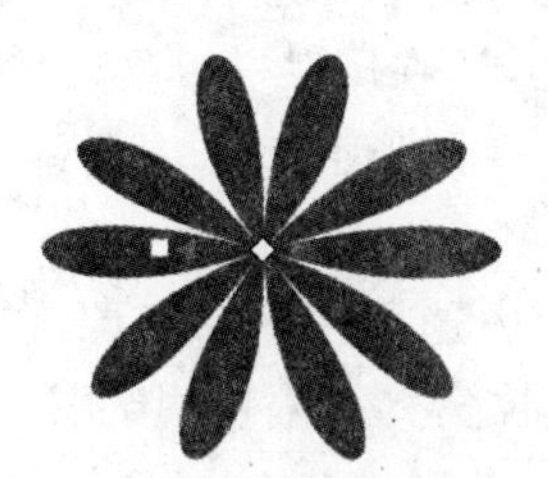

图 6.53 获得有 10 片花瓣的花朵

(3) 按“+”键复制该图形，将其缩小到原来的 50%，并将复制图形的填充色改为“白色”，如图 6.54 所示。使用“挑选”工具框选整个图形，将其再复制三个，更改下层大花朵的颜色(颜色值为 R:204，G:255，B:0)。将这些花朵分别群组后放置到矩形中，调整它们的大小和位置后的图形效果如图 6.55 所示。

图 6.54 缩小复制图形并填充“白色”

图 6.55 放置花朵

(4) 使用“矩形”工具绘制一个正方形，取消轮廓线后，为其填充与步骤(2)中五边形相同的颜色。使用“变形”工具对正方形进行推拉变形，创建一个有 4 个花瓣的花朵，在属性栏中单击“中心变形”按钮获得准确的中心变形效果，如图 6.56 所示。在这个花朵的中心绘制一个白色的圆形作为花心,如图 6.57 所示。将花朵复制三个,像上一个花朵那样改变花瓣的颜色并将它们放置到矩形中,此时图形效果如图 6.58 所示。

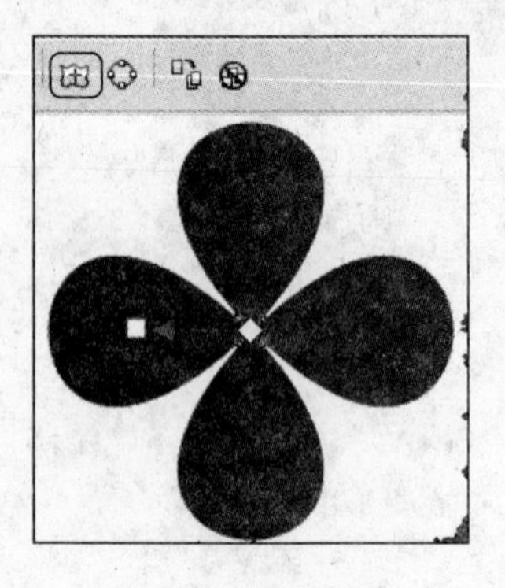

图 6.56　创建花朵

图 6.57　绘制花心

图 6.58　在矩形中放置花朵

(5) 使用"椭圆形"工具绘制一个圆形,取消轮廓线,并对其填充与前面花朵相同的颜色。选择"形状"工具,在属性栏中单击"转换为曲线"按钮将其转换为曲线图形,在圆形上双击为曲线添加节点,如图 6.59 所示。

(6) 在工具箱中选择"变形"工具,在属性栏中单击"推拉变形"按钮,在"推拉失真振幅"微调框中输入数值,同时单击"中心变形"按钮。此时获得的图形推拉变形效果如图 6.60 所示。

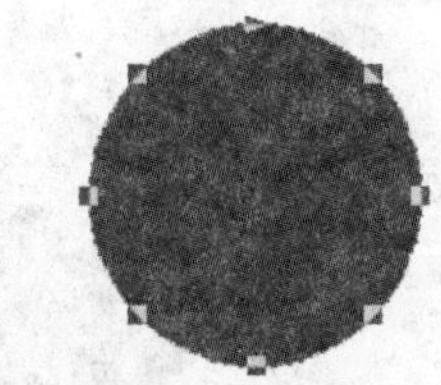

图 6.59　在圆形上添加节点

(7) 在属性栏中单击"拉链变形"按钮,在"拉链失真振幅"微调框和"拉链失真频率"微调框中输入数值,同时单击"平滑变形"按钮。此时获得的拉链变形效果如图 6.61 所示。

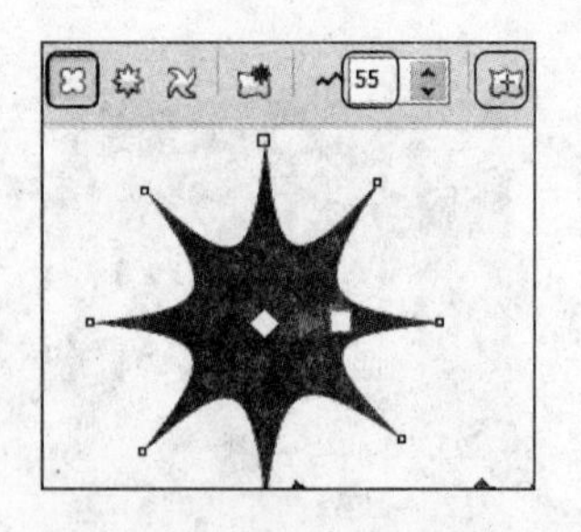

图 6.60　创建推拉变形效果

图 6.61　创建拉链变形效果

(8) 对图形再次应用推拉变形,如图 6.62 所示。对图形再应用一次拉链变形,如图 6.63 所示。在工具箱中选择"填充"工具,在属性栏中将填充类型设置为"射线",从中心向外拖动鼠标对图形应用射线填充,如图 6.64 所示。将图形复制 5 个,将它们分别按不同的缩放比例缩小后放置到矩形的不同位置。

(9) 对矩形中各个图形的大小和位置进行适当调整,效果满意后保存文档,完成本实例的制作。实例制作完成后的效果如图 6.65 所示。

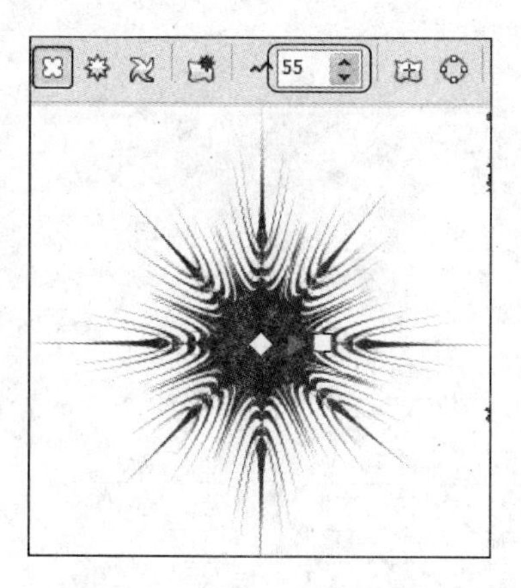

图 6.62　再次应用推拉变形

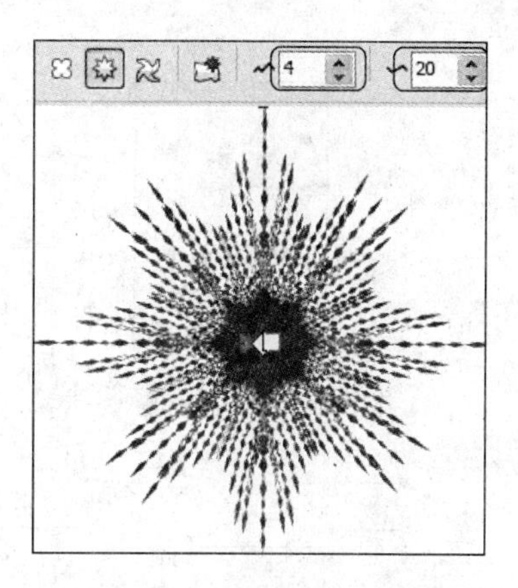

图 6.63　再次应用拉链变形

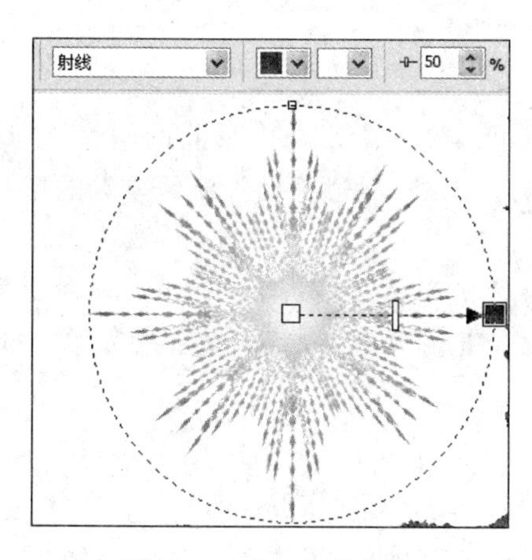

图 6.64　应用射线填充

图 6.65　散落的花朵

6.4　交互式阴影工具和交互式封套工具

阴影效果是一种常见的特效，在 CorelDRAW 中，可以使用“阴影”工具为对象添加阴影效果，使对象产生立体感。可以使用“封套”工具为对象添加一系列简单的变形效果，对象被添加封套后，通过调整封套上的节点可以使对象产生各种形状的变形。

6.4.1　创建阴影效果

在工具箱中选择“阴影”工具，如图 6.66 所示。在图形上按住鼠标左键拖动到适当位置释放，即可为图形对象添加阴影效果，如图 6.67 所示。

专家点拨　在对象的中心处按下鼠标左键并拖动，可以创建与对象形状相同的阴影效果。在对象的边缘按下鼠标左键并拖动，可以创建具有透视效果的阴影效果。

在完成阴影效果的创建后，可以使用属性栏对阴影效果进行设置，如图 6.68 所示。

图 6.66 选择"阴影"工具

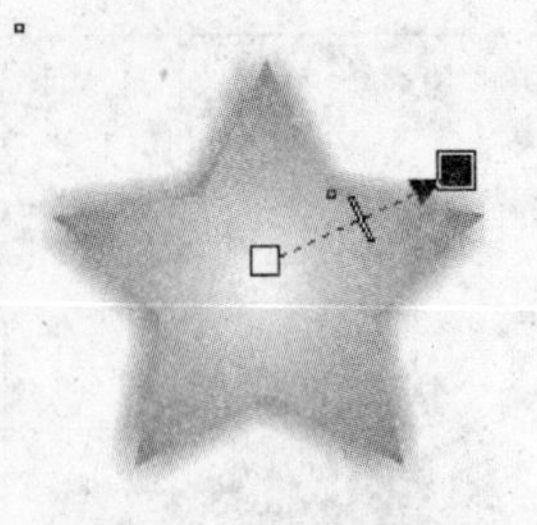

图 6.67 创建阴影效果

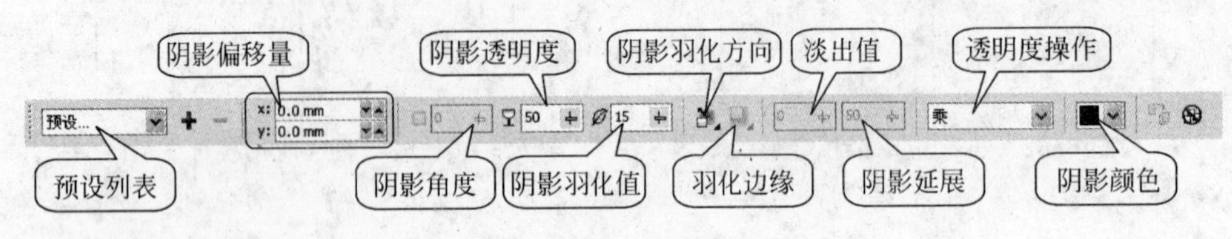

图 6.68 "阴影"工具的属性栏

1. 设置阴影偏移量

在属性栏的"阴影偏移"微调框中输入数值可以设置阴影与图形间的偏移量，其中正值表示向上或向右偏移，负值表示向左或向下偏移。另外，通过拖动控制线末端的控制柄可以对阴影的偏移和角度进行调整，如图 6.69 所示。

专家点拨 当创建具有透视效果的阴影时，"阴影角度"微调框可用，而"阴影偏移量"微调框不可用。"阴影角度"微调框可以设置阴影的角度，其取值范围为－360～360。

2. 设置阴影不透明度

"阴影不透明度"文本框用于设置阴影的不透明程度，其值越大，透明度就越弱，阴影颜色就越深。反之，不透明度就越强，阴影颜色就越浅。拖动控制线上的滑块可以直接调整透明度的值，如图 6.70 所示。

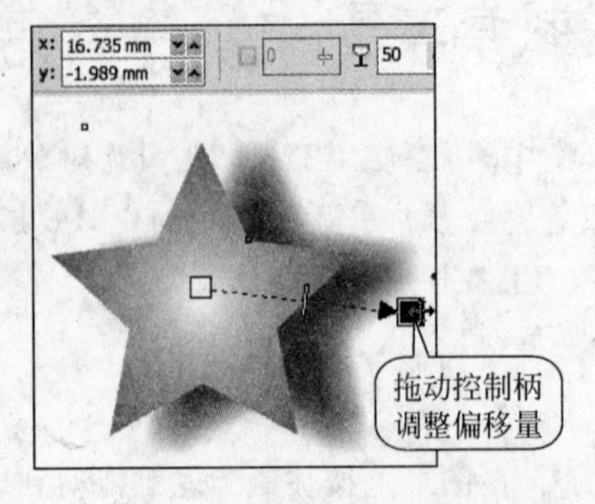

图 6.69 调整阴影偏移量

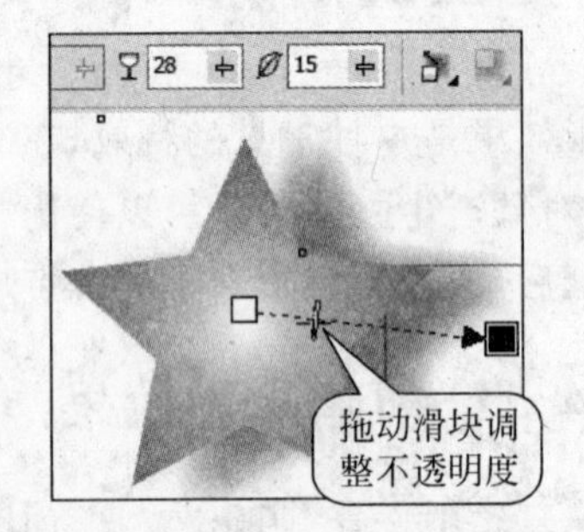

图 6.70 调整阴影不透明度

3. 设置阴影羽化效果

使用"阴影羽化"文本框可以设置阴影的羽化程度，使阴影产生不同程度的边缘柔化效果。该参数值的取值范围为0～100，当数值为0时，阴影无羽化效果。数值越大，阴影效果就越模糊。单击“羽化方向”按钮将打开控制面板，在面板中单击相应的按钮可以设置阴影羽化的方向，如图6.71所示。

专家点拨 单击“向内”按钮，将从对象的内侧开始计算交互式阴影，产生模糊阴影效果。单击“中间”按钮，将从对象的中间开始计算交互式阴影，形成柔和阴影效果。单击“向外”按钮，将从对象的外部开始计算交互式阴影，形成柔和而又模糊的阴影效果。“平均”方向是CorelDRAW默认的羽化方向，从对象的内侧和外侧之间的平均值计算交互式阴影。

单击“阴影羽化边缘”按钮，在打开的面板中单击相应的按钮可以设置边缘羽化的方式，如图6.72所示。

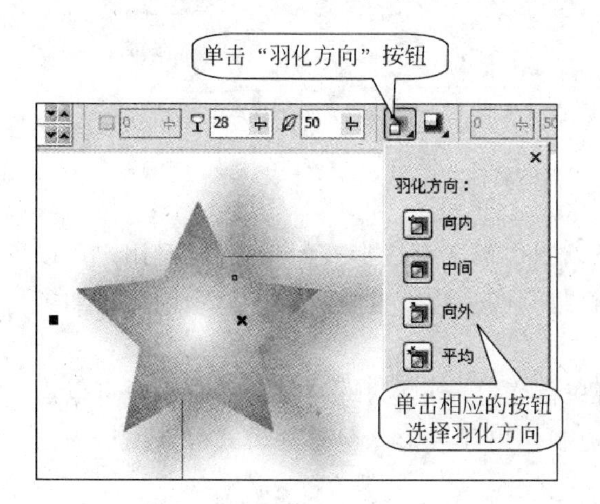

图6.71 设置羽化方向

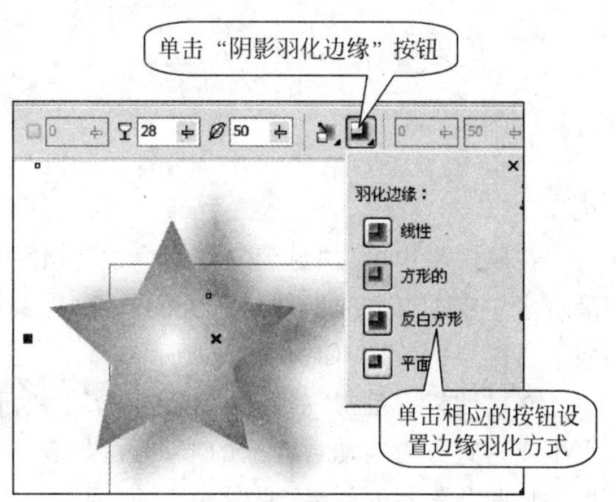

图6.72 设置羽化方式

4. 设置阴影的淡出和延展

在创建透视阴影效果后，属性栏的“淡出”文本框和“阴影延展”文本框可用。在“淡出”文本框中输入数值可以设置阴影效果的淡化程度，在“阴影延展”文本框中输入数值可以设置阴影的延展长度。

专家点拨 当页面中存在着两个或两个以上的阴影效果叠加时，使用属性栏的“透明度操作”下拉列表框可以选择阴影的叠加方式。另外，使用“阴影颜色”下拉列表框可以更改阴影的颜色。

6.4.2 创建封套效果

CorelDRAW提供的“封套”工具是创建封套效果的变形工具，其能够在图形对象的外部套上一个封套，并通过调整这个封套的外形来使对象产生变形。

在工具箱中选择“封套”工具，如图6.73所示。在页面中单击图形对象，对象即会被添加默认的矩形封套。拖动封套上的节点和节点上的控制柄可调整封套的形状，封套中的图形形状也会随着改变，如图6.74所示。

图 6.73 选择“封套”工具

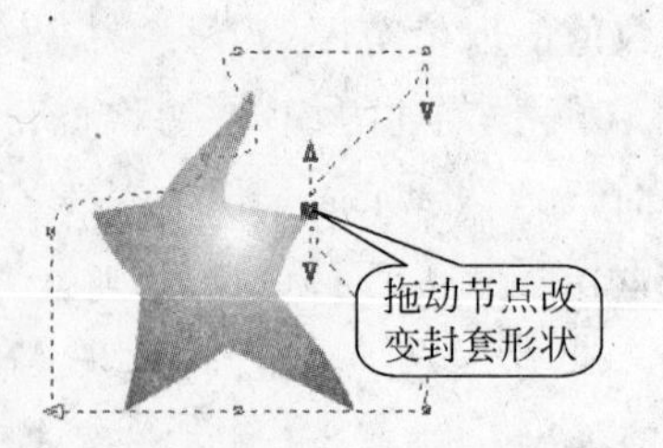

图 6.74 改变封套形状

在为对象添加封套后，可以结合工具的属性栏对封套形状进行编辑。“封套”工具的属性栏如图 6.75 所示。

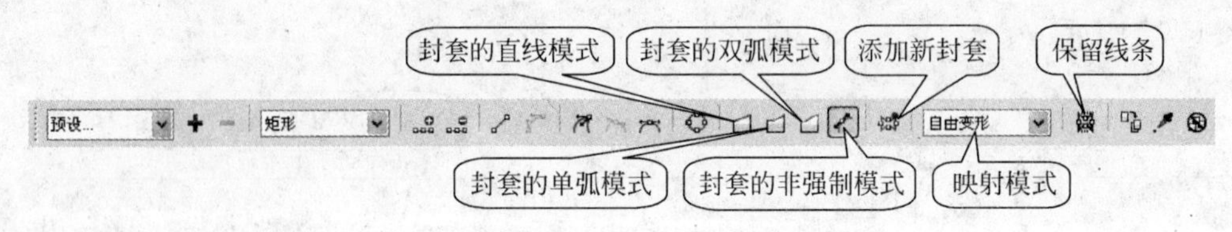

图 6.75 “封套”工具的属性栏

在属性栏中单击“封套的直线模式”按钮可以制作基于直线形式的封套，此时用户可以沿着水平或垂直方向拖动封套上的节点，以调整封套的一边。这种模式可以为图形添加类似于透视点的效果，如图 6.76 所示。

在属性栏中单击“封套的单弧模式”按钮可以制作基于单圆弧的封套，此时用户可以沿水平或垂直方向拖动封套上的节点，在封套一边制作出弧线形状。这种模式可以用于为图形添加凹凸不平的效果，如图 6.77 所示。

在属性栏中单击“封套的双弧模式”按钮可以制作基于双弧线的封套，此时用户可以沿水平或垂直方向拖动封套上的节点获得 S 形的弧线，如图 6.78 所示。

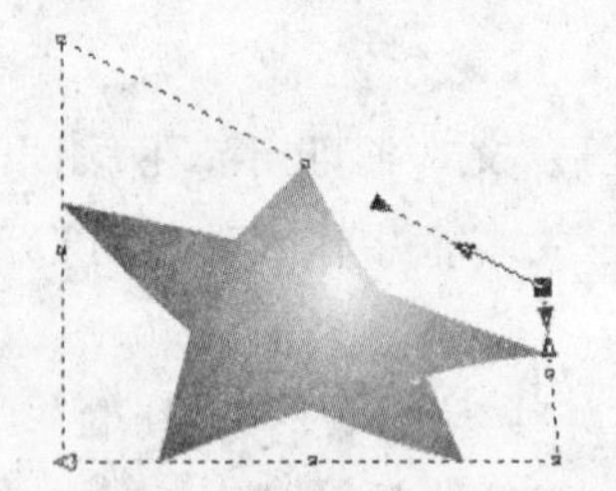

图 6.76 封套的直线模式

图 6.77 封套的单弧模式

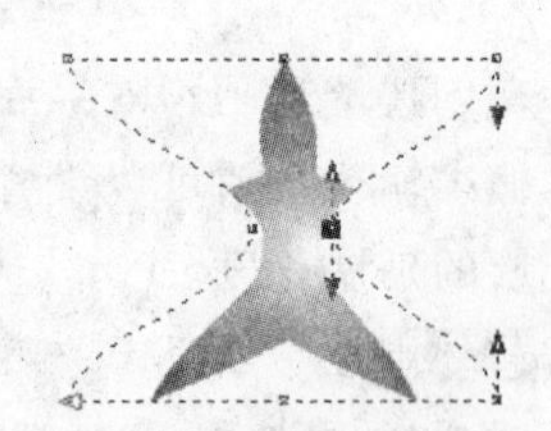

图 6.78 封套的双弧模式

在属性栏中单击“封套的非强制模式”按钮，此时对封套形状的修改不受任何限制，可以任意调整节点和控制柄。

专家点拨 在属性栏中单击“添加新封套”按钮可以在应用封套变形后为图形添加新封套，单击“保留线条”按钮可以在应用封套效果时保持图形中的直线不被改变为曲线。单击“创建封套自”按钮后，鼠标指针变为➡。在页面的某个图形上单击，可以将该图形的形状添加为新封套。另外，可以从“映射模式”下拉列表中选择控制封套改变图形外观的模式。

6.4.3 工具应用实例——笑笑蛋

1. 实例简介

本实例介绍一个咧嘴大笑的卡通蛋形象的制作过程。在本实例的制作中，使用“封套”工具完成对象的造型工作，即制作需要的蛋形和咧开的嘴。使用“阴影”工具为对象添加阴影，以获得立体效果。通过实例的制作，读者将掌握“封套”工具和“阴影”工具的使用方法和应用技巧。

2. 实例制作步骤

(1) 启动 CorelDRAW X4，创建一个新文档。使用“椭圆形”工具在页面中绘制一个椭圆，取消轮廓线后，使用“渐变”工具对其进行渐变填充，如图 6.79 所示。在工具箱中选择“封套”工具，在属性栏中单击“封套的直线模式”按钮，拖动封套上的节点调整图形形状，如图 6.80 所示。

(2) 在工具箱中选择“阴影”工具，从对象边缘向外拖动创建透视阴影效果，在属性栏中对阴影效果的不透明度、羽化值和羽化方向进行设置，如图 6.81 所示。

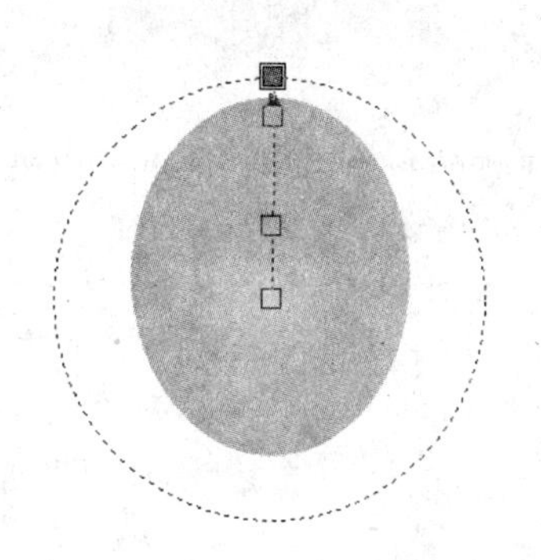

图 6.79 绘制椭圆形

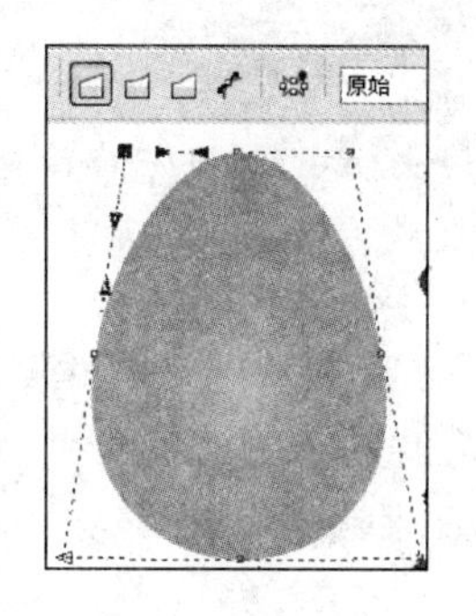

图 6.80 调整封套形状

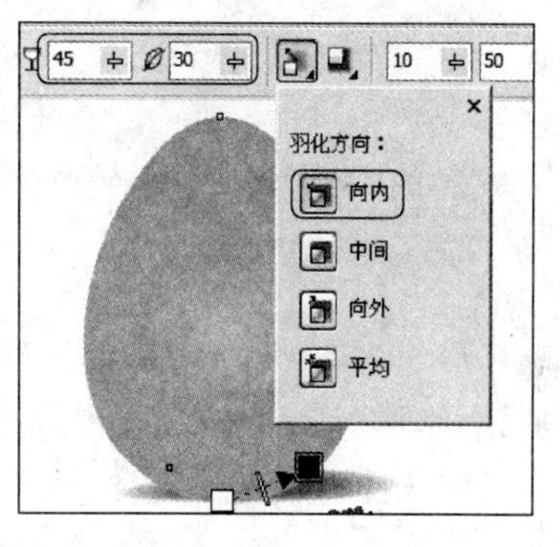

图 6.81 创建透视阴影效果

(3) 使用“钢笔”工具绘制眉毛，使用“阴影”工具从图形的中心向边缘拖动创建阴影效果。将眉毛复制一个，对其应用水平镜像操作。将两段眉毛放置在图形的适当位置，如图 6.82 所示。

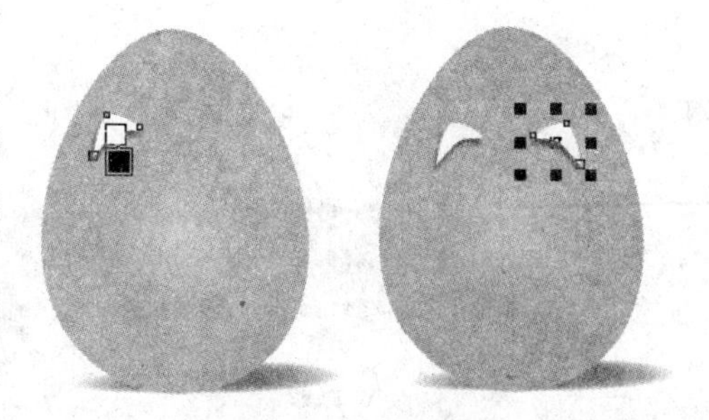

图 6.82 制作眉毛

(4) 使用“椭圆形”工具绘制一个圆形，取消轮廓线并使用“白色”填充该图形。选择“阴影”工具，从图形中心向边缘拖动鼠标创建阴影效果，如图 6.83 所示。使用“挑选”工具框选整个阴影对象，选择“排列”|“打散阴影群组”命令将阴影与图形分离，同时框选这两个对象，在属性栏中单击“裁剪”按钮，如图 6.84 所示。

(5) 右击裁剪后的阴影，从弹出的快捷菜单中选择“顺序”|“到页面前面”命令，将其放置到页面的最上层，拖动该阴影对象将其放置到圆的内侧，如图 6.85 所示。选择这两个图形

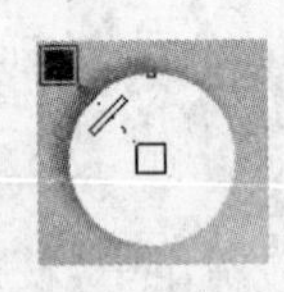

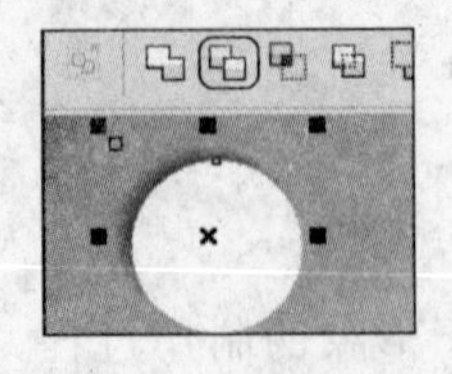

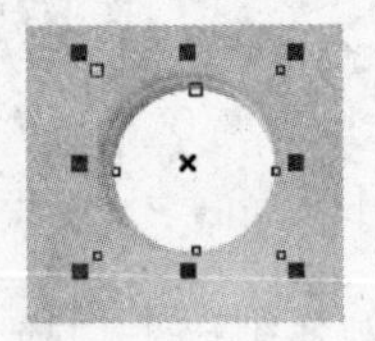

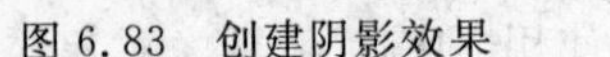

图 6.83　创建阴影效果　　图 6.84　单击“裁剪”按钮　　图 6.85　裁剪后的阴影对象

后，将其群组并复制群组对象，将复制后的对象水平镜像，并将这两个群组对象分别放置在眉毛的下方。此时获得眼睛效果，如图 6.86 所示。使用“椭圆形”工具绘制两个圆形，将其填充“黑色”，放置在绘制好的眼睛中作为眼珠，如图 6.87 所示。

(6) 使用“矩形”工具绘制一个矩形，取消轮廓线后，使用“填充”工具对其进行双色的射线填充，如图 6.88 所示。在工具箱中选择“封套”工具为矩形添加封套，对矩形的形状进行修改，获得弯曲的嘴巴效果，如图 6.89 所示。

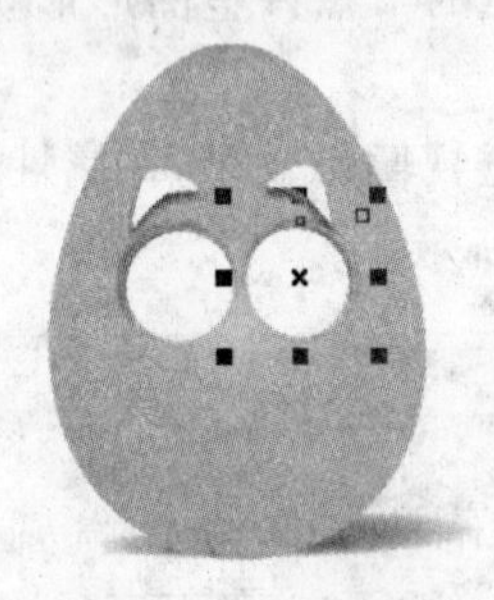

图 6.86　放置眼睛

图 6.87　放置眼珠

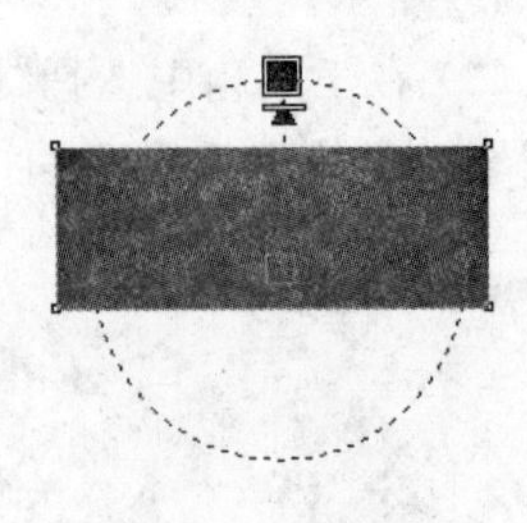

图 6.88　绘制矩形

(7) 再绘制两个矩形，使用“填充”工具对其进行线性填充。使用“封套”工具调整形状，将它们放置在嘴中，获得嘴中的牙齿效果，如图 6.90 所示。

(8) 调整图形对象的相互关系，效果满意后保存文档。本实例制作完成后的效果如图 6.91 所示。

图 6.89　修改封套形状

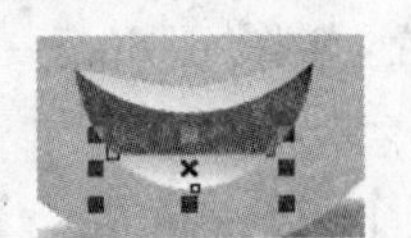

图 6.90　制作牙齿

图 6.91　笑笑蛋

6.5　交互式立体化工具和交互式透明工具

在 CorelDRAW 中，使用“立体化”工具能为对象添加三维立体效果，使对象具有纵深感和空间感。使用“透明”工具可以为对象创建透明效果，从而很好地表现对象的光滑质感，增强对象的效果。

6.5.1 创建立体化效果

“立体化”工具表现立体效果的方式是根据透视原理来拉伸对象，在拉伸面设置颜色渐变和光照等效果以增强立体感。

在工具箱中选择“立体化”工具，如图 6.92 所示。在对象上单击选择对象，拖动鼠标即可创建立体效果，如图 6.93 所示。

图 6.92 选择“立体化”工具

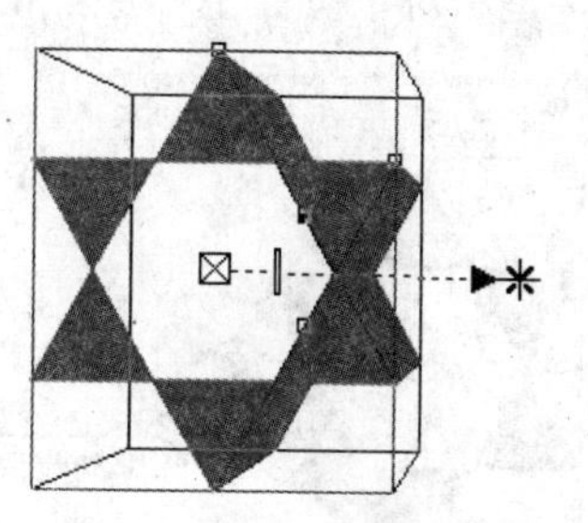

图 6.93 创建立体化效果

选择应用了立体效果的对象，通过使用属性栏可以对立体效果进行设置，如图 6.94 所示。

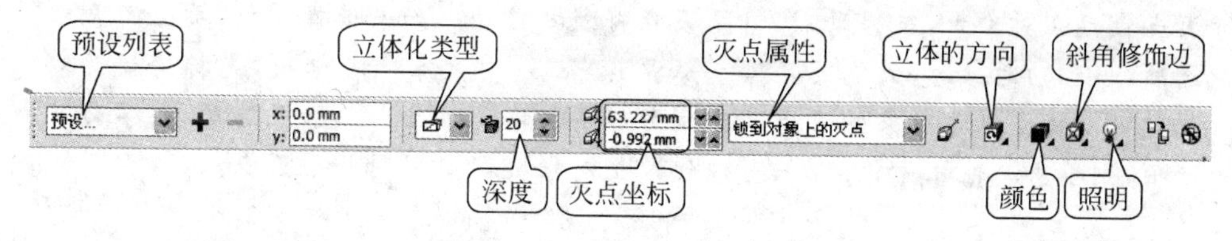

图 6.94 “立体化”工具的属性栏

1. 设置立体化类型和深度

在属性栏中的“立体化类型”下拉列表中可以选择图形的立体化样式，如图 6.95 所示。

在属性栏中的“深度”微调框中输入数值，可以设置立体效果的纵深深度。另外，拖动控制线上的控制条也可以对立体图形的深度进行调整，如图 6.96 所示。

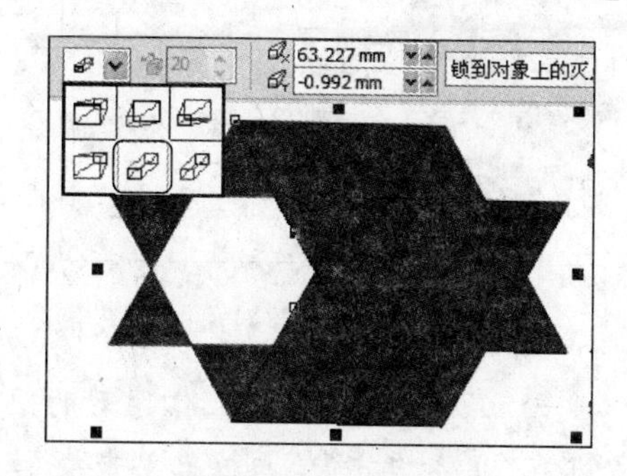

图 6.95 选择立体化样式

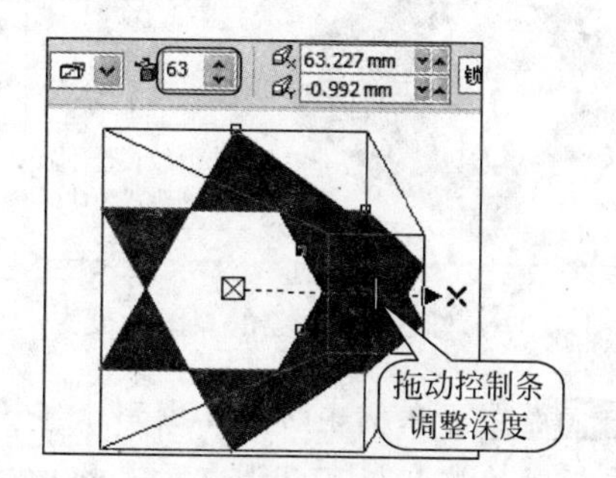

图 6.96 调整深度

2. 设置灭点

所谓灭点，指的是立体图形各点延伸线向消失点处延伸的交点，在立体对象上控制线箭头指示的✕即为灭点。在属性栏的"灭点坐标"微调框中输入数值，可以设置灭点的坐标位置。同时，拖动控制线箭头末端的✕可以直接改变灭点的位置，如图 6.97 所示。

在属性栏中，"灭点属性"下拉列表框用于设置灭点的属性，如图 6.98 所示。当属性栏中的"VP 对象/VP 页面"按钮被按下时，可将灭点以页面为参考，此时"灭点坐标"微调框中的数值将是相对于页面坐标原点的距离。

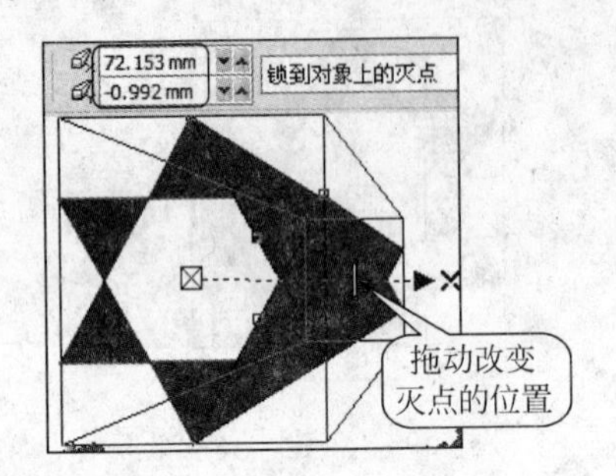

图 6.97　设置灭点的位置

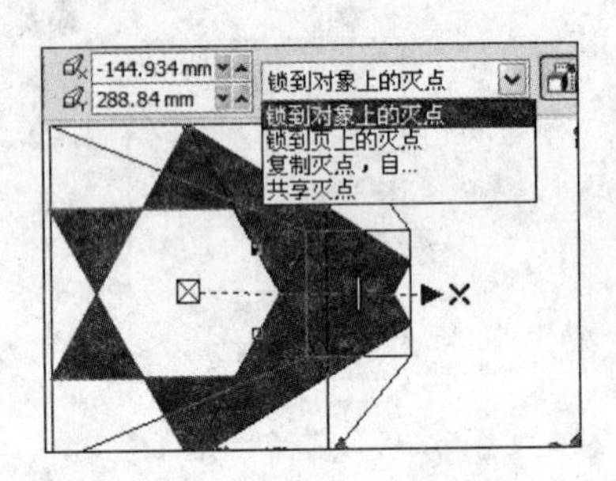

图 6.98　设置灭点的属性

专家点拨　在"灭点属性"下拉列表中，"锁到对象上的灭点"选项是默认属性，是将灭点锁定在对象上，当移动对象时，灭点将随之移动。如果选择"锁到页上的灭点"选项，当移动对象时，灭点将不变。如果选择"复制灭点，自"选项，光标会变为↖，此时可以将立体化对象的灭点复制到另一个立体化对象上。如果选择"共享灭点"选项，则单击其他立体化对象，可以使单击对象共同使用同一个灭点。

3. 调整立体方向

在属性栏中单击"立体的方向"按钮，在打开的面板中圆盘数字上拖动鼠标，可以改变选择的立体对象的视图角度，如图 6.99 所示。在面板中单击按钮，用户将能够通过输入数值来精确设置立体对象的角度，如图 6.100 所示。

图 6.99　改变立体对象的视图角度

图 6.100　设置立体对象的视图角度

专家点拨　在创建的立体图形上单击两次，拖动立体图形或包围立体图形的圆形边框上的控制柄可以调整对象的角度。另外，在"立体的方向"面板中单击按钮可以将立体图形恢复到旋转前的状态。

4. 设置颜色

在属性栏中单击“颜色”按钮打开“颜色”面板，单击“使用对象填充”按钮将图形本身的填充色应用到整个立体化图形的各个面上，这也是CorelDRAW默认的方式。单击“使用纯色”按钮，在“使用”下拉列表中选择颜色。此时，对象将以选择的颜色填充立体化图形的各个面，如图6.101所示。

单击“使用递减的颜色”按钮，在“从”和“到”下拉列表中选择颜色，则选择的颜色将沿着立体化图形长度以渐变色填充各个面，如图6.102所示。

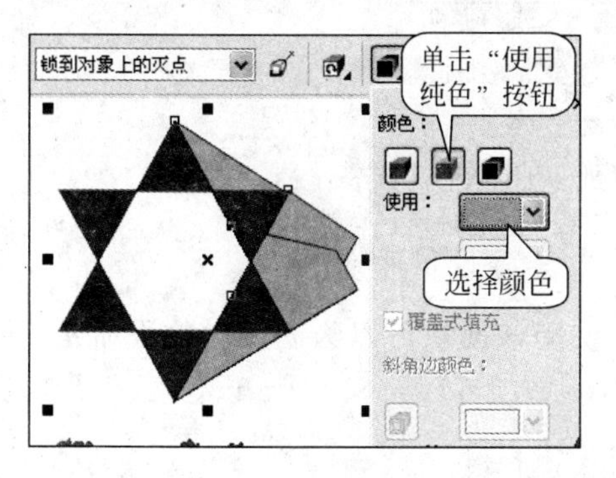

图6.101　使用纯色填充

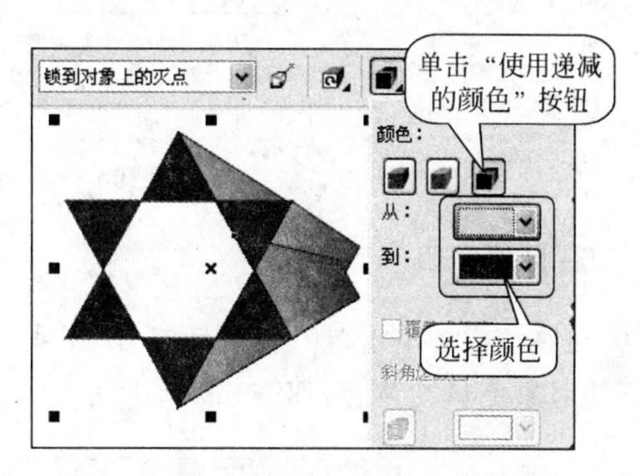

图6.102　使用渐变填充

5. 设置斜角修饰边

在属性栏中单击“斜角修饰边”按钮，在打开的面板中可以将立体化图形的边缘制作成斜角效果，使其具有光滑的外观，如图6.103所示。

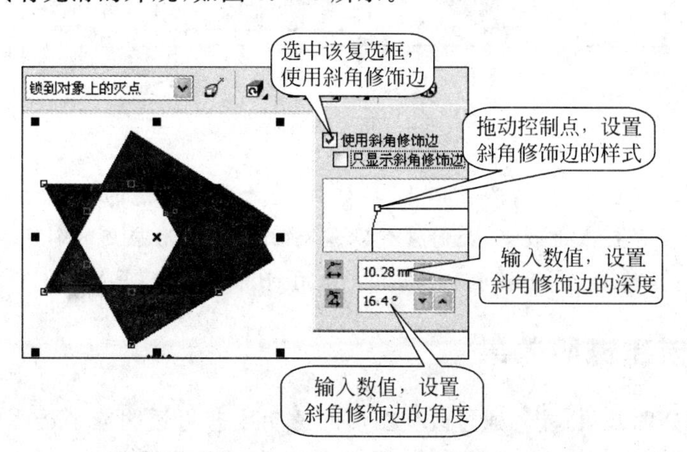

图6.103　设置斜角修饰边

专家点拨　选中“只显示斜角修饰边”复选框，则立体图形将只显示立体修饰边而不显示整个立体图形。

在为立体对象添加斜角修饰边后，打开“颜色”面板可以设置斜角修饰边的颜色，如图6.104所示。

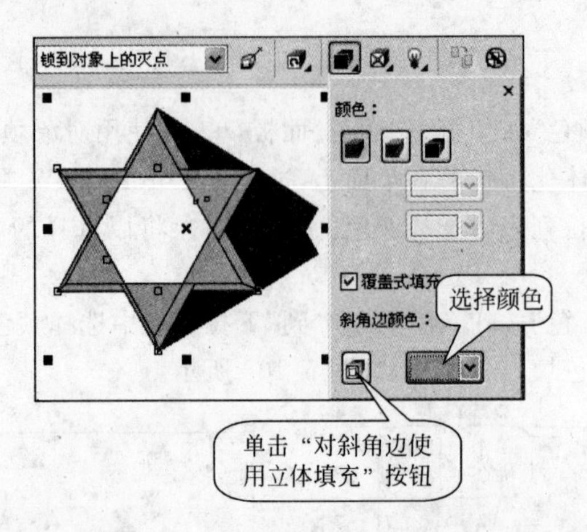

图 6.104 设置斜角修饰边的颜色

6. 设置照明

在属性栏中单击“照明”按钮打开“照明”面板，使用该面板可以为立体对象添加光照效果，使对象更具立体感，如图 6.105 所示。

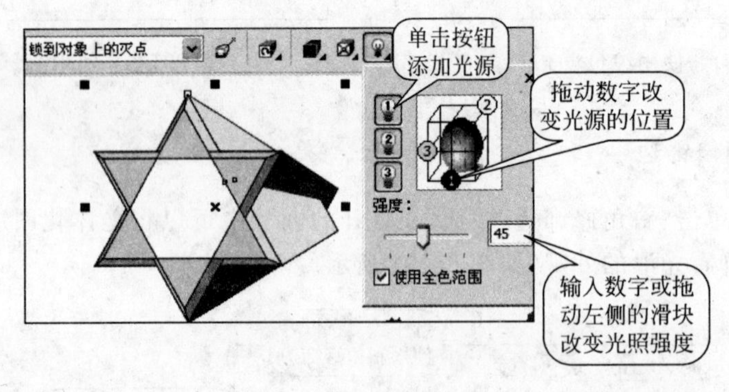

图 6.105 添加光源

专家点拨 属性栏中的“清除立体化”按钮用于清除创建的立体化效果，但有时对象仍然存在着立体化效果，此时应该取消对立体化图形应用的斜角修饰边设置，方法是在“斜角修饰边”面板中取消选中“使用斜角修饰边”复选框。

6.5.2 创建透明效果

为对象添加透明效果，能够通过改变图形的透明度获得透明或半透明的图像效果。在 CorelDRAW 中，透明效果可以应用到矢量图形、文本和位图图形上。在工具箱中选择“透明度”工具，如图 6.106 所示。在需要创建透明效果的图形上单击，拖动鼠标即可创建线性透明效果，如图 6.107 所示。

在应用透明效果后，可以通过属性栏和手动调节这两种方式调整对象的透明度。在 CorelDRAW 中，透明效果包括标准、线性、射线、圆锥、方角、双色图案和底纹这几种类型，不同的透明类型属性栏的设置大同小异，下面主要介绍标准和线性这两种透明类型的设置。

图 6.106　选择“透明度”工具

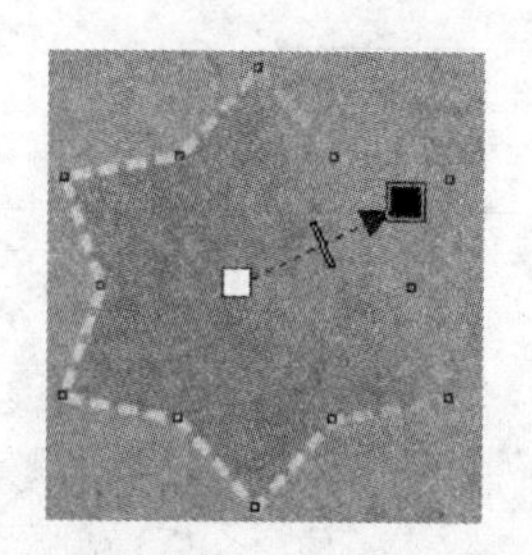

图 6.107　创建透明效果

1. 标准透明效果

在属性栏的“透明度类型”下拉列表中选择“标准”选项，在属性栏中对透明效果进行设置，如图 6.108 所示。

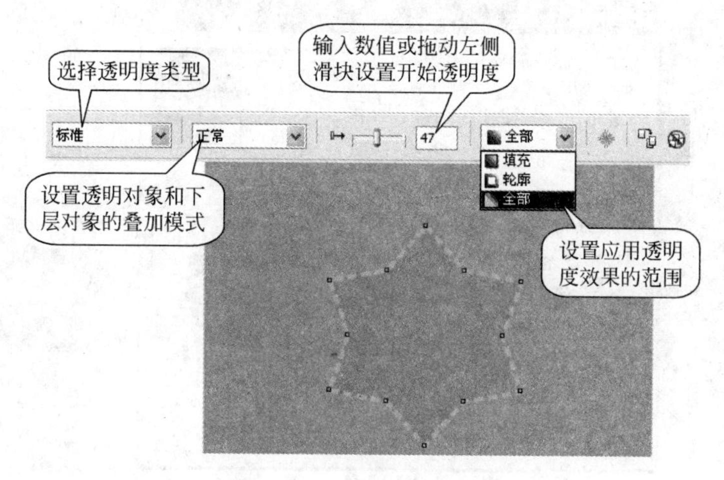

图 6.108　设置标准透明效果

专家点拨　在“透明度目标”下拉列表中选择“填充”选项，只对对象内部填充范围应用透明效果。选择“轮廓”选项，只对对象轮廓应用透明效果。选择“全部”选项，对整个对象应用透明效果。

2. 线性透明效果

在属性栏的“透明度类型”下拉列表中选择“线性”选项，此时在属性栏中可以对线性透明效果进行设置，如图 6.109 所示。

在属性栏中单击“编辑透明度”按钮打开“渐变透明度”对话框，在对话框中按照使用“渐变填充”对话框设置渐变效果的方法对渐变效果进行设置，如图 6.110 所示。

专家点拨　在使用“渐变透明度”对话框设置渐变效果时，设置的渐变颜色实际上是转换为灰度模式的，黑色位置上的透明度为全透明，白色位置上的透明度是完全不透明，不同的灰度将会获得不同程度的透明度。

除了使用属性栏设置透明效果外，还可以通过拖动控制线上的起点和终点控制柄手动调整对象透明效果，如图 6.111 所示。

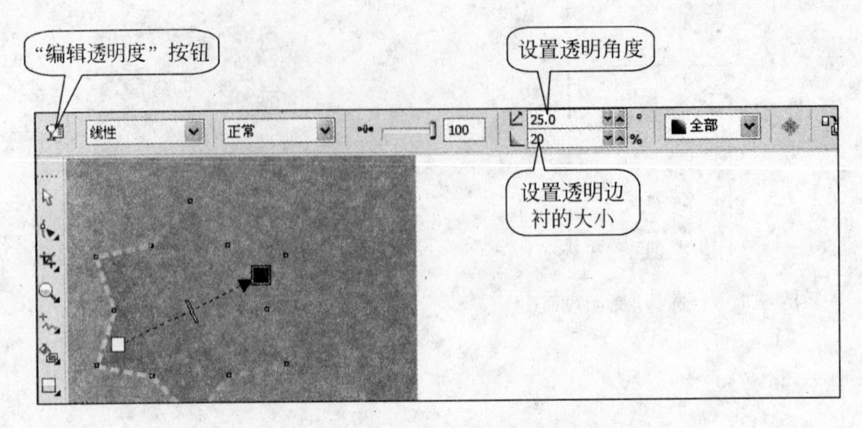

图 6.109　设置线性透明效果

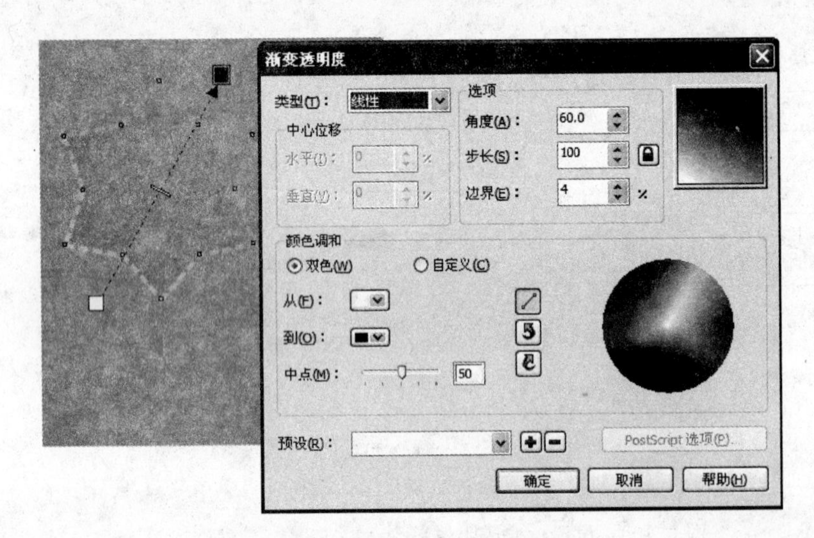

图 6.110　"渐变透明度"对话框

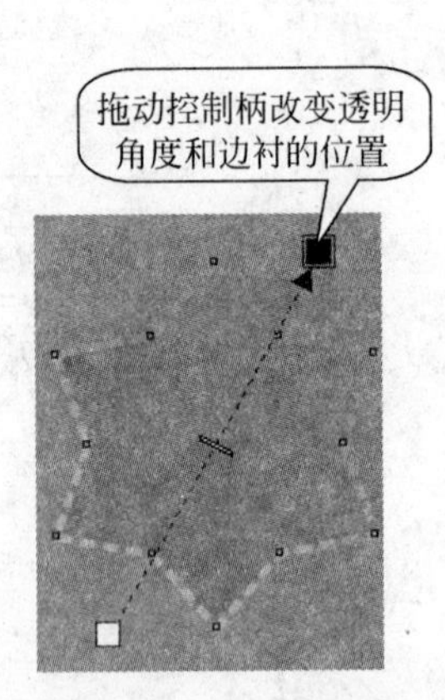

图 6.111　手动调整透明效果

专家点拨　打开"渐变透明度"对话框，将调色板中的颜色拖放到控制柄上，可以调整该控制柄处的透明度。直接将调色板中的颜色拖放到控制线上，能够在该位置添加一个透明控制柄。拖动除了起点和终点控制柄之外的控制柄可以改变它们在控制线上的位置，右击某个除了起点和终点外的控制柄可以将其删除。

6.5.3　工具应用实例——立体按钮

1. 实例简介

本实例介绍一个立体按钮的制作过程。实例中的立体按钮是一个平躺的圆形立体按钮，按钮的上面是一个凸起的水晶面。实例的制作通过对椭圆形使用交互式立体效果将其立体化，同时使用属性栏对立体化效果进行设置，立体按钮上凸起的水晶面的效果通过对椭圆形应用线性填充和交互式透明效果创建，按钮上的播放标志应用了透明效果和阴影效果。

通过本实例的制作，读者将能够掌握“立体化”工具和“透明度”工具的使用方法和设置技巧，掌握使用渐变和透明效果获得透明玻璃材质效果的方法。

2. 实例制作步骤

(1) 启动 CorelDRAW X4，创建一个新文档。使用“椭圆形”工具在页面中绘制一个椭圆形，取消轮廓线后将为其填充“深黄色”，如图 6.112 所示。在工具箱中选择“立体化”工具，从椭圆中心向上拖动鼠标创建立体化图形，如图 6.113 所示。

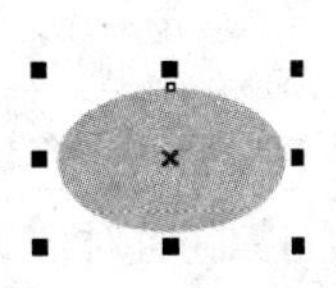

图 6.112 绘制椭圆

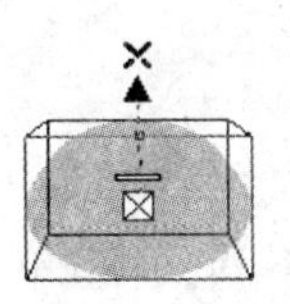

图 6.113 创建立体图形

(2) 在属性栏中设置立体化类型和灭点坐标，如图 6.114 所示。设置立体化图形的颜色，如图 6.115 所示。设置立体图形的照明效果，三盏照明灯的强度分别设置为 45、32 和 35，如图 6.116 所示。

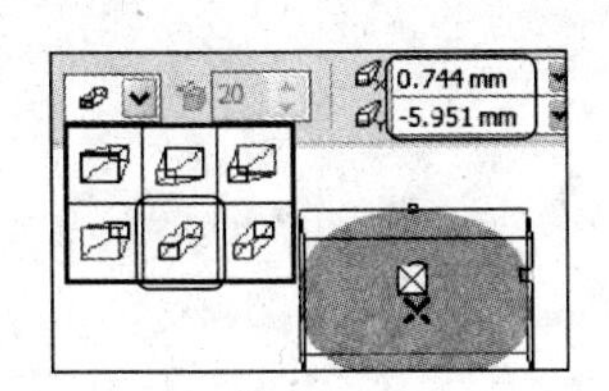

图 6.114 设置立体化类型和灭点坐标

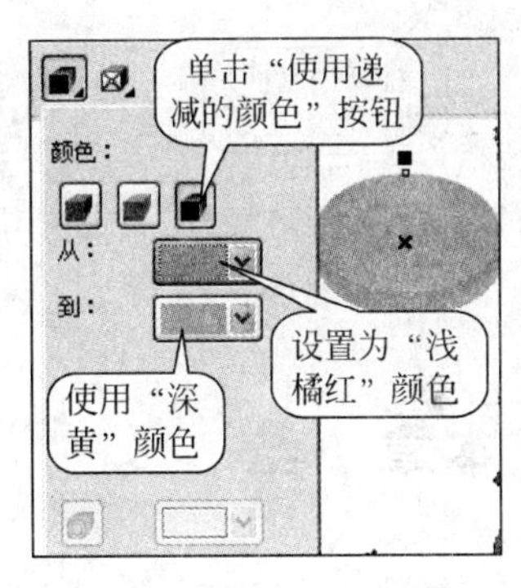

图 6.115 设置立体化图形的颜色

(3) 使用“椭圆形”工具在立体图形上绘制一个椭圆，取消轮廓线后，使用“填充”工具为椭圆填充双色的射线渐变效果，颜色从“深黄”到“黑色”，如图 6.117 所示。选择“透明度”工具，从椭圆下方向上拖动鼠标为椭圆添加透明效果，如图 6.118 所示。

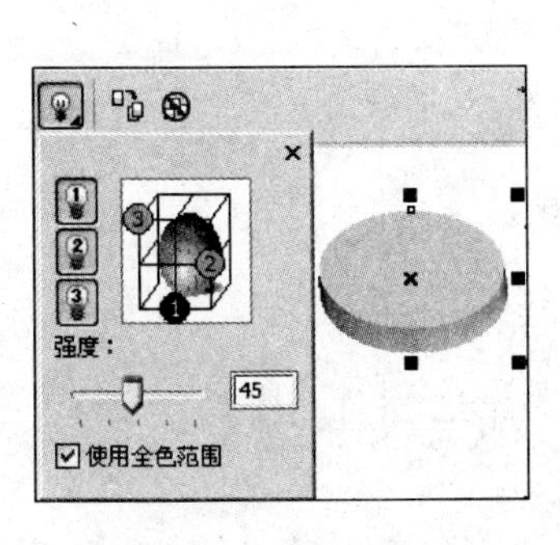

图 6.116 设置灯光

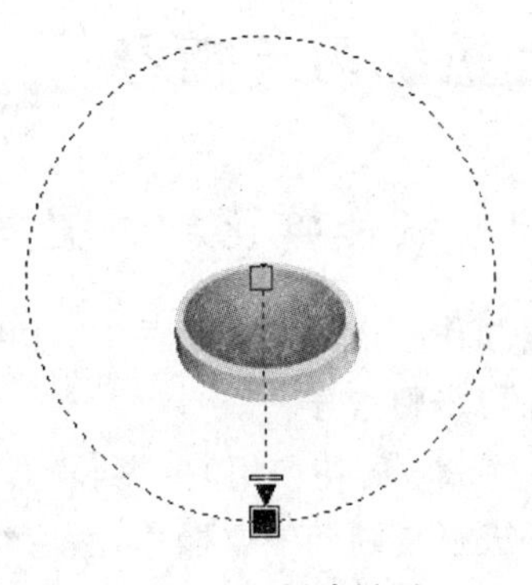

图 6.117 创建椭圆

(4) 使用“椭圆形”工具再绘制一个椭圆,使用“填充”工具为该椭圆添加线性双色渐变效果,颜色从“白色”到“深黄”,如图 6.119 所示。选择“透明度”工具,从该椭圆的上方向下拖动为其添加透明效果,如图 6.120 所示。

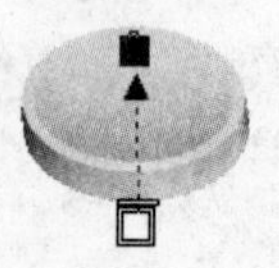

图 6.118　添加透明效果

图 6.119　创建小椭圆

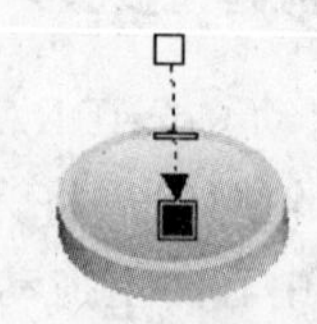

图 6.120　添加透明效果

(5) 使用“多边形”工具绘制一个三角形,取消轮廓线后以“白色”填充图形。使用“挑选”工具选择图形,调整其大小,单击两次后拖动边框上的控制柄对图形进行倾斜变换,如图 6.121 所示。使用“透明度”工具为图形添加透明效果,如图 6.122 所示。使用“阴影”工具为图形添加阴影效果,如图 6.123 所示。

(6) 保存文档,完成本实例的制作。本实例制作完成后的效果如图 6.124 所示。

图 6.121　对图形进行倾斜变换

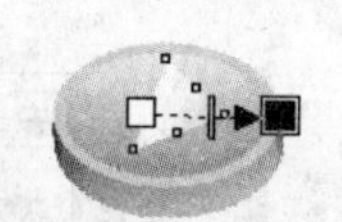

图 6.122　添加透明效果

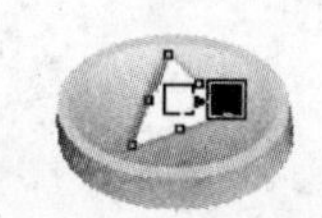

图 6.123　添加阴影效果

图 6.124　最终效果

6.6　本章小结

本章介绍了 CorelDRAW 中调和效果、轮廓图效果、变形效果、阴影效果、封套效果、立体化效果和透明度效果的创建方法以及工具属性的设置技巧。通过本章的学习,读者将能够掌握使用工具创建交互式效果的方法,熟悉相关的设置技巧,同时掌握使用这些工具创建各种特效的制作思路。

6.7　上机练习与指导

6.7.1　制作鲜花背景图案

本练习制作一个鲜花背景图案,如图 6.125 所示。

主要练习步骤指导:

(1) 各种形状的花使用“多边形”工具绘制基本形状后,使用“变形”工具进行变形操作,最后对图案进行复制和缩放操作,然后组合成一个图案。

(2) 对制作的花进行复制,缩放并旋转后放置于适当的位置,根据需要使用“透明度”工具为它们添加透明效果。

图 6.125　鲜花背景图案

6.7.2　制作站立的木纹字效果

本练习制作一个站立的木纹字效果，如图 6.126 所示。

图 6.126　站立的木纹字效果

主要练习步骤指导：

(1) 使用“矩形”工具绘制矩形，使用“文字”工具创建文字。

(2) 使用“填充”工具的“位图图样填充”方式为矩形填充木纹图样。

(3) 使用“封套”工具对文字进行变形，使用“阴影”工具为文字添加阴影效果。

6.8　本章习题

一、选择题

1. 在 CorelDRAW 中，向调和对象中添加多个对象，可以创建(　　)类型的调和。

A. 手绘调和　　B. 直线调和　　C. 沿路径的调和　　D. 复合调和

2. 下面(　　)选项可以设置交互式轮廓图的步长。

预设...　x: -0.992 mm　y: -125.971 mm　193.459 mm　169.079 mm　9　3.337 mm

A　　B　　C　　D

3. 在设置阴影效果时，下面(　　)选项可以设置阴影的羽化值。

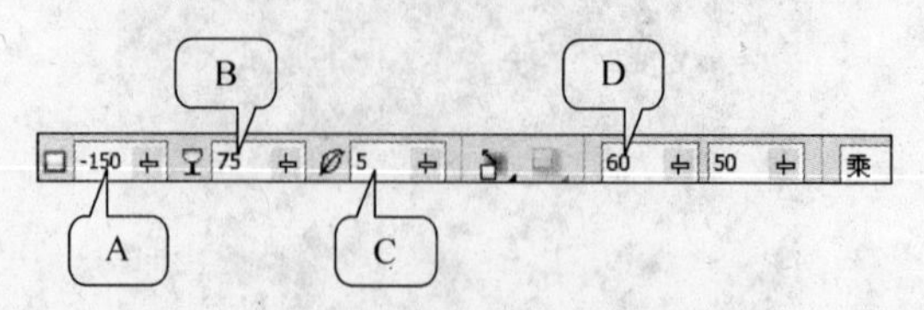

4. 在使用“交互式立体化”工具时，属性栏的“灭点属性”下拉列表中的(　　)选项是CorelDRAW 的默认选项。

A. “锁到对象上的灭点”　　　　B. “锁到页上的灭点”

C. “复制灭点，自…”　　　　D. “共享灭点”

二、填空题

1. 调和步长指的是调和起始和结束对象之间________的数量，调和步长越大，起始和结束对象间过渡就越________，用户可以设置________之间的数值。

2. 使用“变形”工具能够创建________、________和________三种变形效果。

3. “变形”工具的推拉变形可以产生两种变形效果，在图形中________拖动鼠标可以产生边缘向内的推进效果，在图形中________拖动鼠标可以产生边缘向中心的拉伸变形效果。

4. 所谓灭点，指的是立体图形各点延伸线向________处延伸的交点。改变立体化对象灭点的位置，可以通过________立体化图形控制线上箭头所指的控制柄和在属性栏的________微调框中输入数值这两种方式来实现。

第7章 文字和表格

在进行平面设计时，图形、色彩和文字是基本的三要素，文字在作品中能够起到传达信息和表达作品的作用。CorelDRAW 的文字功能十分强大，不仅能够完成一般文字输入编辑工作，而且能够为文字添加各种特效形成艺术文字。同时，通过使用表格工具，还能够在设计作品中创建各种表格。本章将详细介绍 CorelDRAW 中文字和表格的使用方法。

本章主要内容：

- 使用文字。
- 文字特效。
- 使用表格。

7.1 使用文字

在 CorelDRAW 中可以创建两种文本：美术字和段落文字。美术字以字符为单位，常用于输入较少文字的场合，如标题以及言简意赅的说明性文字等。段落文字以段落为单位，用于创建大篇幅的文本，如报纸、期刊和宣传单等的正文。

7.1.1 输入文本

在 CorelDRAW 中，美术字是一种特殊的图形对象，除了可以对字体以及文字大小进行编辑外，还可以使用诸如“形状”工具、“填充”工具或交互式工具对其进行处理，制作各种艺术效果。在设计作品中，美术字主要用于文字分布比较零散，对段落格式没有严格要求的场合。因此其使用的自由度很高，用户可以在页面的任意位置输入美术字。段落文字往往用于成段的或具有一定段落格式的大段文字，如设计作品中的产品介绍、公司概况以及各种文章等。

1. 输入美术字

在工具箱中选择“文本”工具，在页面中单击后使用键盘即可输入文字，如图 7.1 所示。在输入段落文字时，文字框会随着文字的输入而自动改变，但不会自动换行，可以按 Enter 键进行段落的换行。

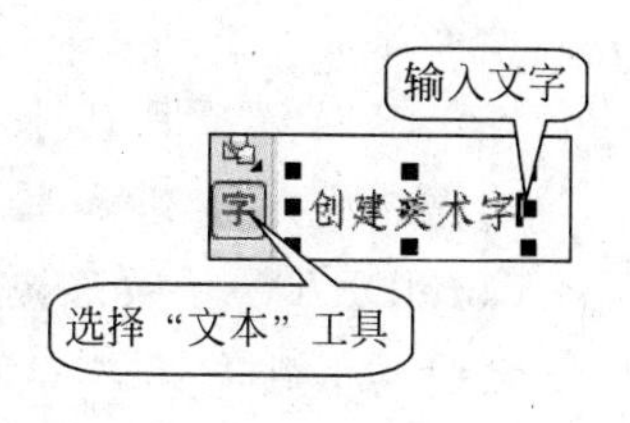

图 7.1　创建文字

2. 输入段落文字

段落文字的创建方式与美术字略有不同。在工具箱中选择“文本”工具后，在页面中拖动鼠标绘制一个文本框，此时文本框的左上角将出现闪烁的插入点光标，此时输入文字即可，如图 7.2 所示。

在输入段落文字时，文本框的大小不会随着文字输入而改变，超出文本框容纳范围的文字将会被自动隐藏。此时在文本框下方居中位置出现控制柄 ▼，拖动该控制柄扩大文本框可以使隐藏的文本显示出来，如图 7.3 所示。

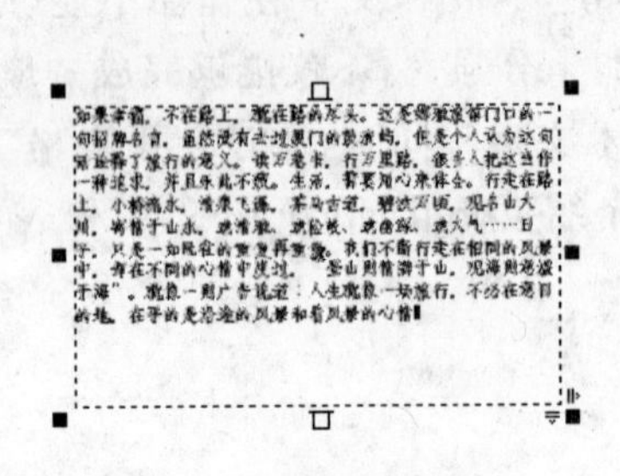

图 7.2　创建段落文字

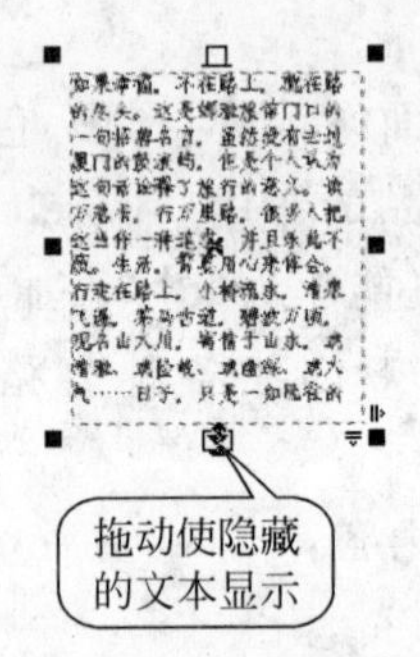

图 7.3　使隐藏的文本显示

专家点拨　美术字和段落文字是可以相互转换的，使用“挑选”工具选择需要转换的美术字，鼠标右击，从弹出的快捷菜单中选择“转换为段落文本”命令即可将该美术字转换为段落文字。选择段落文字后，从弹出的快捷菜单中选择“转换为美术字”命令，同样能够将段落文字转换为美术字。这里要注意，段落文字转换为美术字前必须使文本框中的文字全部显示，否则无法转换。

3. 粘贴外部文本

如果需要在 CorelDRAW 中加入其他文字处理软件中的文字，可以在其他文字处理软件中选择文字，按 Ctrl＋C 组合键进行复制。在 CorelDRAW 中使用“文本”工具创建文本框，然后按 Ctrl＋V 组合键。此时 CorelDRAW 将打开“导入/粘贴文本”对话框，如图 7.4 所示。在对话框中根据需要进行选择后，单击“确定”按钮即可将复制的文本粘贴为美术字。

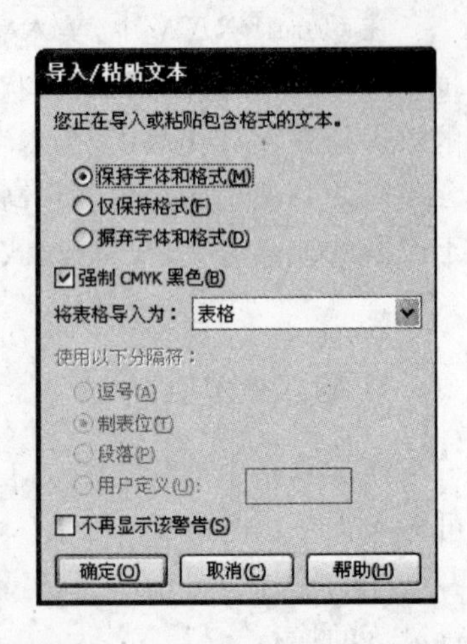

图 7.4　“导入/粘贴文本”对话框

专家点拨　在“导入/粘贴文本”对话框中选择“保持字体和格式”单选按钮，可以确保导入和粘贴的文本保留原来的字体类型。选择“仅保持格式”单选按钮，可以只保留项目符号、栏、粗体与斜体等格式信息。选择“摒弃字体和格式”单选按钮，文本将采用 CorelDRAW 中被选定文本对象的属性，如果没有选定对象，则采用默认的字体和格式属性。“强制 CMYK 黑色”复选框在选择了“保持字体和格式”或

“仅保持格式”单选按钮时有效,能够使粘贴或导入的文本转换为CMYK黑色,否则文字将显示为RGB黑色。“将表格导入为”下拉列表框用于选择表格导入的方式,在选择“文本”选项后,其下方“使用以下分隔符”栏中的选项将可用。

7.1.2 设置美术字样式

在实际的设计作品中,输入文字后往往需要对文字的格式进行设置,这包括设置文本的字体、大小和颜色等基本属性。

1. 设置字符格式

设置文本的字体、字号和颜色是编辑文本时必须进行的基本操作。在输入文字后,使用“挑选”工具单击文本框选择所有文字,在属性栏的“字体列表”下拉列表中为对象设置合适的字体,在“从上部顶部到下部底部的高度”下拉列表中选择选项或输入数值设置文字的大小。使用系统调色板可以对文字进行纯色填充,如图7.5所示。

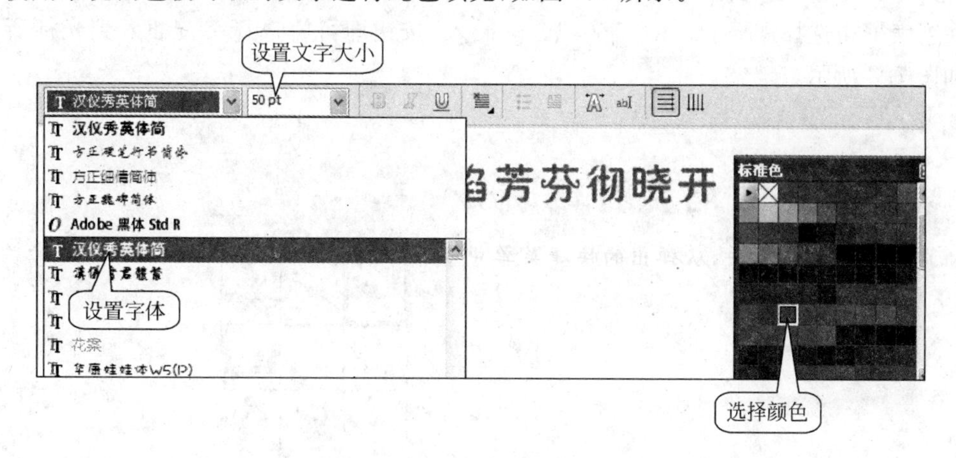

图7.5 设置文本的字体和大小

2. 设置字符间距和旋转字符

在工具箱中选择“形状”工具,在文字上单击选择文本框,此时文字处于节点编辑状态,拖动字符左下角的控制点可以移动字符,拖动文本框上的控制柄可以对字间距进行调整,如图7.6所示。

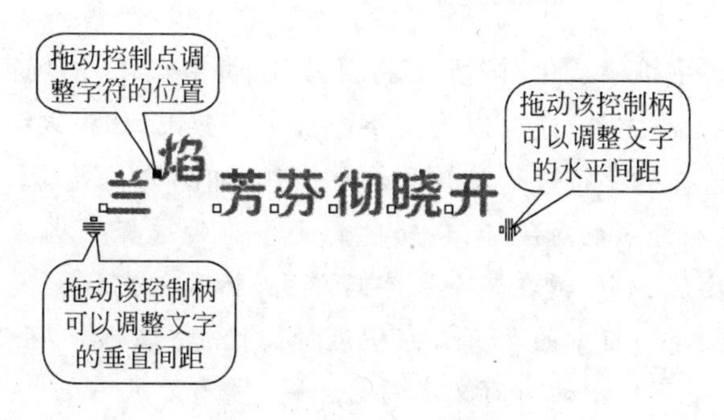

图7.6 调整字符间距

使用“形状”工具单击文字左下角的控制点选择该文字，在属性栏中可以设置文字的水平和垂直偏移量以及旋转角度，如图 7.7 所示。

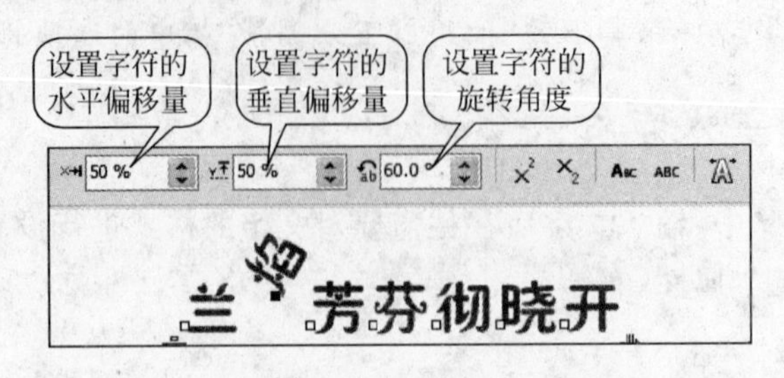

图 7.7　设置字符的偏移量和旋转角度

3. 插入符号字符

在工具箱中选择“文本”工具，在文本框中单击，将插入点光标放置在需要插入字符的位置。选择“文本”|“插入符号字符”命令打开“插入字符”泊坞窗，在“字体”下拉列表中选择字体，在列表框中选择需要插入的字符，单击“插入”按钮即可将选择字符插入到光标所在位置，如图 7.8 所示。

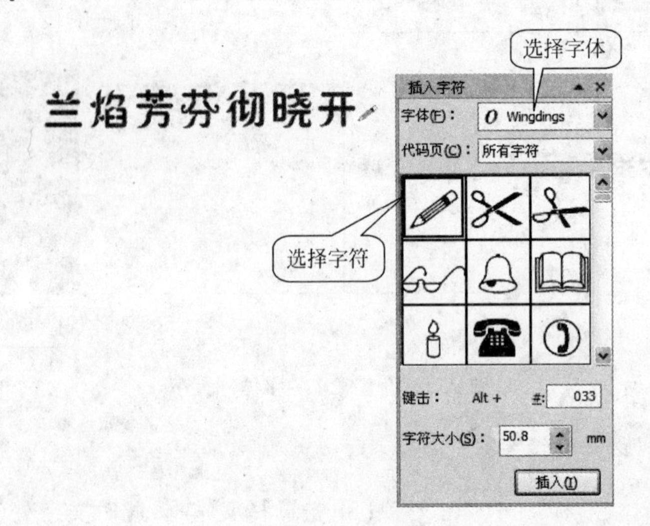

图 7.8　插入字符

4. 格式化字符

在属性栏中单击“字符格式化”按钮 将打开“字符格式化”泊坞窗，使用该泊坞窗除了能够设置字体和文字大小之外，还可以为文字添加字符效果，如上划线、下划线和删除线等。同时，用户也可以对选择的字符进行旋转和位移操作，如图 7.9 所示。

专家点拨　在文本框中拖动鼠标，移动过的文字将被选择。将插入点光标放置在某个文字前面，按住 Shift 键在某个文字后单击，插入点光标和该单击点间的文字被选择。选择文本框，框中的所有文字被选择。选择“编辑”|“全选”|“文本”命令能够选择当前绘图窗口中的所有文本对象。

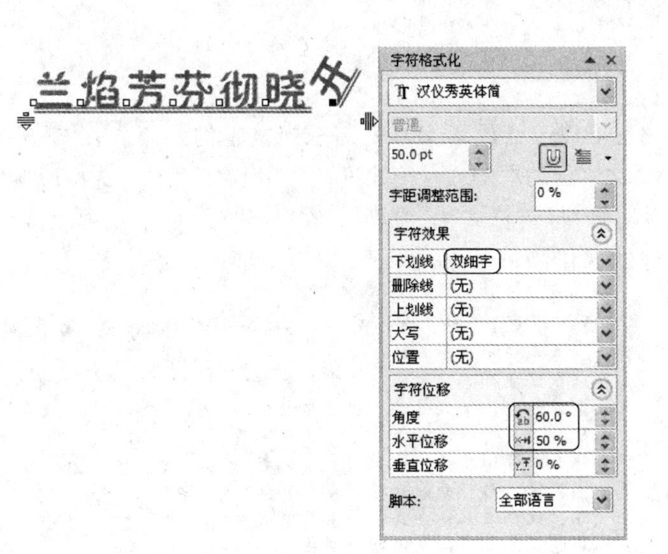

图 7.9　“字符格式化”泊坞窗

7.1.3　设置段落文本样式

段落文本是以段落为单位的，输入的文字包含在框架中。段落文字样式的设置，包括文本框中段落文字的段落缩进、对齐方式以及行间距等。

1. 设置首字下沉

在段落中应用首字下沉，可以放大句首的字符以突出段落句首。使用“挑选”工具选择段落文本，在属性栏中单击“显示/隐藏首字下沉”按钮 即可。选择“文本”|“首字下沉”命令打开“首字下沉”对话框，在对话框的“下沉行数”微调框中输入数值，可以设置首字下沉的行数；在“首字下沉后的空格”微调框中输入数值，可以设置首字距后面文字的距离，如图 7.10 所示。

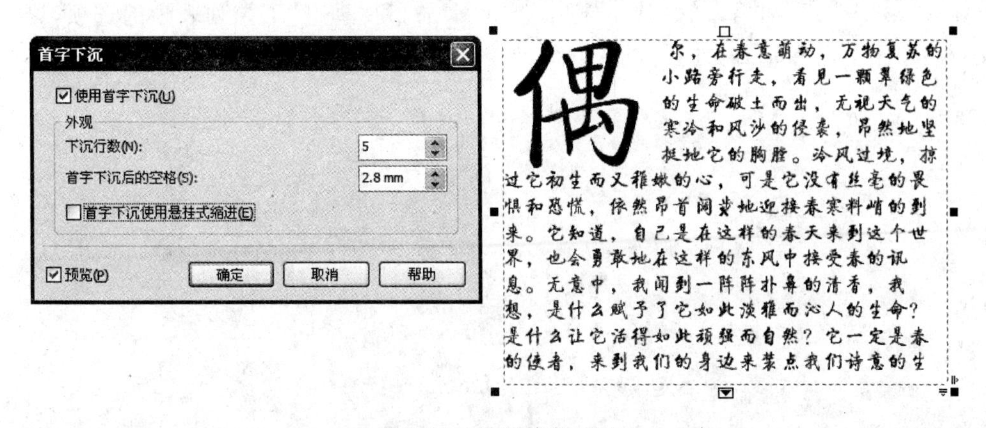

图 7.10　设置首字下沉

专家点拨　选中“首字下沉使用悬挂式缩进”复选框，段落将使用悬挂缩进方式。另外，取消“使用首字下沉”复选框或在属性栏中再次单击“显示/隐藏首字下沉”按钮可取消段落的首字下沉状态。

2. 设置段落文本的缩进

文本的段落缩进可以改变段落文本框与框内文本的距离。在 CorelDRAW 中,用户可以缩进整个段落、将文本框的右侧或左侧缩进。使用“挑选”工具选择段落文本,选择“文本”|“段落格式化”命令打开“段落格式化”泊坞窗,在“缩进量”栏中设置段落文本的首行缩进量、左缩进量和右缩进量,如图 7.11 所示。

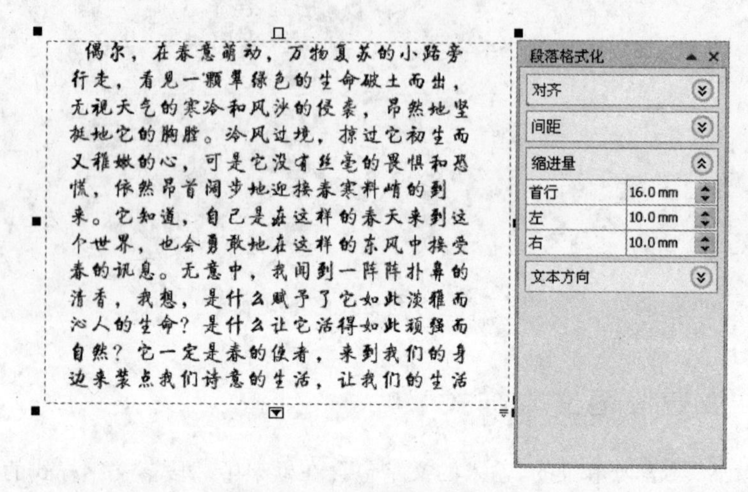

图 7.11 设置缩进量

专家点拨 在“首行”、“左”和“右”微调框中输入数字 0 可以取消段落文本的缩进。如果在“首行”和“左”微调框中输入相同的数值,可以使整个段落向左缩进相同的距离。

3. 设置段落文本的对齐方式

在“段落格式化”泊坞窗的“对齐”栏中选择“水平”和“垂直”下拉列表中的选项,可以设置文本在水平方向和垂直方向的对齐方式,如图 7.12 所示。

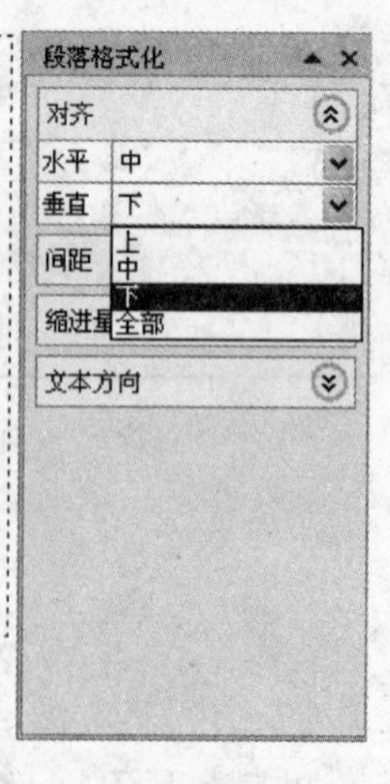

图 7.12 设置对齐方式

4. 设置文本方向

在“文本方向”栏中选择“方向”下拉列表中的选项，可以设置文本的排列方向。例如，这里选择“垂直”选项，则将水平方向的文本变为垂直排列，如图 7.13 所示。

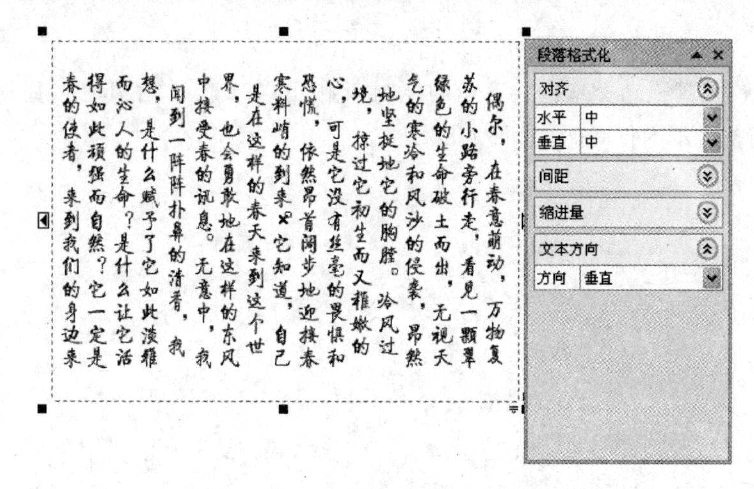

图 7.13　将水平方向文本变为垂直方向

专家点拨　在属性栏中单击“将文本更改为垂直方向”按钮 可以将水平排列的文本变为竖直排列，单击“将文本更改为水平方向”按钮 可以将垂直方向排列的文本变为水平方向排列。

5. 设置文本间距

在“段落格式化”泊坞窗的“间距”栏中调整“行”微调框中的百分比值，可以设置段落的行间距；调整“字符”微调框中的百分比值，可以设置段落文本的字符间距，如图 7.14 所示。

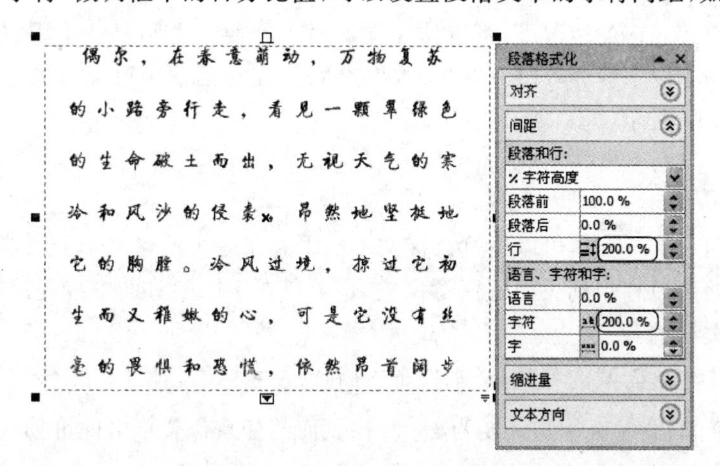

图 7.14　设置行间距和字符间距

在工具箱中选择“形状”工具，拖动文字左下角的控制柄可以移动文本，从而实现对文字间距的调整，如图 7.15 所示。

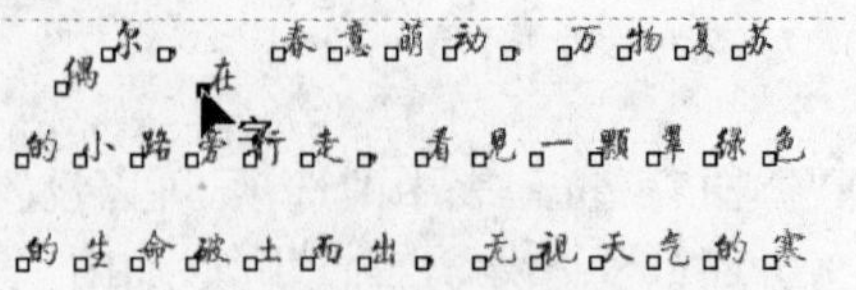

图 7.15　移动文字

使用“形状”工具拖动文本框右下角的控制柄 可以调整文本的间距，拖动左下角的控制柄 可以调整文本的行间距，如图 7.16 所示。

拖动该控制柄调整行间距

拖动该控制柄调整文本间距

图 7.16　调整文本间距和行间距

专家点拨　使用“挑选”工具选择文本对象，拖动文本框右下角的控制柄 可以调整文本的字符间距，拖动左下角的控制柄 可以调整行间距。

6. 设置文本栏

在 CorelDRAW 中，文本栏指的是按照分栏形式将段落文本分成两个或两个以上的文本列。在文本篇幅较多的情况下，可以使用文本栏来方便读者阅读。使用“挑选”工具选择文本框，选择“文本”|“栏”命令打开“栏设置”对话框，在对话框中可以对段落文本的分栏进行设置，如图 7.17 所示。

7. 链接文本

在 CorelDRAW X4 中，可以通过链接文本的形式将一个段落文本分离成多个文本框链接。文本框链接可以移动到页面的任意位置，也可以在不同的页面中进行链接，链接文本框间始终是相互关联的。

在文本框中包含隐藏内容时，文本框下方将出现 标志。使用“挑选”工具选择该文本对象，单击 标志，此时鼠标指针变为 。在页面的任意位置单击即可创建一个链接文本框，隐藏内容自动转移到该文本框中，如图 7.18 所示。

专家点拨　单击链接文本框下的 标志，可以继续创建新的链接文本框。链接文本框可以像普通文本框那样调整大小和设置格式，同时用户也可以使用“对齐和分布”命令调整多个链接文本框位置。另外，链接文本框还可以进行群组操作。

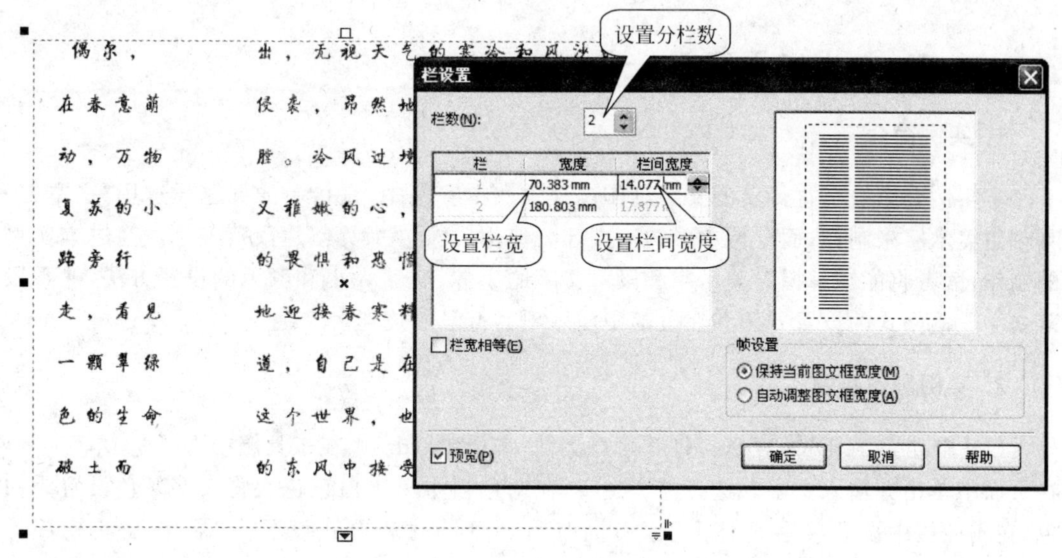

图 7.17 设置分栏

8. 使用项目符号

将插入点光标放置在需要添加项目符号的段落中,选择“文本”|“项目符号”命令打开“项目符号”对话框。在对话框中选中“使用项目符号”复选框为段落添加项目符号,在对话框中对项目符号进行设置,如图 7.19 所示。

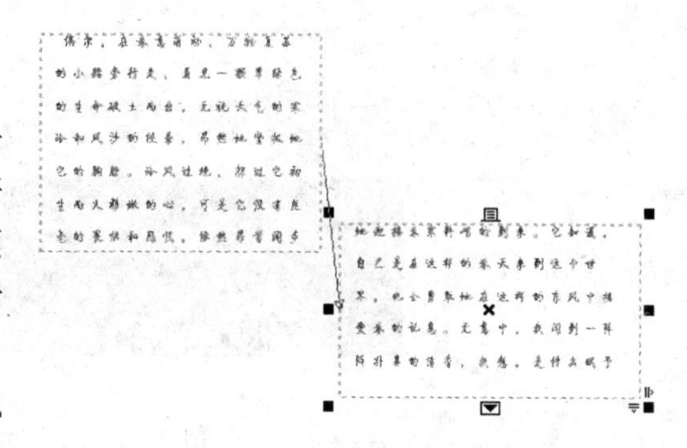

图 7.18 创建链接文本框

专家点拨 在属性栏中单击“显示/隐藏项目符号”按钮 能够直接为段落添加项目符号,选择添加项目符号的段落后单击“显示/隐藏项目符号”按钮可以取消添加的项目符号。选择段落中的项目符号,在调色板中单击一种颜色可以更改项目符号的颜色。

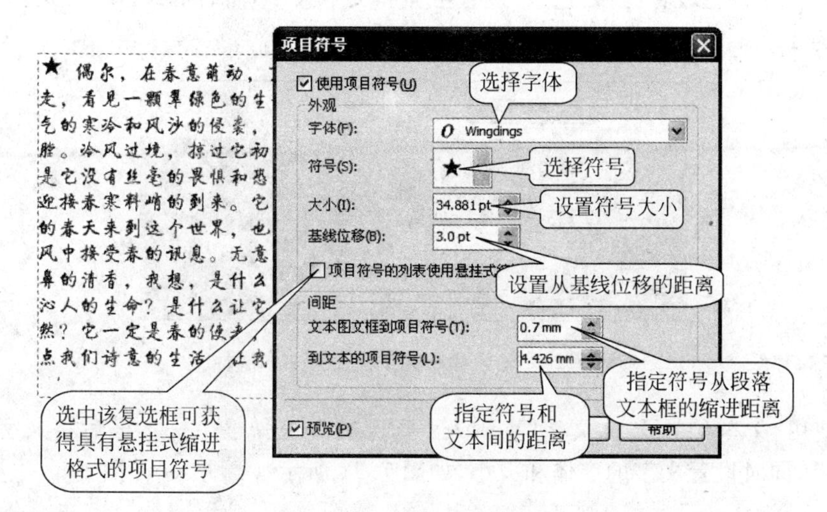

图 7.19 添加项目符号

7.1.4 文本应用实例——讲座宣传单

1. 实例简介

本实例介绍一个宣传单的文字制作过程。在本实例中，宣传单的标题通过用“文本”工具创建美术字来制作，而宣传单中的正文部分使用“文本”工具创建段落文字。通过本实例的制作，读者将能够掌握对美术字和段落文字的字体、文字大小和颜色的设置方法，熟悉段落文字段落格式的设置方法和在段落中使用项目符号的技巧。

2. 实例制作步骤

(1) 启动 CorelDRAW X4，打开素材文件“宣传单.cdr”。在工具箱中选择“文本”工具，在页面中单击并输入文字。选择整个文字，在调色板中单击白色色块将文字颜色设置为白色，在属性栏中设置文字字体和大小，同时将文字的对齐方式设置为“居中”，如图 7.20 所示。

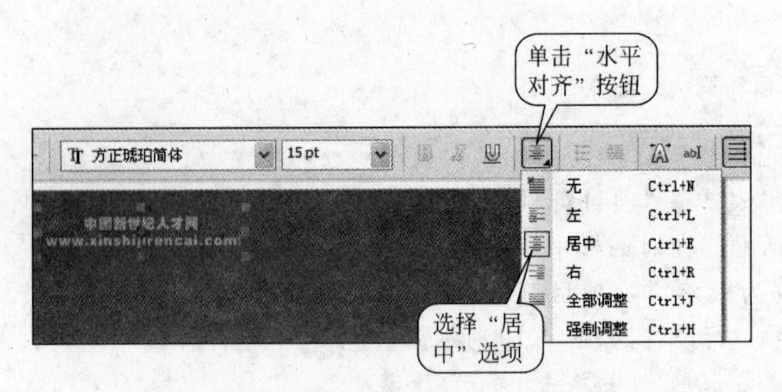

图 7.20 输入文字并设置文字属性

(2) 继续使用“文本”工具输入标题文字，设置文字的颜色、字体和大小，将文字设置为居中对齐，如图 7.21 所示。再次使用“文本”工具在页面中单击，输入主标题文字，首先将文本框中所有文字颜色设置为“白色”并设置字体和文字大小，然后框选“规划”这两个字，将其大小设置为 110pt，如图 7.22 所示。

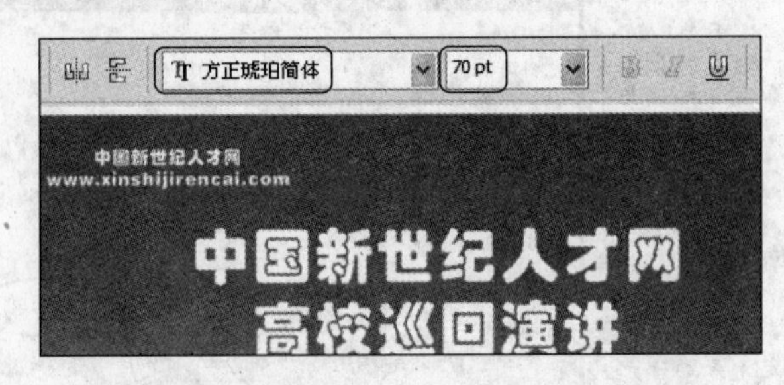

图 7.21 输入标题文字并设置文字属性

(3) 使用“文本”工具输入文字“主讲人：匡逸遨”，选择整个文本框后将文字的颜色设置为“黑色”，同时设置文字的字体和大小，如图 7.23 所示。

图 7.22　设置选择文字属性

图 7.23　输入主讲人文字

(4) 选择“文本”工具，在页面中拖动鼠标绘制一个段落文本框，在文本框中输入文字。选择整个文本框后将文字颜色设置为“黑色”，同时设置文字的字体和大小，如图 7.24 所示。拖动文本框上的控制柄调整文本框的大小，同时调整文字间距，如图 7.25 所示。

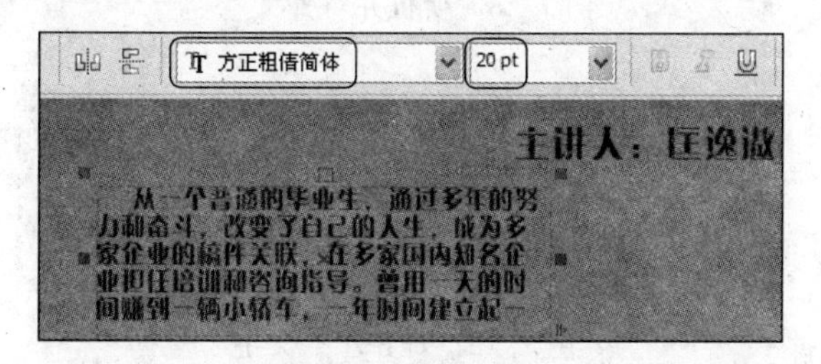

图 7.24　输入段落文字

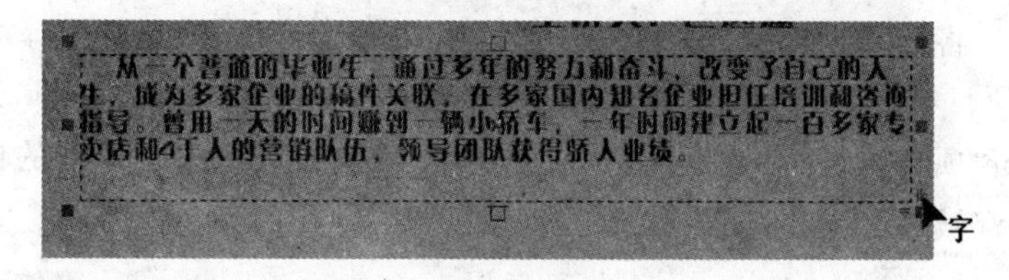

图 7.25　调整段落文字间距

(5) 使用相同的方法再创建一段黑色的段落文字。选择段落开始的文字，设置其字体和大小，如图 7.26 所示。选择段落中的其他文字，设置字体和文字大小，如图 7.27 所示。将插入点光标放置到需要换行的位置，按 Enter 键对段落文字换行。分别将插入点光标放置到每一行的第一个字符前，按 Tab 键使各行文字对齐，如图 7.28 所示。将插入点光标分别放置到每行的“职务”文字前，通过添加空格将各行的职务文字对齐，如图 7.29 所示。

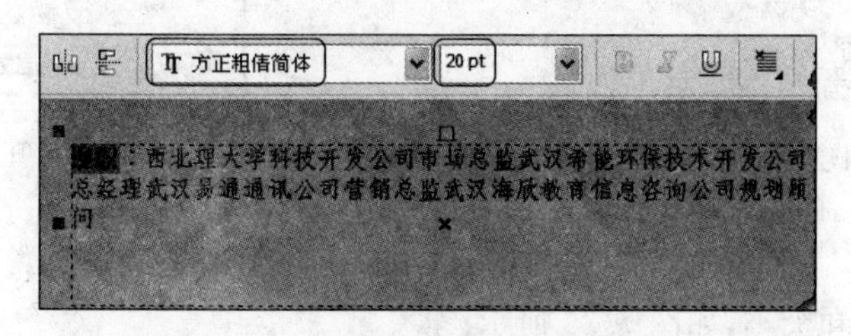

图 7.26　设置选择文字的字体和大小

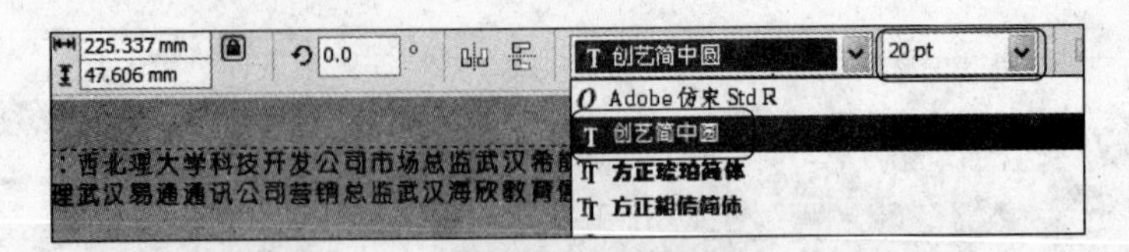

图 7.27　设置其他文字的字体和大小

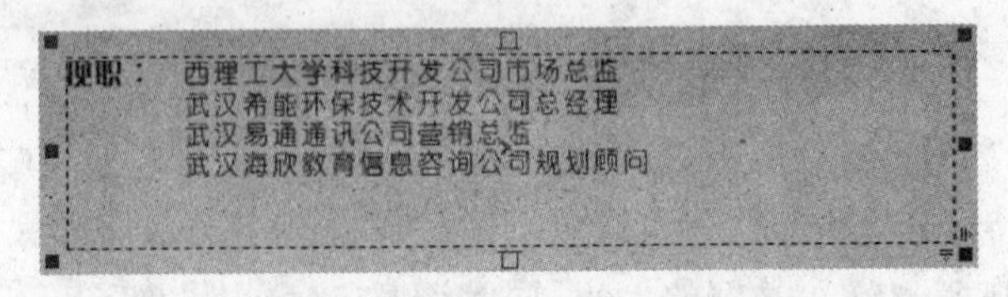

图 7.28　换行并对齐文本

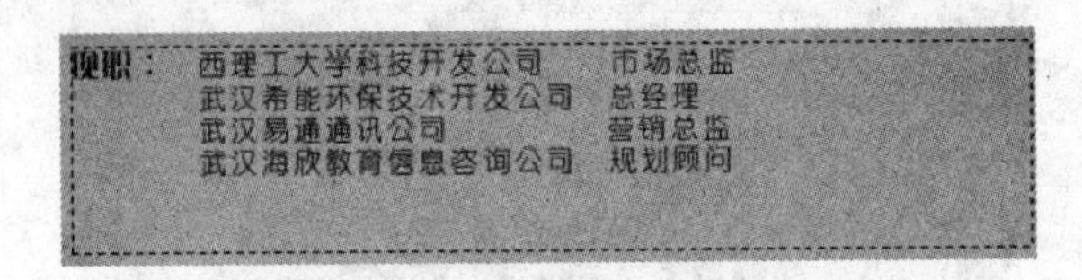

图 7.29　对齐职务文字

(6) 使用与第(5)步相同的方法创建段落文本，并分别设置段落中文字的字体和大小，如图 7.30 所示。将插入点光标放置到“如”字前面，按 Enter 键换行。选择“文本”|“项目符号”命令打开“项目符号”对话框，在对话框中对项目符号进行设置，如图 7.31 所示。单击“确定”按钮关闭“项目符号”对话框，分别将插入点光标放置到需要换行的位置按 Enter 键换行，此时每行都被添加项目符号，如图 7.32 所示。

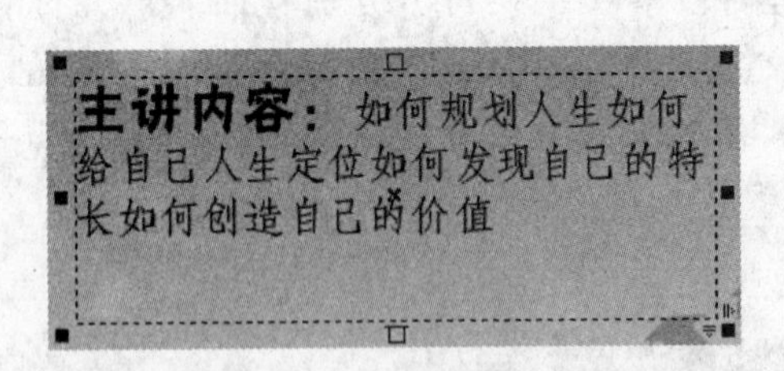

图 7.30　创建段落文本

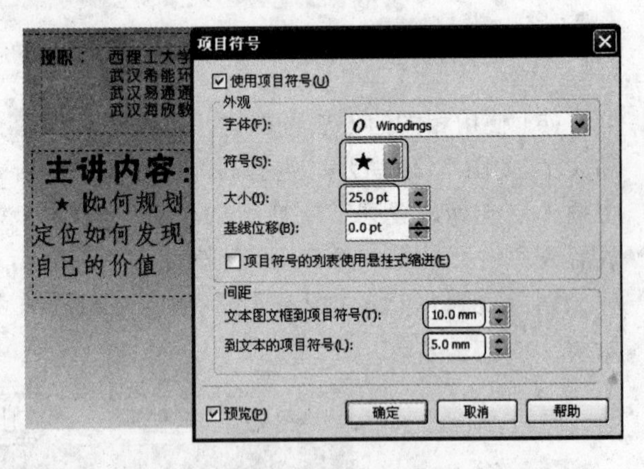

图 7.31　设置项目符号

(7) 使用“文本”工具创建段落文本框，输入文字。将文字颜色设置为“黑色”，使用属性栏设置文字的字体和大小，如图 7.33 所示。

(8) 选择“挑选”工具对页面中文字的位置进行适当调整，调整完成后保存文档。本实例制作完成后的效果如图 7.34 所示。

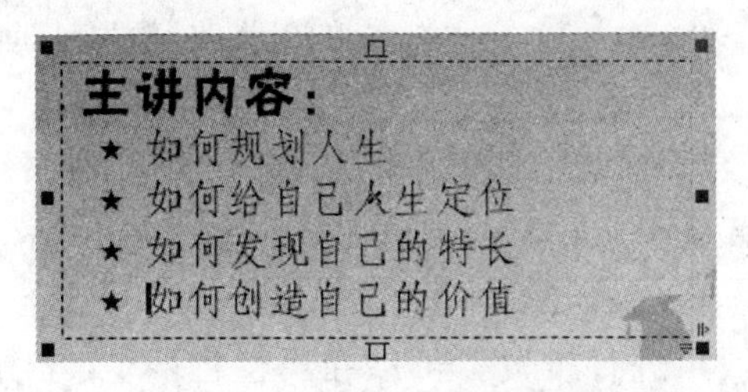

图 7.32　换行并添加项目符号

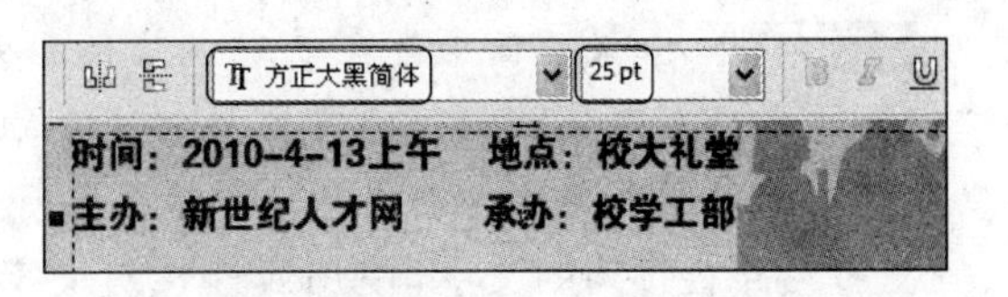

图 7.33　设置文字的字体和大小

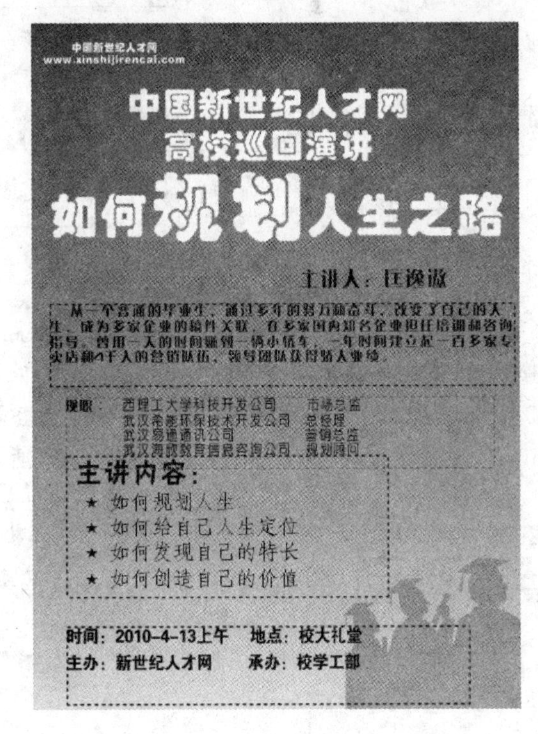

图 7.34　实例制作完成后的效果

7.2　文字特效

文字是平面设计作品中重要的组成元素，一个优秀的设计作品离不开画龙点睛的特效文字。在 CorelDRAW 中，通过对文本进行处理，能够创建各种文字特效。

7.2.1　沿路径的文字

在 CorelDRAW 中，文本的编排是非常灵活的，除了可以在页面中输入文字外，还可以使文字沿着某条路径排列，制作出蜿蜒的文字效果。这种沿路径排列的文字效果在平面设计中是十分常见的，如在制作某些带有文字的标志或商标时，需要使文字和图案紧密结合在一起，这时就可以应用将文本沿路径排列的设计方式。

在工具箱中选择"文本"工具，将鼠标放置到已经绘制完成的曲线上，当光标变为 I 时在路径上单击。此时插入点光标将出现在单击点处，输入文字，文字将沿着路径排列，如图 7.35 所示。

专家点拨 如果页面中存在着现成路径和文字，可以在选择文字后选择“文本”|“使文本适合路径”命令，此时鼠标将变成粗黑箭头，在路径上单击确定文本的位置，选择的文本将从单击点开始沿路径排列。

选择沿路径排列的文字，使用属性栏对文字效果进行设置。可以在属性栏的“文字方向”下拉列表中选择文本在路径上的排列方向，如图 7.36 所示。

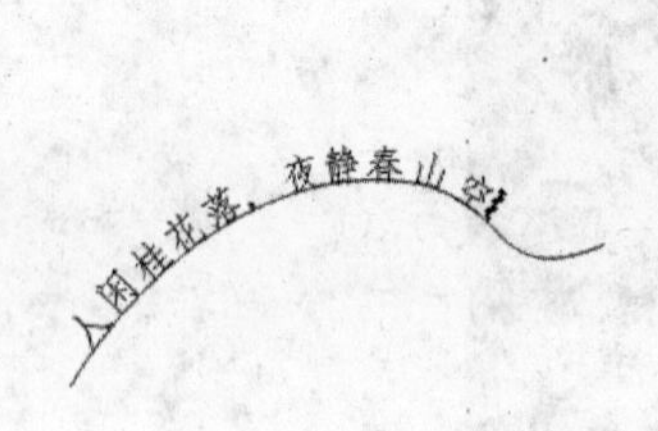

图 7.35 输入的文字沿路径排列

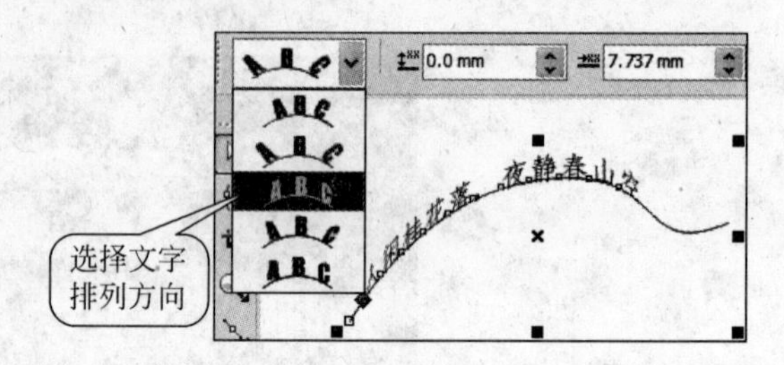

图 7.36 设置文字排列方向

在属性栏的“与路径距离”微调框中输入数值，可以设置文本沿路径排列后与路径之间的距离。在“水平偏移”微调框中输入数值，可以设置文本起始点的偏移量，如图 7.37 所示。

在属性栏的“镜像文本”栏中单击“水平镜像”或“垂直镜像”按钮可以使文本在路径上水平镜像或垂直镜像。单击“水平镜像”按钮后的文字效果如图 7.38 所示。

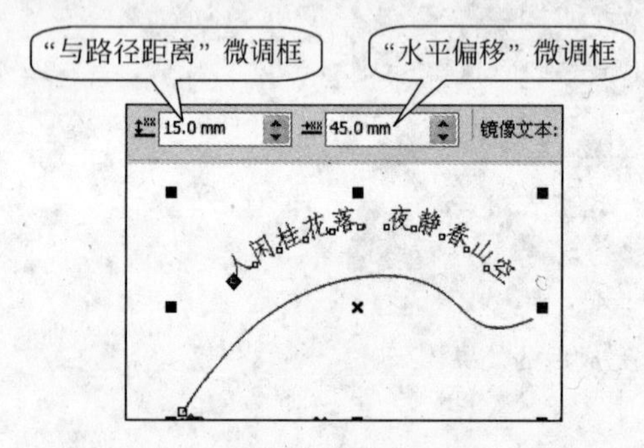

图 7.37 调整文字与路径间的距离和路径起始点的偏移量

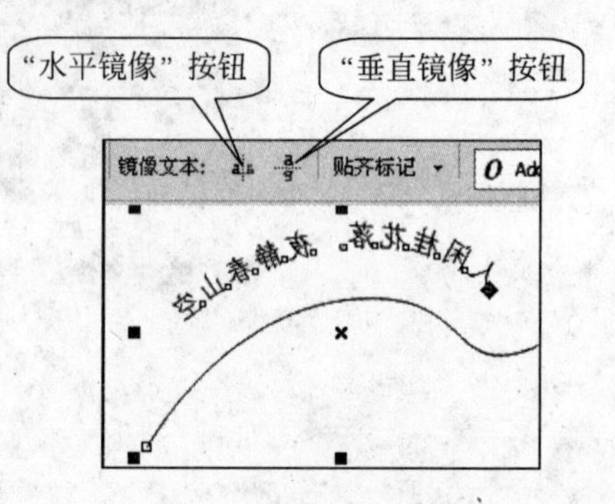

图 7.38 水平镜像文本

使用“挑选”工具单击路径或文本，文本右下角会出现红色的菱形控制柄，拖动该控制柄可以调整文本沿路径排列的位置，如图 7.39 所示。

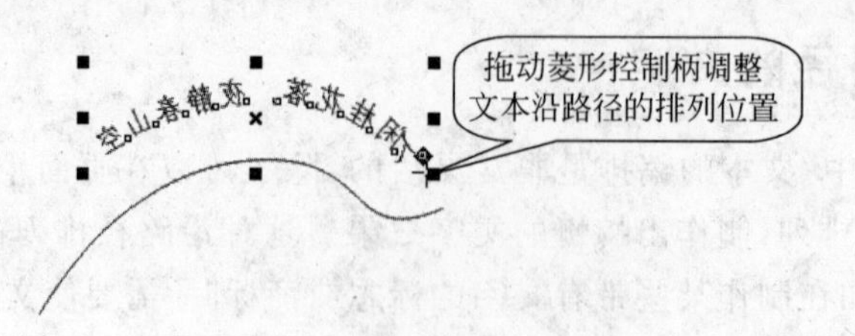

图 7.39 调整文本的位置

专家点拨 使用“挑选”工具单击文本两次选择文本，可以使用属性栏对文本的字体和大小进行设置。使用“挑选”工具双击文本可以进入文本编辑状态，再次双击能够选择所有的文本。沿路径排列的文本会随着路径位置和形状的变换而自动适合路径，使用“形状”工具调整路径的形状能够改变文本的排列外观。

7.2.2 在图形内输入文字

在 CorelDRAW 中，文字可以输入到指定的图形中，从而使文字具有和图形一样的形状外观。在工具箱中选择“文本”工具，在绘制好的图形内单击，插入点光标移到图形的轮廓线上，此时在图形内将出现段落文本框。在文本框内输入文字，文字将被限制在图形中，如图 7.40 所示。

专家点拨 对于页面中创建完成的段落文本，按住鼠标右键将其拖动到一个图形中。释放鼠标后，在菜单中选择“内置文本”命令，文本将被放置于图形中。

7.2.3 将文本转换为曲线

在平面设计作品中，仅仅依靠字体进行设计创作是不够的，设计师往往需要对输入文字进行编辑修改以获得需要的特殊字体效果。在 CorelDRAW X4 中，将文本转换为曲线，即可将文字作为矢量图形来进行各种造型上的编辑操作。

选择文字后右击，从弹出的快捷菜单中选择“转换为曲线”命令即可将文本转换为曲线。在工具箱中选择“形状”工具，即可像修改曲线形状那样对文字外形进行修改，如图 7.41 所示。

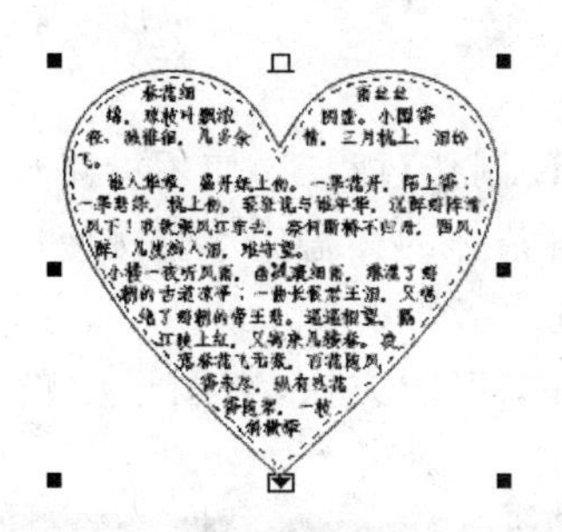

图 7.40 在图形内输入文字

图 7.41 修改文字形状

专家点拨 文本转换为曲线后将无法再恢复为文本，因此在转换为曲线前需要将其属性设置好。转换为曲线后的文本属于曲线图形对象，不具备文本的各种属性，在其他计算机上打开该文件，不会因为缺少字体而影响文件的显示。因此，在进行设计工作时，设计方案定稿后，通常需要将图形中的文字进行转曲线处理，以免以后流程中出现因缺少字体而不能显示原本设计效果的问题。

7.2.4 文本环绕图形

文本绕图是进行图文混排的基础，属于段落文本的一种特有属性，其广泛应用在杂志和宣传单等版面设计和排版中。将图像移动到文本框中，在属性栏中单击“段落文本换行”按钮，在打开的面板中单击相应的按钮即可实现指定的文本环绕效果，如图 7.42 所示。

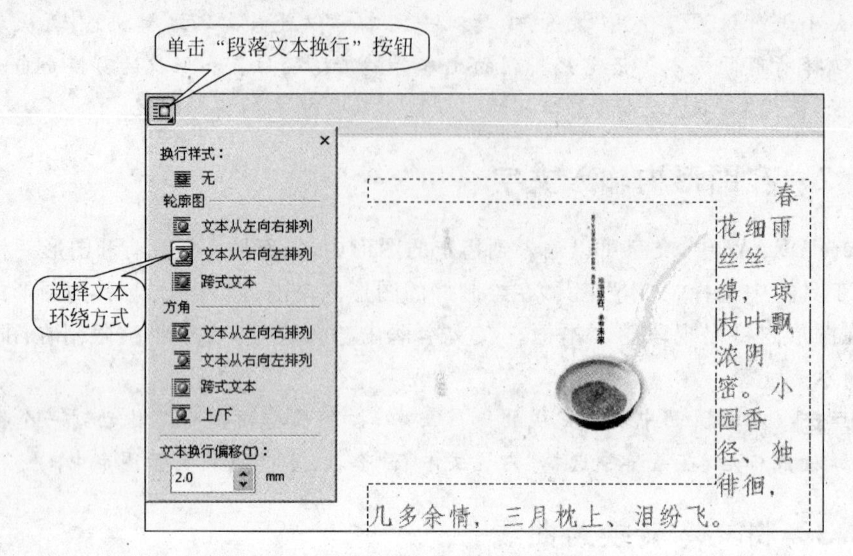

图 7.42　制作文本环绕效果

专家点拨　选择导入的图像，在属性栏中设置一种文本环绕方式，将其拖入到段落文本中即可实现指定的文本环绕效果了。在 CorelDRAW 中，一种是文本围绕图像轮廓进行排列，另一种是文本围绕图像的边界进行排列。

7.2.5　文本特效制作实例——茶文化宣传画

1. 实例简介

本实例介绍一幅茶艺宣传画的绘制过程。在实例的制作过程中，使用沿路径排列的文字来表现冉冉的水气，使用椭圆形边框中的文字来获得茶杯的杯盖。本实例使用“艺术笔”工具中的笔刷工具来描绘转换为曲线的文字，获得墨迹文字的效果。

通过本实例的制作，读者将能够掌握沿路径排列文字的方法，在图形中输入文字的方法和将文字转换为曲线后对其进行艺术处理的技巧。

2. 实例制作步骤

(1) 启动 CorelDRAW X4，打开素材文件“茶文化宣传画背景.cdr”。该文件已经完成所需要背景图形的绘制，如图 7.43 所示。

图 7.43　打开素材文件

(2) 使用“钢笔”工具在图形中绘制一条曲线，在工具箱中选择“文本”工具，在绘制的曲线上单击后输入沿路径排列的文字。设置文字的字体和字号，如图 7.44 所示。选择文本和曲线，将其复制两个。使用“形状”工具对曲线进行调整，如

图 7.45 所示。使用“挑选”工具依次选择文本下的曲线后，将轮廓线设置为“无”，如图 7.46 所示。

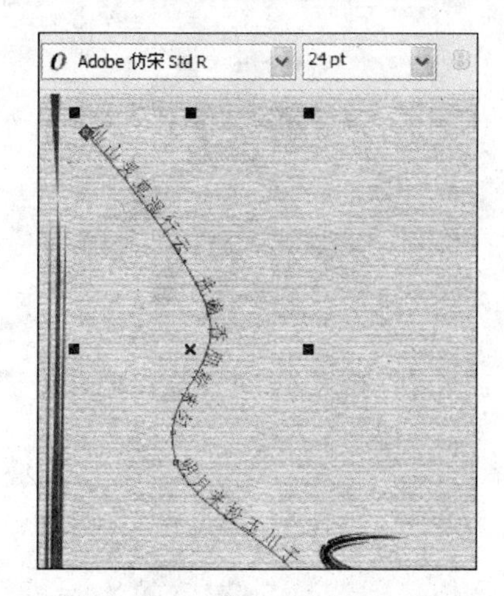

图 7.44　创建沿路径排列的文字并设置字体和字号

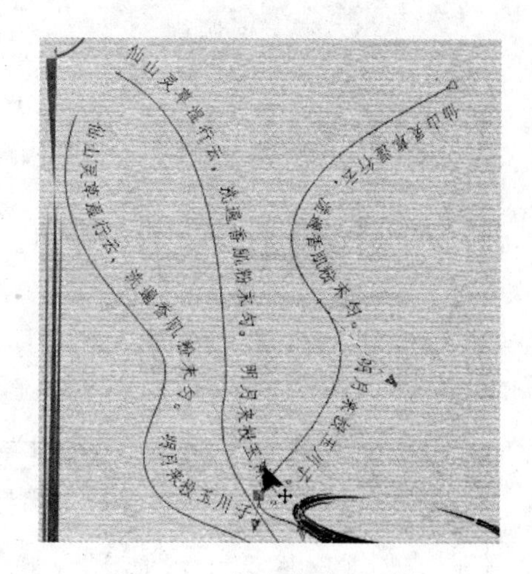

图 7.45　调整曲线的形状

(3) 使用“椭圆形”工具绘制一个椭圆形，选择“文本”工具在椭圆边框上单击后输入文字，设置文字大小并使文字居中对齐，如图 7.47 所示。将文字放置到茶壶盖上，并将其适当旋转，如图 7.48 所示。

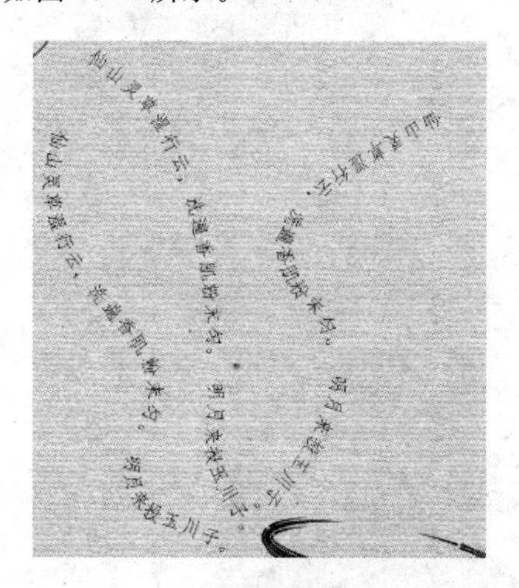

图 7.46　将轮廓线设置为“无”

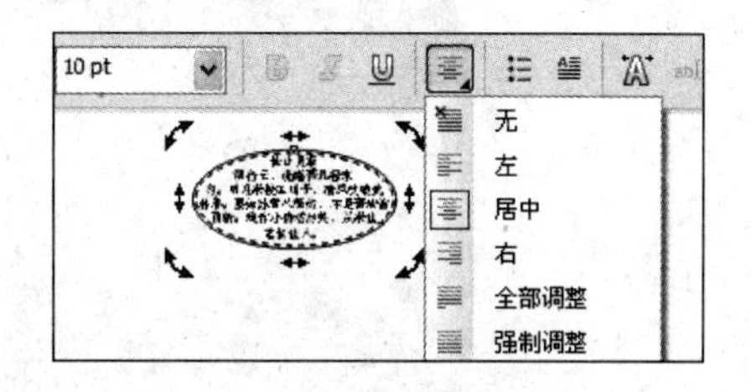

图 7.47　在椭圆中输入文字并居中对齐

(4) 使用“文本”工具在页面中输入“茶”字，在属性栏中设置文字的字体和大小，如图 7.49 所示。在文字上右击，从弹出的快捷菜单中选择“转换为曲线”命令将其转换为曲线。在工具箱中选择“艺术笔”工具，在属性栏中选择“笔刷”模式，设置笔刷的宽度并选择笔刷，将其应用到转换为曲线的文字，如图 7.50 所示。在调色板中单击黑色色块为文字填充颜色，将文字放置到背景图形中，如图 7.51 所示。

(5) 使用“椭圆形”工具绘制一个框住文字的圆形，将其放置到文字的下层。在工具箱中选择“艺术笔”工具，使用笔刷描绘圆形，笔刷的颜色同样设置为“黑色”，如图 7.52 所示。

图 7.48　放置文字并旋转

图 7.49　输入文字并设置字体和大小

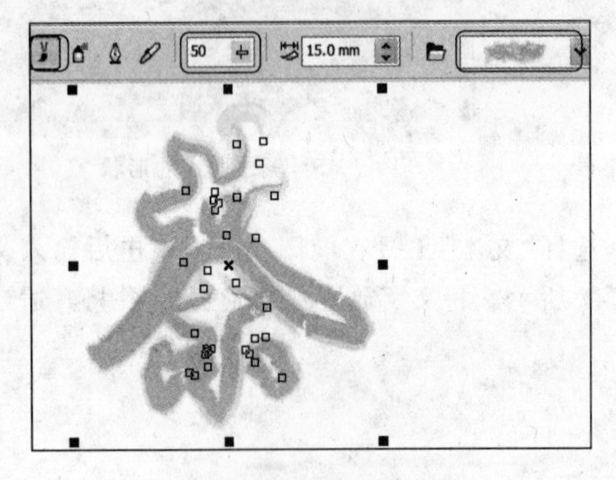

图 7.50　对文字应用笔刷

图 7.51　以黑色填充文字后的效果

图 7.52　绘制圆形

(6) 使用“文本”工具在页面中输入诗文，在属性栏中设置文字的字体和大小。为文字添加下划线并将文字设置为垂直排列，如图 7.53 所示。

(7) 对图形中各个对象的位置进行适当调整，效果满意后保存文档。本实例制作完成后的效果如图 7.54 所示。

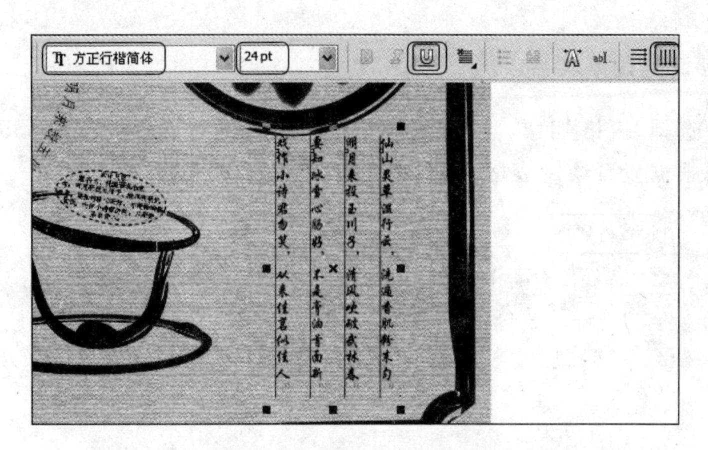

图 7.53　输入并设置文字

图 7.54　实例制作完成后的效果

7.3　使用表格

CorelDRAW X4 新增了一个“表格”工具，使用该工具并结合“表格”菜单中的命令，可以创建各种类型的表格，同时对表格的位置、大小、颜色和轮廓等属性进行设置，并可以对表格进行合并、拆分和文本转换等操作。

7.3.1　创建表格

在 CorelDRAW X4 中，创建新表格可以通过使用“表格”工具和“创建新表格”命令来完成，同时也可以将已有的文本创建为表格。

1. 使用表格工具创建表格

在工具箱中选择“表格”工具，在属性栏中对工具进行设置，如图 7.55 所示。在页面中拖动鼠标即可根据设置绘制表格，如图 7.56 所示。

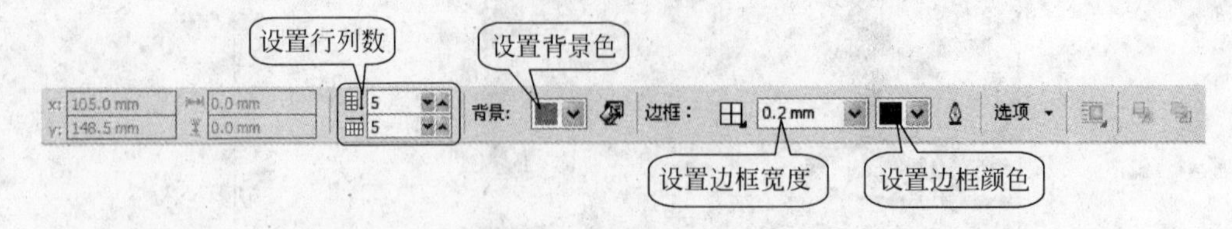

图 7.55　设置表格属性

2. 使用表格命令

选择“表格”|“创建新表格”命令，在打开的“创建新表格”对话框中设置新表格的行数和列数，同时设置表格单元格的高度和宽度，如图 7.57 所示。单击“确定”按钮即可创建一个新表格，如图 7.58 所示。

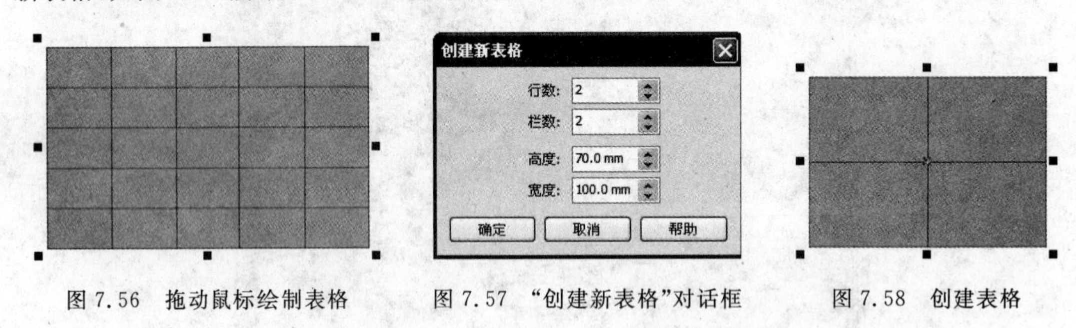

图 7.56　拖动鼠标绘制表格　　图 7.57　“创建新表格”对话框　　图 7.58　创建表格

专家点拨　在使用菜单命令创建新表格时，CorelDRAW 将会使用上一次“表格”工具属性栏的设置来创建新表格。

3. 将文本转换为表格

CorelDRAW X4 能够根据设置的转换规则将选择的文本对象转换为表格，文本对象可以是美术字，也可以是段落文本。

在页面中选择需要转换为表格的文字，选择“表格”|“将文本转换为表格”命令打开“将文本转换为表格”对话框。在对话框中选择分隔符的类型，如图 7.59 所示。单击“确定”按钮关闭对话框，文本转换为表格，如图 7.60 所示。此时单元格中会出现红色的虚线，表示有内容没有显示，拖动表格边框上的控制柄扩大表格，文字将全部显示。

7.3.2　编辑表格

在创建表格后，表格中即可放置内容，为了使表格适合插入内容，往往需要对表格进行编辑。表格的编辑包括对表格的结构进行重新布置，如设置行列的宽度、插入和删除行等操作。

绝顶一茅茨，直上三十里。
扣关无僮仆，窥室惟案几。
若非巾柴车，应是钓秋水。
差池不相见，黾勉空仰止。
草色新雨中，松声晚窗里。
及兹契幽绝，自足荡心耳。
虽无宾主意，颇得清净理。
兴尽方下山，何必待之子。

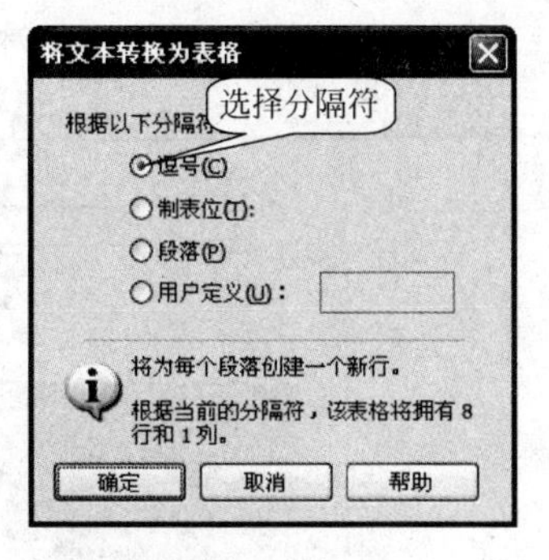

图 7.59　“将文本转换为表格”对话框

绝顶一茅茨，直上三十里。
扣关无僮仆，窥室惟案几。
若非巾柴车，应是钓秋水。
差池不相见，黾勉空仰止。
草色新雨中，松声晚窗里。
及兹契幽绝，自足荡心耳。
虽无宾主意，颇得清净理。
兴尽方下山，何必待之子。

图 7.60　文字转换为表格

1. 选择表格组件

在编辑表格时，需要先对表格、表格中的行列或单元格进行选择，然后才能进行操作。在工具箱中选择“表格”工具，将鼠标放置在表格边框的左侧，当光标变为 ➡ 时单击，可以选择整行单元格，如图 7.61 所示。

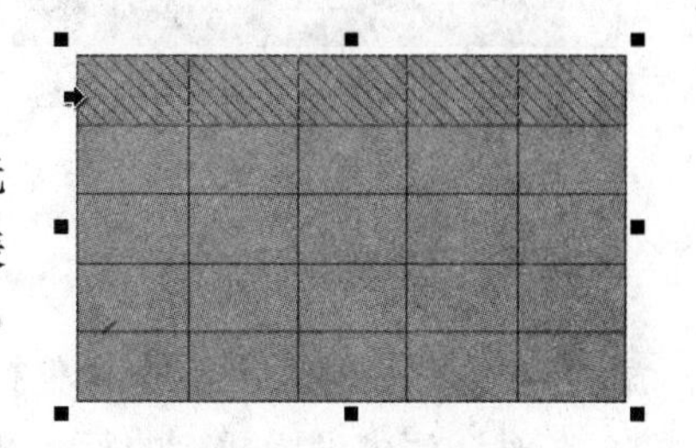

图 7.61　选择整行

专家点拨　将鼠标放置到表格边框的上方，鼠标指针变为 ⬇ 后单击，可以选择表格中整列单元格。

移动鼠标到表格边框的左上角，光标变为 ↘ 后单击，可以选择整个表格，如图 7.62 所示。在表格的单元格中按住 Ctrl 键单击，可以同时选择多个单元格，如图 7.63 所示。

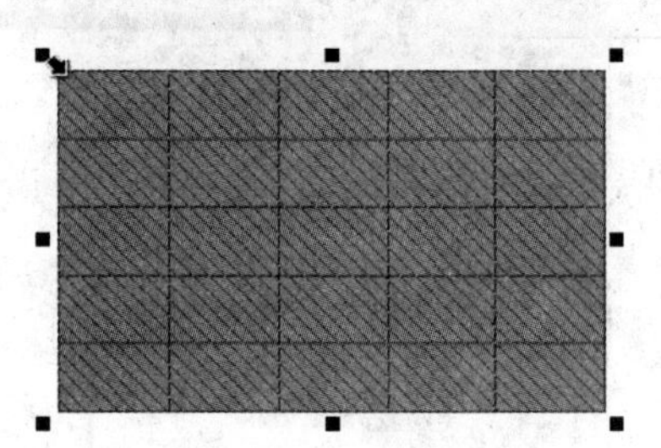

图 7.62　选择整个表格

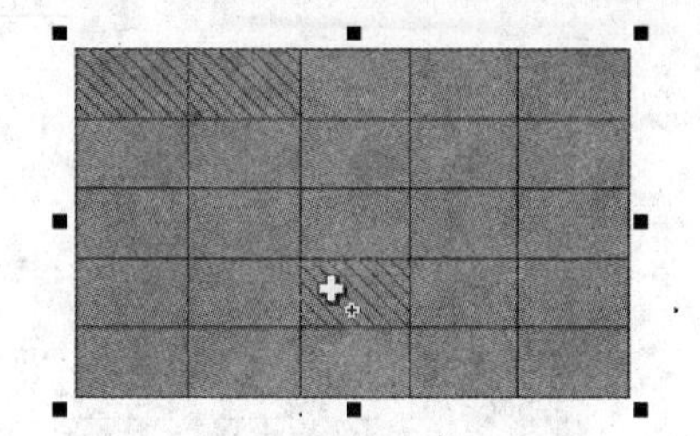

图 7.63　同时选择多个单元格

专家点拨　在表格中拖动鼠标，鼠标移过区域内的单元格将被选择。如果需要取消对某个单元格的选择，可以按住 Ctrl 键后单击该单元格。

2. 合并和拆分单元格

拖动鼠标在表格中同时选择多个单元格，在属性栏上单击“将选定的单元格合并为一个单元格”按钮即可对选择的单元格合并，如图 7.64 所示。

选择合并后的单元格，在属性栏中单击“将选定的单元格水平拆分为特定数目的单元格”按钮或“将选定的单元格垂直拆分为特定数目的单元格”按钮，打开“拆分单元格”对话框。在对话框中输入拆分的行数或列数，如图 7.65 所示。单击“确定”按钮关闭“拆分单元格”对话框，选择的单元格被拆分，如图 7.66 所示。

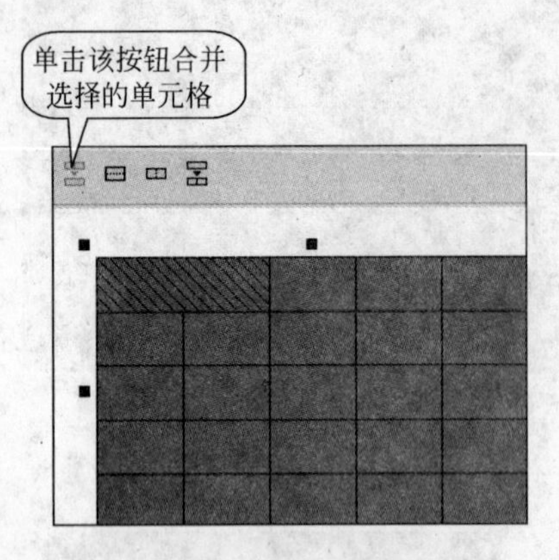

图 7.64　合并选择的单元格

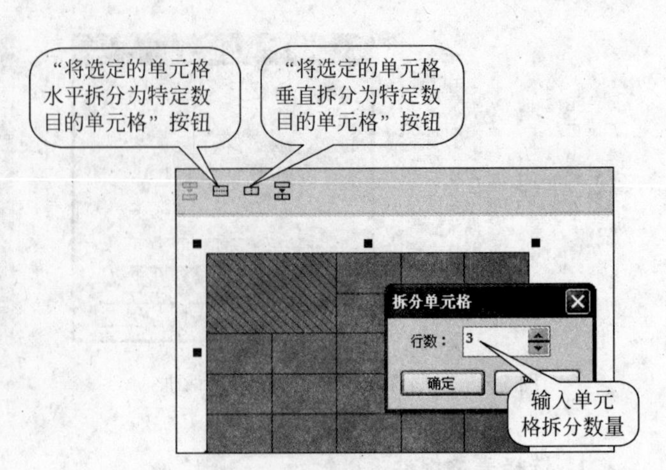

图 7.65　水平拆分单元格

3. 插入和删除行或列

在工作表中拖动鼠标选择整行，选择"表格"|"插入"|"插入行"命令打开"插入行"对话框。在对话框中设置插入的行数和位置，如图 7.67 所示。单击"确定"按钮即可插入指定数目的行，如图 7.68 所示。

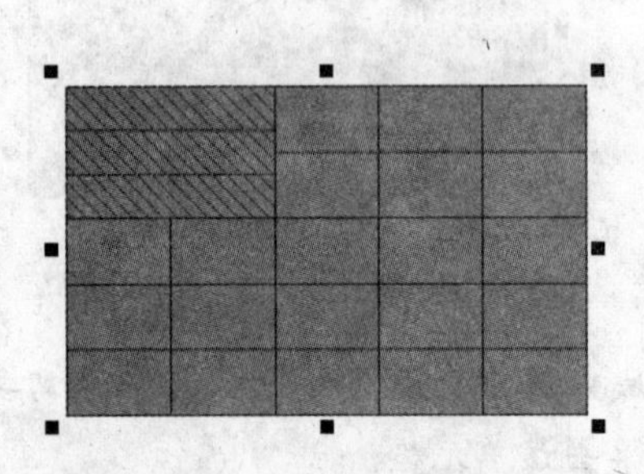

图 7.66　选择单元格被拆分

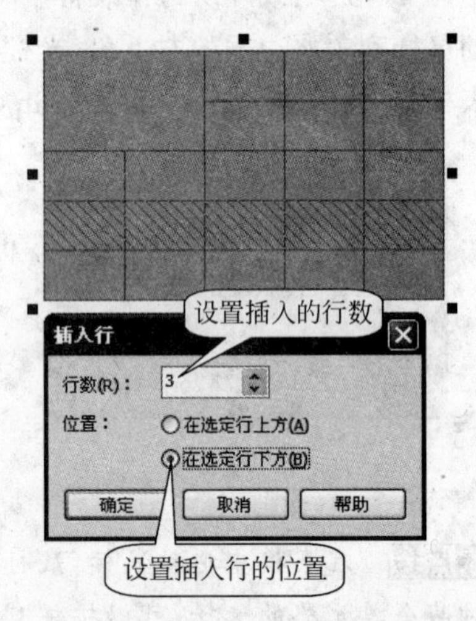

图 7.67　"插入行"对话框的设置

专家点拨　在"表格"|"插入"下级菜单中，选择"插入列"命令将打开"插入列"对话框，用户可以设置插入的列数和位置；选择"行上方"或"行下方"命令将直接在选择行的上方或下方插入与当前选择行数相同数目的新行；选择"列左侧"和"列右侧"命令将直接在选择列的左侧或右侧插入与当前选择列数相同的新列。

4. 调整单元格大小

将鼠标移到单元格的水平或垂直边框上，当光标变成垂直或水平的双向箭头时，拖动鼠标即可调整单元格的行宽或列宽，如图 7.69 所示。

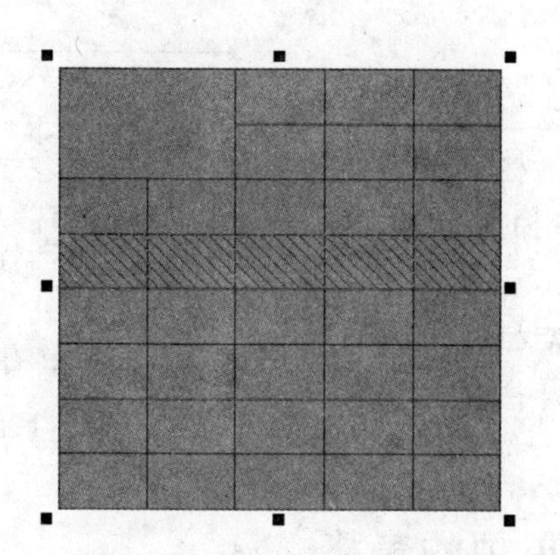
图 7.68 插入指定数目的行

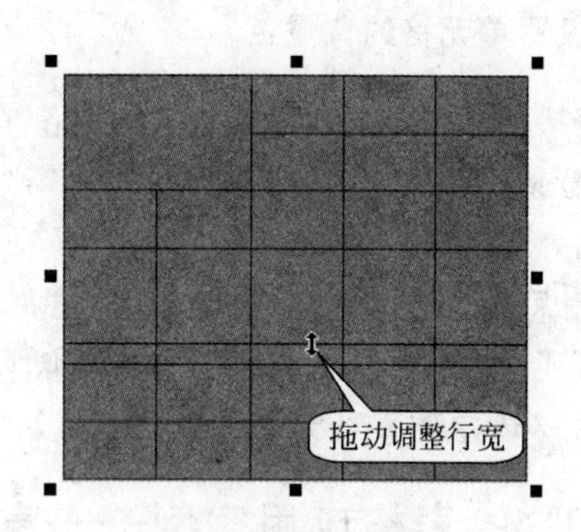

图 7.69 调整行宽

将鼠标放置到单元格边框的交点上，光标变为斜向箭头时，向左上角或右下角拖动鼠标可以调整单元格的行宽或列高，如图 7.70 所示。

专家点拨 选择“表格”|“分布”命令下的“行均分”和“列均分”子菜单命令，可以让表格中每行的高度和每列的宽度一样。

7.3.3 格式化表格

创建表格后，往往需要根据页面的设计对表格进行美化，如设置表格背景、边框和变更单元格填充效果等。

1. 设置表格边框

在表格中选择需要设置边框的单元格，在属性栏中单击“边框”按钮，在打开的列表中选择需要设置的边框，设置边框线的宽度和颜色，如图 7.71 所示。

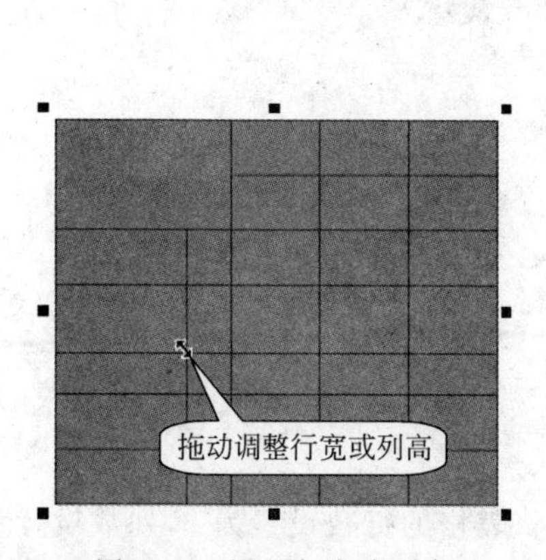

图 7.70 调整行宽或列高

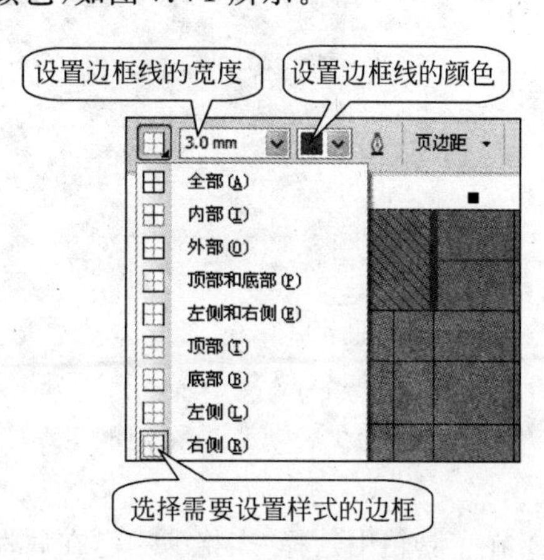

图 7.71 设置边框

专家点拨 在属性栏中单击“‘轮廓笔’对话框”按钮可以打开“轮廓笔”对话框，使用对话框可以对边框样式进行更为多样的设置。

2. 设置单元格的背景色

选择表格中需要更改背景色的单元格，在属性栏中打开“背景”下拉列表框，在列表中选择需要使用的色块单击，将颜色应用到单元格，如图 7.72 所示。

专家点拨 在属性栏中单击“编辑填充”按钮，可以打开“均匀填充”对话框，使用该对话框可以选择合适的填充色。

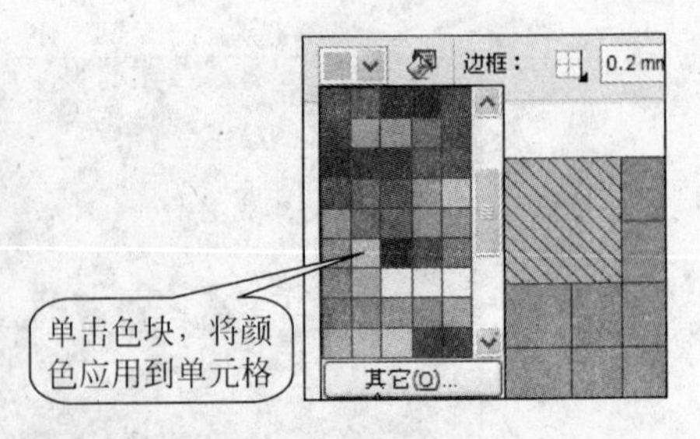

图 7.72 更改单元格背景色

7.3.4 表格应用实例——宣传单中的表格

1. 实例简介

本实例介绍一个表格的制作过程。在实例的制作过程中，使用“表格”工具创建表格，在表格中输入文字并设置文字的样式，使用属性栏对表格的边框和背景颜色进行设置。通过本实例的制作，读者将能够掌握创建表格的方法，表格中文字的输入和设置以及表格样式设置的方法。

2. 实例制作步骤

(1) 启动 CorelDRAW X4，创建一个新文档。在文档中绘制作品的背景并输入文字，如图 7.73 所示。

图 7.73 绘制背景并输入文字

(2) 在工具箱中选择“表格”工具，在属性栏中将表格的行数设置为 2，列数设置为 6，拖动鼠标绘制表格，如图 7.74 所示。

(3) 按 Ctrl 键选择单元格，在属性栏中单击“将选定的单元格水平拆分为特定数目的单元格”按钮，在打开的“拆分单元格”对话框中将“行数”设置为 2，如图 7.75 所示。单击“确定”按钮实现选择单元格的拆分，如图 7.76 所示。选择拆分后的上层单元格，单击属性栏中的“将选定单元格合并为一个单元格”按钮合并选择的单元格，如图 7.77 所示。

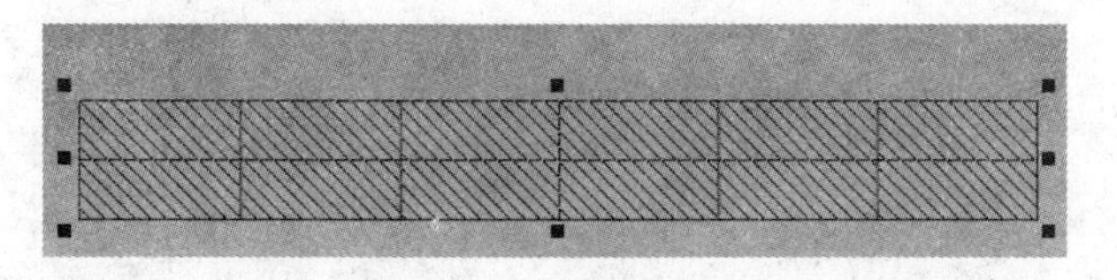

图 7.74　绘制表格

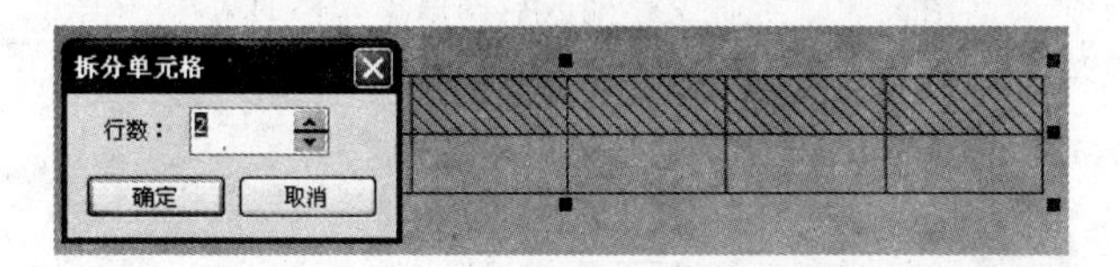

图 7.75　将“行数”设置为 2

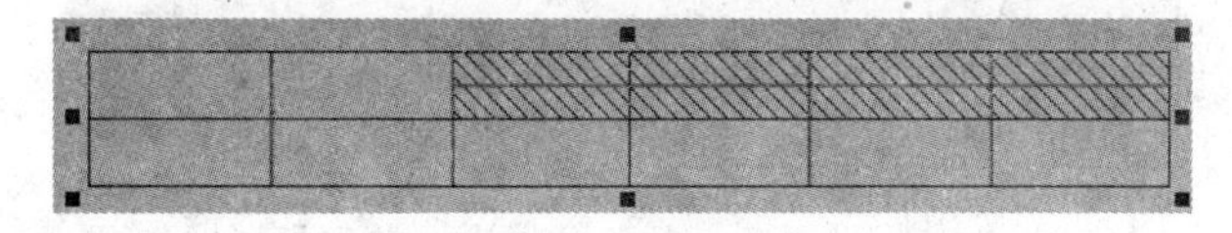

图 7.76　拆分单元格

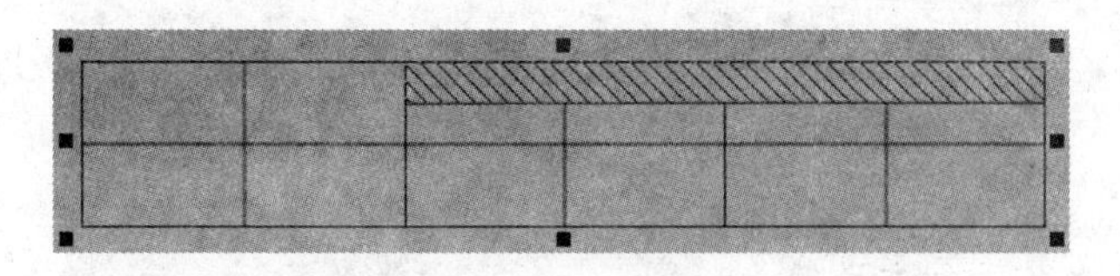

图 7.77　合并单元格

(4) 在表格中输入文字，在属性栏中设置文字的字体和大小。单击“水平对齐”按钮，在打开的列表中选择“居中”选项使文字在单元格中居中放置，如图 7.78 所示。单击“更改文字的垂直对齐”按钮，在列表中选择“居中垂直对齐”选项使文字垂直居中放置，如图 7.79 所示。

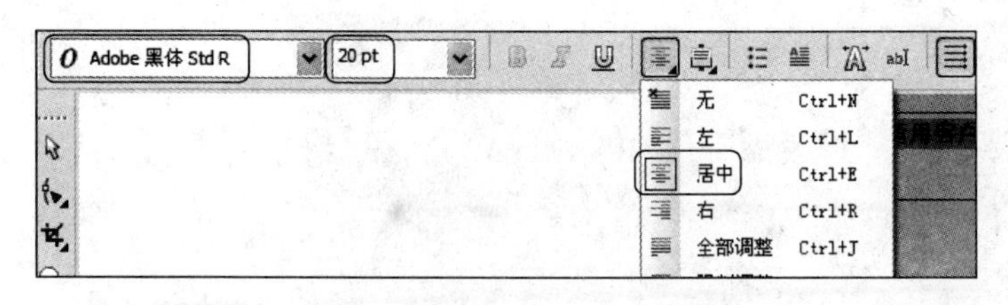

图 7.78　设置字体和大小并使文字居中放置

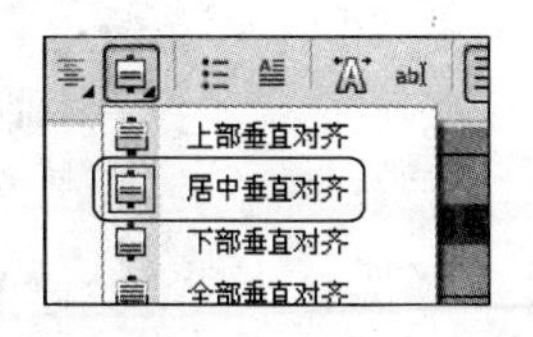

图 7.79　使文字垂直居中放置

(5) 使用相同的方法在表格的其他单元格中输入文字，设置字体和大小，并将文字在单元格中居中。拖动单元格的边框，对各个单元格的大小进行适当调整，如图 7.80 所示。

(6) 选择整个表格，将表格背景颜色设置为“朦胧绿”，将表格外边框颜色设置为“薄荷绿”，同时将表格的外边框线宽设置为 1.0mm，如图 7.81 所示。设置表格内边框的宽度，如图 7.82 所示。

(7) 对文字和表格的位置进行适当调整，保存文档完成本实例的制作。本实例制作完成后的效果如图 7.83 所示。

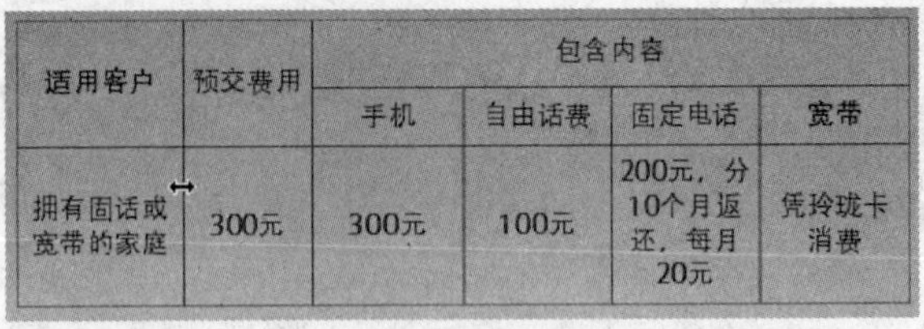

适用客户
预交费用
包含内容
手机
自由话费
固定电话
宽带
拥有固话或宽带的家庭
300元
300元
100元
200元，分10个月返还，每月20元
凭玲珑卡消费

图 7.80　完成文字输入后调整单元格的大小

背景：
边框：
1.0 mm
选项
全部(A)
内部(I)
外部(O)
顶部和底部(P)
左侧和右侧(E)
顶部(T)
底部(B)
左侧(L)
适用客户
预交费
含内容
固定电话
宽带
拥有固话或宽带的家庭
300元
200元，分10个月返还，每月20元
凭玲珑卡消费

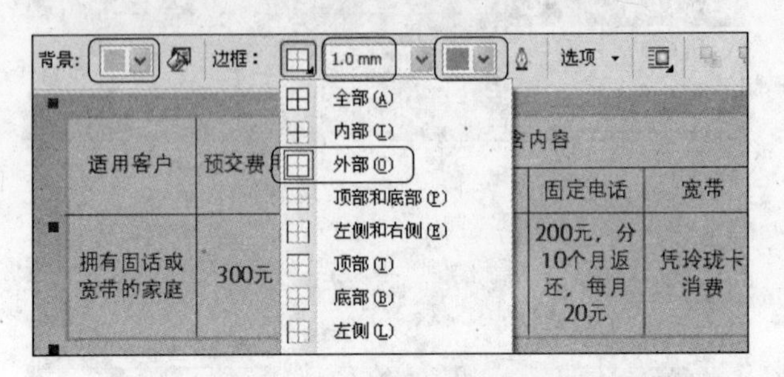

图 7.81　设置背景颜色及外边框颜色和宽度

0.8 mm
选项
全部(A)
内部(I)
外部(O)
顶部和底部(P)
左侧和右侧(E)
顶部(T)
底部(B)
左侧(L)
右侧(R)
户办理玲珑卡只需预交300
300元的手机和300元话费
包含内容
手机
自由话费
固定电话
宽带
300元
100元
200元，分10个月返还，每月20元
凭玲珑卡消费

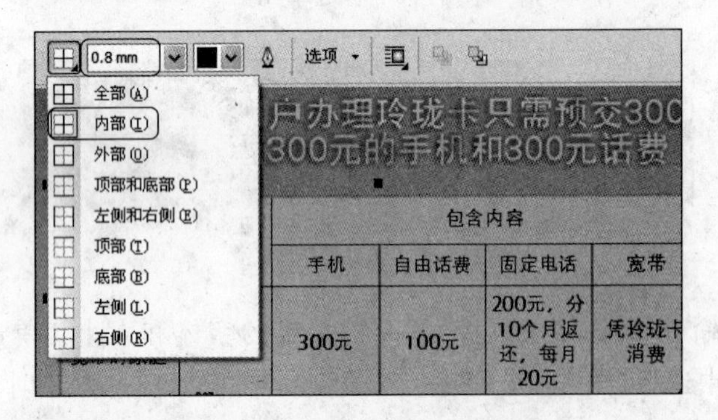

图 7.82　设置内边框宽度

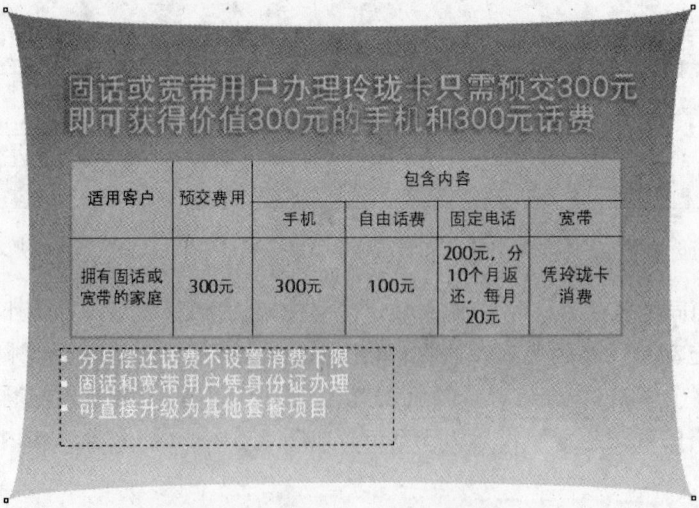

固话或宽带用户办理玲珑卡只需预交300元
即可获得价值300元的手机和300元话费
适用客户
预交费用
包含内容
手机
自由话费
固定电话
宽带
拥有固话或宽带的家庭
300元
300元
100元
200元，分10个月返还，每月20元
凭玲珑卡消费
分月偿还话费不设置消费下限
固话和宽带用户凭身份证办理
可直接升级为其他套餐项目

图 7.83　实例制作完成后的效果

7.4 本章小结

本章介绍了 CorelDRAW 中文字的使用方法，包括创建美术字和段落文字、美术字和段落文字的样式设置以及沿路径的文字效果、置于图形中的文字效果和图文混排等特殊文字效果的制作方法。同时，本章还对在设计作品中使用表格的方法进行了介绍。

7.5 上机练习与指导

7.5.1 文字效果——元旦快乐

打开素材文件“上机练习 1 素材. cdr”，为其添加特效文字，文字效果如图 7.84 所示。

图 7.84 练习完成后的效果

主要练习步骤指导：

(1) 使用“文本”工具创建文字，设置字体和文字大小。将文字转换为曲线，使用“形状”工具修改文字形状。

(2) 在工具箱中选择“立体化”工具为文字添加立体效果，并为文字添加光照效果。

7.5.2 制作月历

打开“上机练习 2 素材. cdr”，制作月历，效果如图 7.85 所示。

图 7.85　练习完成后的效果

主要练习步骤指导：

(1) 使用“表格”工具绘制表格，在表格中输入文字。设置表格中星期、日期和月历文字的字体、大小和颜色。

(2) 将文字在单元格中设置为“上部垂直对齐”和“居中”对齐，单击属性栏中的“页边距”按钮将文字的页边距设置为 0mm。

(3) 选择整个表格，单击“边框”按钮，在打开的下拉列表中选择“全部”，在属性栏中将所有的边框设置为“无”。

(4) 输入标题文字，为文字设置字体和大小。使用“填充”工具为文字添加线性渐变效果，使用“阴影”工具为文字添加阴影效果。

7.6 本章习题

一、选择题

1. 拖动下面(　　)控制柄能够使段落文字中隐藏的文字显示出来。

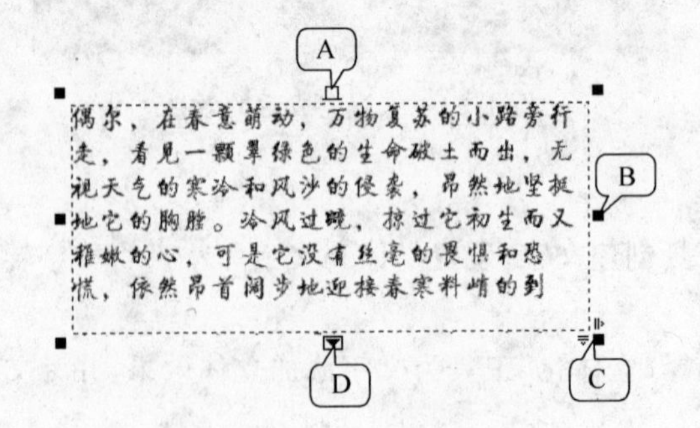

2. 创建美术字后，使用属性栏中的(　　)按钮能够将水平方向排列的文字变为垂直方向排列。

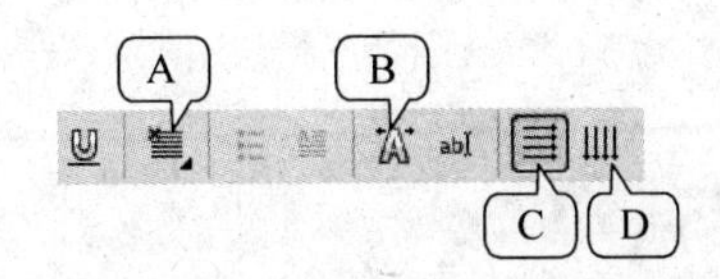

3. 使用下面(　　)菜单命令能够为段落文字添加分栏效果。

A. “文本”|“栏”　　B. “文本”|“制表位”

C. “文本”|“段后规则”　　D. “文本”|“对齐基线”

4. 在使用“表格”工具绘制表格后，选择一组单元格，在属性栏中单击(　　)按钮能够将选择的单元格合并为一个单元格。

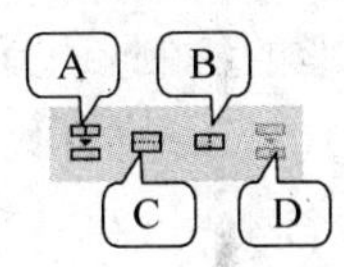

二、填空题

1. 在CorelDRAW中，使用“文本”工具可以输入________和________这两种类型的文本。

2. 在CorelDRAW中，文本输入的方向分为________和________两种，可以使用属性栏中的按钮对这两种输入方向进行转换。

3. 选择“文本”菜单下的________命令可以为文本指定路径。选择“文本”|“段落文本框”菜单下的________命令可以将段落文本放置于一个图形中。

4. 在选择表格后，如果需要使表格的每行或每列的宽度一致，可以选择“表格”|“分布”菜单下的________命令或________命令。

第8章 位图与滤镜

CorelDRAW 不仅能够完成矢量图形的绘制，还具有强大的位图处理能力，能够对位图图像进行编辑处理。在 CorelDRAW X4 中，位图可以通过导入的方式插入到当前页中，利用自身所带的各种命令对图像的色彩进行编辑，并通过滤镜创建各种特效。

本章主要内容：

- 位图的基本操作。
- 位图的色彩调整。
- 滤镜特效。

8.1 位图的基本操作

CorelDRAW X4 提供了强大的位图操作功能，使用 CorelDRAW 能够对位图进行裁切、重取样和描摹等操作。

8.1.1 导入和导出位图

在 CorelDRAW 中，用户可以在矢量文件中导入位图文件，也可以将矢量图形转换为位图文件或导出为位图文件。

1. 导入位图

在 CorelDRAW 中，要使用位图，需要先将位图导入到当前文件中。选择"文件"|"导入"命令，打开"导入"对话框。在对话框中选择需要导入的位图文件，如图 8.1 所示。单击"导入"按钮，在页面中拖动鼠标获得一个矩形框来导入图片，如图 8.2 所示。

专家点拨 在"导入"对话框中选择图像文件后，在页面中单击即可在单击点处导入该图片，直接按 Enter 键也可以导入选择的图片。

2. 导出为位图

在页面中选择矢量图形，选择"文件"|"导出"命令，打开"导出"对话框，在对话框中选择图形保存的位置，在"保存类型"下拉列表框中选择位图文件格式，如图 8.3 所示。单击"导出"按钮，此时将打开"转换为位图"对话框，在对话框中对转换为位图后的图形属性进行设

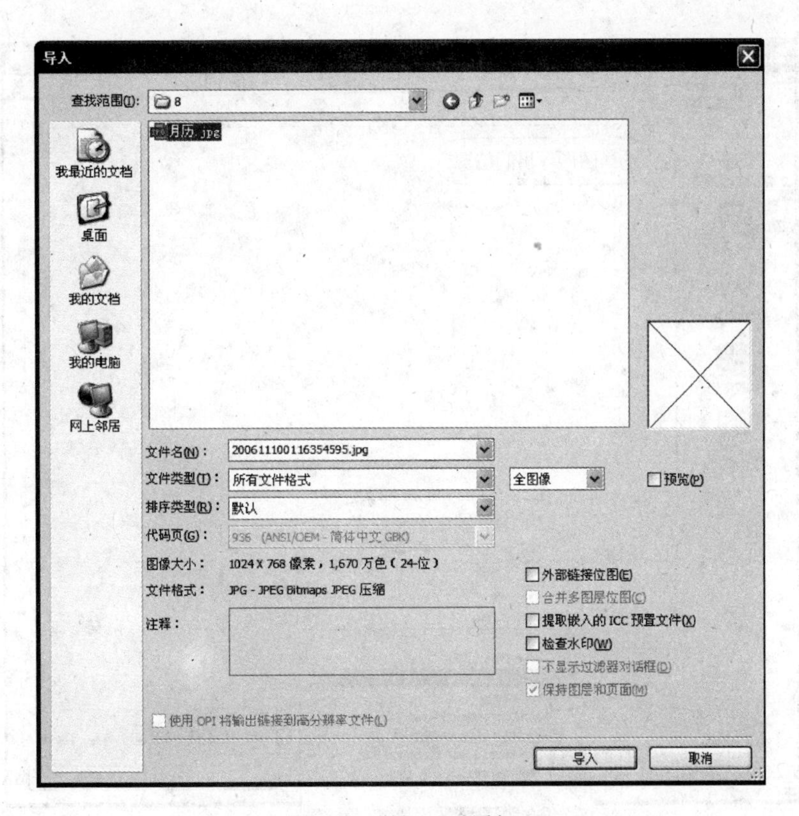

图 8.1　“导入”对话框

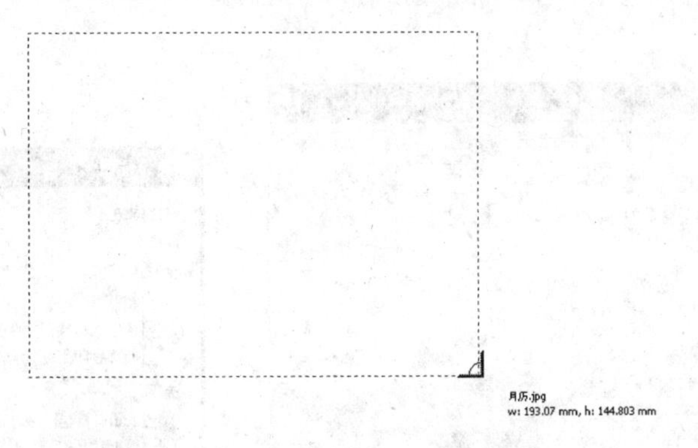

图 8.2　拖动鼠标导入选择位图

置，如图 8.4 所示。单击“确定”按钮关闭“转换为位图”对话框，矢量图形即可导出为位图文件。

3. 转换为位图

在 CorelDRAW 中，矢量图形可以转换为位图。在转换的过程中，用户可以设置位图的属性，如颜色模式、分辨率、背景透明度和光滑处理等。在页面中选择需要转换为位图的矢量图形，选择“位图”|“转换为位图”命令，此时将打开“转换为位图”对话框，如图 8.5 所示。在对话框中对各个设置项进行设置，单击“确定”按钮即可实现转换。

图 8.3 “导出”对话框

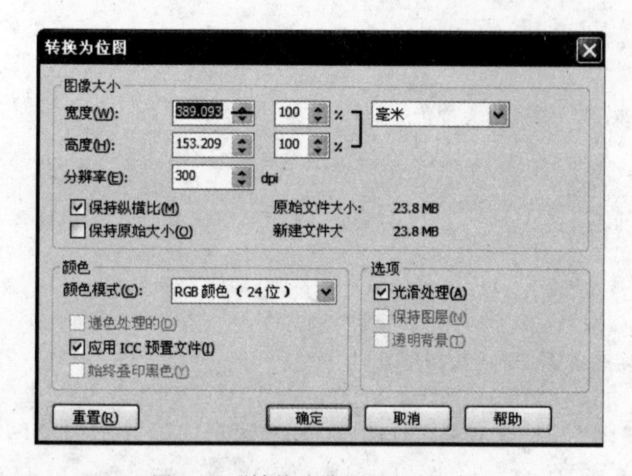

图 8.4 “转换为位图”对话框(1)

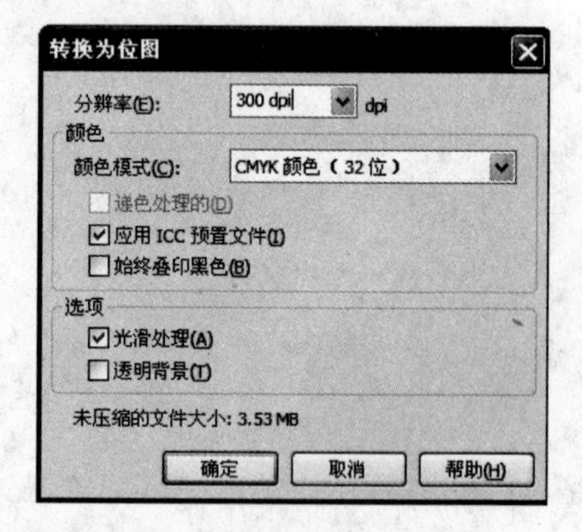

图 8.5 “转换为位图”对话框(2)

专家点拨 在“转换为位图”对话框中，“分辨率”下拉列表框用于选择位图的分辨率，“颜色模式”下拉列表框用于选择转换为位图的颜色模式。选中“应用ICC预置文件”复选框将应用国际色彩协会(ICC)预置文件使设备与色彩空间的颜色标准化，选中“透明背景”复选框使位图背景透明，选中“光滑处理”复选框将平滑位图边缘。

8.1.2　裁切位图

位图导入到矢量文件后，用户可以对位图进行进一步的修剪。裁剪位图，可以使用工具箱中的“裁剪”工具和“形状”工具，也可以使用“位图”菜单命令。

1. 使用工具裁切位图

在工具箱中选择“裁剪”工具，如图 8.6 所示。拖动鼠标在位图上创建裁剪框，通过拖动裁剪框上的控制柄可以对裁剪范围进行调整，如图 8.7 所示。双击鼠标即可实现对图形的裁剪，裁剪框外的图像被丢弃。

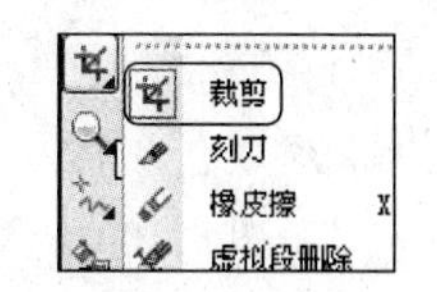

图 8.6　选择“裁剪”工具

使用“裁剪”工具只能得到矩形的裁剪区域，使用“形状”工具可以像曲线一样对边框进行调整，能够得到各种不规则的裁剪效果，如图 8.8 所示。

图 8.7　创建裁剪框

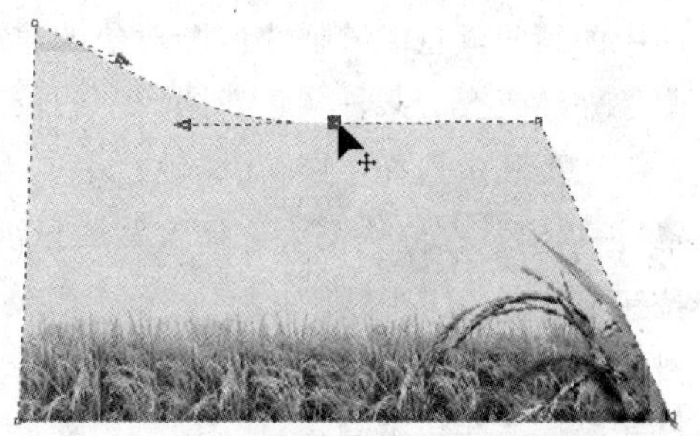

图 8.8　使用“形状”工具裁剪位图

2. 图框精确裁剪

在页面中选择位图图像，选择“效果”|“图框精确剪裁”|“放置于容器中”命令，此时鼠标光标变为➡，在矢量图形中单击，如图 8.9 所示。此时，位图被放置于该图形中，图形之外的位图将被遮盖，如图 8.10 所示。

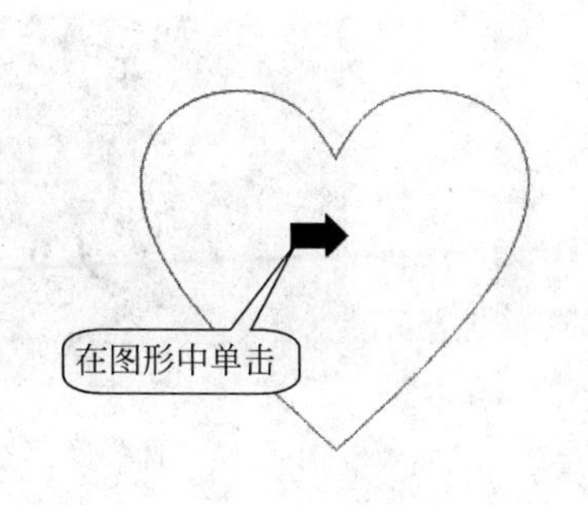

图 8.9　单击图形

此时，拖动图形，放置于图形中的位图也将随着移动。在图形上右击，从弹出的快捷菜单中选择“锁定图框精确裁剪的内容”命令，图框中的位图被锁定，此时再拖动图形，位图将不会发生移动，如图 8.11 所示。

图 8.10 位图放置于图形中

图 8.11 移动图框而位图不移动

8.1.3 位图的颜色遮罩

使用位图的颜色遮罩，可以根据颜色的相似性来选择性地显示或隐藏位图中的颜色，位图中被隐藏颜色的区域可以看到下层的对象或背景，即实现常说的背景透明效果。隐藏位图中的某些颜色能够加快位图对象的渲染速度，同时通过显示位图中的某些颜色，可以改变图像外观或查看某种颜色在图像中的位置。

在页面中选择位图，在属性栏中单击"位图颜色遮罩泊坞窗"按钮，打开"位图颜色遮罩"泊坞窗。在泊坞窗中选择隐藏或显示颜色，在颜色列表中选择颜色条，单击"颜色选择"按钮。在位图中某一颜色处单击采集颜色，颜色条变成鼠标单击点处颜色。拖动"容限"滑块调整颜色容限值，如图 8.12 所示。完成设置后单击"应用"按钮。此时位图中与选择颜色相接近的颜色被隐藏，如图 8.13 所示。

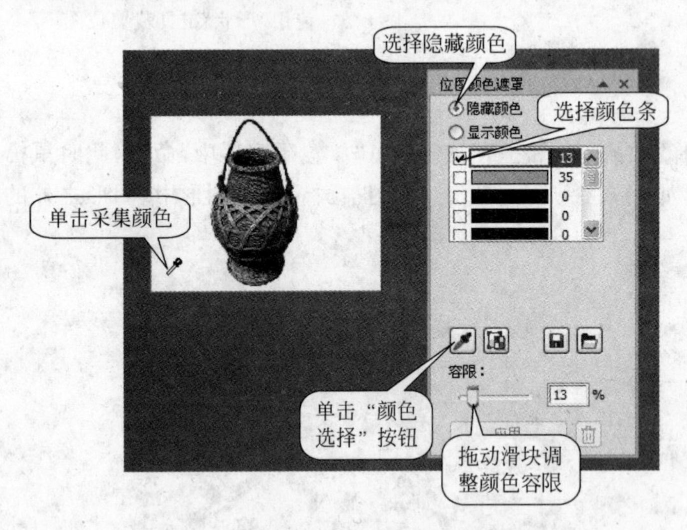

图 8.12 "位图颜色遮罩"泊坞窗的设置

图 8.13 选择颜色被隐藏

专家点拨 在"位图颜色遮罩"泊坞窗中单击"编辑颜色"按钮打开"选择颜色"对话框，在对话框中可以设置颜色参数。单击"保存遮罩"按钮可以保存当前使用的颜色遮罩。单击"打开遮罩"按钮打开"打开"对话框，使用该对话框能够选择已经保存的颜色遮罩。

8.1.4 描摹位图

使用“描摹位图”命令，能够使位图按照不同的方式转换为矢量图形。CorelDRAW 中，描摹位图有两种方式：中心线描摹和轮廓描摹。

1. 中心线描摹

中心线描摹又称为笔触描摹，它使用未填充的封闭或开放的曲线（如笔触）来描摹图像，此种方式适用于描摹线条图纸、施工图、线条画和拼版等。中心线描摹方式提供了两种预设样式，一种用于技术图解，另一种用于线条画，用户可以根据需要描摹图像的内容来选择合适的描摹方式。

在页面中选择需要描摹的位图，选择“位图”|“中心线描摹”|“技术图解”命令打开 PowerTRACE 对话框，在对话框中调整跟踪控件的细节、线条的平滑程度和拐角的平滑程度，如图 8.14 所示。

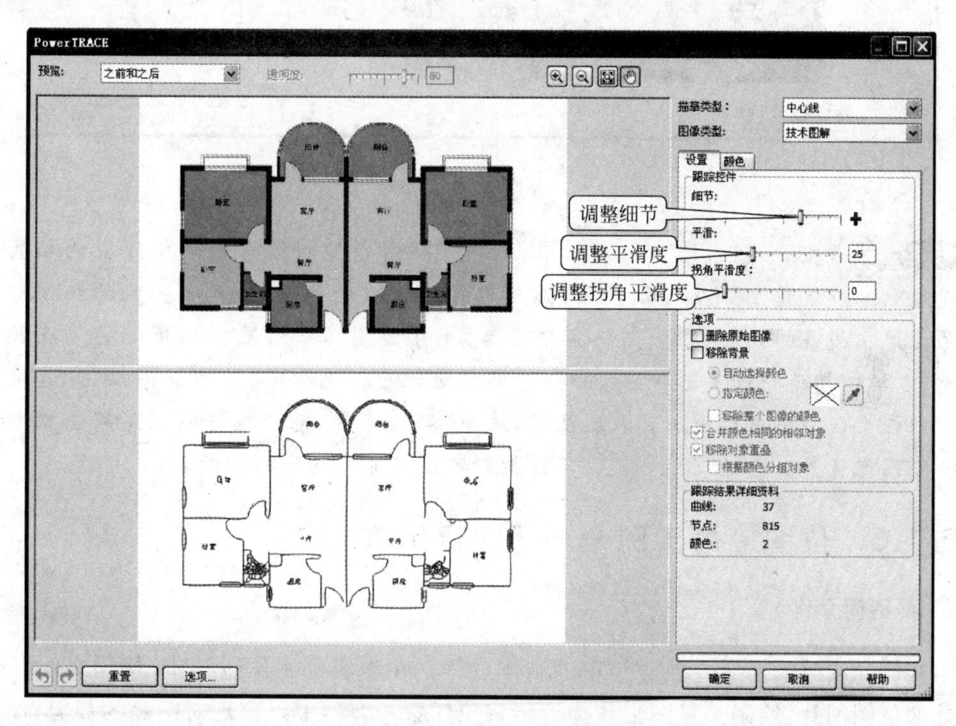

图 8.14 PowerTRACE 对话框

2. 轮廓描摹

轮廓描摹又称为填充描摹，是使用无轮廓的曲线对象来描摹图像，适用于描摹剪贴画、徽标以及各类图像。轮廓描摹有 6 种预设样式，包括线条图、徽标、详细徽标、剪贴画、低质量图像和高质量图像。

在页面中选择位图图像，选择“位图”|“轮廓描摹”|“高质量位图”命令打开 PowerTRACE 对话框，如图 8.15 所示。在对话框中对效果进行调整，满意后单击“确定”按钮即可。

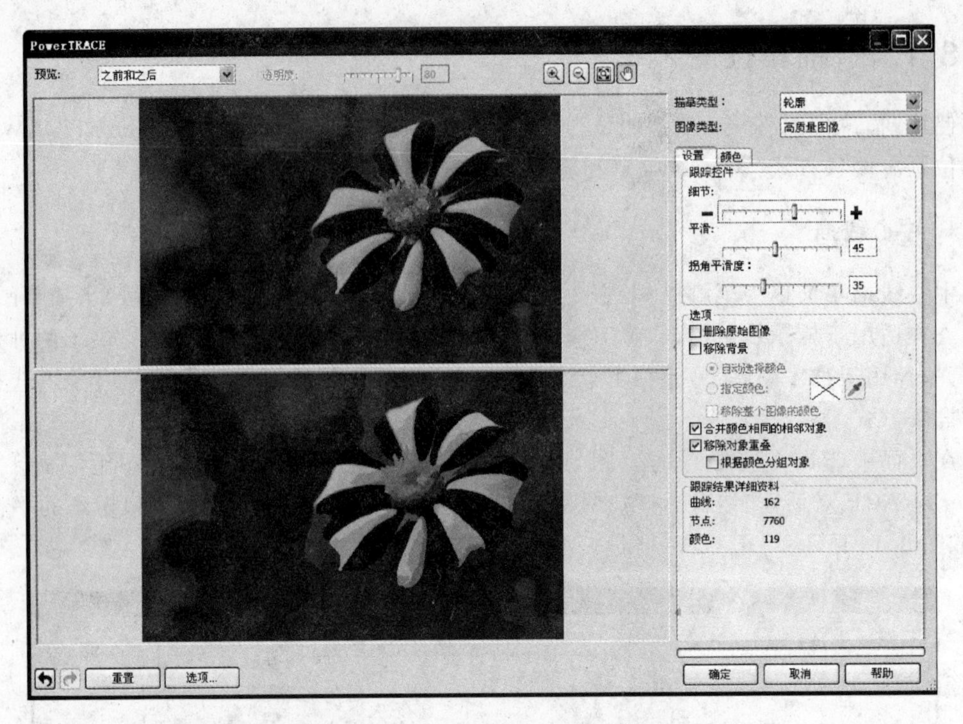

图 8.15 PowerTRACE 对话框

专家点拨 在 PowerTRACE 对话框中,“细节”用于控制描摹结果中保留的颜色等原始细节数量。“平滑”用于调整描摹结果中节点的数量,以控制产生的曲线与原图像中线条的接近程度。“拐角平滑度”用于控制描摹结果中拐角处的节点数量,以控制拐角处线条与原图像中线条的接近程度。选中“删除原始图像”复选框可以在生成结果中删除原始位图图像,选中“移除背景”复选框可以在结果图像中清除图像背景。选择“指定颜色”单选按钮可以指定要清除的背景颜色。

8.1.5 位图应用实例——开业宣传单

1. 实例简介

本实例介绍冰淇淋店开业宣传单的制作过程。在本实例制作过程中,使用“导入”命令导入外部位图图片,绘制矢量图形作为容器将位图置于容器中以实现对图片的裁剪,使用颜色遮罩来获取图片背景透明效果。通过本实例的制作,读者将能够掌握在作品中导入位图的方法,使用各种形状裁剪位图以及去除位图背景色的操作技巧。

2. 实例制作步骤

(1) 启动 CorelDRAW X4,创建一个新文档。选择“文件”|“导入”命令打开“导入”对话框,在对话框中选择需要导入的位图文件,如图 8.16 所示。单击“导入”按钮关闭对话框,在页面中拖动鼠标导入位图文件。选择导入的图像,单击属性栏的“水平镜像”按钮和“垂直镜像”按钮各一次对图片进行镜像变换,变换后的图像如图 8.17 所示。

图 8.16　选择需要打开的位图文件

(2) 使用"矩形"工具绘制一个与图像一样大小的矩形，将其边框设置为"无"，使用"填充"工具对矩形进行线性填充，效果如图 8.18 所示。将矩形放置到图像上后，使用"透明度"工具创建透明效果，如图 8.19 所示。

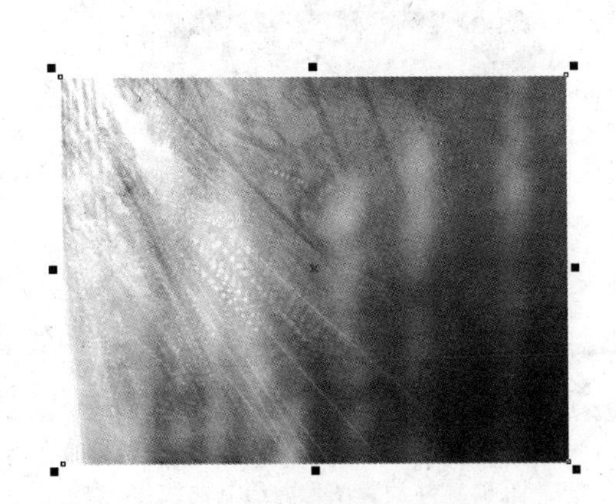

图 8.17　镜像变换后的图像

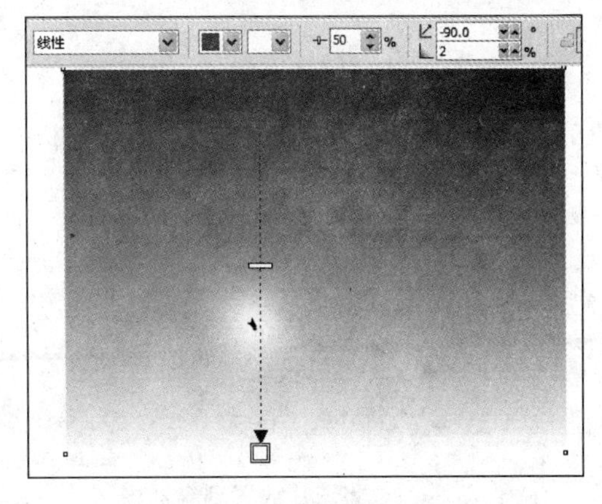

图 8.18　对矩形进行线性填充

(3) 导入第二张背景图片，使用"钢笔"工具绘制一个边框，如图 8.20 所示。选择图片，选择"效果"|"图框精确剪裁"|"放置于容器中"命令，在绘制的边框图形上单击将图片放置到该图形中，如图 8.21 所示。

(4) 取消边框的轮廓线，将图像放置到步骤(2)绘制完成的图像的下方。使用"钢笔"工

图 8.19　创建透明效果

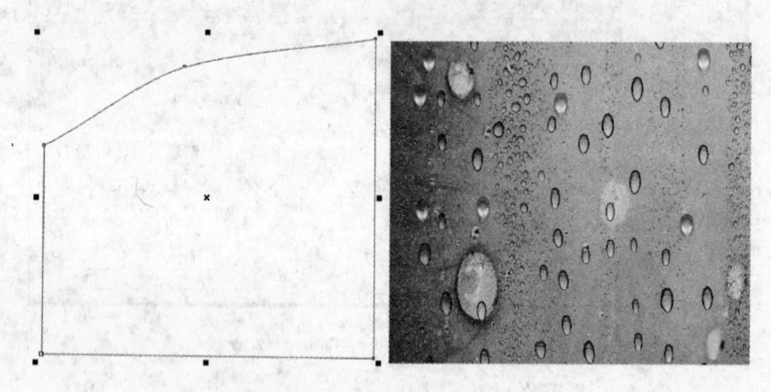

图 8.20　导入图片并绘制边框

具沿着上边界绘制一条曲线，将曲线的宽度设置为 4mm，将其颜色设置为“冰蓝”，此时的图像效果如图 8.22 所示。

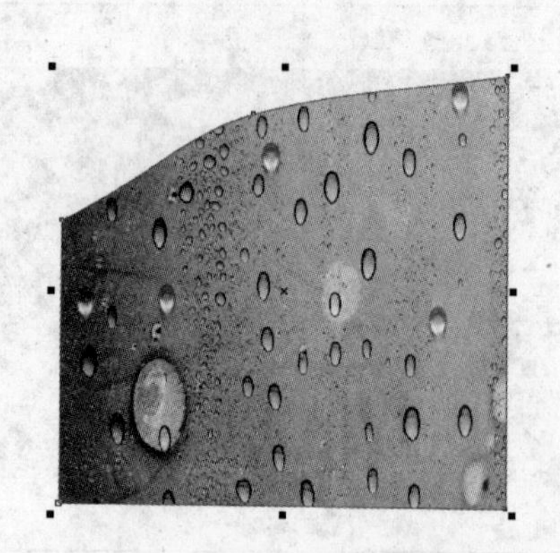

图 8.21　将图片放置到容器中

图 8.22　放置图像并绘制曲线

(5) 导入第一张冰淇淋图片，选择“位图”|“位图颜色遮罩”命令打开“位图颜色遮罩”泊坞窗。单击“颜色选择”按钮，在图片的白色背景处单击选择颜色。在对话框中拖动“容限”滑块调整颜色容限值，完成调整后单击“应用”按钮。此时图片中选择颜色被隐藏，如图 8.23 所示。

(6) 导入第二张冰淇淋素材图片，在工具箱中选择“基本形状”工具，在属性栏中单击

图 8.23　隐藏指定颜色

“完美形状”按钮。在打开的面板中选择“心形”，拖动鼠标在页面中绘制一个心形，如图 8.24 所示。选择图片后选择“效果”|“图框精确剪裁”|“放置于容器中”命令，将冰淇淋图片放置于心形容器中，将轮廓线的颜色设置为“黄色”，轮廓线宽度设置为 2mm。将图形放置到背景图片中，同时进行适当缩小并旋转，如图 8.25 所示。

图 8.24　绘制心形

(7) 继续导入其他的冰淇淋图片，将它们分别放置到心形容器中，设置心形轮廓线颜色和宽度。将它们放置到背景图片上，并调整大小和角度，如图 8.26 所示。

图 8.25　图片放置于容器中

图 8.26　添加其他图片

(8) 导入徽标图片,使用“椭圆形”工具绘制一个椭圆,如图 8.27 所示。选择徽标图片后选择“效果”|“图框精确剪裁”|“放置于容器中”命令,将徽标放置于绘制的椭圆容器中,取消椭圆的轮廓线后的图像效果如图 8.28 所示。

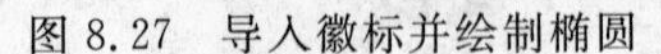

图 8.27 导入徽标并绘制椭圆

图 8.28 徽标放置于椭圆图形中

(9) 为宣传单添加文字效果,对各个对象的位置和大小进行调整。效果满意后保存文档,完成本实例的制作。本实例制作完成后的效果如图 8.29 所示。

图 8.29 实例制作完成后的效果

8.2 位图的色彩调整

在 CorelDRAW 中,可以像位图处理软件那样对位图的色彩进行调整。使用 CorelDRAW 提供的菜单命令,可以对位图的亮度、饱和度以及色彩平衡等进行调整。色彩的调整能够修复或改变图片色彩上的不足,以提高照片的质量。

8.2.1 图像调整实验室

在 CorelDRAW 中,使用图像调整实验室可以快速调整图像的色调和颜色,从而满足大多数场合对图像色彩调整的需要。在使用图像调整实验室对图像进行调整时,一般先从整体上校正图像的明暗、对比度以及总体颜色,然后再对图像局部的暗调、中间色调和高光进行调整。

选择需要调整的图片，选择“位图”|“图像调整实验室”命令打开“图像调整实验室”对话框。在对话框中对温度、淡色、饱和度、亮度、对比度等参数进行调整，即可实现对图像色调的调整，如图 8.30 所示。

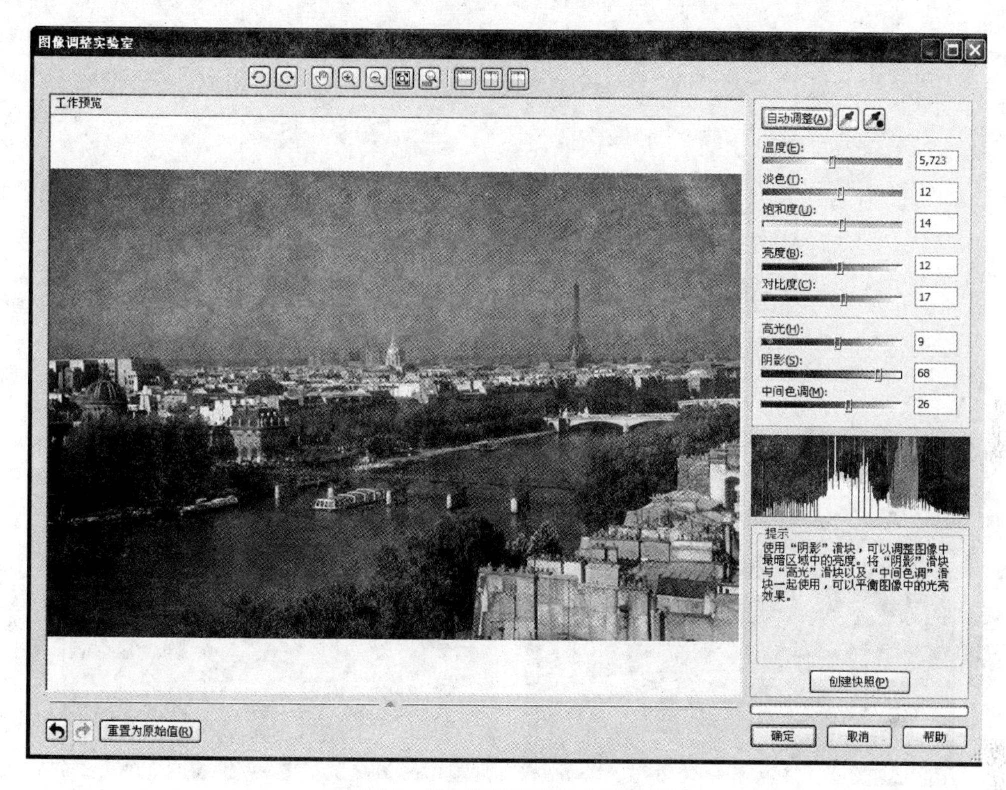

图 8.30 “图像调整实验室”对话框

8.2.2 常用的色彩调整命令

在 CorelDRAW 中，“效果”|“调整”下的子菜单提供的命令能够实现对图像的各种调整操作。

1. 高反差

使用“高反差”命令，能够将位图图像从阴影区到高光区重新分布颜色，可以从整体上调整图像的明暗程度，也可以从局部调整图像的高光、阴影和中间色调区域。

选择“效果”|“调整”|“高反差”命令打开“高反差”对话框，如图 8.31 所示。在“通道”下拉列表中选择需要调整的通道，拖动“输入值剪裁”左侧滑块控制暗部的颜色反差，拖动右侧的滑块控制亮部颜色的反差。选择“自动调整”复选框，可以在色调范围内自动重新分布像素值。单击其右侧的“选项”按钮可以打开“自动调整范围”对话框调整像素的黑白限定，完成设置后单击“预览”按钮可以查看参数设置的效果。对位图使用“高反差”命令进行调整的图像前后效果对比如图 8.32 所示。

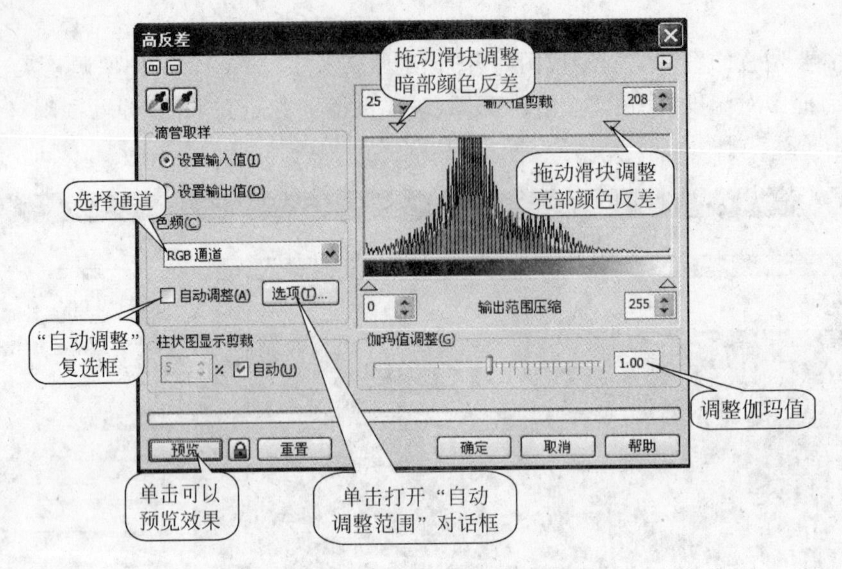

图 8.31 "高反差"对话框

图 8.32 图像应用"高反差"命令前后效果对比

2. 调合曲线

使用"调合曲线"命令能够通过改变位图图像中单个像素的颜色值来对图像色彩进行精确调整。选择位图图像后,选择"效果"|"调整"|"调合曲线"命令打开"调合曲线"对话框,如图 8.33 所示。在对话框的"活动色频"下拉列表框中选择一个通道,在对话框中调整曲线的形状,即可对图像色调进行调整。对位图使用"调合曲线"命令进行调整的前后效果对比如图 8.34 所示。

3. 颜色平衡

使用"颜色平衡"命令能够在保证图像亮度的同时,分别在图像的阴影、中间色调和高光区域内调整图像的颜色。

在页面中选择位图,选择"效果"|"调整"|"颜色平衡"命令打开"颜色平衡"对话框,如图 8.35 所示。在对话框中调整相应参数的值即可对图片进行色彩调整,例如对图片中间色调的色彩进行调整后,前后效果对比如图 8.36 所示。

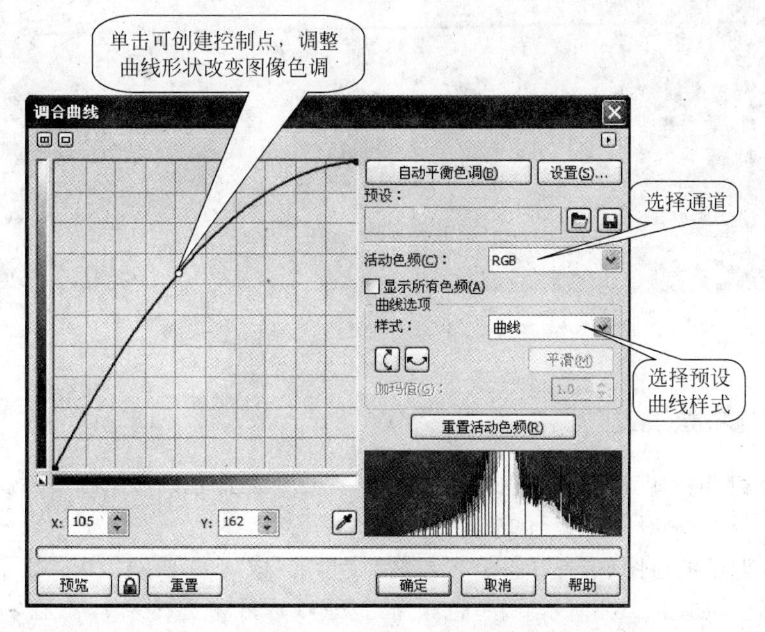

图 8.33 “调合曲线”对话框

图 8.34 图像应用“调合曲线”命令前后效果对比

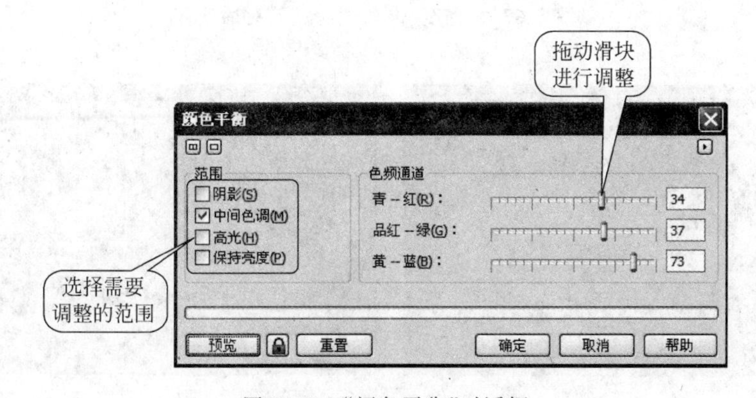

图 8.35 “颜色平衡”对话框

图 8.36　图像应用"颜色平衡"命令前后效果对比

4. 色度/饱和度/亮度

色度即色相，饱和度指的是颜色的鲜艳程度，亮度则是颜色的明暗程度。使用"色度/饱和度/亮度"命令可以对图像的颜色进行调整。

选择需要调整的位图，选择"效果"|"调整"|"色度/饱和度/亮度"命令打开"色度/饱和度/亮度"对话框，如图 8.37 所示。在"色频通道"选项区域中选择某个单选按钮，选择需要调整的颜色通道，拖动对话框中的滑块即可对该通道的色度、饱和度和亮度进行调整。对图像应用"色度/饱和度/亮度"命令后的图像效果对比如图 8.38 所示。

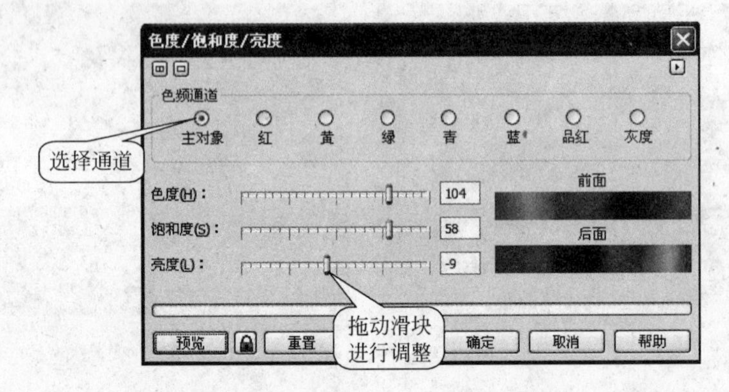

图 8.37　"色度/饱和度/亮度"对话框

图 8.38　图像应用"色度/饱和度/亮度"命令前后效果对比

5. 替换颜色

使用“替换颜色”命令可以用一种新颜色去替换图像中的某种颜色。在进行颜色替换时，需要首先在图像中采集颜色，此时在图像中与被采集颜色同色的区域就相当于一个选区，目标颜色将能够替换掉这个区域中的颜色。

选择位图后，选择“效果”|“调整”|“替换颜色”命令打开“替换颜色”对话框，如图 8.39 所示。在对话框中单击“原颜色”下拉列表框后边的采样吸管按钮，在图像中吸取需要被替换的颜色，在“新建颜色”下拉列表框中选择目标颜色，拖动“范围”滑块设置影响颜色变化大小的区域。完成设置后单击“确定”按钮即可用新的颜色替换图像中吸取的颜色。使用“替换颜色”命令替换照片中人物衣服的颜色，调整前后照片效果对比如图 8.40 所示。

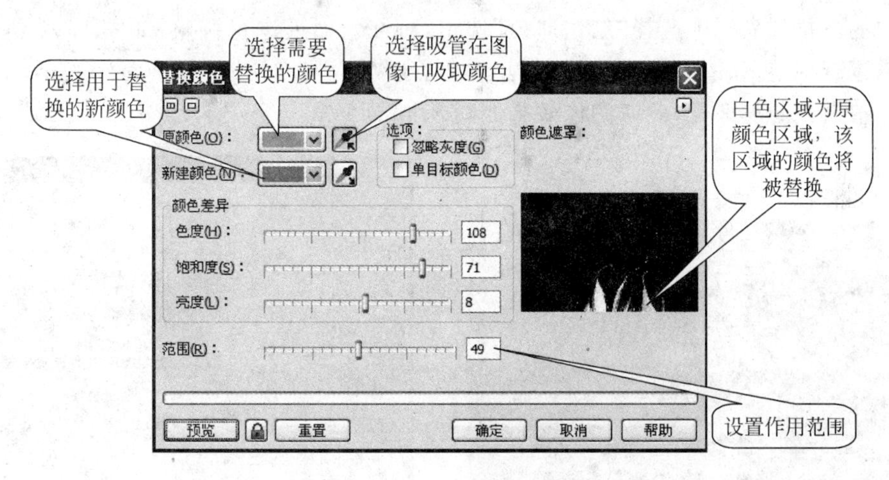

图 8.39　“替换颜色”对话框

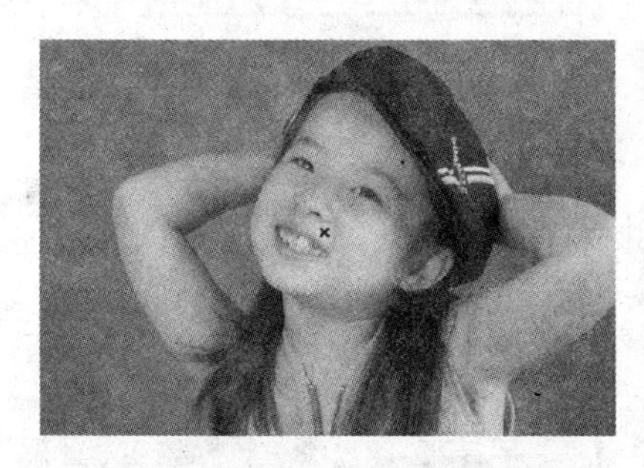
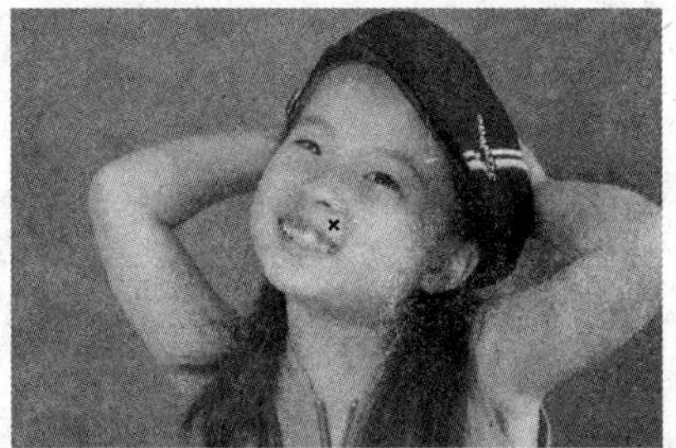

图 8.40　图像应用“替换颜色”命令前后效果对比

专家点拨　在“替换颜色”对话框中，“范围”的值越小，新颜色影响原颜色区域就越小；“范围”的值越大，影响范围就越大。另外，拖动“色度”、“饱和度”和“亮度”滑块可以对新颜色进行调整。

8.2.3　色彩调整命令的应用——色彩特效

1. 实例简介

本实例对位图图像的色彩进行调整以获得浓郁色彩效果。在实例的制作过程中，使用

“高反差”、“亮度/对比度/强度”和“色度/饱和度/亮度”命令调整位图图像的色彩。通过为位图图像添加透明效果实现局部的色彩变化。

通过本实例的制作，读者将能熟悉使用“效果”|“调整”子菜单命令对位图图片进行调色的操作方法，同时掌握利用“透明度”工具能够设置混合模式这一特点来创建色彩特效的操作技巧。

2. 实例制作步骤

(1) 启动 CorelDRAW X4，创建一个空白文档，导入“色彩特效素材.cdr”图片，如图 8.41 所示。

(2) 选择图片，选择“效果”|“调整”|“高反差”命令打开“高反差”对话框。在“色频”选项区域中的下拉列表框中选择“红色通道”选项，对红色通道进行调整，如图 8.42 所示。对绿色通道进行调整，如图 8.43 所示。对蓝色通道进行调整，如图 8.44 所示。完成设置后单击“确定”按钮关闭对话框，此时图像效果如图 8.45 所示。

图 8.41　导入素材图片

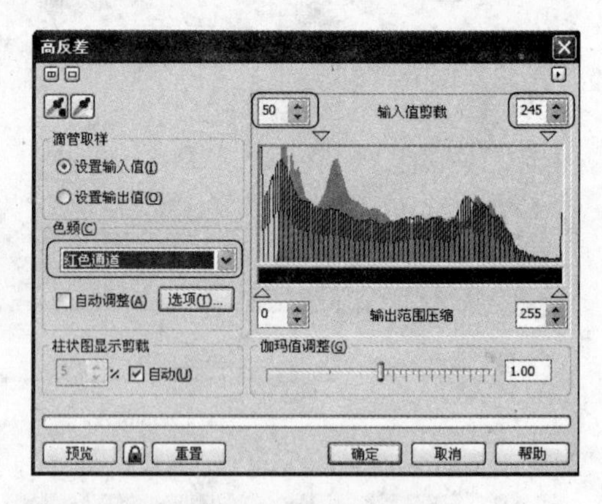

图 8.42　调整红色通道

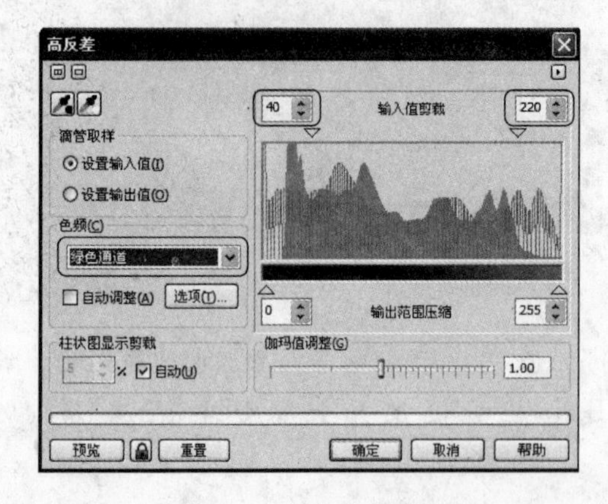

图 8.43　调整绿色通道

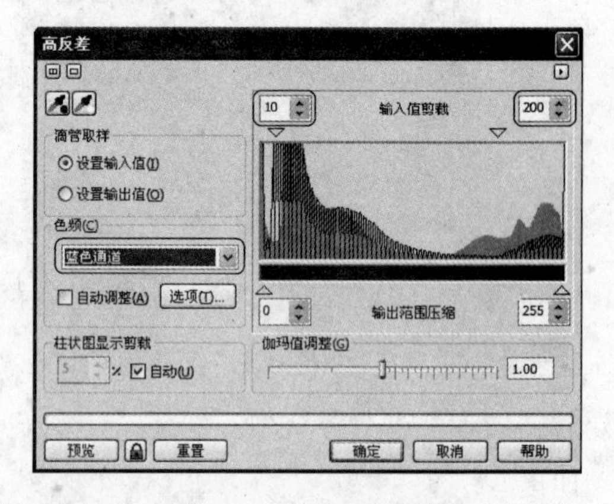

图 8.44　调整蓝色通道

(3) 选择“效果”|“调整”|“亮度/对比度/强度”命令打开“亮度/对比度/强度”对话框，在对话框中拖动滑块对图片的亮度、对比度和强度进行调整，如图 8.46 所示。单击“确定”按钮关闭对话框，此时图片效果如图 8.47 所示。

图 8.45 完成调整后的图像效果

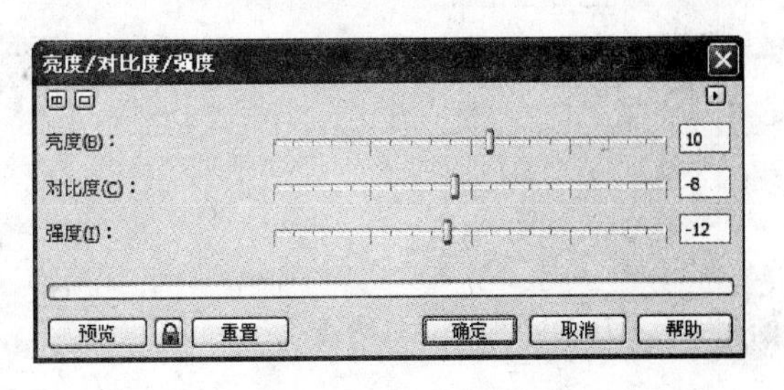

图 8.46 “亮度/对比度/强度”对话框

(4) 选择“效果”|“调整”|“色度/饱和度/亮度”命令打开“色度/饱和度/亮度”对话框，在对话框中对色度、饱和度和亮度值进行调整，如图 8.48 所示。完成调整后单击“确定”按钮关闭对话框，此时图片效果如图 8.49 所示。

图 8.47 图片调整后的效果

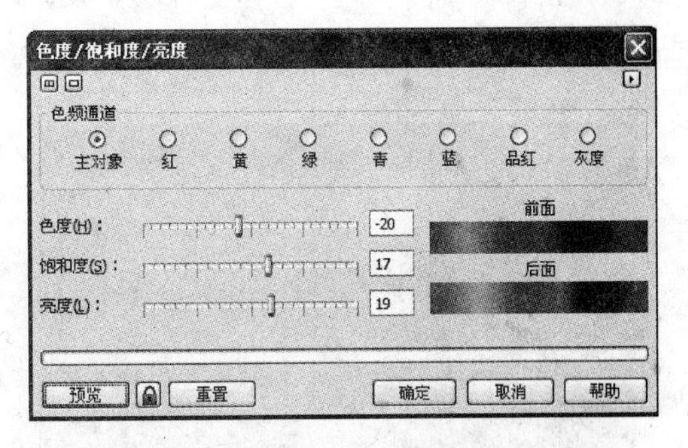

图 8.48 “色度/饱和度/亮度”对话框

(5) 在工具箱中选择“矩形”工具，在页面中拖动鼠标绘制一个与图片一样大小的矩形。为矩形填充“绿色”，去除矩形的轮廓线如图 8.50 所示。

图 8.49 调整后的图像效果

图 8.50 绘制一个矩形

(6) 在工具箱中选择“透明度”工具，为矩形添加“圆锥”透明效果，同时在属性栏的“透明度操作”下拉列表框中选择“红色”选项，如图 8.51 所示。将该矩形放置到图片上，此时获得的效果如图 8.52 所示。

(7) 使用“矩形”工具绘制一个比图片大的矩形，以“黑色”填充矩形并取消轮廓线。将矩形放置到图片上，在矩形上右击，从弹出的快捷菜单中选择“顺序”|“到页面后面”命令。此时为图片添加一个黑边边框，如图 8.53 所示。

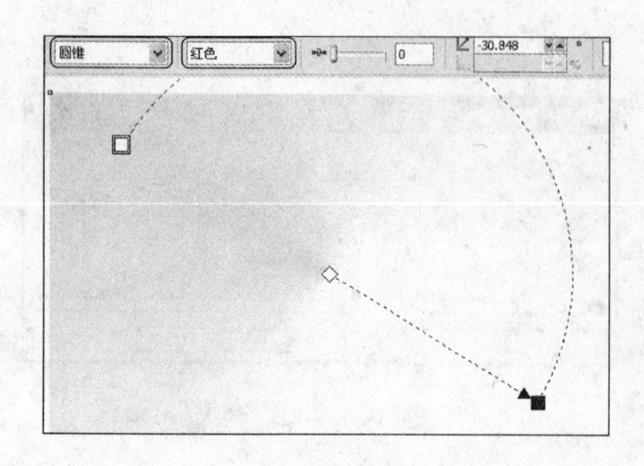

图 8.51 创建透明效果

图 8.52 将矩形放置于图片上

(8) 使用“钢笔”工具沿着图片的上下边界分别绘制两条直线，将直线宽度设置为2mm，颜色为“红色”，如图 8.54 所示。使用“文本”工具在图片右下方添加白色文字，同时使用“钢笔”工具绘制一条分隔线，如图 8.55 所示。

图 8.53 为图片添加黑边边框

图 8.54 绘制两条红色直线

(9) 适当调整对象的位置到满意为止，保存文档，完成本实例的制作。本实例制作完成后的效果如图 8.56 所示。

图 8.55 添加文字和分隔线

图 8.56 实例制作完成后的效果

8.3 滤镜特效

CorelDRAW 提供了大量的滤镜，每种滤镜都各有特点，能够创建某种独特的视觉效果。灵活使用滤镜，能够使图像产生丰富多彩的艺术效果。

8.3.1 三维效果

CorelDRAW 的三维效果滤镜可以为位图添加各种 3D 立体效果。在这个滤镜组中包含了三维旋转、柱面、浮雕、卷页、透视、球面和挤压等滤镜类型。

1. 三维旋转

三维旋转可以使图像产生一种立体旋转透视效果。选择页面中的位图，选择"位图"|"三维旋转"|"三维旋转"命令打开"三维旋转"对话框，在对话框中的"垂直"和"水平"微调框中输入对象在垂直和水平方向上的旋转角度，如图 8.57 所示。单击"确定"按钮对位图应用滤镜，图像应用滤镜前后的效果对比如图 8.58 所示。

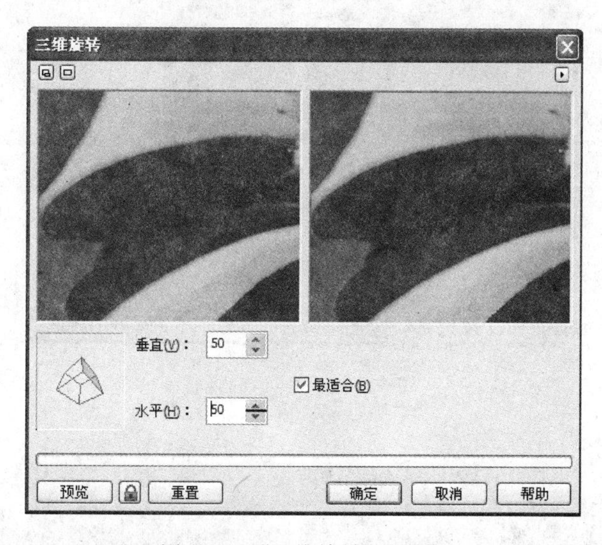

图 8.57　"三维旋转"对话框

图 8.58　图像应用"三维旋转"滤镜前后效果对比

专家点拨 在所有的滤镜对话框中，左上角的▣按钮和□按钮可以实现在双窗口、大窗口和取消预览窗口之间切换。将鼠标移动到预览窗口中，光标变为手形后可以拖动预览窗口中的图像。在预览窗口中单击可以放大视图，右击可以缩小视图。单击“预览”按钮可以预览滤镜应用后的效果。单击“重置”按钮可以取消对话框中各个选项的参数设置，使之恢复到默认值。

2. 卷页

“卷页”命令能够为位图添加一种类似于卷起页面一角的卷曲效果。选择位图后，选择“位图”|“三维效果”|“卷页”命令打开“卷页”对话框，在对话框中对参数进行设置，如图8.59所示。完成设置后单击“确定”按钮即可应用滤镜效果，位图应用该滤镜前后的效果对比如图8.60所示。

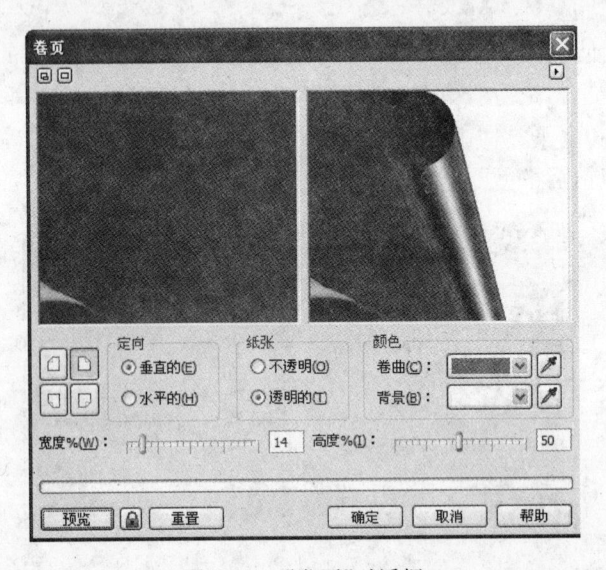

图8.59 “卷页”对话框

图8.60 图像应用“卷页”滤镜前后效果对比

专家点拨 这里，4个按钮▦用于选择页面卷曲的图像边角。“定向”选项区域用于选择页面卷曲的方向是垂直方向还是水平方向，“纸张”选项区域用于设置卷曲区域是透明还是不透明，“颜色”选项区域用于设置页面卷曲后背景颜色和纸张背面抛光效果的颜色。“宽度”和“高度”滑块用于调整页面卷曲区域的大小。

3. 球面

“球面”命令能够使图像产生凹凸的球面效果。选择位图后，选择“位图”|“三维效果”|“球面”命令打开“球面”对话框，对滤镜参数进行设置，如图 8.61 所示。完成设置后单击“确定”按钮应用滤镜，图像应用滤镜前后效果对比如图 8.62 所示。

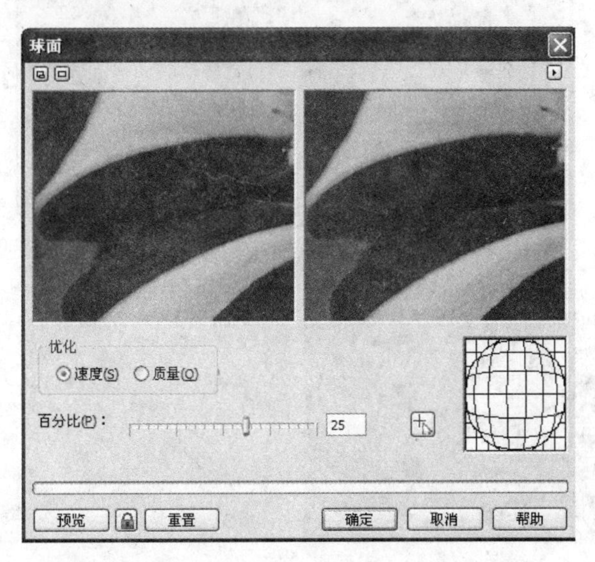

图 8.61 “球面”对话框

图 8.62 图像应用“球面”滤镜前后效果对比

专家点拨 在“球面”对话框中的“优化”选项区域中，用户可以根据需要选择“速度”和“质量”作为优化标准。拖动“百分比”滑块可以设置球面凹凸的强度。

8.3.2 艺术笔触

应用艺术笔触滤镜，可以为位图添加一些特殊的美术技法效果。艺术笔触滤镜包括炭笔画、蜡笔画、立体派、调色刀和水彩画等 14 种滤镜效果。

1. 炭笔画

使用“炭笔画”滤镜能够使位图产生类似于炭笔绘制的画面效果。选取位图，选择“位图”|“艺术笔触”|“炭笔画”命令打开“炭笔画”对话框，在对话框中对滤镜效果进行设置，如图 8.63 所示。单击“确定”按钮关闭对话框，图像应用滤镜前后的效果对比如图 8.64 所示。

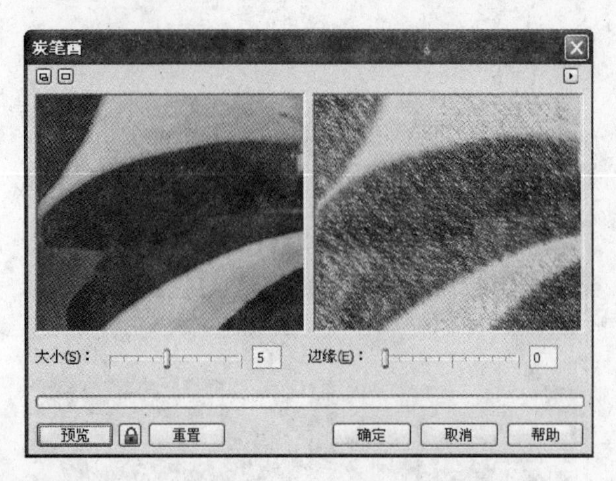

图 8.63 “炭笔画”对话框

图 8.64 图像应用“炭笔画”滤镜前后效果对比

专家点拨 “炭笔画”对话框中的“大小”滑块可以设置画笔尺寸的大小，“边缘”滑块可以设置轮廓边缘的清晰度。

2. 蜡笔画

“蜡笔画”滤镜能够使图像产生类似于蜡笔画的效果。选择“位图”|“艺术笔触”|“蜡笔画”命令打开“蜡笔画”对话框，对滤镜参数进行设置，如图 8.65 所示。单击“确定”按钮关闭对话框，图像应用滤镜前后的效果对比如图 8.66 所示。

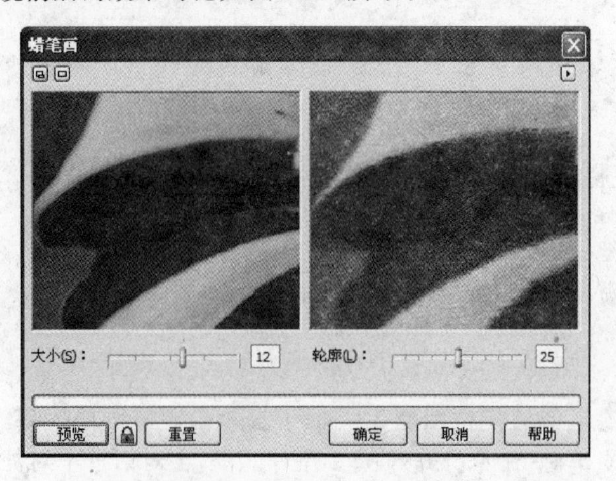

图 8.65 “蜡笔画”对话框

图 8.66 图像应用“蜡笔画”滤镜前后效果对比

专家点拨 “蜡笔画”对话框中的“大小”滑块用于设置蜡笔画背景的颜色数量,“轮廓”滑块用于设置轮廓大小的强度。

3. 水彩画

“水彩画”滤镜可以使位图产生类似于水彩画的效果。选取图像,选择“位图”|“艺术笔触”|“水彩画”命令打开“水彩画”对话框,在对话框中对参数进行设置,如图 8.67 所示。单击“确定”按钮关闭对话框,图像应用滤镜前后效果对比如图 8.68 所示。

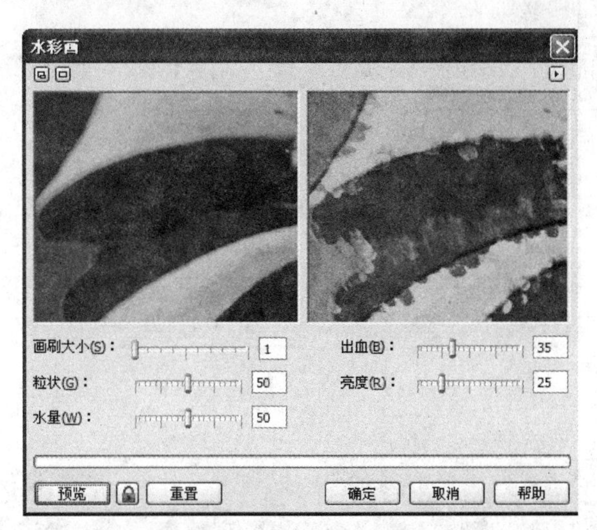

图 8.67 “水彩画”对话框

图 8.68 图像应用“水彩画”滤镜前后效果对比

专家点拨 “水彩画”对话框中的“画刷大小”滑块用于设置笔刷的大小，“粒状”滑块用于设置纸张底纹的粗糙程度，“水量”滑块用于设置笔刷的水分值，“出血”滑块用于设置笔刷的速度值，“亮度”滑块用于设置画面的亮度。

8.3.3 模糊

模糊滤镜能够使位图产生像素柔化、边缘平滑、颜色渐变和运动感的效果，该类滤镜包括定向平滑、高斯式模糊、锯齿状模糊、放射状模糊和动态模糊等 9 种效果。

1. 高斯式模糊

“高斯式模糊”滤镜能够使图像按照高斯分布变化来产生模糊效果。选取位图后，选择“位图”|“模糊”|“高斯式模糊”命令打开“高斯式模糊”对话框，在对话框中对参数进行设置，如图 8.69 所示。单击“确定”按钮关闭对话框，图像应用滤镜前后效果对比如图 8.70 所示。

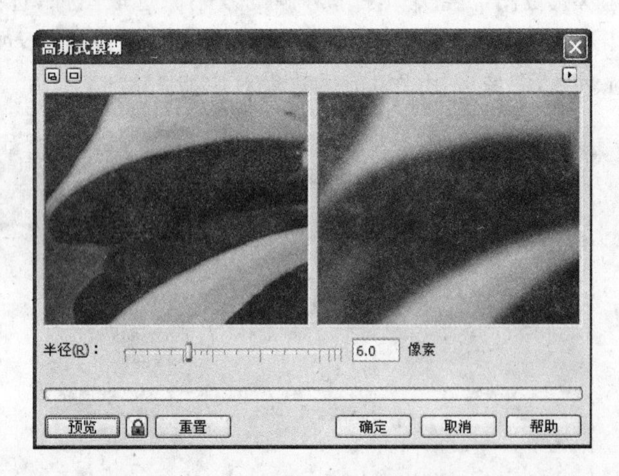

图 8.69 “高斯式模糊”对话框

图 8.70 图像应用“高斯式模糊”滤镜前后效果对比

2. 动态模糊

“动态模糊”滤镜能够将图像沿着一定方向创建镜头运动所产生的动态模糊效果。选取位图后，选择“位图”|“模糊”|“动态模糊”命令打开“动态模糊”对话框，在对话框中对参数进行设置，如图 8.71 所示。单击“确定”按钮关闭对话框，图像应用滤镜前后效果对比如图 8.72 所示。

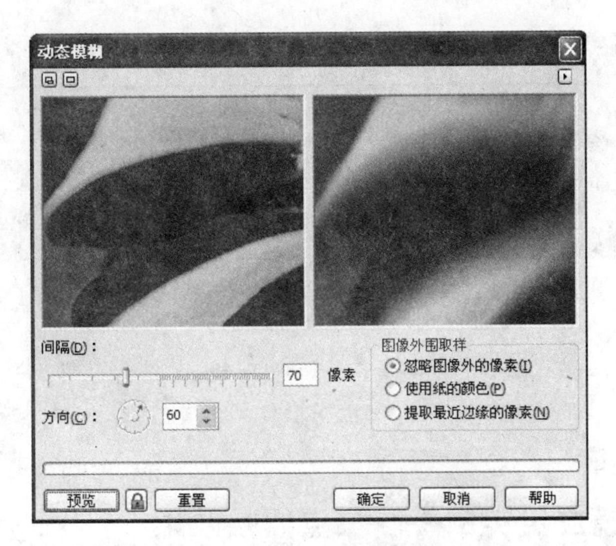

图 8.71 “动态模糊”对话框

图 8.72 图像应用“动态模糊”滤镜前后效果对比

3. 放射状模糊

“放射状模糊”滤镜能够使位图从指定圆心处产生同心旋转的模糊效果。选取位图后，选择“位图”|“模糊”|“放射状模糊”命令打开“放射状模糊”对话框，对参数进行设置，如图 8.73 所示。单击“确定”按钮关闭对话框，图像应用滤镜前后效果对比如图 8.74 所示。

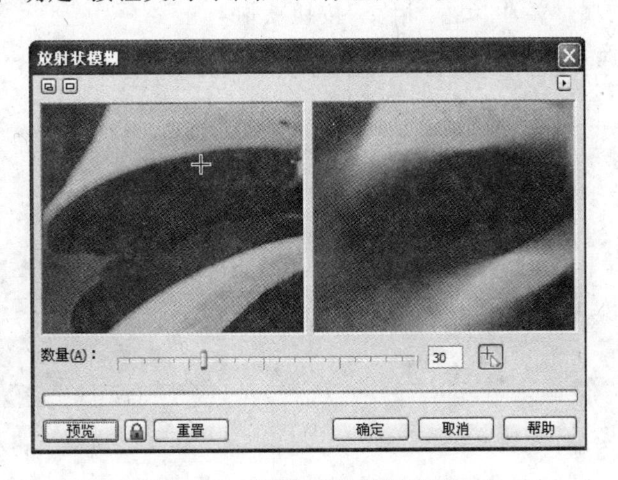

图 8.73 “放射状模糊”对话框

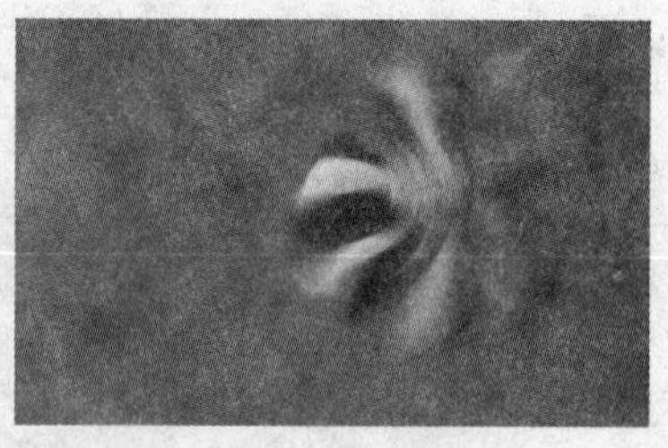

图 8.74　图像应用“放射状模糊”滤镜前后效果对比

专家点拨　在“放射状模糊”对话框中单击十按钮，在预览窗口中单击可以选择模糊中心，单击后的预览窗口中将出现十字形标记。另外，拖动“数量”滑块可以设置模糊的强度。

8.3.4　滤镜应用实例——焦点照片效果

1. 实例简介

本实例介绍使用 CorelDRAW 制作位图图片的焦点照片效果。在本实例中，使用“模糊”滤镜组的“缩放”滤镜模拟变焦拍摄效果，使用“虚光”滤镜为图片添加黑边效果。同时，将文字转换为位图后，对其使用“动态模糊”滤镜以创建文字辉光和拖尾效果。

通过本实例的制作，读者将能够熟悉滤镜的一般使用方法，掌握“缩放”、“虚光”和“动态模糊”等常用滤镜的使用技巧。同时了解使用滤镜创建文字特效的一般方法以及切割位图的操作技巧。

2. 实例制作步骤

(1) 启动 CorelDRAW X4，创建一个空白文档，在文档中导入素材文件“马.jpg”，如图 8.75 所示。

图 8.75　导入素材文件

(2) 在工具箱中选择“矩形”工具绘制一个框住奔马的正方形，将其旋转一定角度，如图 8.76 所示。同时选择正方形和位图，在属性栏中单击“相交”按钮获取与正方形相交部分的图像，如图 8.77 所示。

图 8.76　绘制正方形并旋转

图 8.77　单击“相交”按钮

（3）选择正方形，将轮廓线的宽度设置为 5mm，同时将轮廓线设置为“白色”，如图 8.78 所示。选择位于边框下的马图像，使用“阴影”工具为其添加阴影效果，同时在属性栏中对阴影效果进行设置，如图 8.79 所示。

图 8.78　设置轮廓线宽度和颜色

图 8.79　创建阴影效果

（4）使用“挑选”工具选择最底层的背景图片，选择“位图”|“模糊”|“缩放”命令打开“缩放”对话框，在对话框中拖动“数量”滑块设置模糊数量，如图 8.80 所示。单击“确定”按钮应用滤镜，此时图像效果如图 8.81 所示。

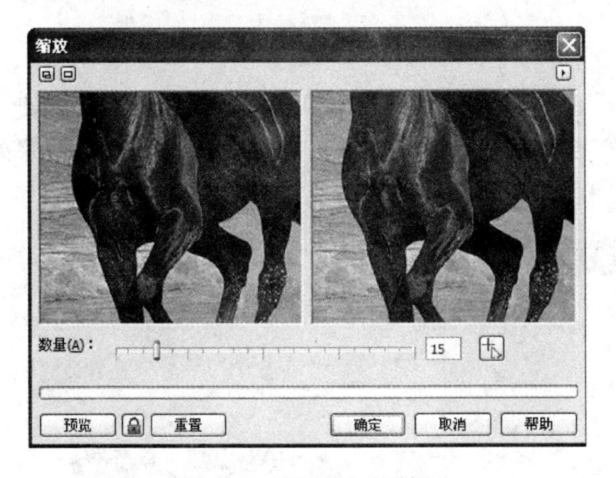

图 8.80　“缩放”对话框

图 8.81　应用“缩放”滤镜后的图像效果

（5）选择“位图”|“创造性”|“虚光”命令打开“虚光”对话框，在对话框中对滤镜参数进行设置，如图 8.82 所示。单击“确定”按钮关闭对话框，此时图像效果如图 8.83 所示。

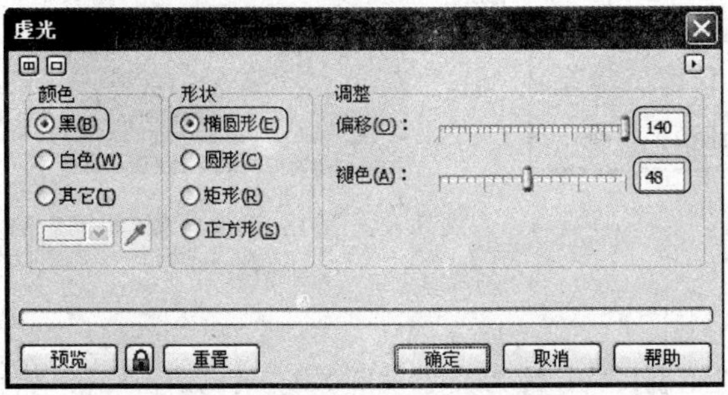

虚光
颜色　形状　调整
黑(B)　椭圆形(E)　偏移(O)：140
白色(W)　圆形(C)　褪色(A)：48
其它(T)　矩形(R)
正方形(S)
预览　重置　确定　取消　帮助

图 8.82　“虚光”对话框

图 8.83　应用“虚光”滤镜后的图像效果

(6) 在工具箱中选择“文本”工具输入一首英文诗，使用“文本”工具输入文字“驰”。对文字的字体、大小和颜色进行设置，如图 8.84 所示。

(7) 将“驰”字复制一个，将上层文字移开。选择位于下层的“驰”字，选择“位图”|“转换为位图”命令，此时将打开“转换为位图”对话框，如图 8.85 所示。在对话框中对参数进行设置，单击“确定”按钮关闭该对话框，将文字转换为位图。

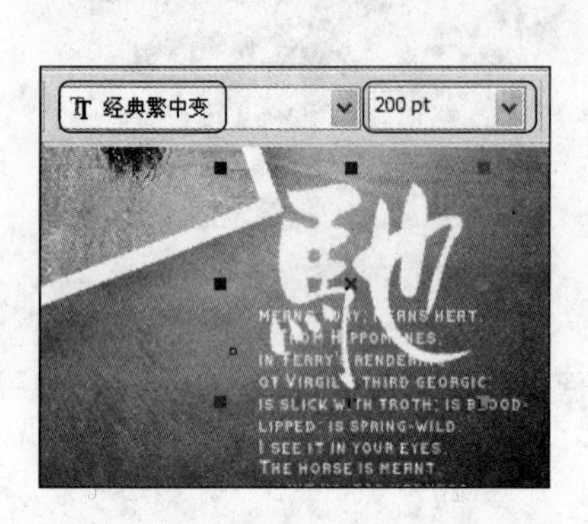

图 8.84　输入文字并对文字进行设置

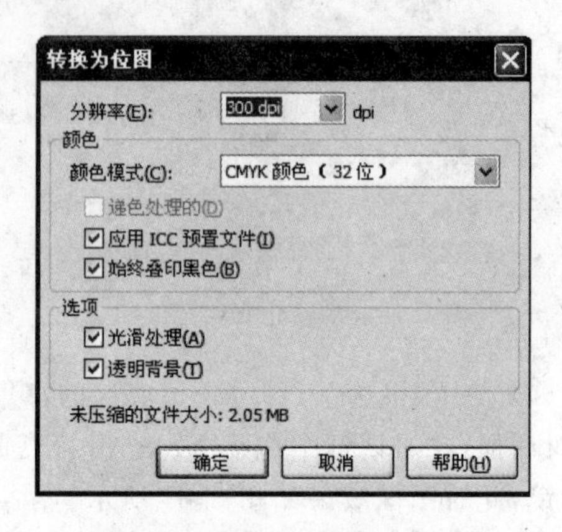

图 8.85　“转换为位图”对话框

(8) 选择“位图”|“模糊”|“动态模糊”命令打开“动态模糊”对话框，在对话框中对滤镜参数进行设置，如图 8.86 所示。单击“确定”按钮关闭“动态模糊”对话框，此时文字效果如图 8.87 所示。

图 8.86　“动态模糊”对话框

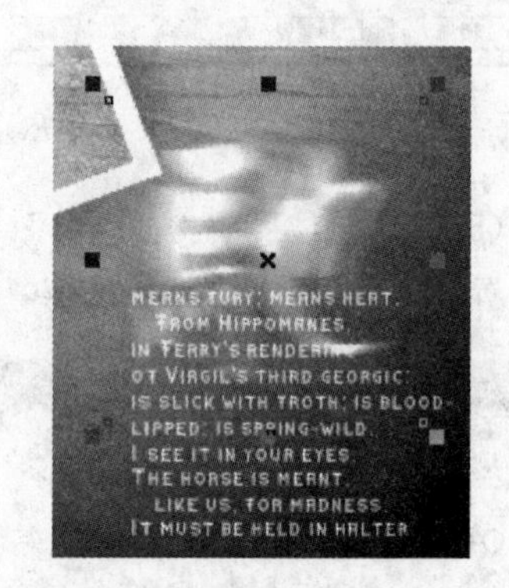

图 8.87　应用“动态模糊”滤镜后的文字效果

(9) 将位于上层的“驰”字移回，使用“轮廓图”工具为其添加轮廓效果，如图 8.88 所示。采用相同的方法使用“动态模糊”滤镜为英文诗添加拖尾效果，如图 8.89 所示。

(10) 保存文档，完成本实例的制作。本实例制作完成后的效果如图 8.90 所示。

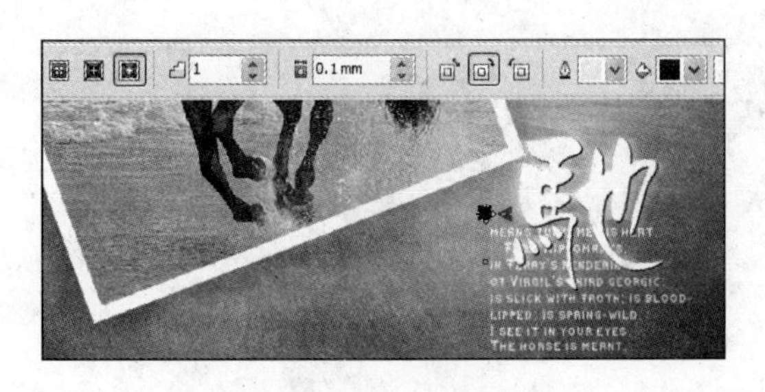

图 8.88 添加轮廓图效果

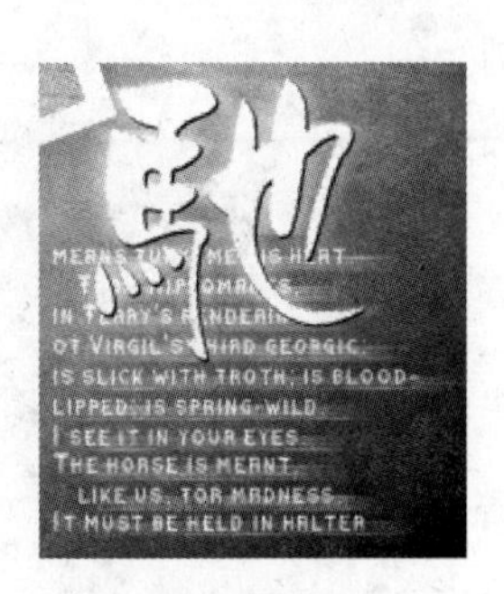

图 8.89 为英文诗添加拖尾效果

图 8.90 实例制作完成后的效果

8.4 本章小结

本章介绍了 CorelDRAW 中对位图进行编辑和处理的方法。位图的编辑包括对位图进行裁剪、创建位图颜色遮罩和描摹位图等操作。同时,对位图的色彩的调整也是位图编辑的基本操作。另外,本章还介绍了使用“高反差”、“颜色平衡”和“色度/饱和度/亮度”等命令调整图像色彩的方法。最后,对使用 CorelDRAW 自带滤镜制作图像特效的方法进行了介绍。

8.5 上机练习与指导

8.5.1 制作古画卷轴

使用素材文件“卷轴.jpg”和“古画.jpg”,制作古画卷轴效果,如图 8.91 所示。

主要练习步骤指导:

(1) 在页面中导入两个素材文件,使用“钢笔”工具勾勒出卷轴中间的扇形形状。

图 8.91　练习完成后的效果

(2) 选择古画图像,选择“效果”|“图框精确剪裁”|“放置于容器中”命令将图像放置到绘制扇形中,取消扇形形状的轮廓线即可。

8.5.2 制作茶座宣传招贴

制作茶座宣传招贴,效果如图 8.92 所示。

图 8.92　练习完成后的效果

主要练习步骤指导:

(1) 在页面中导入“上机练习 2 背景.jpg”文件,使用“矩形”工具在位图上绘制一个矩形,以“白色”填充矩形并取消轮廓线。使用“透明度”工具为矩形添加线性透明效果。

(2) 使用“矩形”工具绘制两个矩形，将它们放置于图像的上下方。将矩形转换为位图后，使用“位图”|“创造性”|“工艺”滤镜。滤镜的参数设置如下：“样式”设置为“齿轮”、“大小”设置为10、“完成”设置为100、“亮度”和“旋转”分别设置为50和180°。添加滤镜效果后，为它们添加透明效果。

(3) 导入“上机练习2素材.jpg”文件，将图片复制一个，对位于下层的图片应用“效果”|“艺术笔触”|“炭笔画”滤镜，滤镜参数为：“大小”设为8，“边缘”设为4。对位于上层的图片应用“高斯式模糊”滤镜，半径设置为两个像素。

(4) 对这两个图片分别应用“位图”|“创造性”|“框架”命令应用相同的框架，使用“位图颜色遮罩”泊坞窗将应用滤镜后出现的白色边界隐藏。

(5) 将两张图片对齐放置，为位于上层的图片添加透明效果，同时在属性栏中“透明度操作”下拉列表框中选择“减”选项。完成操作后将这两张图片群组为一个对象，放置到作品中。

(6) 使用“表格”工具在作品中绘制一个表格作为田字格，在作品中添加文字。

8.6 本章习题

一、选择题

1. 下面(　　)文件格式无法使用“文件”|“导入”命令导入。

A. *.AI　　B. *.BMP　　C. *.PUB　　D. *.FLA

2. CorelDRAW 提供了(　　)两种描摹位图的方式。

A. 中心线描摹和线条画描摹　　B. 线条画描摹和轮廓描摹

C. 中心线描摹和轮廓描摹　　D. 剪贴画描摹和轮廓描摹

3. 要想将位图中的白色区域的颜色变为蓝色，可以使用色彩调整命令(　　)。

A. “高反差”　　B. “伽玛值”

C. “色彩平衡”　　D. “替换颜色”

4. 如果需要在位图中制作钢笔画效果，可以使用下面(　　)分类滤镜。

A. “轮廓图”　　B. “模糊”

C. “艺术笔触”　　D. “创造性”

二、填空题

1. 在 CorelDRAW 中，要对导入的位图进行裁剪，可以使用________和“效果”|“图框精确剪裁”命令这两种方式。

2. CorelDRAW 提供了________，使用该功能能够对图像进行色温、淡色、饱和度、亮度和对比度等多方面的调整。

3. ________方式可以使用未填充的封闭或开放曲线(如笔触)来描摹图像，此方式还适用于描摹线条图纸、施工图、线条画和拼版等。该方式提供了两种预设样式，它们分别用于________和________。

4. CorelDRAW 的三维效果滤镜可以为位图添加各种3D立体效果。在这个滤镜组中包含了________、________、________、________、________和________等滤镜。

第9章 图层、符号和文件的输出

与 Photoshop 等图像处理软件一样，CorelDRAW 同样具有图层的概念，使用图层能够方便地在复杂的绘图中组织和管理各个对象。同时，在复杂的图形文件中，为了减小文件的大小，使相同的对象能够重复使用，可以将图形定义为符号。另外，绘制完成的作品需要打印输出，为了将文档准确无误地打印输出，必须了解与打印有关的内容。本章将对 CorelDRAW 中的图层、符号和文件打印输出的知识进行介绍。

本章主要内容：

- 认识图层。
- 使用符号。
- 输出文件。

9.1 认识图层

CorelDRAW 中的绘图实际上是由堆叠的对象构成的，这些对象的垂直顺序决定了绘图的结果。管理这些对象的一个有效方式就是使用不可见的平面来组织单独的对象，这个不可见的平面就是所谓的图层。

9.1.1 图层的基本操作

在 CorelDRAW 中，图层为组织和编辑复杂绘图中的对象提供了更大的灵活性，用户可以把一个绘图划分为若干图层，每个图层包含一部分绘图内容。当需要对某部分绘图内容进行编辑时，只需通过图层操作来进行，这将不会影响其他绘图内容。

1. 创建和删除图层

CorelDRAW 中图层的操作是在“对象管理器”泊坞窗中进行的，选择“窗口”|“泊坞窗”|“对象管理器”命令打开“对象管理器”泊坞窗，在泊坞窗左下角单击“新建图层”按钮即可创建一个新图层，如图 9.1 所示。此时，新建的图层名称处于可编辑状态，输入图层名后按 Enter 键即可完成对图层的命名，如图 9.2 所示。在“对象管理器”泊坞窗中选择某个图层，单击“删除”按钮即可将选择的图层删除，如图 9.3 所示。

专家点拨 在 CorelDRAW X4 中，图层分为局部图层和主图层。应用于特定页面的内容放置于局部图层上，而应用于文档中所有页面的内容放置于称为主图层的全局图层上，主图层则存储在称为主页面的虚拟页面上。例如，这里创建的“自定义图层1”就是一个局部图层，而“导线”、“桌面”和“网格”等图层则是主图层。

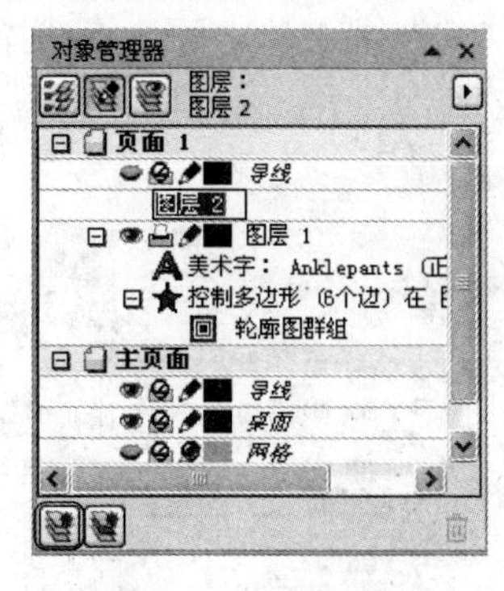

图 9.1　创建新图层

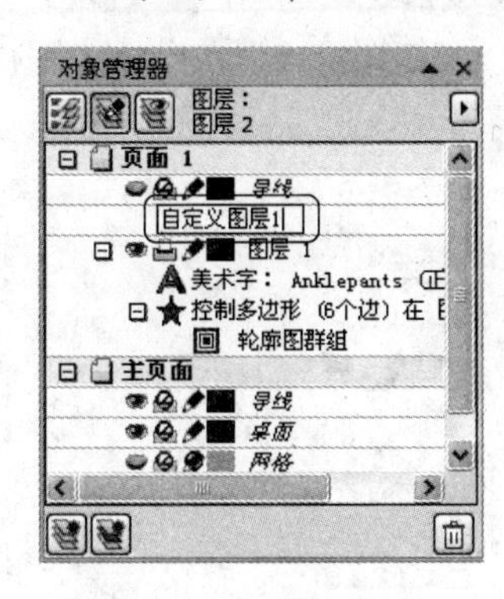

图 9.2　对图层命名

图 9.3　删除图层

2. 移动或复制图层

在编辑绘图内容时，可以在一个页面上或者多个页面之间移动或复制图层，也可以将特定的对象移动或复制到新图层上，包括主页面的图层。移动图层将不会改变图层中对象在绘图区的位置，只是改变绘图内容在页面上的重叠顺序。在“对象管理器”泊坞窗中选择需要移动的图层，使用鼠标拖动该图层即可在“对象管理器”泊坞窗中移动图层的位置，如图 9.4 所示。

在“对象管理器”泊坞窗中的某个图层上右击，在弹出的快捷菜单中选择“复制”命令。在泊坞窗的某个图层上再次右击，在弹出的快捷菜单中选择“粘贴”命令，即可在该图层上生成一个副本图层，实现图层的复制，如图 9.5 所示。

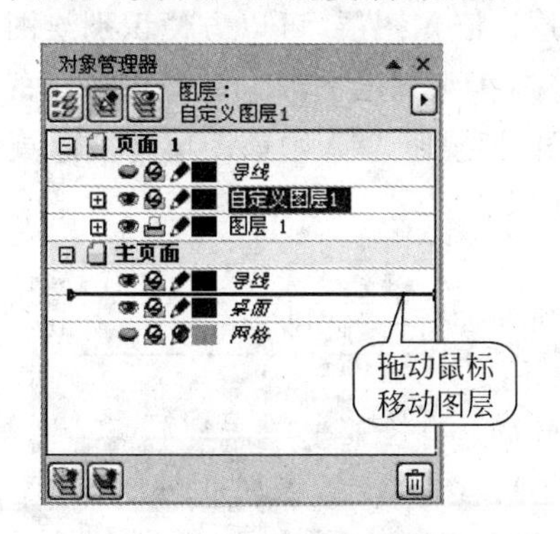

图 9.4　移动图层

图 9.5　复制图层

专家点拨　移动和复制图层都将影响图层的堆叠顺序。如果将对象移动或复制到位于其当前图层下面的某个图层上，该对象将称为新图层上的顶层对象。如果将一个对象移动或复制到位于当前图层上面的图层上，该对象将成为新图层的底层对象。

3. 移动和复制对象

移动和复制对象至其他图层与直接移动和复制图层不同，它是将某个图层中的对象移动和复制到另外的图层中，对象变为目标图层的内容。

在图层中选择某个对象，单击“对象管理器”泊坞窗右上角的“对象管理器”按钮▶，在打开的菜单中选择“移到图层”命令，如图 9.6 所示。此时，在某个图层上单击即可将选择对象移动到该图层，如图 9.7 所示。

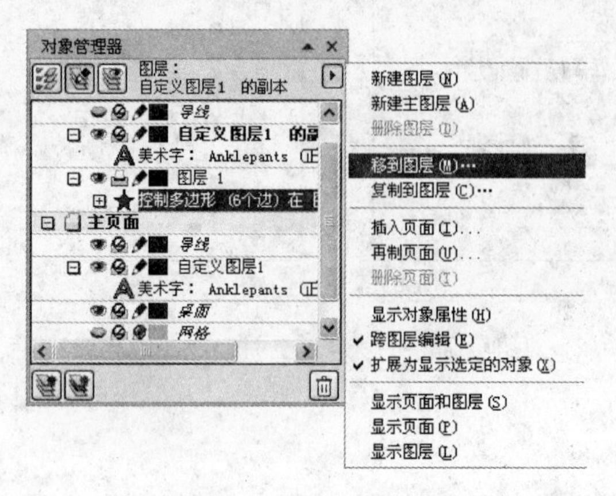

图 9.6　选择“移到图层”命令

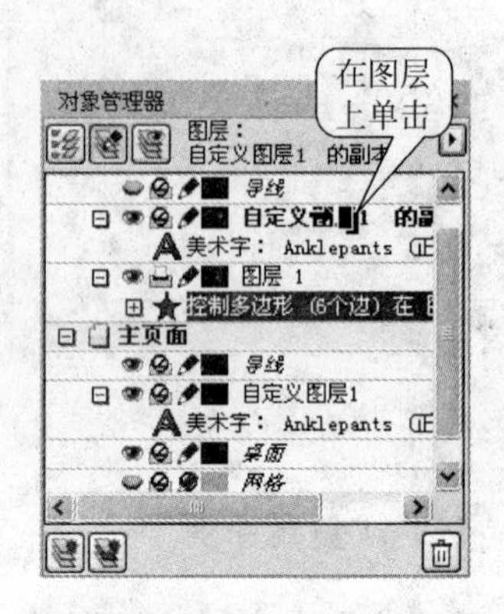

图 9.7　移动图层

9.1.2　设置图层属性

对于创建的新图层，在默认情况下会启动显示、编辑、打印和导出属性，用户可以对这些属性进行更改。

1. 显示和隐藏图层

在 CorelDRAW 中，可以选择显示或隐藏图层。隐藏图层，可以方便识别绘图区中位于不同图层的对象，同时便于对图层上对象的编辑，减少编辑绘图时刷新绘图所用的时间。

在“对象管理器”泊坞窗中单击“显示和隐藏图层”按钮 ，则该图层将被隐藏，如图 9.8 所示。再次单击该按钮，图层将显示，如图 9.9 所示。

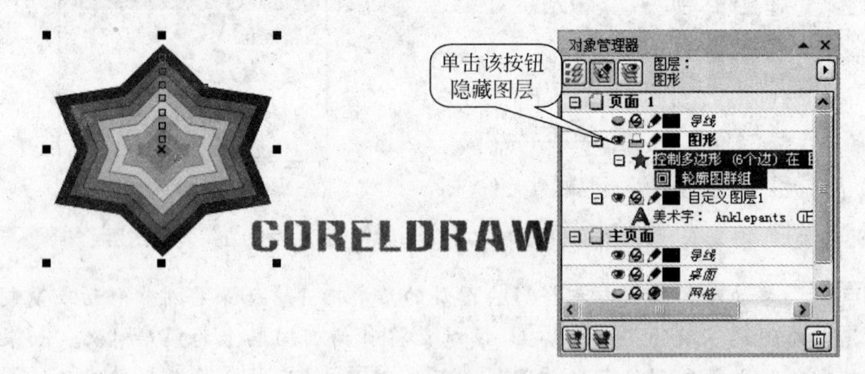

图 9.8　隐藏图层

2. 启用和禁用打印及输出

在 CorelDRAW 中，可以设置图层的打印和导出属性以控制图层是否显示在打印或导

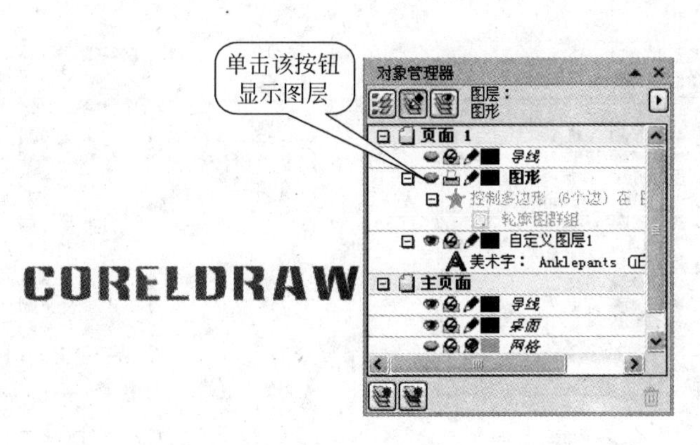

图 9.9 显示图层

出的绘图中。在“对象管理器”泊坞窗中单击图层上的“启用还是禁用打印和输出”按钮，即可禁止该图层的内容打印输出，如图 9.10 所示。如果需要取消对打印和输出的禁用，可以单击图层的“启用还是禁用打印和输出”按钮，如图 9.11 所示。

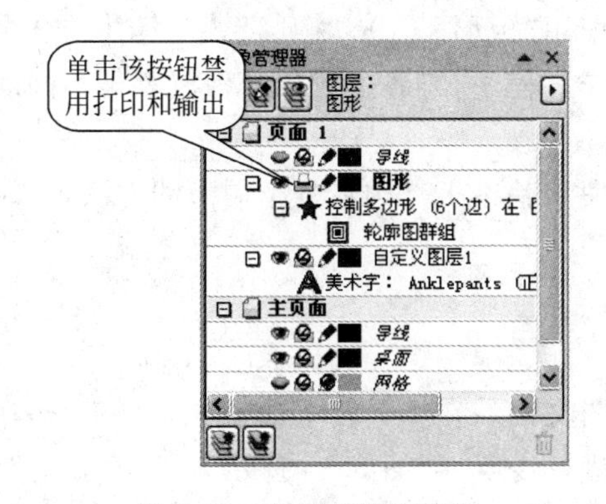

图 9.10 禁用打印和输出

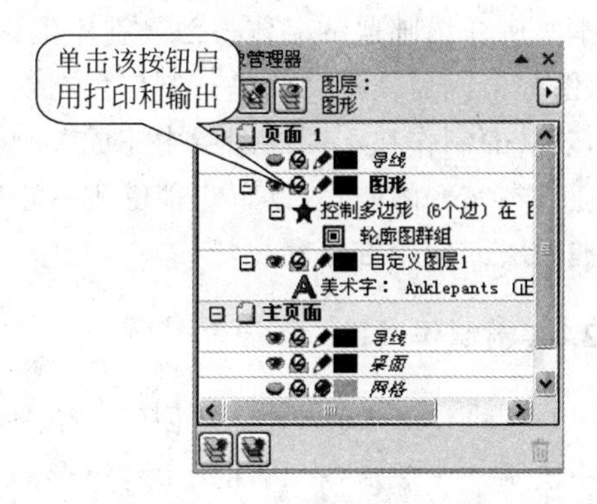

图 9.11 启用打印和输出

专家点拨 如果启用了打印和输出，隐藏的图层会在最终输出中显示。网格图层是不能打印和输出的。此时，CorelDRAW 工具栏上的“打印”按钮和相关的菜单命令将被禁用。

3. 设置图层的编辑属性

在 CorelDRAW 中，可以允许编辑所有图层上的对象，也可以限制编辑以便于其他用户能够编辑活动图层上的对象。在“对象管理器”泊坞窗中单击图层上的“锁定和解除锁定”按钮可以锁定该图层的内容，此时该图层中的对象将不能再编辑，如图 9.12 所示。

在“对象管理器”泊坞窗中选择图层，单击“跨图层编辑”按钮使其处于按下状态将禁用跨图层编辑，如图 9.13 所示。

专家点拨 如果禁用了跨图层编辑，将只能处理活动图层和桌面图层，不能选择或编辑非活动图层上的对象。若需要解除禁用状态，可以再次单击该按钮，使其处于非按下状态即可。

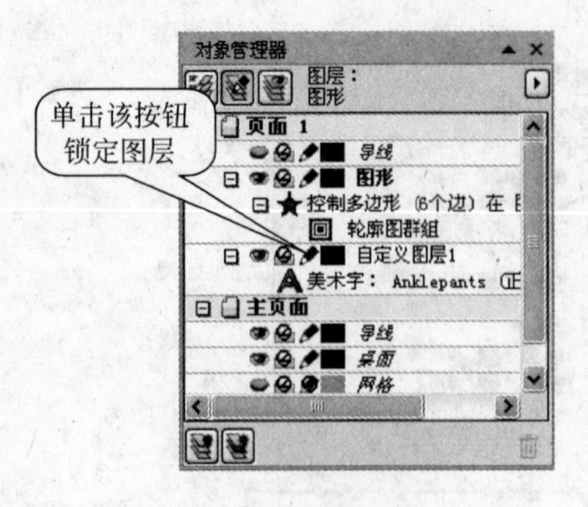

图 9.12　锁定图层

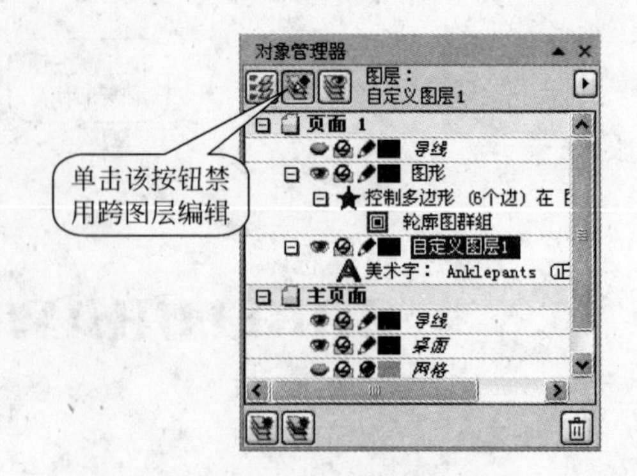

图 9.13　禁用跨图层编辑

9.1.3 图层应用实例——制作邮票

1. 实例简介

本实例介绍邮票的制作方法。在本实例中，使用“矩形”工具、“椭圆形”工具并结合多重复制、图框精确剪裁等功能进行制作。在实例制作过程中，将各个对象分别放置于不同的图层中，效果的制作在不同的图层中完成。

通过本实例的制作，读者将能够进一步熟悉使用基本工具构造复杂图形的方法，同时能够掌握图层的使用方法和技巧。

2. 实例制作过程

(1) 启动 CorelDRAW X4，创建一个新的空白文档。在工具箱中选择“矩形”工具，在绘图区中绘制一个矩形，在属性栏中对矩形的大小进行设置，如图 9.14 所示。

(2) 在工具箱中选择“椭圆形”工具，按住 Ctrl 键绘制一个圆形，将该圆形放置于矩形的左上角。同时在属性栏中设置圆形的大小，如图 9.15 所示。

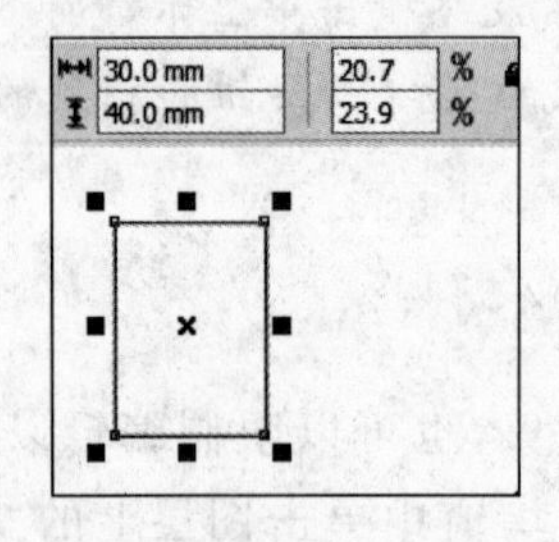

图 9.14　绘制矩形并设置其大小

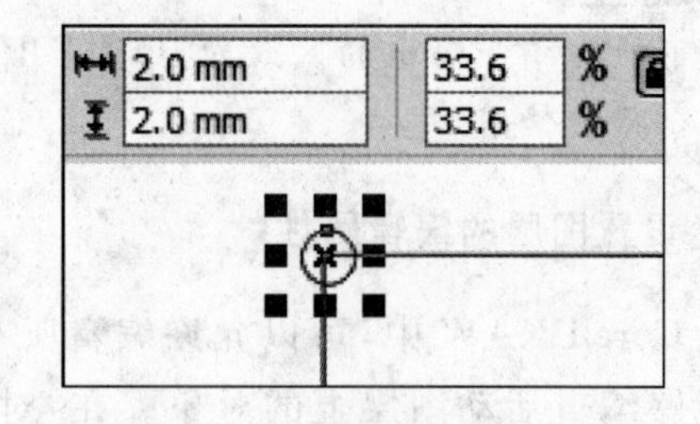

图 9.15　绘制圆形并设置大小

(3) 选择“编辑”|“步长和重复”命令打开“步长和重复”泊坞窗，在“份数”微调框中输入“11”，在“水平设置”栏中的下拉列表中选择“对象之间的间隔”选项，在“距离”微调框中输入数值“0.7”，在“方向”下拉列表中选择“右部”选项。完成设置后单击“应用”按钮，在水平方向上复制圆形，如图 9.16 所示。

(4) 使用“挑选”工具选择左上角的圆形，在“步长和重复”泊坞窗的“水平设置”栏的下拉列表中选择“无偏移”选项。在“垂直设置”栏中的下拉列表中选择“对象之间的间隔”选项，在“距离”微调框中输入数值“0.7”，将“方向”设置为“下部”。单击“应用”按钮，在垂直方向上复制圆形，如图 9.17 所示。

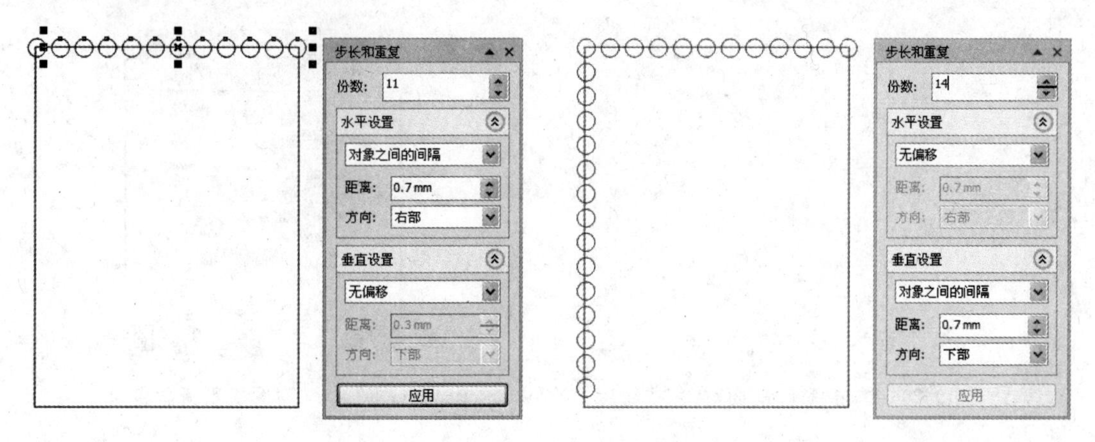

图 9.16　复制圆形　　　　图 9.17　在垂直方向上复制圆形

(5) 按住 Shift 键依次单击圆形选择它们，按“＋”键复制，将复制后的图形拖放到下边，如图 9.18 所示。同时复制矩形左侧的圆形，复制后拖放到矩形的右侧，如图 9.19 所示。完成复制后，对圆形之间的间距进行适当调整。

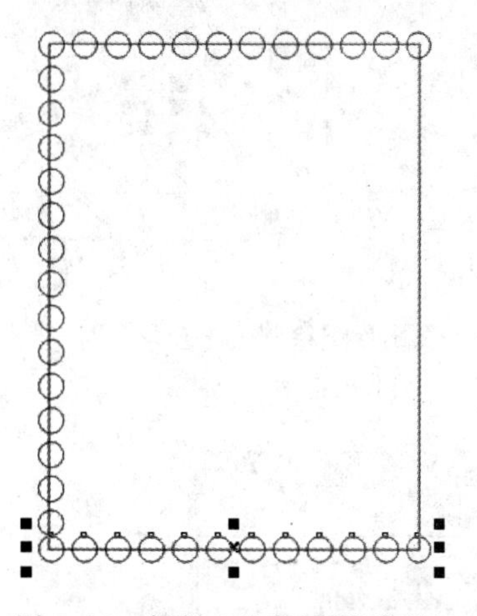

图 9.18　复制上边的圆形到下边

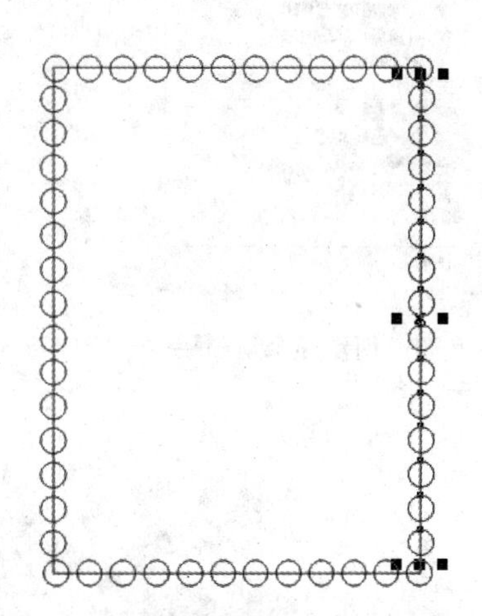

图 9.19　复制左侧的圆形到右边

(6) 使用“挑选”工具选择所有的图形，在属性栏中单击“移除前面对象”按钮，此时获得的图形效果如图 9.20 所示。

(7) 选择“窗口”|“泊坞窗”|“对象管理器”命令打开“对象管理器”泊坞窗，在列表中选择“图层 1”选项后再次单击，将该图层命名为“邮票边框”，如图 9.21 所示。在泊坞窗中单击“新建图层”按钮创建一个新图层，将该图层命名为“邮票图片”，如图 9.22 所示。

(8) 在“对象管理器”泊坞窗中选择“邮票图片”图层，使用“矩形”工具在该图层中绘制一个矩形，如图 9.23 所示。选择“文件”|“导入”命令打开“导入”对话框，导入需要的图片，拖动图片上的控制柄将图片缩小。选择“效果”|“图框精确剪裁”|“放置于容器中”命令将图片放置在矩形中，如图 9.24 所示。

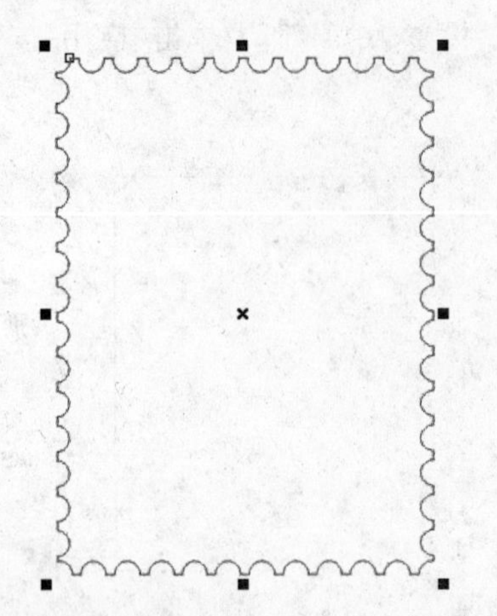

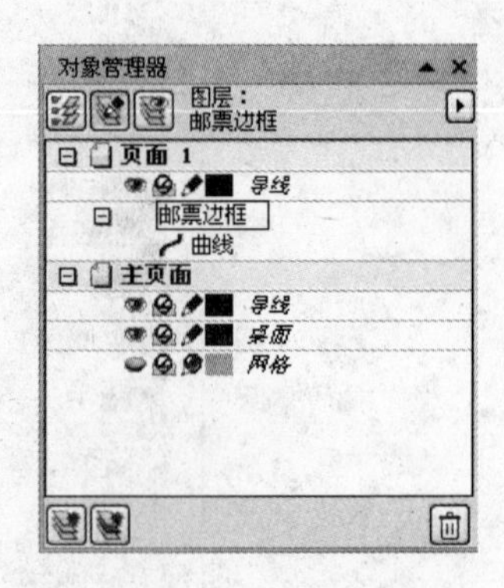

图 9.20 单击“移除前面对象”按钮后的效果

图 9.21 对图层重新命名

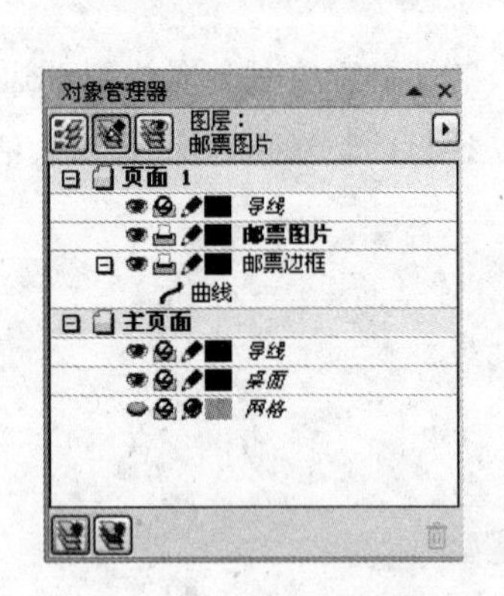

图 9.22 创建一个新图层

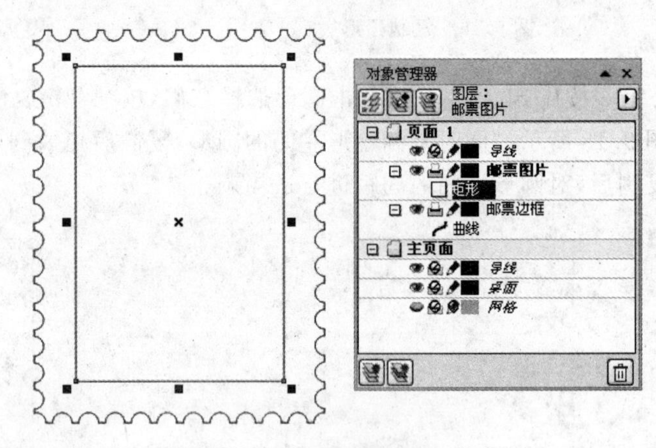

图 9.23 在图层中绘制一个矩形

图 9.24 放置图片

(9) 在泊坞窗中单击“新建图层”按钮 创建一个新图层，将该图层命名为“文字”，在该图层添加文字，如图 9.25 所示。

图 9.25 添加文字

(10) 在泊坞窗中单击“新建图层”按钮 创建一个新图层，将该图层命名为“背景”。使用“矩形”工具在该图层中绘制一个矩形，使用“填充”工具对其进行射线填充，其颜色为“黄色”和“红色”。在“对象管理器”泊坞窗中将该图层拖放到列表的最底层，如图 9.26 所示。

图 9.26 绘制矩形并重新放置图层

(11) 在“对象管理器”泊坞窗中选择“邮票边框”图层，使用“挑选”工具选择图层中的图形，对其填充“白色”。取消图形的边框线，使用“阴影”工具为图形添加阴影效果，如图 9.27 所示。

(12) 保存文档，完成本实例的制作。本实例制作完成后的效果如图 9.28 所示。

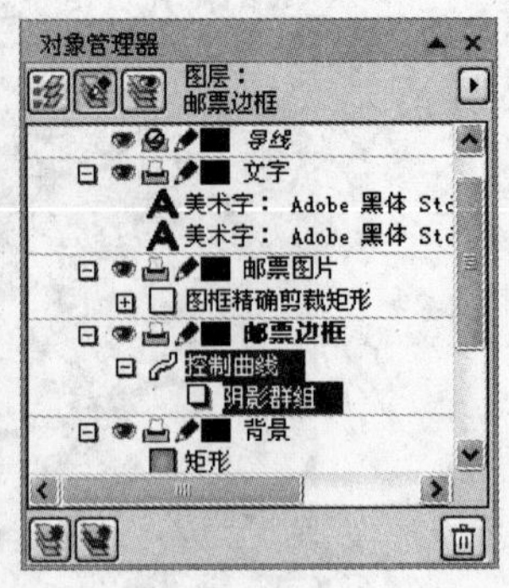

图 9.27　添加阴影效果

图 9.28　实例制作完成后的效果

9.2 使用符号

在 CorelDRAW X4 中，符号指的是可以重复使用的对象或群组对象。CorelDRAW 允许创建对象并将它们保存为符号。符号在使用时只需要定义一次，然后即可在作品中多次重复使用。在绘图时使用符号能够有效地减小文件的大小。

9.2.1 创建和编辑符号

绘图中一个符号可以有多个实例，不管使用多少实例都不会影响图形的大小。在绘图时，对符号的修改将会被所有实例自动继承，使用符号可以更快、更方便地对图形进行编辑。

1. 创建符号

符号可以从对象中创建，将对象转换为符号后，新的符号将会添加到符号管理器中，而选定的对象将变为实例。

在绘图区中选择对象后右击，从弹出的快捷菜单中选择“符号”|“新建符号”命令，此时将打开“创建新符号”对话框，在对话框中输入符号名称，如图 9.29 所示。单击“确定”按钮关闭对话框，按 Ctrl+F3 组合键打开“符号管理器”泊坞窗，新建的符号将显示在“符号管理器”泊坞窗中，如图 9.30 所示。

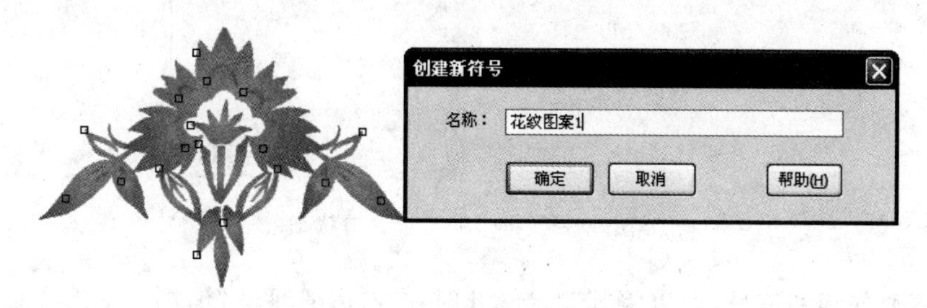

图 9.29 “创建新符号”对话框

2. 编辑符号

创建符号后，可以对符号进行编辑，而对符号进行更改将会影响到绘图区中的所有实例。另外，用户也可以删除符号实例或清除不需要的符号定义，以帮助减小文件的大小。

在“符号管理器”泊坞窗中选择符号，在名称上双击即可更改符号的名称，如图 9.31 所示。

图 9.30 “符号管理器”泊坞窗中的符号

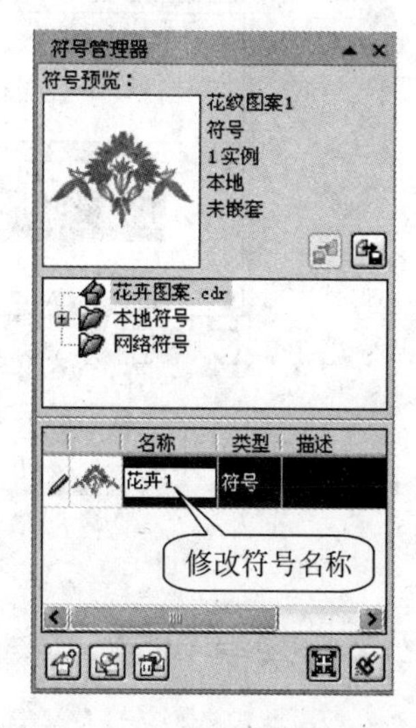

图 9.31 修改符号名称

在“符号管理器”泊坞窗中选择符号，单击泊坞窗左下角的“编辑符号”按钮，此时符号将放置到绘图区中，符号可被编辑，如图 9.32 所示。完成符号编辑后，只需要单击工作区左下角的“完成编辑对象”按钮即可。

图 9.32 符号处于被编辑状态

对于不再使用的符号，可以将其删除。此时在"符号管理器"泊坞窗中选择符号后，单击右下角的"删除符号"按钮 即可将符号删除。此时 CorelDRAW 会提示是否删除，单击"是"按钮即可，如图 9.33 所示。

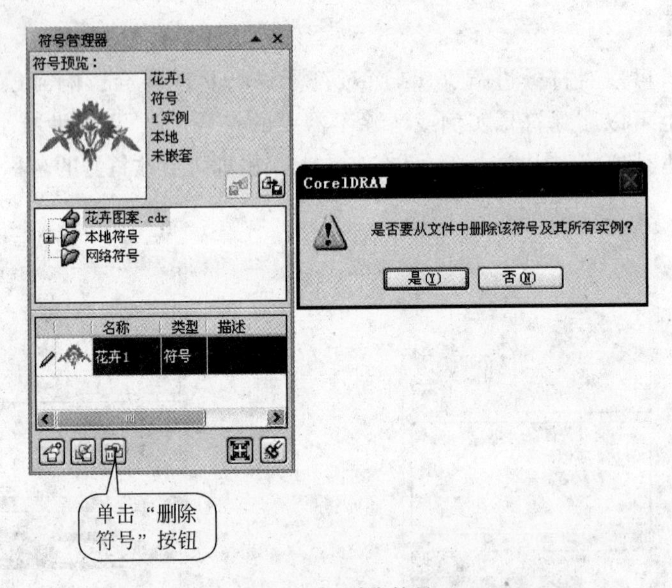

图 9.33 删除符号

9.2.2 共享符号

在 CorelDRAW 中，每个绘图都有自己的符号库，它们是文件的组成部分。通过复制和粘贴，可以在不同的绘图间共享符号。

1. 复制符号

在"符号管理器"泊坞窗中选择符号后右击，从弹出的快捷菜单中选择"复制"命令复制符号,如图 9.34 所示。在新文档中的“符号管理器”泊坞窗中右击,从弹出的快捷菜单中选择“粘贴”命令即可粘贴剪贴板中的符号,新文档中即可使用该符号,如图 9.35 所示。

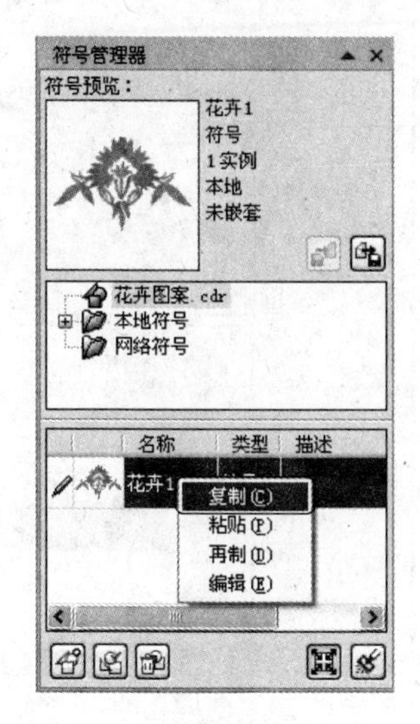

图 9.34　复制符号

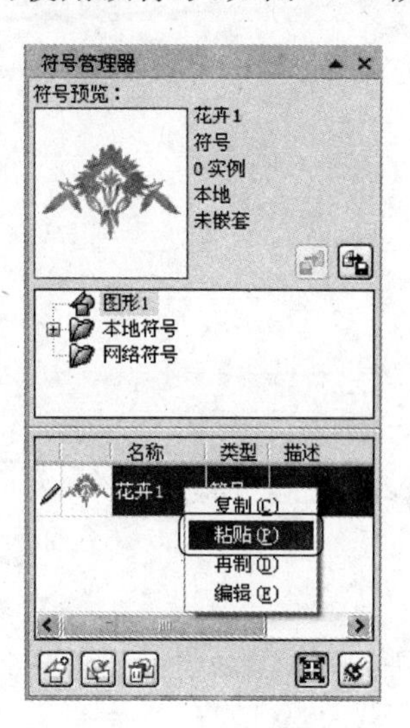

图 9.35　粘贴符号

2. 导出和添加符号

在“符号管理器”泊坞窗中选择符号,单击“导出库”按钮,如图 9.36 所示。此时将打开“导出库”对话框(如图 9.37 所示),在对话框中选择符号保存的位置,并设置文件名后单击“保存”按钮即完成符号导出操作。

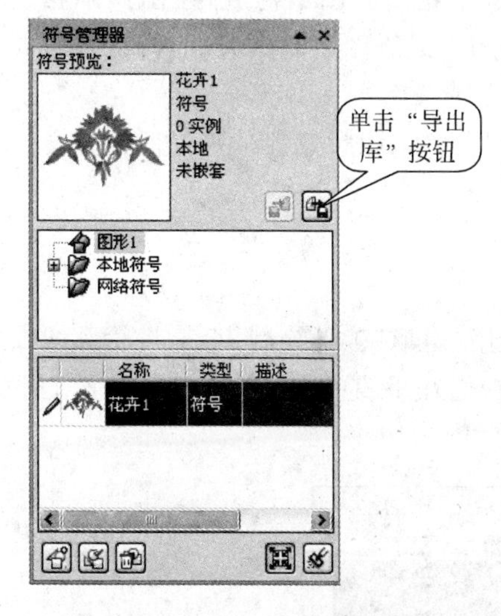

图 9.36　导出库

图 9.37　“导出库”对话框

如果需要将某个符号导入到文档中,可以选择“文件”|“打开”命令打开“打开绘图”对话框。在对话框中选择保存的符号库文件,如图 9.38 所示。单击“打开”按钮即可将符号导入到文档的“符号管理器”泊坞窗中,如图 9.39 所示。

图 9.38 “打开绘图”对话框

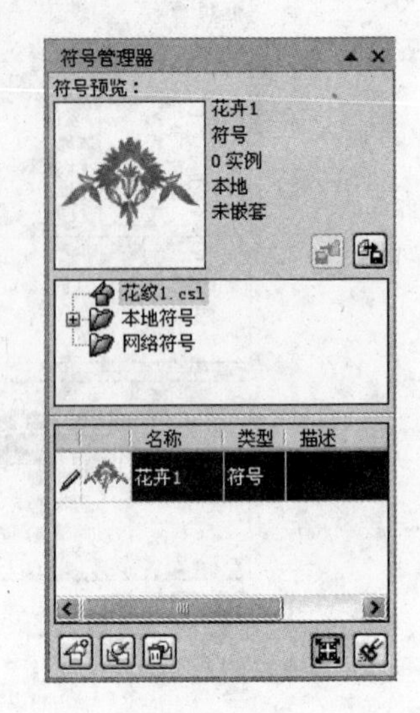

图 9.39 符号导入到“符号管理器”泊坞窗中

9.2.3 符号应用实例——图案制作

1. 实例简介

本实例介绍一个装饰图案的制作方法。装饰图案是由相同的图案构成，在制作中相同的图案只创建一个，然后将其定义为符号以便于重复使用。装饰图案制作完成后，将符号导出为文件以便于其他文件使用。

通过本实例的制作，读者将掌握符号的创建和使用的方法，同时熟悉将符号保存为文件以便于其他文件重复使用的操作方法。

2. 实例制作步骤

(1) 启动 CorelDRAW X4，创建一个空白文档。使用“矩形”工具绘制矩形，将轮廓线设置为“无”，同时对其填充颜色。将该矩形复制两个，将它们在垂直方向上对齐，并设置上下两个矩形的宽度，如图 9.40 所示。

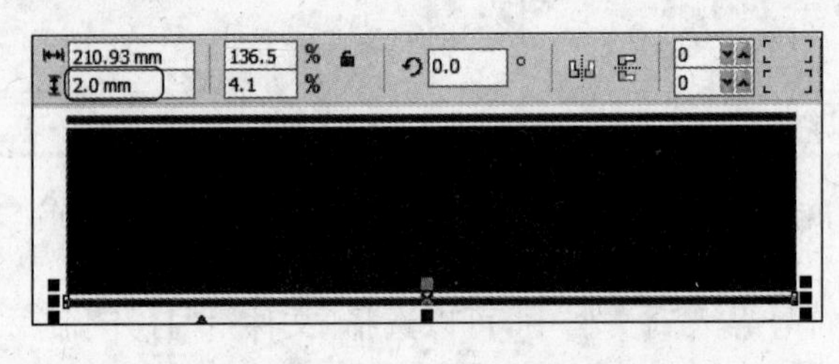

图 9.40 绘制矩形

(2) 使用“矩形”工具绘制一个黄色的正方形，调整正方形的角度，如图 9.41 所示。按“+”键将正方形复制 3 个，分别设置复制正方形的缩放比例将它们缩小。同时分别设置它们的边框色和填充色，如图 9.42 所示。

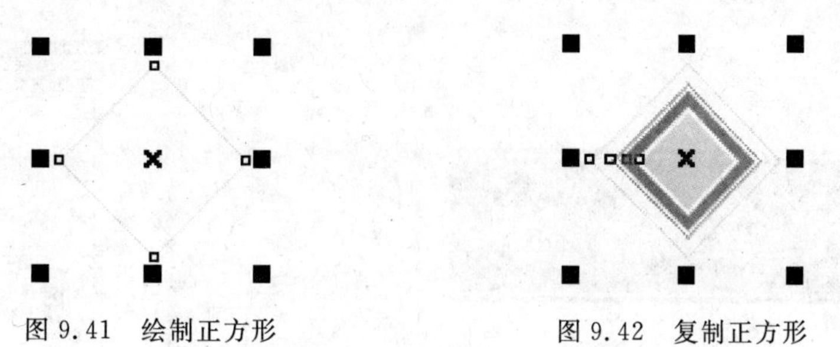

图 9.41　绘制正方形　　　　图 9.42　复制正方形

(3) 使用“椭圆形”工具绘制一个椭圆，将轮廓线设置为“无”后对其填充与步骤(1)中矩形相同的颜色。复制椭圆并旋转 90°后，将这两个椭圆放置到步骤(2)绘制的图形中，如图 9.43 所示。

(4) 使用“挑选”工具框选所有的正方形和椭圆，按 Ctrl+G 组合键将它们群组为一个对象。右击群组对象，从弹出的快捷菜单中选择“符号”|“新建符号”命令，此时将打开“创建新符号”对话框，在“名称”文本框中输入新建符号名称，如图 9.44 所示。单击“确定”按钮创建新符号，如图 9.45 所示。

图 9.43　绘制椭圆

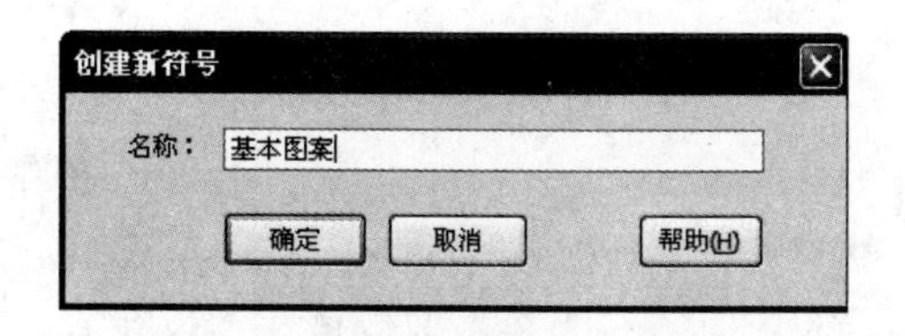

图 9.44　“创建新符号”对话框

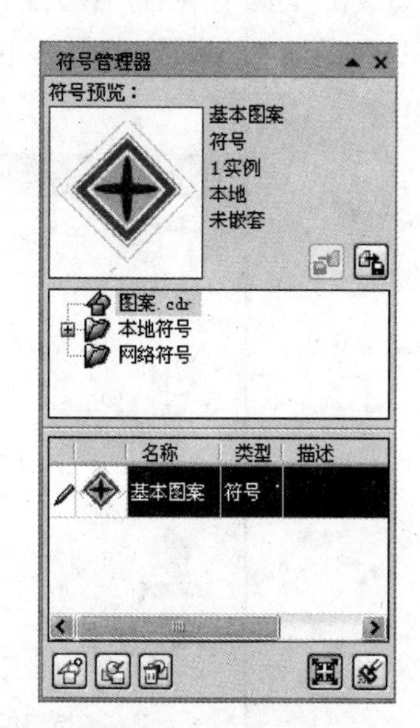

图 9.45　创建符号

(5) 从“符号管理器”泊坞窗中将创建的符号拖放到步骤(1)创建的图形中，选择“编辑”|“步长和重复”命令打开“步长和重复”泊坞窗。在泊坞窗中将“份数”设置为 4，在“水平设置”栏中的下拉列表中选择“对象之间的间隔”选项，将“距离”设置为 4.0mm，将“方向”设置为“右部”。单击“应用”按钮，按照设置复制符号，如图 9.46 所示。

(6) 使用“挑选”工具框选所有的图形，按 Ctrl＋G 组合键群组所选图形。在群组对象上右击，从弹出的快捷菜单中选择“符号”|“新建符号”命令打开“创建新符号”对话框，在“名称”文本框中将符号命名为“图案”，如图 9.47 所示。

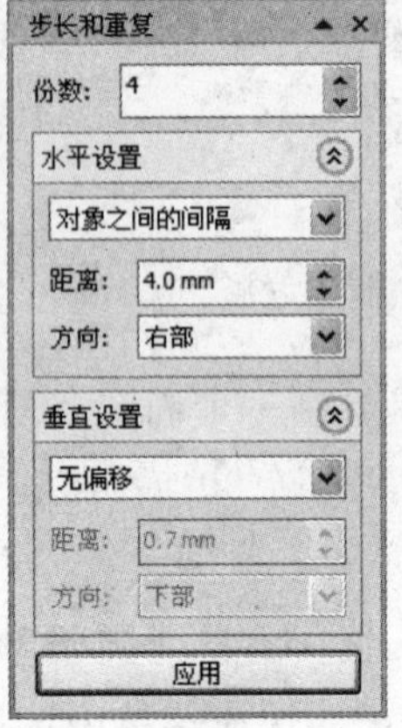

图 9.46　复制符号

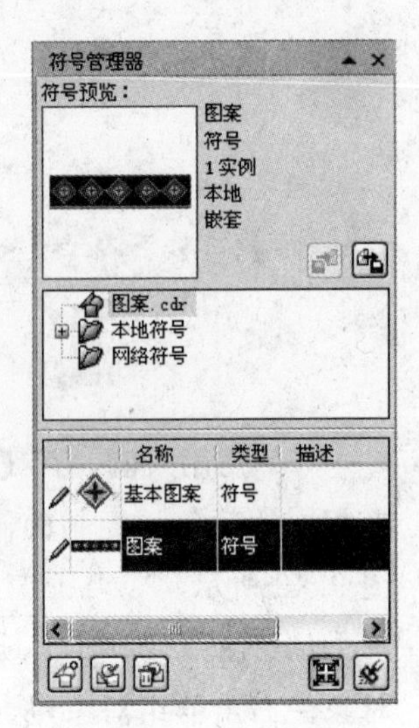

图 9.47　新建符号

(7) 在“符号管理器”泊坞窗中单击“导出库”按钮打开“导出库”对话框，在对话框中设置符号保存位置和名称，如图 9.48 所示。完成设置后单击“保存”按钮保存名为“图案”的符号。

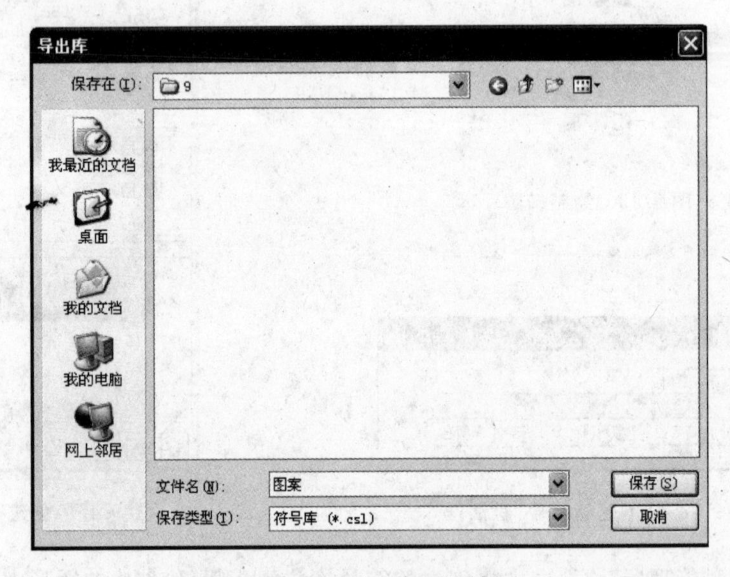

图 9.48　“导出库”对话框

(8) 打开需要使用符号的文档，选择“文件”|“导入”命令打开“导入”对话框，在对话框中选择保存的“图案. csl”文件，如图 9.49 所示。单击“导入”按钮，文件中的符号将被添加到“符号管理器”泊坞窗中。此时即可在当前文档中使用符号，如图 9.50 所示。

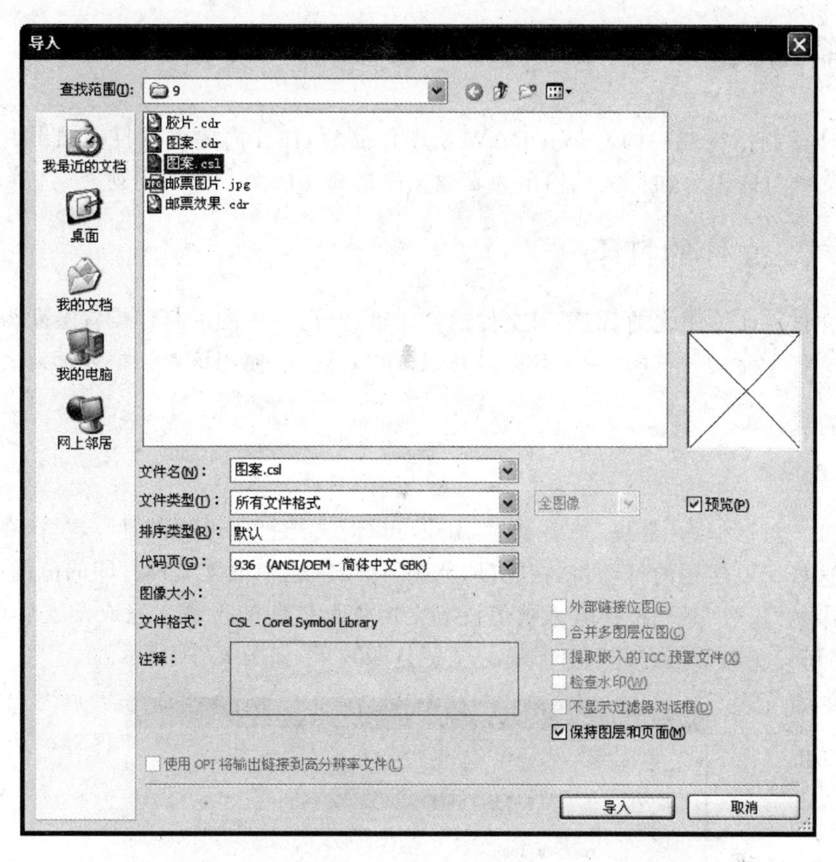

图 9.49　“导入”对话框

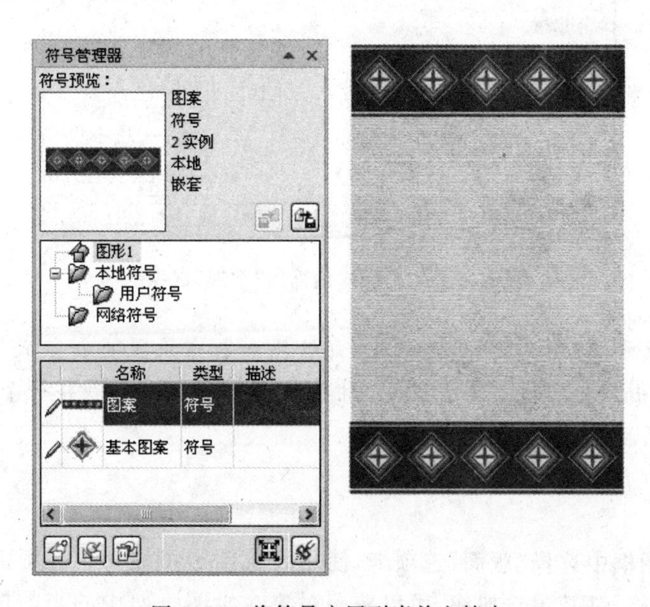

图 9.50　将符号应用到当前文档中

9.3 输出文件

当设计或制作完成一幅 CorelDRAW 绘图作品后，往往需要将其打印输出。文档的输出包括将文档打印出来和将文档输出为其他文件格式这两个方面的问题。

9.3.1 文件的打印

在将文件打印输出之前，需要对文件的打印进行设置，不同的打印设置会获得不同的打印效果。选择“文件”|“打印”命令可以打开“打印”对话框，使用该对话框能够对文件的打印进行设置。

1. 常规设置

在“打印”对话框的“常规”选项卡中，用户可以对文档打印进行设置。这里，在“名称”下拉列表中选择所要使用的打印机，在“打印范围”选项区域中设置文档打印的范围，在“副本”选项区域中的“份数”微调框中输入数值设置文档每页打印的份数。完成设置后单击“打印预览”按钮可以在对话框右侧展开预览栏预览打印效果，如图 9.51 所示。

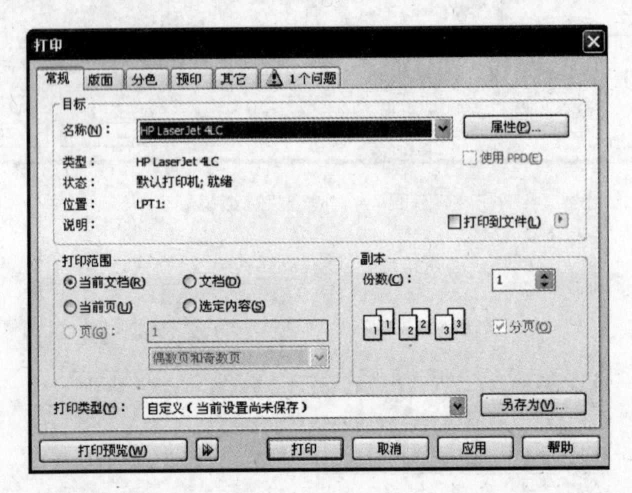

图 9.51 “打印”对话框的“常规”选项卡

专家点拨 选中“打印到文件”复选框，则绘图和打印设置将打印成 PostScript 文件，而不是输出到打印机。单击该复选框右侧的三角按钮将获得一个菜单，可以选择生成文件的方式。

2. 版面设置

在“打印”对话框中选择“版面”选项卡，使用该选项卡可以对打印版面进行设置。在选项卡中选择“与文档相同”单选按钮，可以按照对象在绘图页面中的当前位置进行打印。如果选择“调整到页面大小”单选按钮，则可以快速将绘图尺寸调整到输出设备所能打印的最大范围。

这里选择“将图像重定位到”单选按钮，如图 9.52 所示。此时在右侧的下拉列表中可以选择图像在页面中的打印位置。当“将图像重定位到”单选按钮处于选择状态时，在其下的微调框中可以控制页面打印位置、大小和缩放因子。

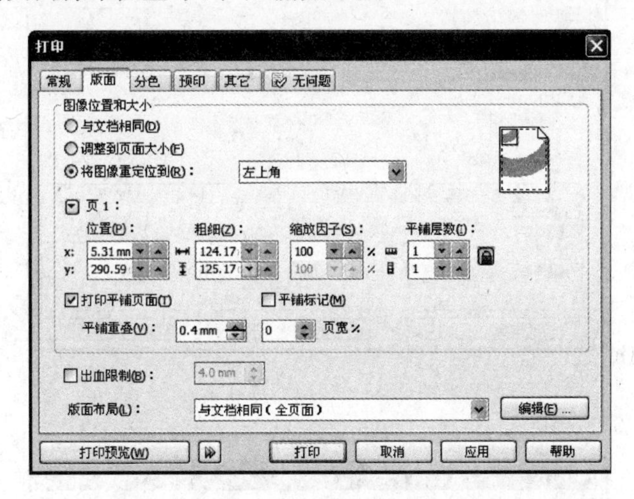

图 9.52 “版面”选项卡

如果选中“打印平铺页面”复选框，则 CorelDRAW 将图像分成若干区域打印。选中“出血限制”复选框，可以在其后的微调框中输入数值设置页面出血边缘的数值。

专家点拨　出血边缘的限制能够将稿件的边缘设计成超过实际纸张的尺寸，通常在上、下、左和右各留出 3～5mm，这样可以避免由于打印或裁剪过程中的误差而产生不必要的白边。

3. 分色设置

分色是印刷业的一个专业术语，表示将图像中的颜色按照 CMYK 色彩模式分为印刷专用的青、品红、黄和黑 4 种颜色，分色后的图像可以输出到 4 张不同颜色的分色网片以用于批量印刷。

在“打印”对话框中选择“分色”选项卡，在选项卡中可以对打印分色进行设置，如图 9.53 所示。这里选中“打印分色”复选框，用户可以按照颜色进行分色打印。此时，如果选中“六色度图版”复选框，可以使用六色度图版进行打印。在“文档叠印”下拉列表中选择文档叠印的方式，默认为“保留”选项，表示可以保留文档中的叠印设置。如果选中“始终叠印黑色”复选框，可以使任何含 95%以上的黑色对象与其下的对象叠印在一起。

4. 预印设置

在“打印”对话框中选择“预印”选项卡，如图 9.54 所示。在“纸张/胶片设置”选项区域中选中“反显”复选框可以打印负片图像，选中“镜像”复选框将打印图像的镜像效果。

在“文件信息”选项区域中选中“打印文件信息”复选框，可以在页面底部打印文件名、当前日期和时间等信息。选中“打印页码”复选框将打印页码，选中“在页面内的位置”复选框可以在页面内打印文件信息。

在“裁剪/折叠标记”选项区域中选中“裁剪/折叠标记”复选框，可以使裁切线标记印在

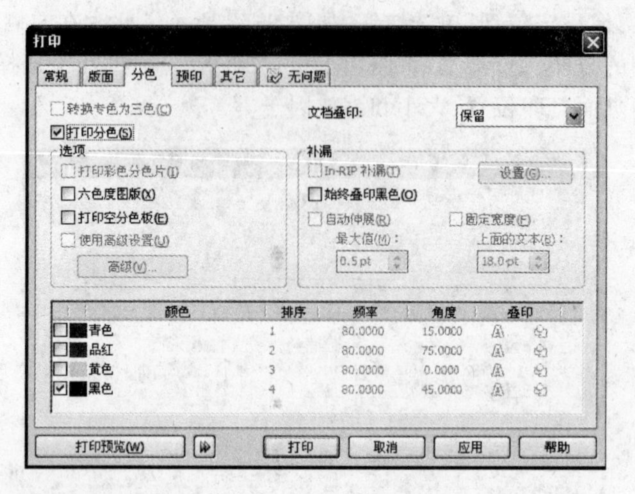

图 9.53 “分色”选项卡

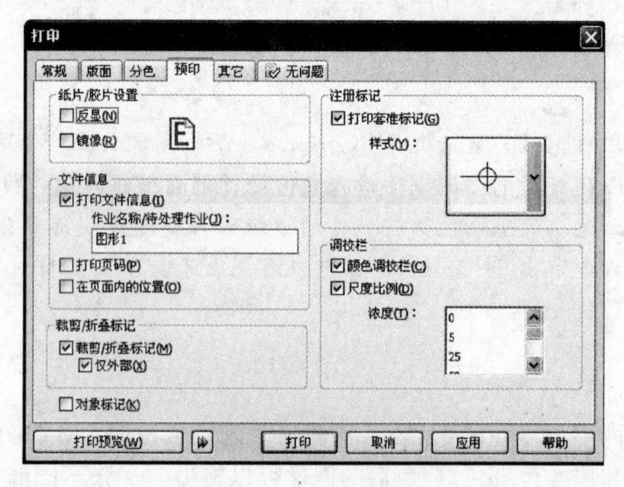

图 9.54 “预印”选项卡

输出的胶片上作为装订厂装订的参考依据。选中“仅外部”复选框则可以在同一张纸上打印多个面并将其分割成多个单张。

在“注册标记”选项区域中选中“打印套准标记”复选框可以在页面上打印套准标记，在“样式”下拉列表中可以选择这个套准标记的样式。

在“调校栏”选项区域中选中“颜色调校栏”复选框，则作品旁会打印包含 6 种基本颜色的色条以用于质量较高的打印输出。如果选中“尺度比例”复选框，则可以在每个分色版上打印一个不同灰度深浅的条，其可以允许被称为密度计的工具来检查输出内容的准确性、质量程度和一致性。用户可以在其下的“浓度”列表中选择颜色浓度。

5. 预览打印

在“打印”对话框中单击“打印预览”按钮旁的 ◀◀ 按钮可以在“打印”对话框中展开预览窗口，此时可以预览选择对象的打印效果，如图 9.55 所示。

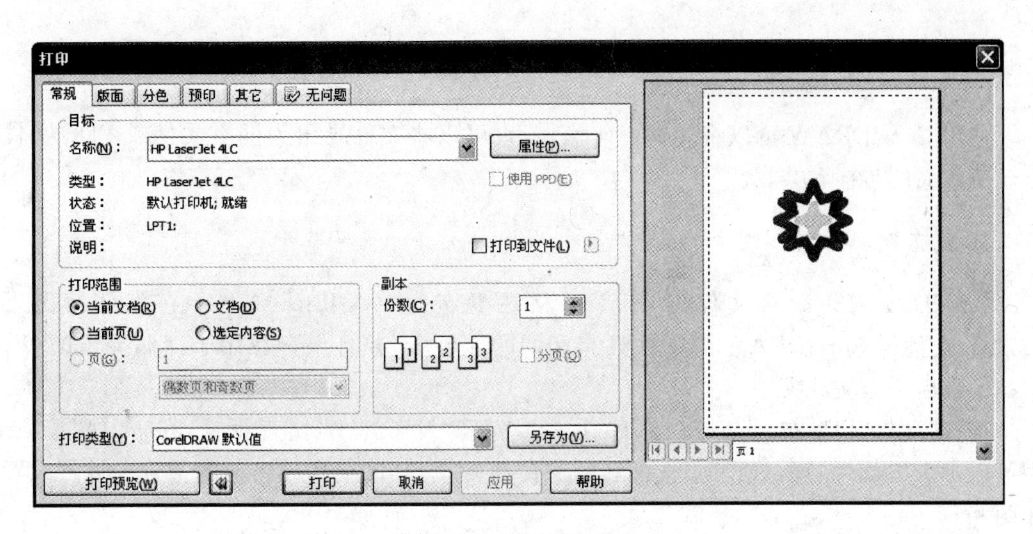

图 9.55　预览打印效果

单击“打印预览”按钮将进入打印预览模式，如图 9.56 所示。在预览窗口中选择“缩放”工具，在页面上单击可以放大预览图。选择“文件”|“打印”命令即可开始文件的打印。选择“文件”|“关闭打印预览”命令将关闭预览窗口，回到 CorelDRAW 主界面。

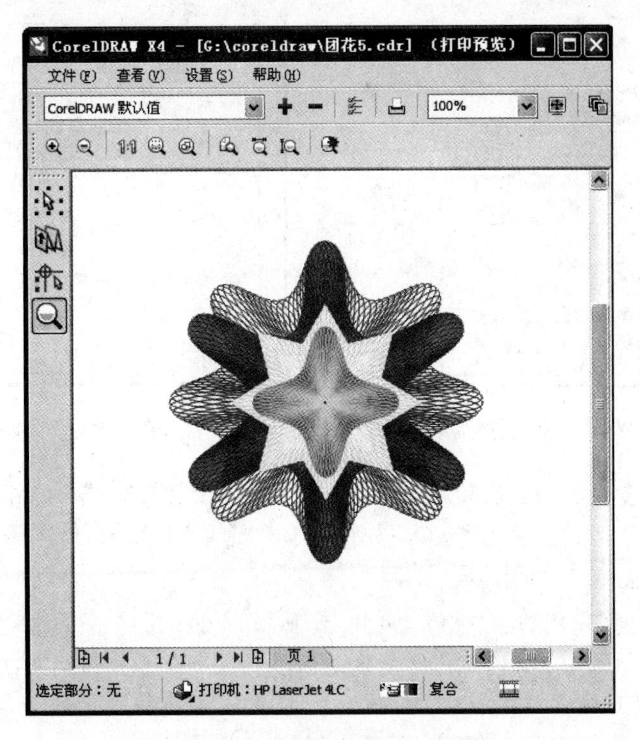

图 9.56　打印预览窗口

专家点拨　在 CorelDRAW 的主界面中选择“文件”|“打印预览”命令同样可以打开“打印预览”窗口预览打印效果。

9.3.2 发布文件

使用 CorelDRAW 可以将文件打印输出，也可以将文件导出为网页文件或 PDF 文件，以便于作品的传播和共享。

1. 发布到 Web

CorelDRAW 可以将文件以 HTML 格式发布为“*.htm”文件。在默认情况下，HTML 文件与 CorelDRAW 源文件具有相同的文件名，并且保存在用于存储导出的 Web 文档的最后一个文件夹中。

选择“文件”|“发布到 Web”|HTML 命令打开“发布到 Web”对话框，在“常规”选项卡中可以对 HTML 布局、HTML 文件和图像文件夹、FTP 站点和导出范围等选项进行设置，如图 9.57 所示。

打开“细节”选项卡，在该选项卡中能够看到生成的 HTML 文件的细节，单击“正在导出的页面”列表框中的文件名和页名，可以修改页名和文件名，如图 9.58 所示。

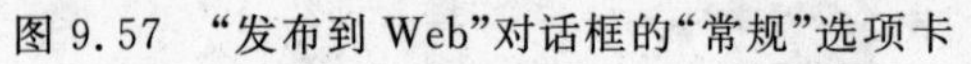
图 9.57 “发布到 Web”对话框的“常规”选项卡

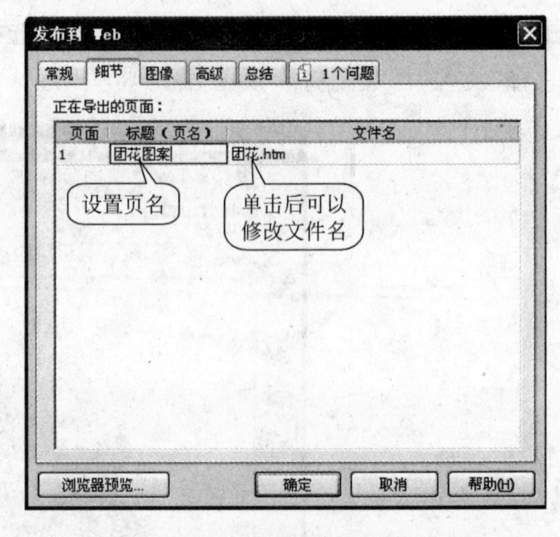

图 9.58 “细节”选项卡

选择“图像”选项卡，这里将列出当前 HTML 导出的图像，单个的对象可以设置为 JPEG、GIF 和 PNG 格式。单击“选项”按钮将打开“选项”对话框，使用该对话框可以对图像类型进行预设，如图 9.59 所示。

专家点拨 如果需要将外部的 Flash 发布到 Web，可以选择“文件”|“发布到 Web”|“嵌入 HTML 的 Flash”命令。如果用户需要在文件输出到 HTML 之前对文件的图像进行优化，以减小文件的大小，提高图像在网络中的下载速度，可以选择“文件”|“发布到 Web”|“Web 图像优化”命令。

2. 发布至 PDF

PDF 是一种文件格式，其可以保存原始应用程序文件的字体、图像和格式。选择“文件”|“发布至 PDF”命令，此时将打开“发布至 PDF”对话框，如图 9.60 所示。

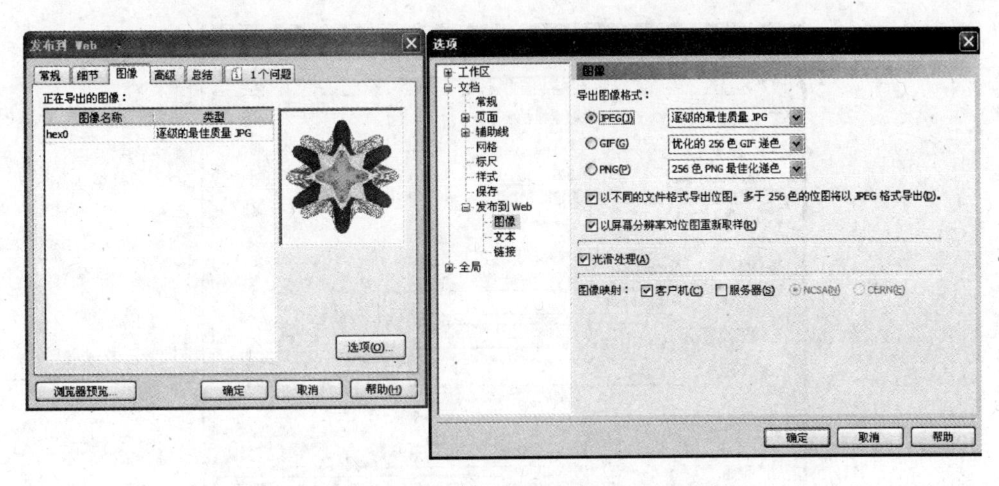

图 9.59 在“图像”选项卡中打开“选项”对话框

图 9.60 “发布至 PDF”对话框

在对话框中单击“设置”按钮打开“发布至 PDF”对话框，在该对话框的“常规”、“对象”和“文档”等选项卡中对发布 PDF 文件的各项属性进行设置，如图 9.61 所示。

9.3.3 文档打印和发布应用实例——底片效果

1. 实例简介

本节介绍使用 CorelDRAW 制作照片底片特效并打印效果图的方法。本实例使用“透

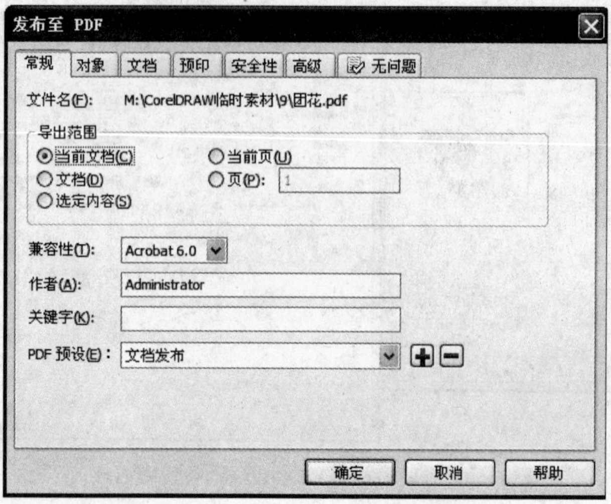

图 9.61 “发布至 PDF”对话框的“常规”选项卡

镜”泊坞窗为矩形图形添加透镜效果，这些矩形将作为导入图片的滤色片来获得不同颜色的底片效果。在完成效果制作后，使用 CorelDRAW 的“打印”对话框对打印进行设置，在预览窗口中对对象进行适当调整。

通过本实例的制作，读者将能够熟悉使用“透镜”泊坞窗来创建颜色特效的方法，同时掌握 CorelDRAW 中图像打印的操作技巧。

2. 实例制作步骤

(1) 启动 CorelDRAW，打开素材文件“胶片.cdr”。此素材文件中包含制作完成的胶片图形，如图 9.62 所示。

(2) 在工具箱中选择“矩形”工具绘制一个矩形，在属性栏中设置矩形的圆角，如图 9.63 所示。将该矩形复制 3 个。

图 9.62 胶片图形

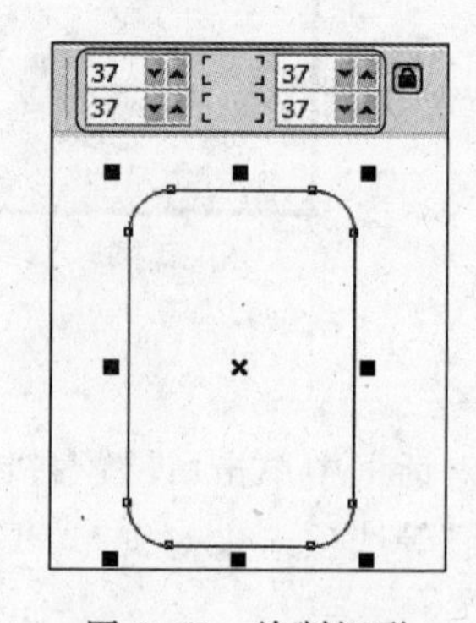

图 9.63 绘制矩形

(3) 将该矩形再复制 3 个，并填充“黑色”，如图 9.64 所示。选择“窗口”|“泊坞窗”|“透镜”命令打开“透镜”泊坞窗，对左侧的第一个矩形应用透镜效果，如图 9.65 所示。为中间的矩形添加透镜效果，如图 9.66 所示。为右侧的矩形添加透镜效果，如图 9.67 所示。

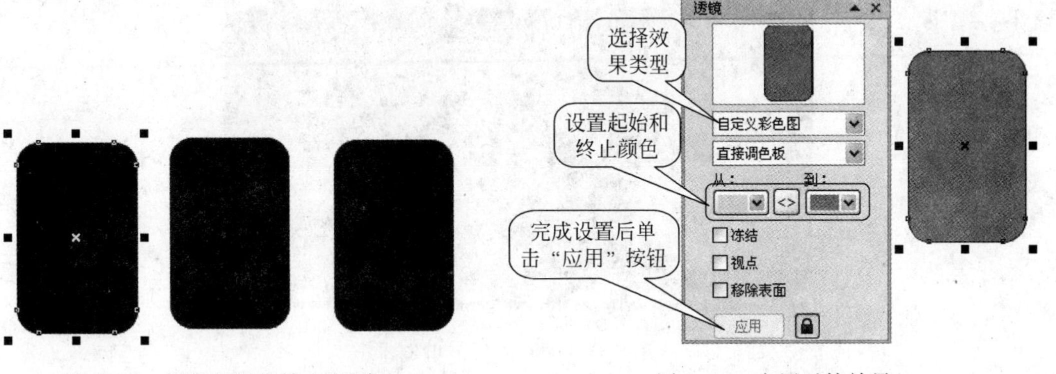

图 9.64　复制矩形并填充“黑色”

图 9.65　应用透镜效果

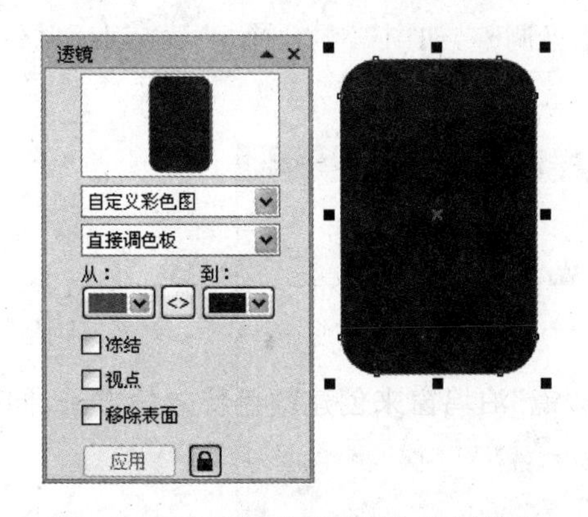

图 9.66　为中间的矩形添加透视效果

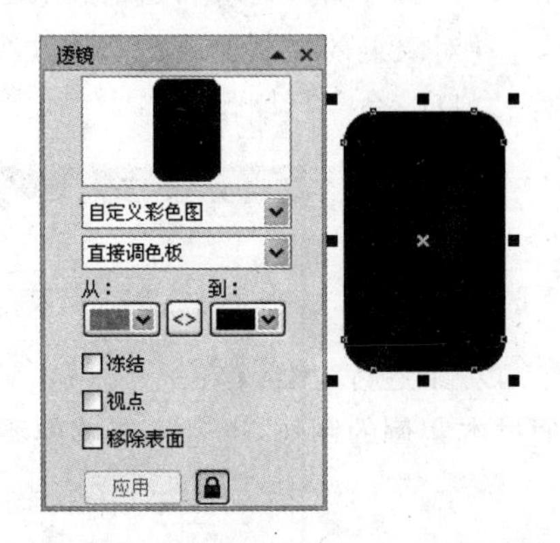

图 9.67　为右侧的滤镜添加透镜效果

(4) 导入素材照片“儿童.jpg”，将其复制 3 个。分别选择这 3 张照片，选择“效果”|“图框精确剪裁”|“放置于容器中”命令，将它们放置到步骤(2)创建的矩形中。取消这些矩形的边框线，此时的图像效果如图 9.68 所示。

图 9.68　导入图片

(5) 将这些图片放置到胶片中，选择步骤(3)中的矩形右击，从弹出的快捷菜单中选择“顺序”|“到页面前面”命令将它们置于页面的顶层。将这些矩形放置到胶片中的图片上，此时的图像效果如图 9.69 所示。

(6) 选择“文件”|“打印”命令打开“打印”对话框，在“常规”选项卡中对打印的范围进行设置，如图 9.70 所示。在“版面”选项卡中对打印版面进行设置，如图 9.71 所示。单击“打

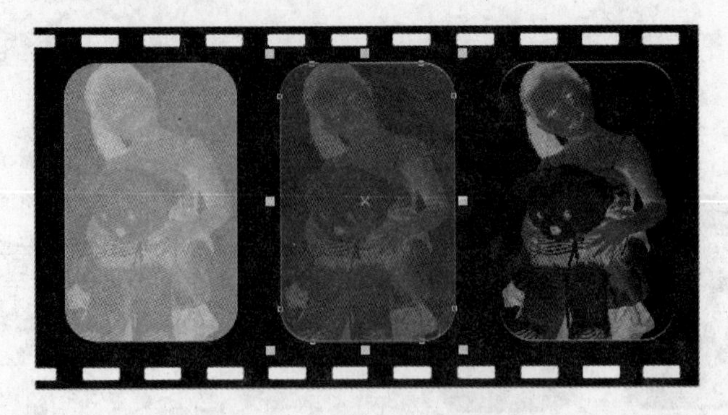

图 9.69　制作完成后的效果

印预览”按钮打开“打印预览”窗口，在页面中拖动对象，并对对象在页面中的位置进行适当调整，拖动对象上的控制柄对对象的大小进行适当调整，如图 9.72 所示。完成调整后，选择“文件”|“打印”命令打印作品。

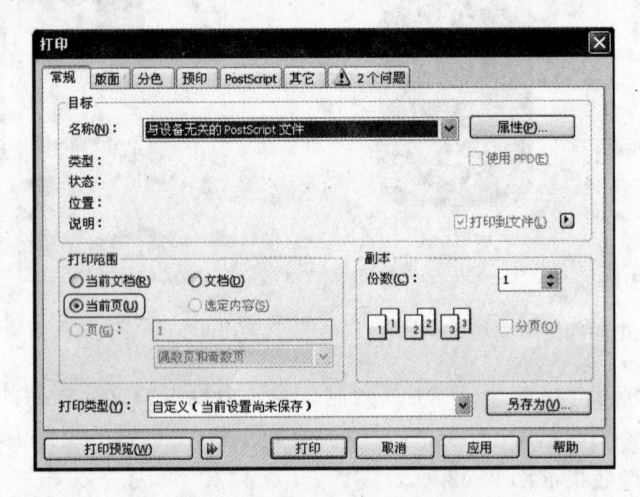

图 9.70　“常规”选项卡的设置

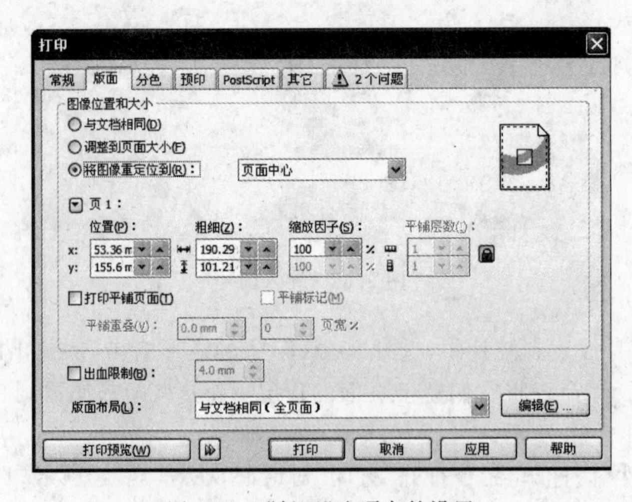

图 9.71　“版面”选项卡的设置

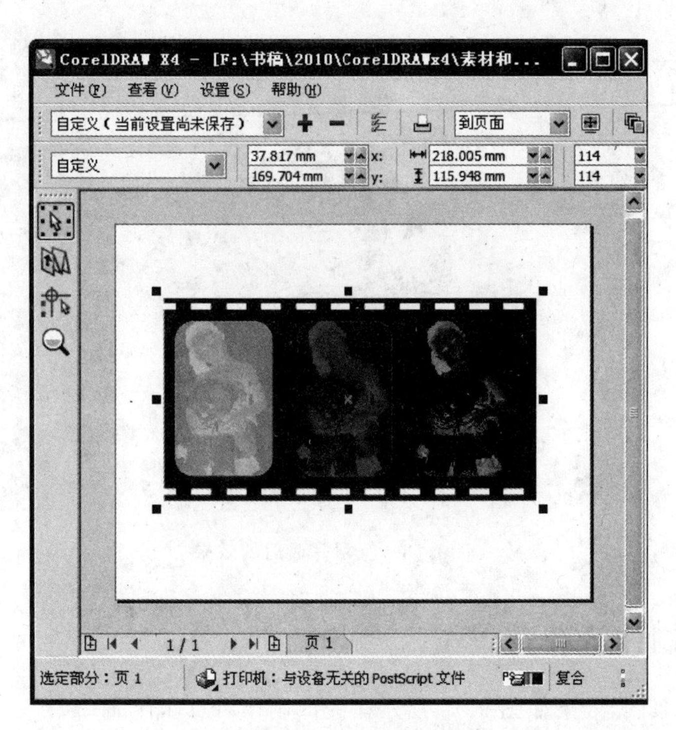

图 9.72　“打印预览”窗口

9.4　本章小结

本章介绍了 CorelDRAW 中图层的知识，包括图层的创建和移动等基本操作以及图层属性的设置方法。同时，本章介绍了在 CorelDRAW 中定义符号和使用符号的方法，使用符号能够方便地重复使用对象，有效地提高制作效率。最后，本章介绍了文件的打印设置和文件输出的知识。

9.5　上机练习与指导

9.5.1　制作照片装饰花纹

制作照片装饰花纹，效果如图 9.73 所示。完成制作后打印作品。

主要练习步骤指导：

(1) 绘制基本图案，这里包括围绕照片的叶片，圆形以及边框上的装饰花纹。

(2) 打开“符号管理器”泊坞窗，将基本图案创建为符号。然后对这些符号对象进行复制，使用旋转和缩放等变换方式创建图案。

(3) 导入照片，将照片放置在中间的圆形容器中，打印作品。

图 9.73　练习完成后的效果

9.5.2　制作鲜花背景图

制作鲜花背景图，效果如图 9.74 所示。完成制作后打印作品。

图 9.74　练习完成后的效果

主要练习步骤指导：

(1) 创建三个图层，分别命名为“背景”、“波纹”和“花朵”。“背景”图层中绘制矩形框，填充“灰色”作为作品背景。

(2) 使用“钢笔”工具在“波纹”图层中绘制作品下方的波纹图案，并填充颜色。

(3) 打开“符号管理器”泊坞窗，导入“上机练习 2 符号.csl”符号文件。将符号拖放到“花朵”图层中，调整符号的大小、放置角度和位置。

(4) 完成制作后，打印作品。

9.6 本章习题

一、选择题

1. 在默认情况下,主页面包括(　　)。

A. 图层1、桌面图层和网格图层　　B. 辅助线层、遮罩图层和网格图层

C. 辅助线层、桌面图层和引导图层　　D. 辅助线层、桌面图层和网格图层

2. 如果启用了打印,(　　)不能被打印。

A. 隐藏图层　　B. 网格图层　　C. 主图层　　D. 图层1

3. 使用下面的(　　)组合键可以打开"符号管理器"泊坞窗。

A. Ctrl+F1　　B. Ctrl+F2　　C. Ctrl+F3　　D. Ctrl+F4

4. 在"打印"对话框中,要设置页面的出血程度,应该在(　　)选项卡中进行设置。

A. "常规"　　B. "版面"　　C. "分色"　　D. "预印"

二、填空题

1. CorelDRAW X4 中,图层分为________和________。________用于放置特定页面的内容,而________用于放置文档中所有页面的内容。

2. 在 CorelDRAW 中,如果禁用了跨图层编辑,则只能处理________和________。

3. 在 CorelDRAW X4 中,符号指的是________的对象或群组对象。在绘图时使用符号,能够有效地________文件的大小。

4. 要打开"打印"对话框,可以选择________命令。要预览打印效果,除了可以在"打印"对话框中单击________按钮外,还可以选择________命令。

第10章 CorelDRAW综合应用案例

CorelDRAW 是平面设计的有效工具，灵活使用它能够实现平面设计领域的各类实用作品的设计和制作。本章将综合运用 CorelDRAW X4 的各项功能来完成平面设计领域中常见的广告、包装、书籍封面和企业形象的设计制作工作，以帮助读者掌握设计理念，拓展创作思路。

本章主要内容：

- 房地产广告设计。
- 商品包装设计。
- 书籍封面设计。
- CIS 企业形象设计。

10.1 房地产广告设计

房地产广告设计是最近几年的热门项目，提到房地产广告，人们自然会想到一系列相关内容，如高楼、别墅和美丽的风景等。房地产广告是项目宣传的有力工具，在体现出基本告知功能的同时，通过好的创意以及优美的意境的营造，更能起到提升品牌美誉度的目的。

10.1.1 房地产广告的设计思路

房地产广告是当前常见的一种广告，本节将从该类广告的一般特点和本实例的制作流程这两个方面来介绍本实例制作的设计思路。

1. 房地产广告的基础知识

房地产广告的设计涉及多个方面，包括楼盘标志设计、楼盘媒体广告设计以及楼盘楼书设计等诸多方面。这些设计内容是一个完整的形象体系，从不同的方面对楼盘进行宣传。对于房地产广告来说，媒体宣传广告是极为重要的宣传途径。好的楼盘要想在短时间内为大众所熟识，一种常见的途径就是通过报纸等媒体进行宣传，因此楼盘报纸广告是一种常见的形式。

楼盘报纸广告的设计要求如下：画面能够吸引受众，文字精炼而能够体现卖点。广告的设计一定要基于广告目标的界定、与产品的相关性、可记忆性，同时要便于与受众的沟通。房地产广告的有效性如何，关键在于其是否具有清晰的记忆点、利益点、支持点和沟通点。

2. 本例设计思路

本实例介绍一个房地产项目的报纸广告的制作过程。实例中的广告版面分为两个区域：上部的广告主画面区和下部的基本信息区。主画面区放置广告的主体画面，基本信息区放置楼盘标志、楼盘信息文字以及标示楼盘位置的区位图。

本实例在制作过程中，首先绘制广告边框以及信息区背景，主体画面使用两张位图图片拼合而成。广告的文字信息使用 CorelDRAW 的“文本”工具制作，通过使用不同的字体来获得需要的效果。使用 CorelDRAW 的“绘图”工具和“文本”工具制作楼盘文字标示并绘制区位图。

通过本实例的制作，读者将能够熟悉楼盘报纸广告制作的一般流程，熟悉使用 CorelDRAW 对位图进行处理的一般方法，同时掌握使用“文本”工具制作不同类型文字的操作技巧，获得综合应用各种绘图工具绘制各种图案的能力。

10.1.2 案例制作步骤

本综合实例的详细制作步骤如下所述。

1. 创建图片效果

(1) 启动 CorelDRAW X4，创建一个新文档。选择“文件”|“导入”命令打开“导入”对话框，在对话框中选择需要导入的位图文件，如图 10.1 所示。单击“确定”按钮关闭对话框，在页面中拖动鼠标导入选择的位图文件。

图 10.1　选择导入的位图文件

(2) 在工具箱中选择“矩形”工具，绘制一个和页面中位图一样大小的矩形，将其轮廓线设置为“无”。选择“窗口”|“泊坞窗”|“透镜”命令打开“透镜”泊坞窗，在泊坞窗的下拉列表框中选择“使明亮”选项，将“比率”设置为45%。此时位图将被加亮，如图10.2所示。选择“挑选”工具，框选位图和矩形，按Ctrl+G组合键将它们群组为一个对象。

图10.2　加亮位图

专家点拨　在CorelDRAW X4中选择图形对象后，在主界面右侧的系统调色板中右击╳按钮，可快速取消对象的轮廓线。

(3) 按Ctrl+I组合键打开“导入”对话框，使用该对话框导入素材光盘上的“窗.bmp”文件，拖动鼠标使导入图像与第(2)步的图像等宽。在工具箱中选择“钢笔”工具，沿着图像中窗台和窗帘的轮廓勾勒出外形，如图10.3所示。

(4) 在工具箱中选择“挑选”工具，选择效果位图。选择“效果”|“图框精确剪裁”|“放置于容器中”命令，在鼠标光标变为黑箭头后单击第(3)步绘制的轮廓线图形，图形放置于轮廓图形中，如图10.4所示。

图10.3　勾勒窗台和窗帘的外形

图10.4　图形放置于绘制的轮廓图形中

(5) 在工具箱中选择“文本”工具，在图像上输入文字。选择所有的文字，将文字颜色设置为“白色”，同时设置文字的字体和字号，如图10.5所示。选择“风”字，单独设置其字号，将其增大，如图10.6所示。

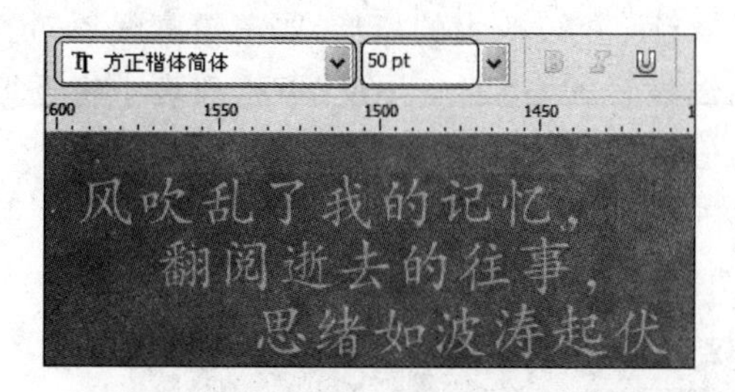

图 10.5　输入文字并设置文字样式

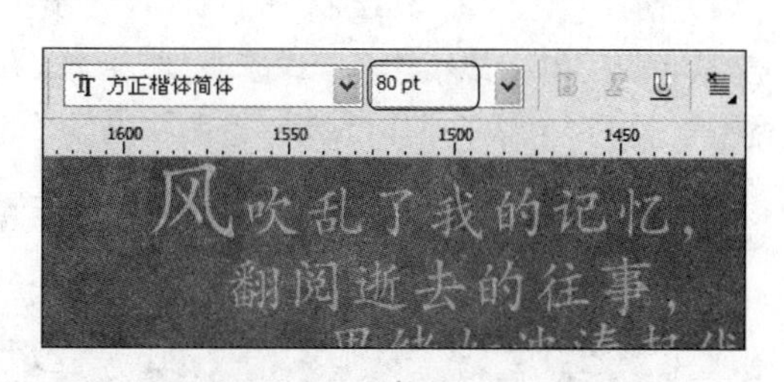

图 10.6　设置后“风”字大小

2. 绘制背景边框

(1) 在工具箱中选择“矩形”工具，在图像的上方绘制一个和图像等宽的矩形，取消该矩形的边框。在工具箱中选择“图样填充”工具打开“图样填充”对话框，在对话框中选择用于填充的图样，将“前部”和“后部”颜色设置为“黄”和“紫”，同时对填充图样的“宽度”和“高度”进行设置，如图 10.7 所示。完成设置后单击“确定”按钮关闭对话框，对矩形进行图样填充后的效果如图 10.8 所示。

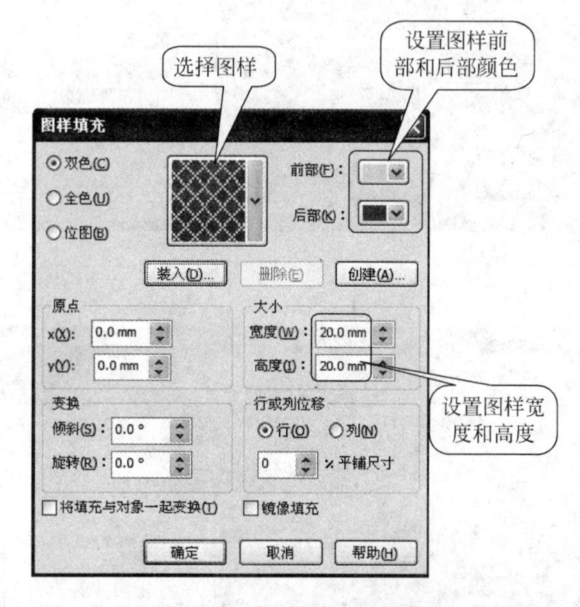

图 10.7　“图样填充”对话框

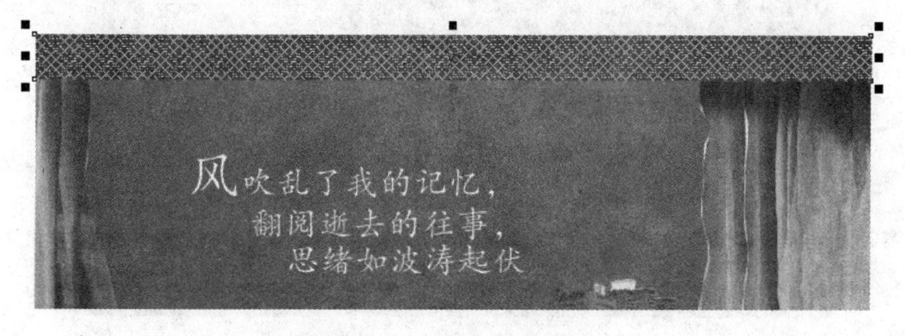

图 10.8　完成填充后的矩形

(2) 使用“矩形”工具绘制一个和第(1)步中绘制的矩形等大的矩形，取消轮廓线后对其填充“紫色”。在工具箱中选择“透明度”工具，在属性栏的“透明度类型”下拉列表中将透明度类型设置为“射线”，同时设置“透明中心点”的值，如图 10.9 所示。

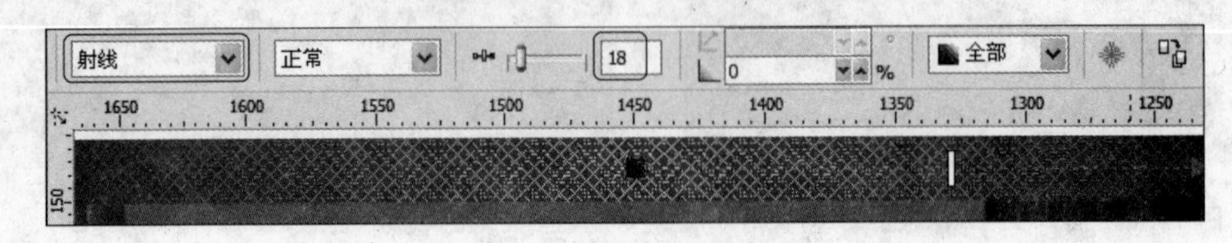

图 10.9　设置透明效果

(3) 选择“窗口”|“泊坞窗”|“对象管理器”命令打开“对象管理器”泊坞窗，在泊坞窗中同时选择前面绘制的两个矩形，按 Ctrl＋G 组合键将它们群组为一个对象，如图 10.10 所示。在图像的底部绘制一个无边框的矩形，使用“紫色”填充该图形，同时将刚才的群组对象复制后放置在图像的最下方，如图 10.11 所示。

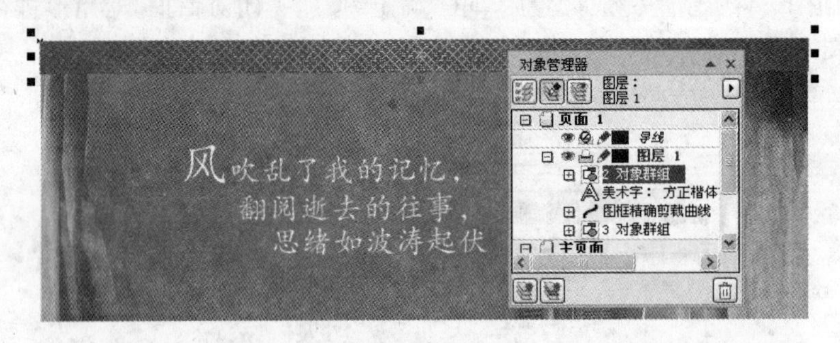

图 10.10　群组对象

图 10.11　绘制矩形并复制群组对象

(4) 使用“矩形”工具绘制一个无边框的矩形，在工具箱中选择“填充”工具。在属性栏的“填充类型”下拉列表框中选择“射线”填充类型，将填充颜色设置为“淡黄”和“白”。同时设置渐变填充中心点的位置，如图 10.12 所示。复制该矩形，将其放置到作品的下部，如图 10.13 所示。

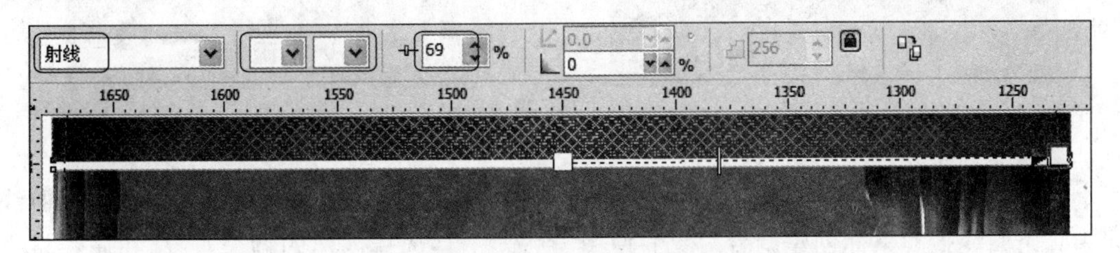

图 10.12 创建射线渐变填充

图 10.13 将矩形放置到作品下部

3. 制作楼盘标志

(1) 在工具箱中选择“文本”工具，输入单词 RIVER 和 LIFE，以“淡黄色”填充文字，如图 10.14 所示。选择单词 RIVER，将其字号设置为 28。选择单词 LIFE，设置其字体和字号，并通过在单词 RIVER 所在行的行首添加空格调整其与单词 LIFE 的相对位置，如图 10.15 所示。使用“文本”工具输入单词 STYLE，同样以“淡黄色”填充文字，设置文字的样式，如图 10.16 所示。

图 10.14 输入文字

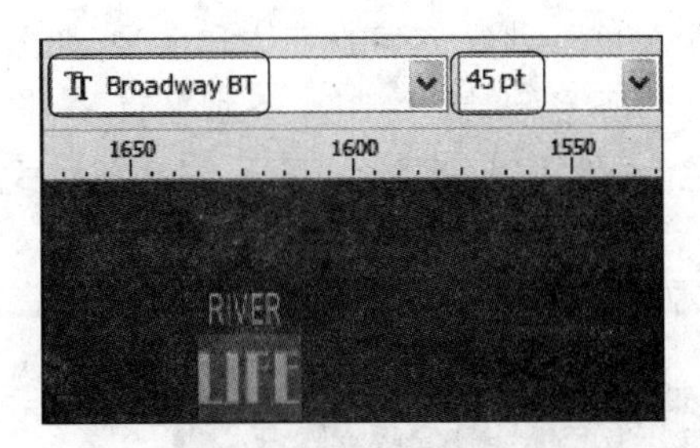

图 10.15 设置单词 LIFE 样式

(2) 使用“钢笔”工具在文字下方绘制一条直线，将线条宽度设置为 1.1mm，同时将线条颜色设置为“淡黄色”。使用“形状”工具调整直线形状，将其变为一条曲线，如图 10.17 所示。

专家点拨 在 CorelDRAW X4 中，在选择某个绘制的图形对象后，右击主界面右侧系统调色板上的某个色块，可以快速将该对象轮廓线的颜色设置为色块所对应的颜色。

图 10.16　输入并设置单词 STYLE 样式

图 10.17　绘制曲线

(3) 复制该曲线，将其向下移动一段距离。在工具箱中选择“调合”工具，从第一条曲线向第二条曲线拖动鼠标创建调合对象。使用“挑选”工具选择创建的调合对象，在属性栏中对对象属性进行设置，如图 10.18 所示。

(4) 使用“文本”工具输入楼盘名文字“滨江苑”，设置文字的字体和字号，如图 10.19 所示。

图 10.18　创建调合对象并设置其属性

图 10.19　添加楼盘名

4. 添加楼盘信息

(1) 在工具箱中选择“文本”工具，输入文字“滨江苑 · 国际水岸示范巨献”。将文字颜色设置为“淡黄色”，设置文字的字体和字号，如图 10.20 所示。

(2) 选择“钢笔”工具，绘制一条水平直线，将直线宽度设置为 1.2mm，将轮廓线颜色设置为“淡黄色”。使用“钢笔”工具再绘制一条样式相同的垂直直线，如图 10.21 所示。

图 10.20　输入文字并设置字体和字号

图 10.21　绘制水平线和垂直线

(3) 在工具箱中选择“文本”工具，在图像上单击创建文字，选择“文本”|“插入符号文字”命令打开“插入字符”泊坞窗。在泊坞窗的“字体”下拉列表中选择 Wingdings2 字体，在泊坞窗的列表框中双击需要使用的符号并将其插入到图像中。将符号的颜色设置为“淡黄色”，同时在属性栏中设置其大小，如图 10.22 所示。

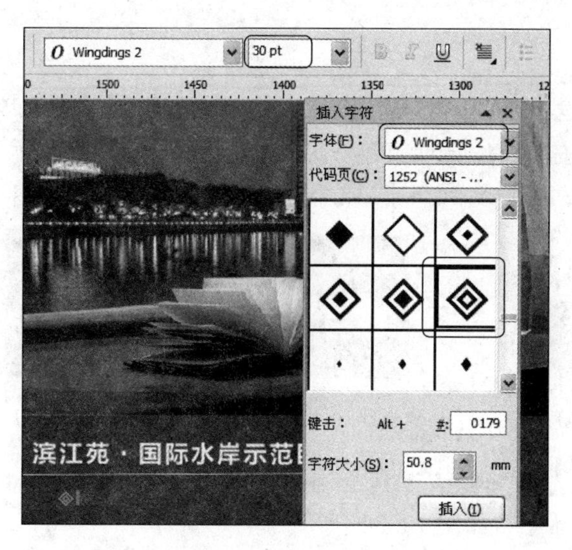

图 10.22 插入字符

(4) 接着输入宣传文字，选择这些文字，设置文字的字体和字号，如图 10.23 所示。复制该段文字，将复制文字下移，使用“文本”工具对文字内容进行修改。使用相同的方法添加其他宣传文字，所有文字输入完成后的效果如图 10.24 所示。

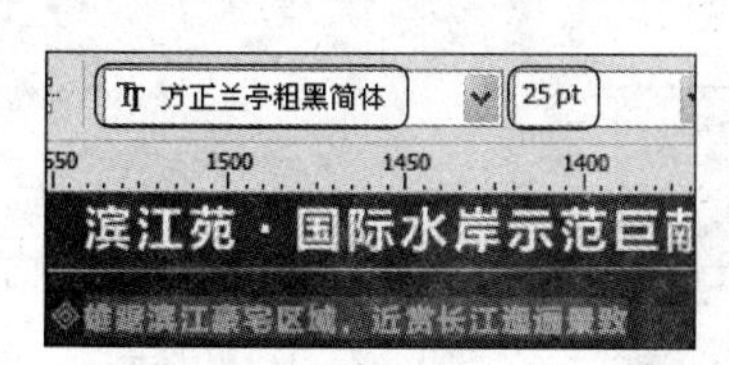

图 10.23 输入宣传文字

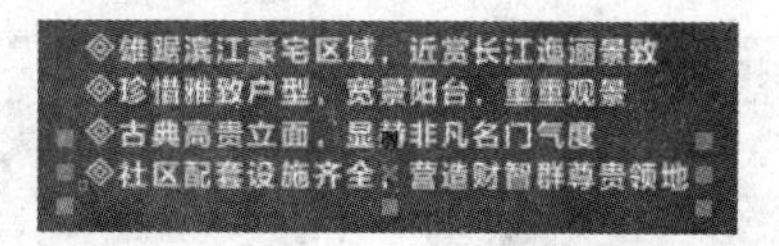

图 10.24 文字输入完成后的效果

(5) 使用“文本”工具在底部添加开发商信息及联系电话，将文字颜色设置为“淡黄色”，设置文字的字体、字号和颜色，如图 10.25 所示。使用“钢笔”工具绘制一条分隔线，将线条宽度设置为 1.2mm，线条颜色设置为“淡黄色”，如图 10.26 所示。

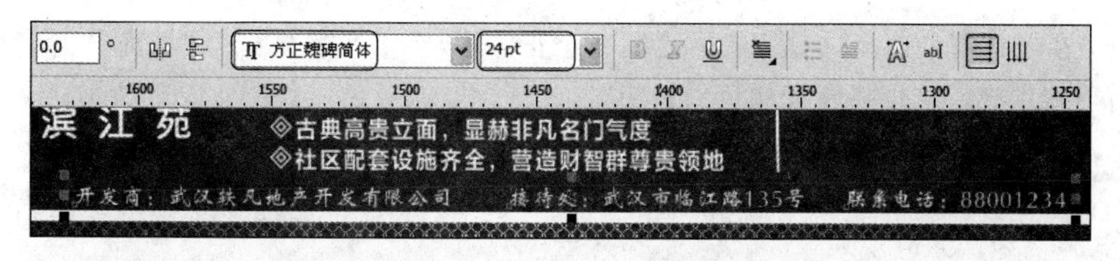

图 10.25 输入开发商信息

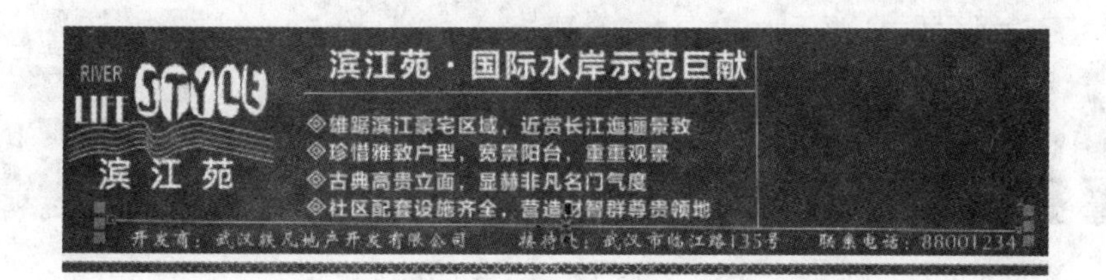

图 10.26 添加分隔线

5. 绘制区位图

(1) 在工具箱中选择“矩形”工具，绘制三个矩形，取消其轮廓线，以“桃黄色”填充矩形，如图 10.27 所示。将右下方的矩形旋转一定的角度，如图 10.28 所示。将水平放置的矩形复制两个，将它们旋转 90°后放置在适当的位置，并调整矩形的长度，如图 10.29 所示。

图 10.27　绘制矩形

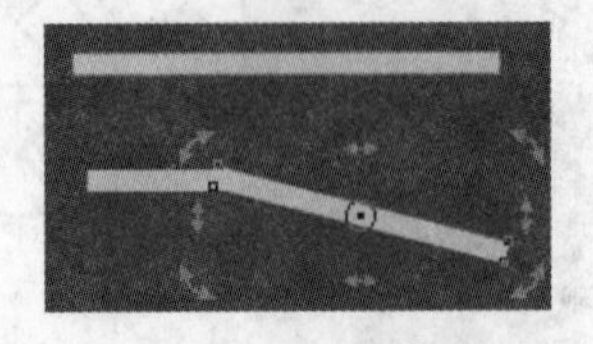

图 10.28　旋转矩形

图 10.29　添加垂直矩形

(2) 在工具箱中选择“钢笔”工具绘制一条曲线。在属性栏中将曲线的宽度设置为 5.0mm，颜色设置为“冰蓝”，如图 10.30 所示。

(3) 在工具箱中选择“文本”工具，在绘制的曲线上单击，此时即可输入沿曲线排列的文字。输入文字“长江”，将文字颜色设置为“淡黄色”，设置文字的字体和字号，如图 10.31 所示。

(4) 使用“文本”工具分别在各个路段上添加道路名称，将文字颜色设置为“黑色”，设置这些文字的字体和字号，如图 10.32 所示。

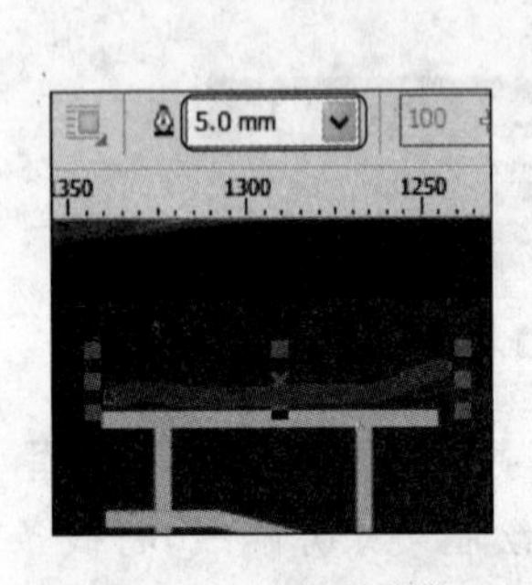

图 10.30　绘制曲线

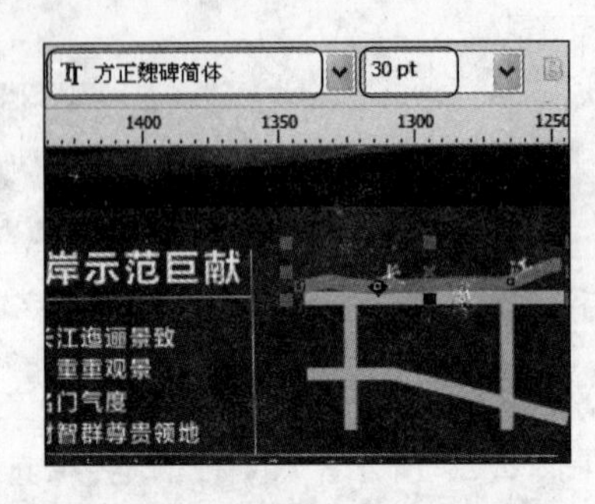

图 10.31　设置文字的字体和字号

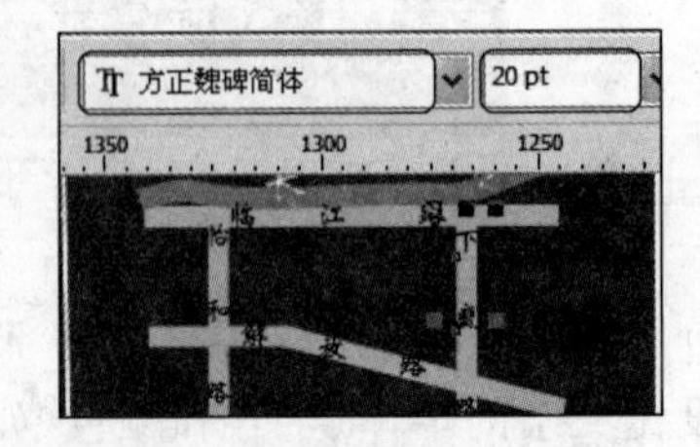

图 10.32　输入道路名称

(5) 在工具箱中选择“矩形”工具绘制一个正方形，在工具箱中选择“填充”工具对正方形进行射线填充。这里将渐变颜色设置为“月光绿”和“淡黄色”，如图 10.33 所示。

(6) 使用“文本”工具在正方形上添加文字“本案”，文字的样式与道路名称文字样式相同，如图 10.34 所示。复制正方形和文字，修改文字为区位图，添加其他地名标示，如图 10.35 所示。

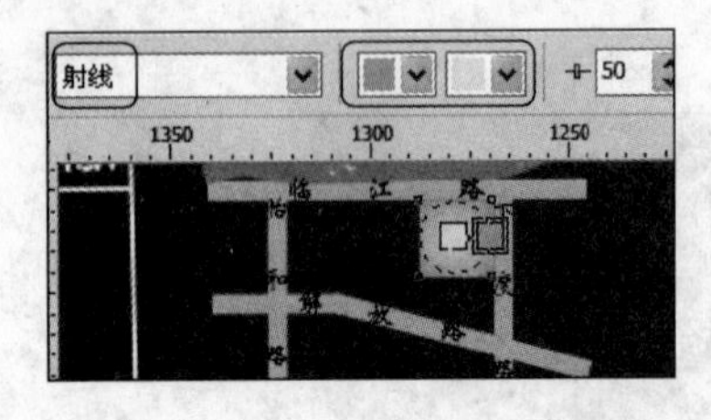

图 10.33　绘制正方形并使用射线填充模式

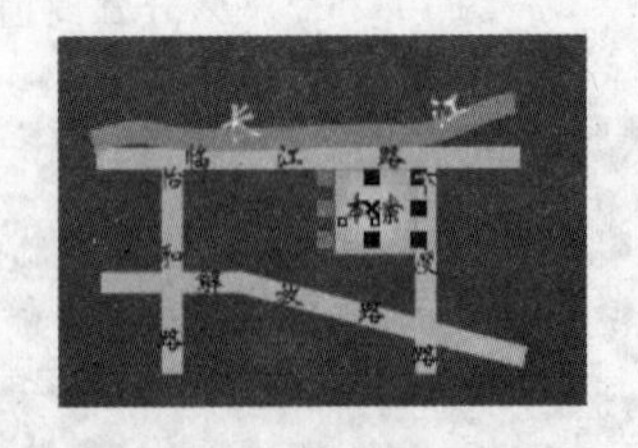

图 10.34　在正方形上添加文字

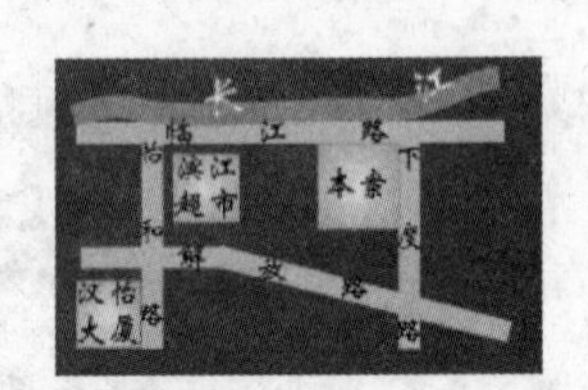

图 10.35　添加其他地名标示

(7) 使用“钢笔”工具绘制图形，使用与步骤(5)相同的射线渐变方式填充图形，如图10.36所示。使用“文本”工具在图形上添加地名，文字样式与道路名称文字相同，如图10.37所示。

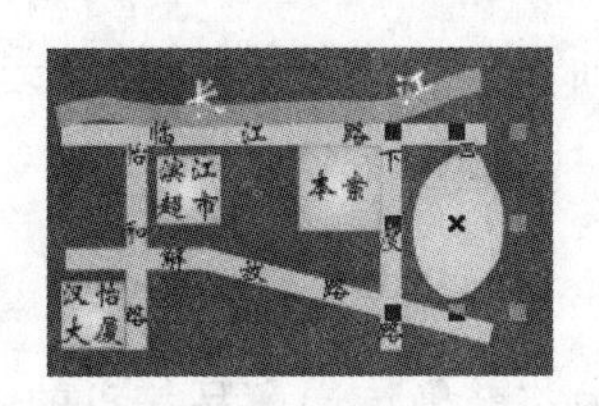

图10.36　绘制图形

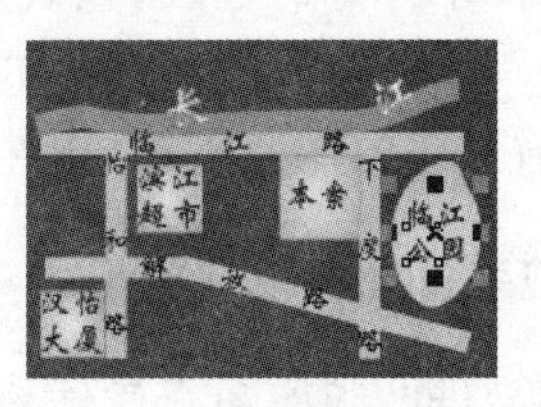

图10.37　添加文字

(8) 对作品中各个对象的大小和位置进行适当调整，效果满意后保存文档。本实例制作完成后的效果如图10.38所示。

图10.38　实例制作完成后的效果

10.2　商品包装设计

商品包装设计与人们的生活密切相关，目前已经成为平面设计领域中的一个热门行业，包装设计和制作是平面设计师必须掌握的技能。本节将讲解使用CorelDRAW X4进行常见的包装纸盒的设计过程。

10.2.1 商品包装设计思路

好的商品离不开好的包装,包装是商品进行市场推广的一个重要环节,是产品转化为商品进入流通的一个必备装备。商品的包装设计是平面设计中的一个重要分支,它的应用领域广泛,要求有一定的专业知识,现在已成为一个热门的设计专业。

1. 商品包装设计的基础知识

商品包装是借助版面和介质结构对商品进行展示并准确传递商品信息的系统工程。包装常见的有三种形式:盒状、袋状和桶状。商品的包装对于商品来说是至关重要的,包装不仅能够容纳商品,保护商品,更重要的是,通过商品包装可以宣传商品,传播商品信息,同时对树立良好的企业形象也能起到一定的作用。因此,包装设计的重点应在于引起注意、突出特色,同时营造与商品一致的气氛。

商品包装设计包括包装结构设计和包装版面设计。在常见的盒状、桶状和袋状结构中,犹以盒状包装最为常见,样式最为多样化。由于包装的基本功能是容纳和保护,因此在进行结构设计时应该注意包装结构合理、结实,内部空间紧凑且利用率高。在保证包装基本功能的情况下要考虑制作成本,选择品质和价格俱佳的材料,同时重复利用材料降低材料成本。另外,在包装结构设计时,要充分考虑包装的摆放功能,使其具有良好的稳定性,外形规整。

商品包装的版面由画面、文字和色彩等元素构成,具体来说一般包括商品名称、商品的说明文字、商标和产品形象以及厂家名称、地址和电话号码等联系信息。在进行商品包装版面设计时,版面设计的重点应该努力营造与商品一致的气氛,应该能够引起消费者注意并突出商品的特色。版面色彩的使用,应该与商品的天然色、商品的品质和气氛相匹配。如对于茶类或水果类商品的包装的色彩可以使用与其天然色相协调。

设计者在设计商品包装时,首先应对设计作品有一个详细的了解。这包括,设计项目、设计要求和设备、材料的限制,商品的特点及消费对象,商家的营销策略等。根据对商品的研究、客户需求以及资料收集和分析,包装设计者应该对包装设计有一定计划,以便于包装的整体设计和控制。这主要包括,设计目标和定位方向,明确的设计理念,设计理念表达的方案,预算的设计制作经费和设计制作进度表等方面的内容。

一个成功的包装设计,必须满足包装的各项要求,在进行设计时必须考虑商品包装的识别性、色彩性、象征性和展示性等特征。好的包装应该具有良好的识别性,同时具有可读性和强烈的暗示性。同时,强烈的视觉展示往往能够获得更好的效果,能使人获得不同的情感和需求,能够起到识别和认知的作用。

2. 本例设计思路

本案例是一个茶叶包装的设计制作。茶叶的包装一般采用盒式包装的形式,包装盒的设计一般需要设计包装盒的裁切版、包装盒的展开图和包装盒的立体效果图。

本实例依次设计包装盒的裁切版、包装盒的展开图和包装盒的立体效果图。首先设计包装盒的版面,创建包装盒裁切版。裁切版的设计为盒体的各个部分的设计提供依据,然后分别制作展开图和立体效果图。裁切版的制作必须准确,在制作前为了精确定位,首先创建辅助线,然后使用 CorelDRAW 的绘图工具来绘制裁切版。

展开图的设计制作需要完成三个方面的工作，它们是盒体正反面的制作，盒体左右侧面的设计制作以及盒体顶面和底面的设计制作。由于是茶叶包装，背景使用水墨山水画，产品的品名使用书法字体并添加了古人咏茶的诗句。包装盒正面和顶面的装饰采用传统的万字形和云纹等。所有的这些都营造出一种浓浓的文化氛围，体现出了一种茶的文化。包装盒的侧面使用文本工具添加产品的厂名、使用方法和条形码等信息。

立体效果图的制作包括制作立体包装盒效果，包装盒阴影效果的制作和包装盒镜像效果的制作。立体包装盒的制作使用透视变换的方式对各个面进行透视变换，拼接为需要的立体包装盒。使用"透明度"工具为包装盒侧面和正面图形对象添加透明效果来创建包装盒的倒影效果，使用"阴影"工具为包装盒添加投影效果。

10.2.2 案例制作步骤

本综合实例的详细制作步骤如下所述。

1. 制作裁切版

(1) 启动 CorelDRAW X4，创建一个新文档，将文档保存为"包装盒裁切版.cdr"。在属性栏中设置页面的宽度和高度，如图 10.39 所示。

图 10.39 属性栏中的参数设置

(2) 选择"视图"|"设置"|"辅助线设置"命令打开"选项"对话框，单击左侧的"水平"选项选择设置水平辅助线。在右侧的文本框中输入水平辅助线所在的位置值，单击"添加"按钮即可添加一条辅助线。这里根据需要依次输入辅助线所在的位置值添加水平辅助线，如图 10.40 所示。

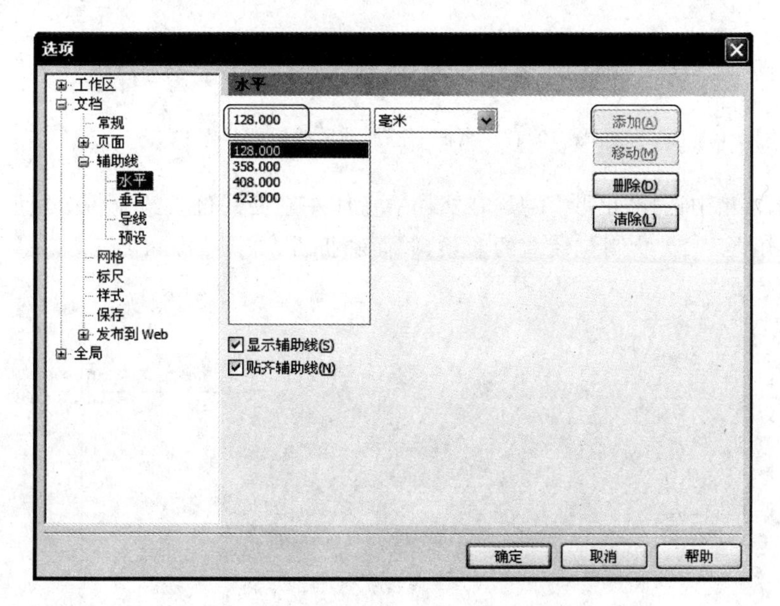

图 10.40 添加水平辅助线

（3）在“选项”对话框的左侧选择“垂直”选项，依次添加垂直辅助线，如图 10.41 所示。完成辅助线添加后单击“确定”按钮关闭“选项”对话框。页面中添加辅助线后的状态如图 10.42 所示。

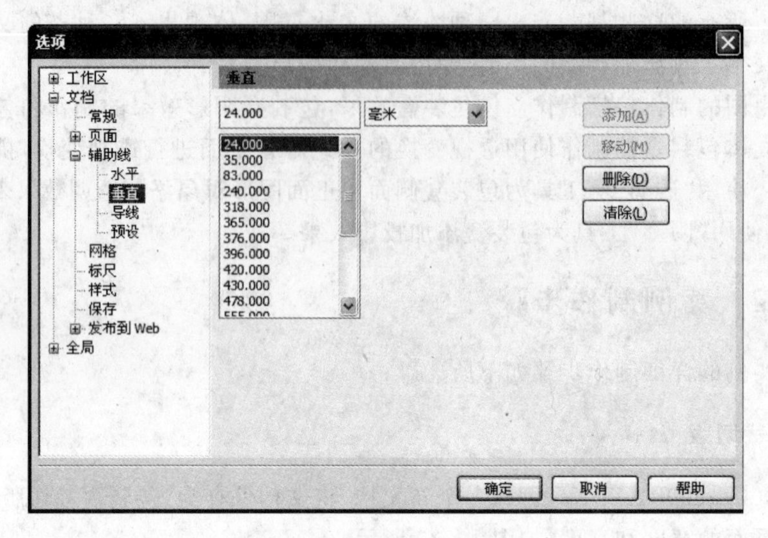

图 10.41　添加垂直辅助线

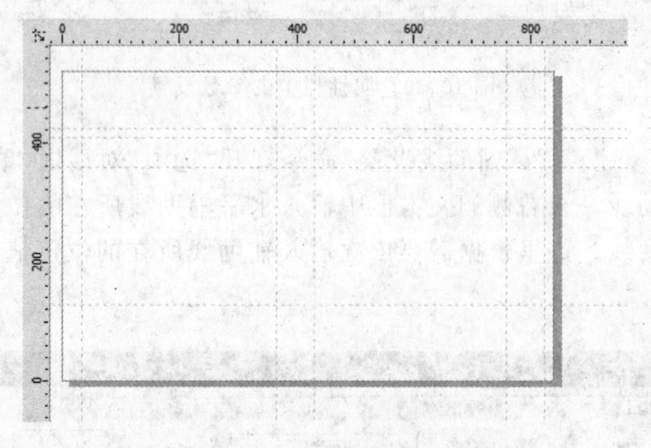

图 10.42　页面中添加辅助线后的状态

（4）在工具箱中选择“矩形”工具，在文档中盒体左正面的位置绘制一个矩形，如图 10.43 所示。使用“矩形”工具绘制包装盒的盒顶、侧面和折舌，如图 10.44 所示。

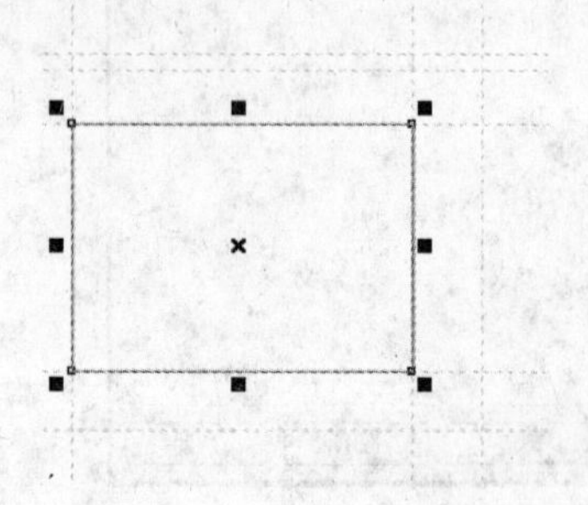

图 10.43　绘制左正面

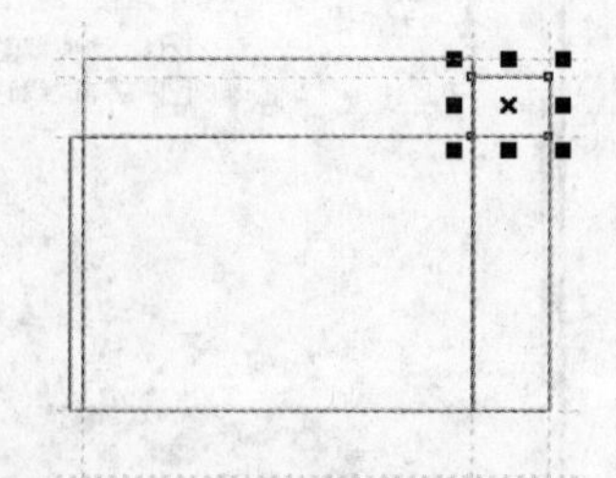

图 10.44　绘制盒顶、侧面和折舌

专家点拨　选择“视图”|“贴齐辅助线”命令，可以使绘制的矩形对齐辅助线。

(5) 选择右上角的矩形，按 Ctrl＋Q 组合键将矩形转换为曲线。在工具箱中选择“形状”工具对图形进行编辑，将其变为梯形，如图 10.45 所示。将折舌放大，分别在两条边上双击添加节点，拖动节点调整其位置，如图 10.46 所示。

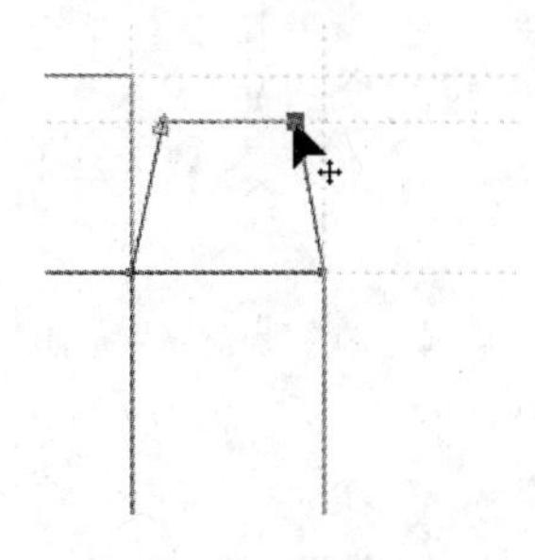

图 10.45　将矩形变为梯形

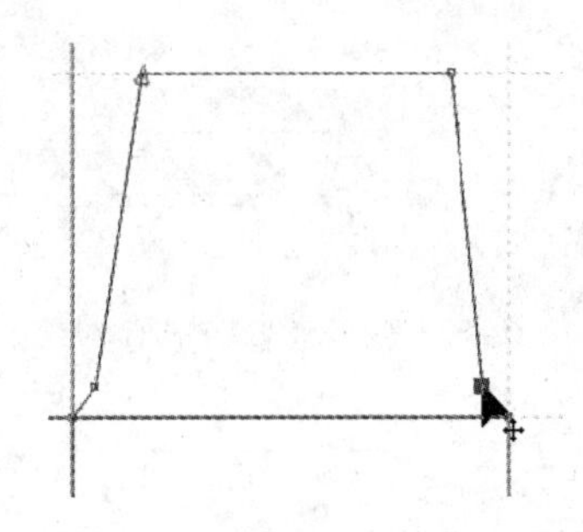

图 10.46　拖动节点调整其位置

专家点拨　在拖动节点时，在主界面的标尺上将看到标示节点位置的辅助线，根据辅助线的位置可以确定节点移动的距离，起到精确调整节点位置的目的。

(6) 使用相同的方法调整左侧折舌的形状，如图 10.47 所示。复制该舌头，将其放置到顶面的上方，将其旋转并调整其大小和位置，如图 10.48 所示。同时选择这两个图形，在属性栏中单击“焊接”按钮将它们焊接为一个对象。

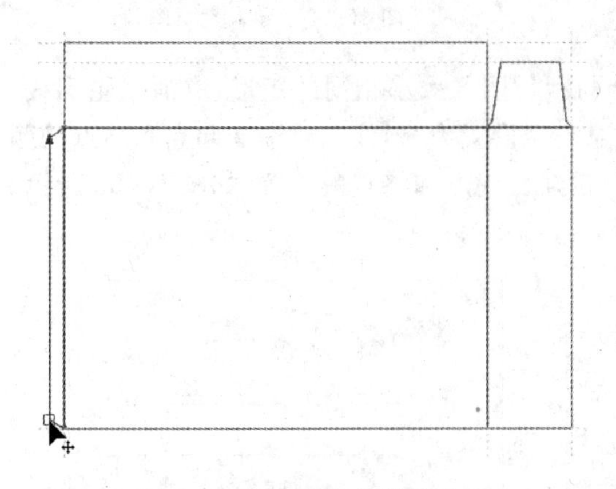

图 10.47　调整左侧折舌形状

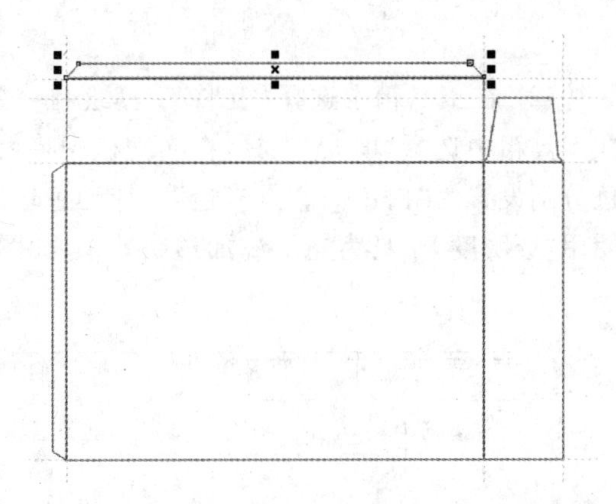

图 10.48　放置折舌到顶面

(7) 同时选择除左侧折舌外的所有图形，复制这些图形，将它们放置到页面的右侧，同时将复制后的对象旋转 180°，调整图形对象的位置，如图 10.49 所示。重新放置图形对象的位置，如图 10.50 所示。

(8) 分别复制位于侧面矩形上下部的折舌，将其放置到另一个侧面矩形的上下部，如图 10.51 所示。至此，包装盒裁切版制作完成。

2. 设计包装盒正面

(1) 打开文档“包装盒裁切版. cdr”，将其保存为“包装盒展开图. cdr”。导入“山水. bmp”素材文件，将其放置到包装盒的正面矩形中，如图 10.52 所示。

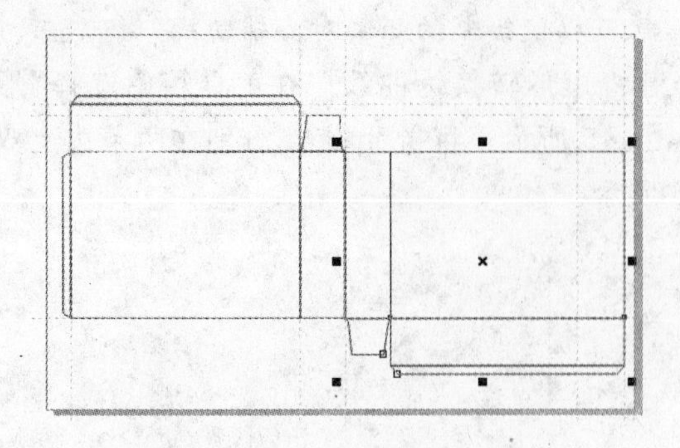

图 10.49　复制并放置图形对象

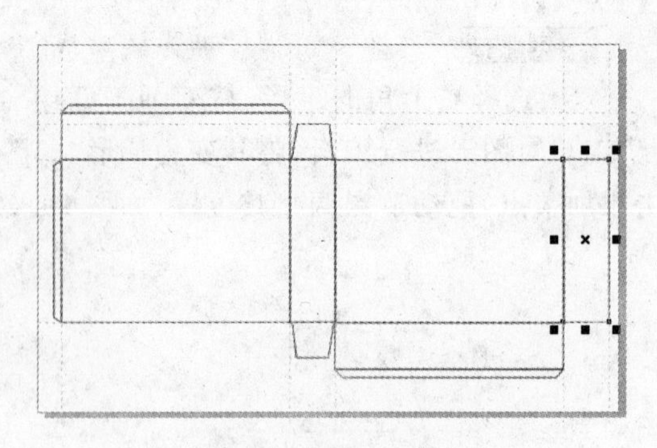

图 10.50　重新放置图形

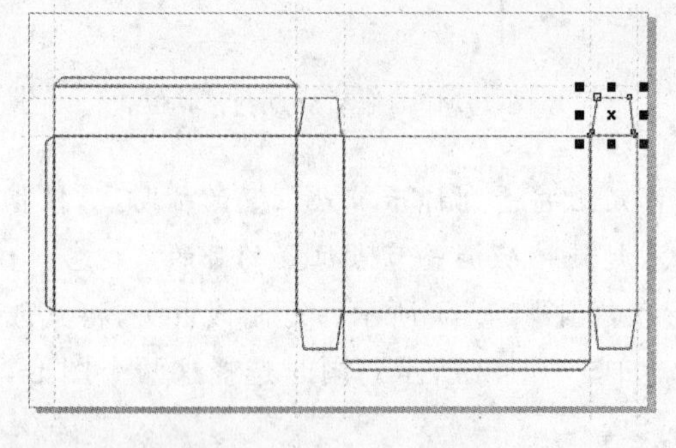

图 10.51　复制并放置折舌

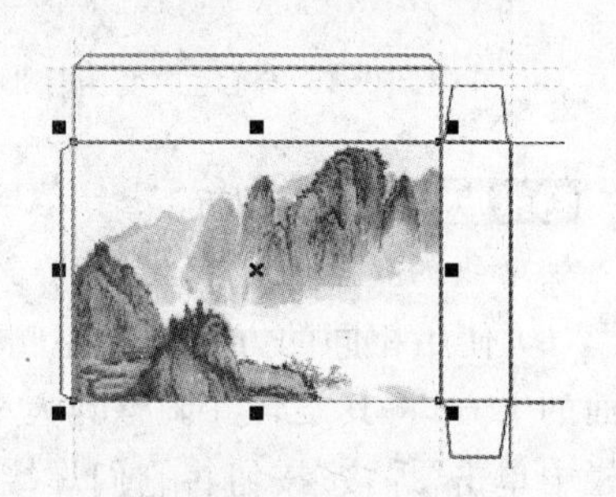

图 10.52　导入素材图片

(2) 在工具箱中选择“矩形”工具绘制一个与素材图像大小相同的矩形，取消其轮廓线。在工具箱中选择“填充”工具，在属性栏中将填充类型设置为“射线”，将渐变起点和终点的颜色分别设置为“白色”和“月光色”。拖动色块调整渐变起点和终点的位置，如图 10.53 所示。使用“透明度”工具为矩形添加透明效果，如图 10.54 所示。

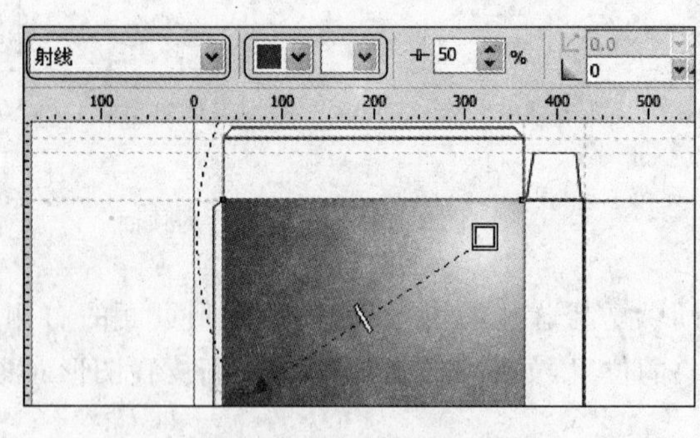

图 10.53　创建射线渐变填充

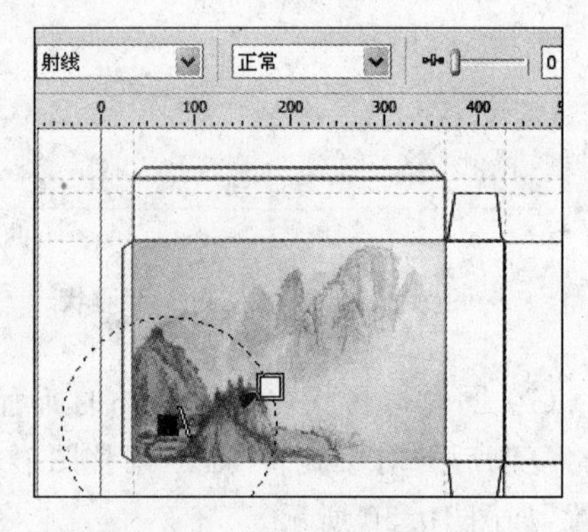

图 10.54　添加透明效果

(3) 使用“矩形”工具绘制一个矩形，取消矩形的轮廓线，使用默认系统调色板为矩形填充“香蕉黄色”。复制该矩形，将这两个矩形分别放置在图像上下边界，如图 10.55 所示。

(4) 使用“矩形”工具绘制一个矩形，取消该矩形的轮廓线，使用“绿色”填充矩形。将该矩形复制两个，将它们拼合为一个折线形，如图 10.56 所示。选择这三个矩形，按 Ctrl+G 组合键将它们组合为一个对象。将群组对象复制三个，旋转后组成一个万字图形，如图 10.57 所示。使用“矩形”工具再绘制四个样式一样的矩形，将它们组成一个正方形，如图 10.58 所示。

图 10.55 绘制矩形

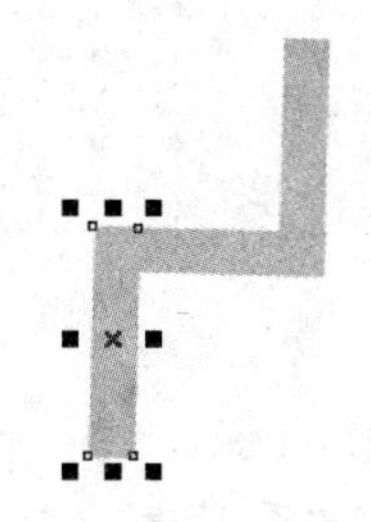

图 10.56 绘制矩形并拼合为折线形

图 10.57 复制并旋转后组成万字形

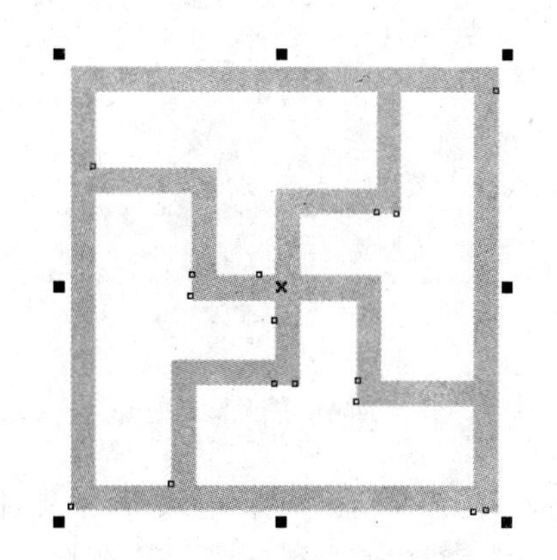

图 10.58 绘制矩形组成正方形

(5) 将绘制的图形对象群组为一个对象，复制群组对象。将复制后的两个图形放置到步骤(3)绘制的矩形上，调整它们的大小后使用“调合”工具创建调合对象，如图 10.59 所示。复制创建的调合对象，将其移到上面的边条上，此时将得到两条装饰边框，如图 10.60 所示。

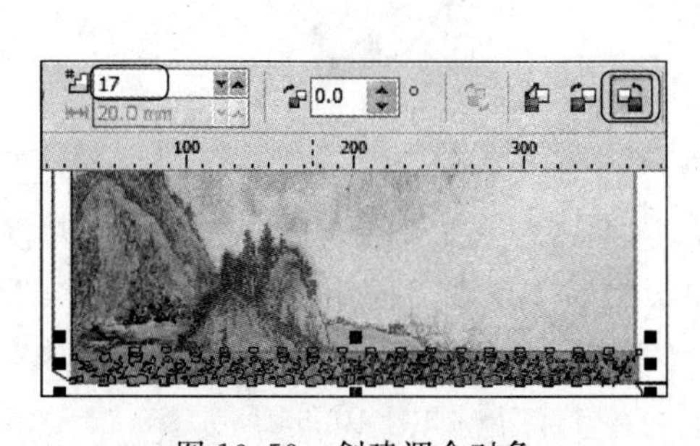

图 10.59 创建调合对象

图 10.60 获得装饰边框

(6) 使用“文本”工具输入文字“临江”，将文字的颜色设置为“褐色”，在属性栏中设置文字的字体和大小，如图 10.61 所示。输入文字“香茗”，将文字的颜色设置为“淡黄色”，设置文字的字体和字号，如图 10.62 所示。

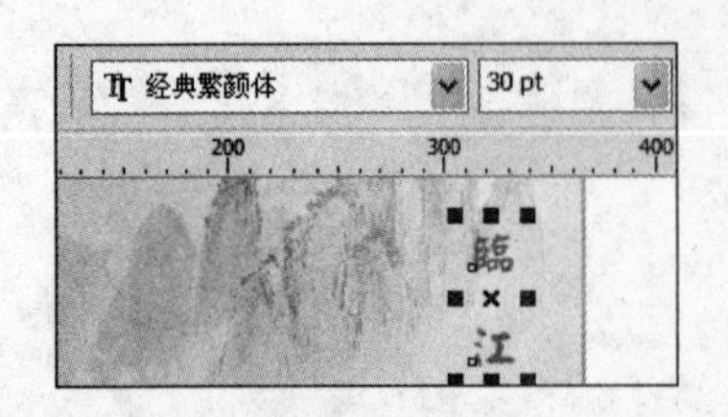

图 10.61　输入文字并设置文字样式

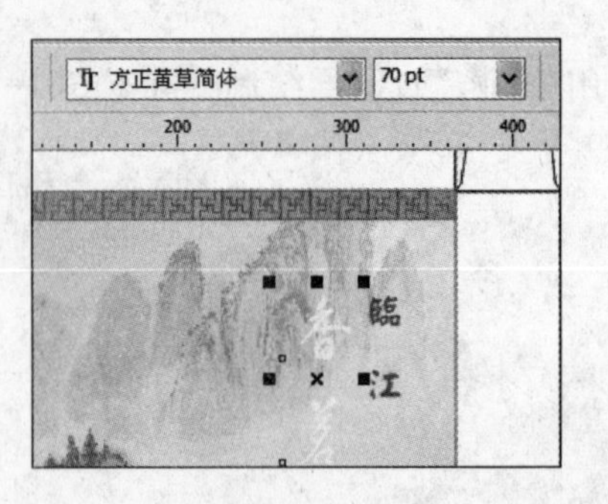

图 10.62　输入文字

(7) 使用“矩形”工具绘制一个矩形，将轮廓线的宽度设置为 2mm，轮廓线的颜色设置为“褐色”，填充色为“香蕉黄”。按 Ctrl＋PageDown 组合键将其下移一层，将矩形放置到文字“临江”的下方，如图 10.63 所示。按 Ctrl＋I 组合键打开“导入”对话框，导入“祥云. gif”文件。复制祥云图像，在调整它们的大小后放置到矩形边框的两个角上，如图 10.64 所示。

图 10.63　绘制矩形

图 10.64　放置祥云图案

(8) 在工具箱中选择“椭圆形”工具，使用该工具绘制一个圆形。取消圆形的轮廓线后，使用“填充”工具对其进行线性填充，起始和终止色分别设置为“香蕉黄”和“黑色”，如图 10.65 所示。再复制一个圆形，并将复制的圆形放置到“香茗”两字下，如图 10.66 所示。

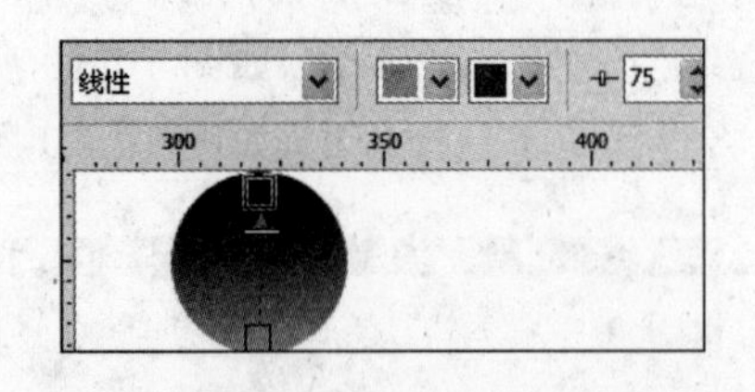

图 10.65　绘制圆形并进行线性填充

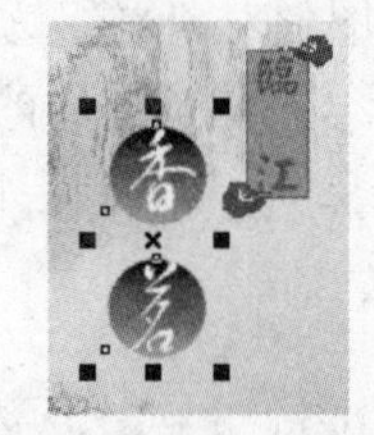

图 10.66　绘制圆形并放置到文字下方

(9) 使用“文本”工具输入文字“形味冠华夏 色香润万家”，将文字的颜色设置为“淡黄色”，同时在属性栏中设置文字的字体和大小，如图 10.67 所示。使用“椭圆形”工具绘制一个圆形，取消轮廓线，并使用“军绿色”填充图像。将该圆形复制 10 个，并将它们依次放置到文字中的每个字上，如图 10.68 所示。

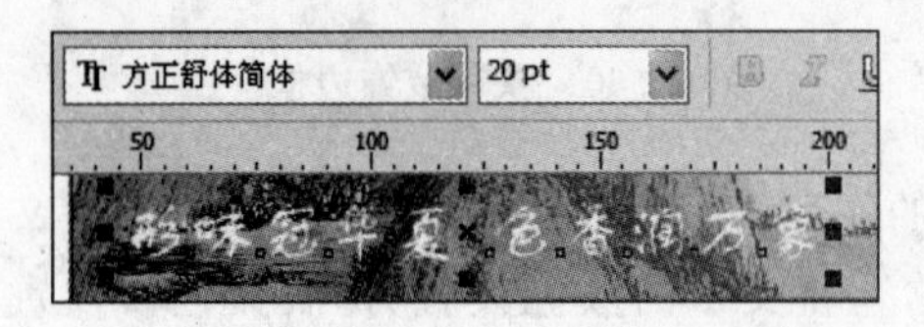

图 10.67　输入文字并设置文字样式

(10) 使用“文本”工具输入一段竖排的咏茶古诗，设置文字的字体和字号，如图 10.69 所示。使用“挑选”工具选择所有的对象，按 Ctrl＋G 组合键将它们群组为一个对象，复制该群组对象，将复制对象放置到裁切版的右侧。至此，包装盒正面设计制作完成，此时图形效果如图 10.70 所示。

图 10.68 将圆形放置于文字下方

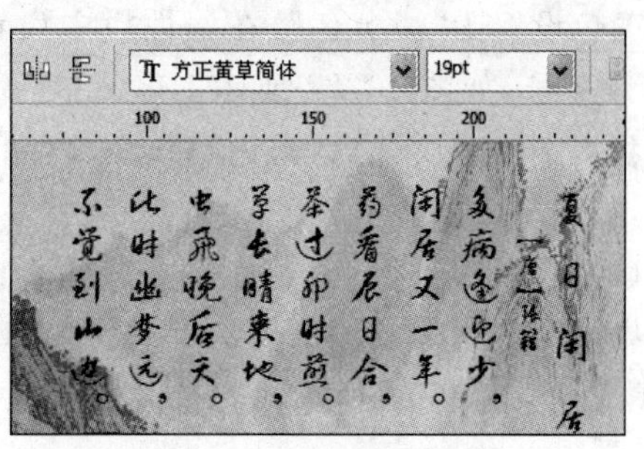

图 10.69 输入古诗

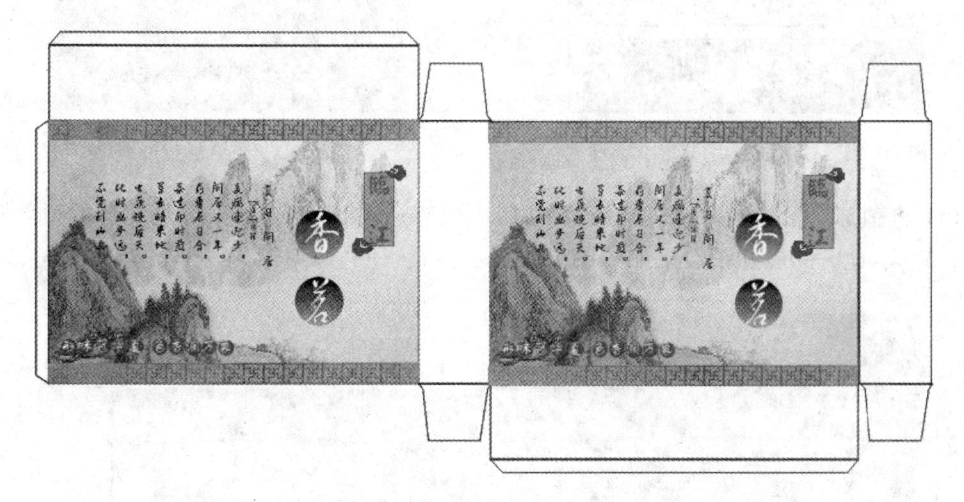

图 10.70 制作完成的正面

专家点拨 当页面中的对象很多时，要精确选择需要的对象并不是一件容易的事情。此时，最容易的方法就是打开“对象管理器”面板，通过多选管理器列表中的对象选项来实现对多个对象的选择。

3. 设计包装盒顶面和底面

(1) 在工具箱中选择“矩形”工具，在裁切版上表面区域中绘制一个矩形，取消矩形的轮廓线。在工具箱中选择“填充”工具，在属性栏中选择使用“均匀填充”方式，同时设置填充的颜色值，如图 10.71 所示。

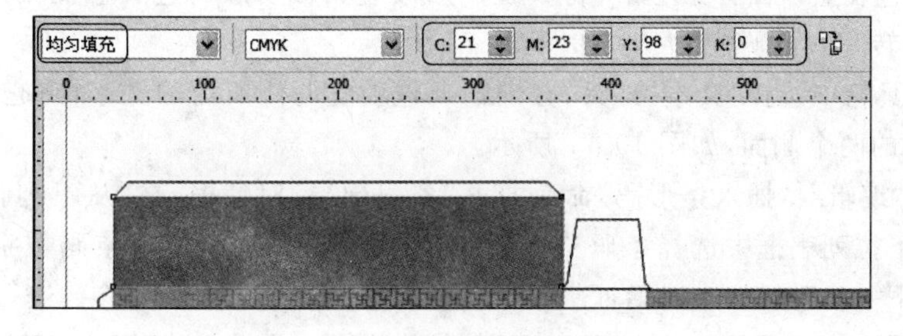

图 10.71 绘制矩形并填充颜色

(2) 使用"文本"工具输入文字"临江香茗",将文字颜色设置为"淡黄色",在属性栏中设置文字的字体和字号,如图 10.72 所示。输入文字"中国名茶",将文字颜色设置为"褐色",设置文字的字体和字号,如图 10.73 所示。

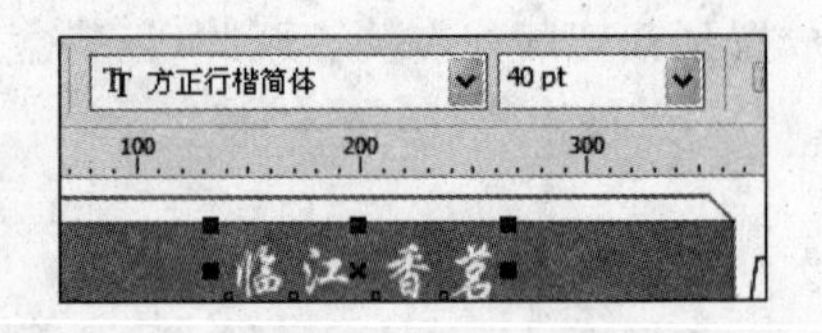

图 10.72 输入文字并设置字体和字号

(3) 使用"矩形"工具绘制两条无边框的矩形作为装饰线。使用"矩形"工具绘制一个正方形,并将其拉长。这里绘制的图形均使用"淡黄色"填充,如图 10.74 所示。

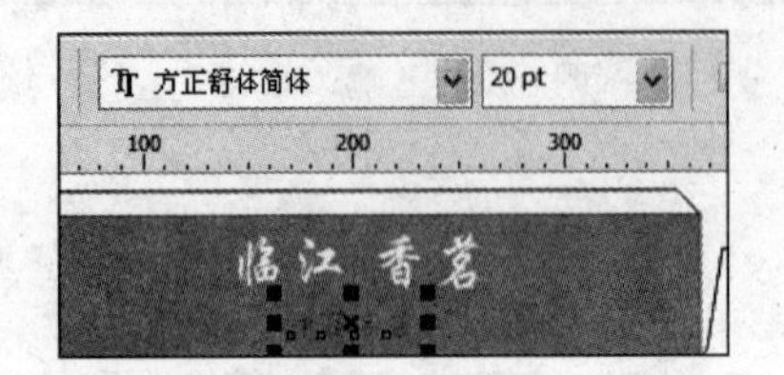

图 10.73 输入文字并设置文字样式

图 10.74 绘制装饰线

(4) 将顶部矩形复制一个,放置到裁切版中包装盒底部区域。至此,包装盒的顶部和底部设计完成,此时的展开图效果如图 10.75 所示。

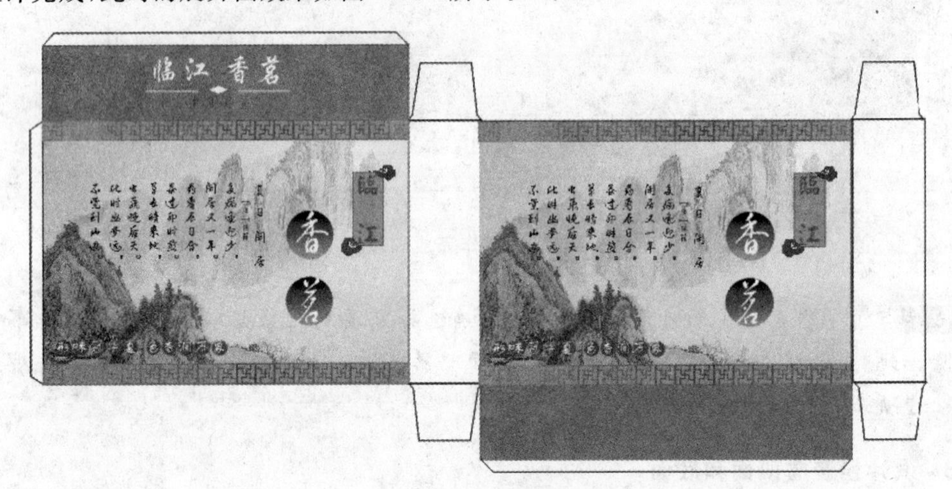

图 10.75 完成顶部和底部设计后的包装盒效果

4. 设计包装盒侧面

(1) 选择包装盒顶面背景矩形,将其复制后放置到裁切版的包装盒侧面区域。分别将这两个矩形旋转 90°后调整其大小,如图 10.76 所示。

(2) 在工具箱中选择"文本"工具,分别输入包装盒两侧所需的文字,将它们旋转 90°后放置到包装盒的两个侧面,如图 10.77 所示。

(3) 选择"编辑"|"插入条形码"命令打开"条码向导"对话框,在"从下列行业标准格式中选择一个"下拉列表框中选择条码格式,在对话框的文本框中输入条码数字,如图 10.78 所示。单击"下一步"按钮,在对话框中对条码的打印分辨率和大小等参数进行设置,这里采用默认值,如图 10.79 所示。单击"下一步"按钮进入下一步设置,如图 10.80 所示。完成设

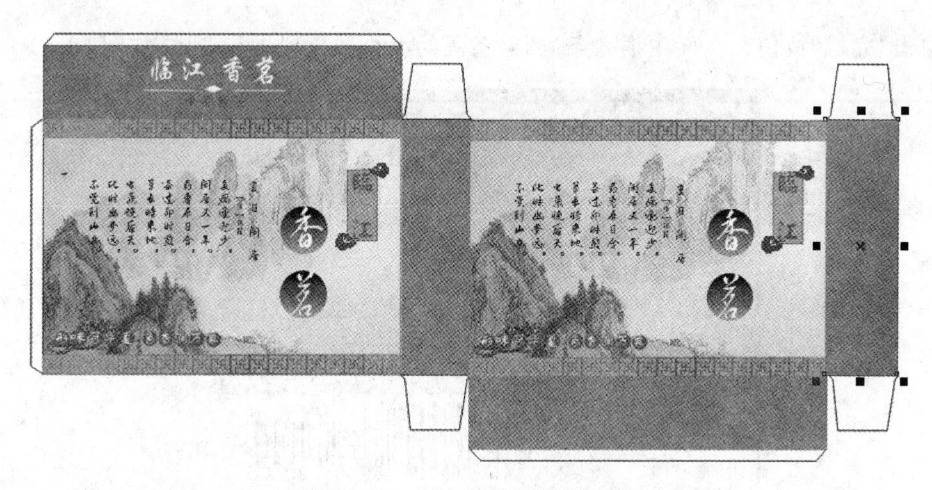

图 10.76 添加侧面的背景矩形

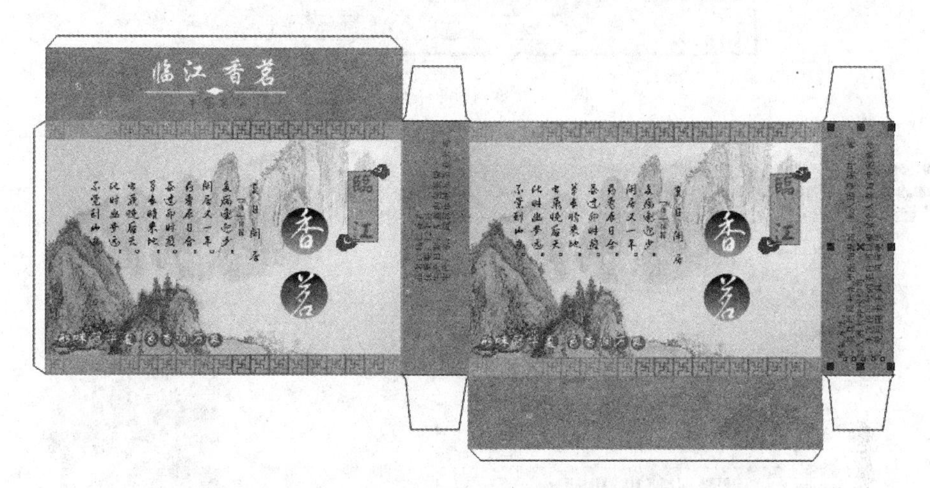

图 10.77 输入文字并放置到包装盒侧面

图 10.78 选择行业标准并输入条码数字

置后单击“完成”按钮在页面中插入条码，对条码的大小和位置进行调整，如图 10.81 所示。

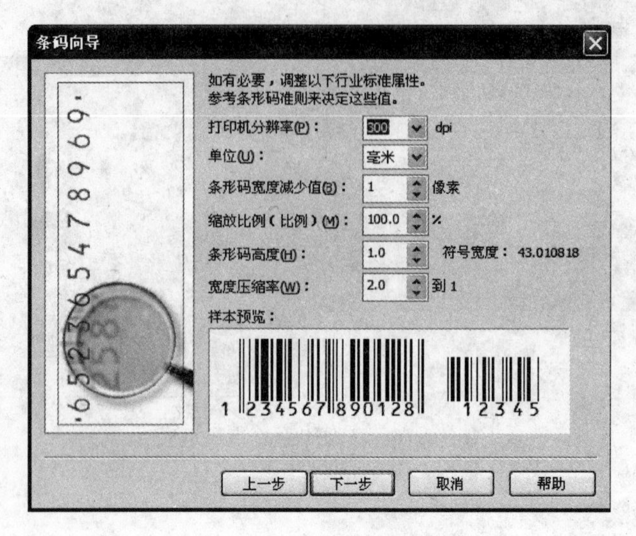

图 10.79　设置条码参数

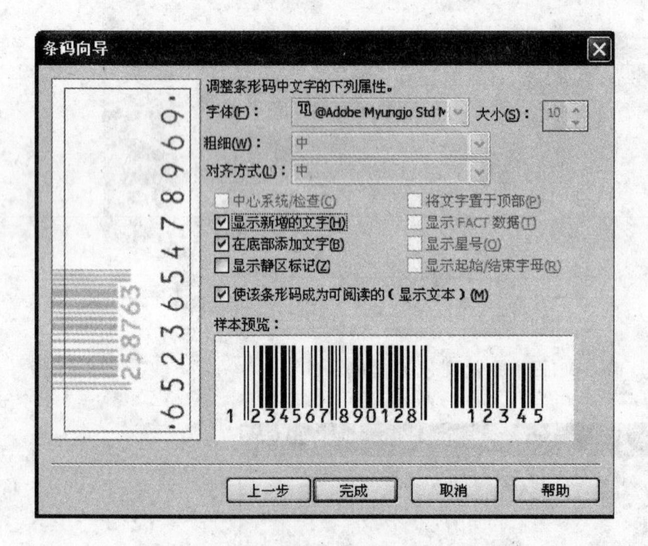

图 10.80　单击“完成”按钮插入条码

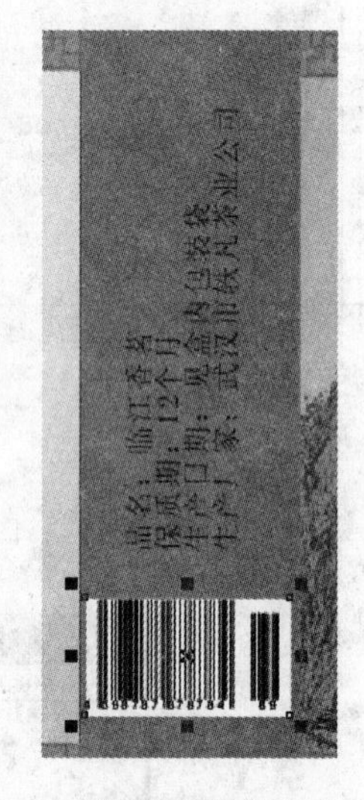

图 10.81　调整条码的大小和位置

(4) 至此，包装盒展开图设计制作完成，对各个组成对象进行最后的调整，效果满意后保存文档。展开图制作完成后的效果如图 10.82 所示。

5. 制作包装盒立体效果图

(1) 按 Ctrl+N 组合键新建一个空白文档，将该文档保存为“包装盒立体效果图.cdr”的文件，单击属性栏中的“横向”按钮将页面转换为横向页面。在工具箱中选择“矩形”工具，在页面中绘制一个矩形。在工具箱中选择“渐变”工具对矩形进行线性渐变填充，渐变颜色为由“黑色”到“白色”，如图 10.83 所示。

(2) 切换到“包装盒展开图.cdr”文档窗口，选择包装盒正面的所有对象，按 Ctrl+G 组合键将它们群组为一个对象。按 Ctrl+C 组合键复制该对象，切换到“包装盒立体效果

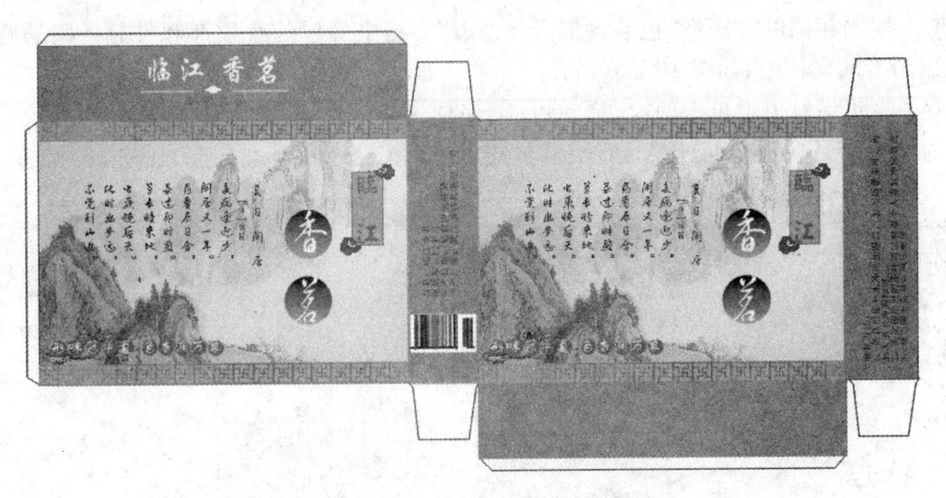

图 10.82 展开图制作完成后的效果

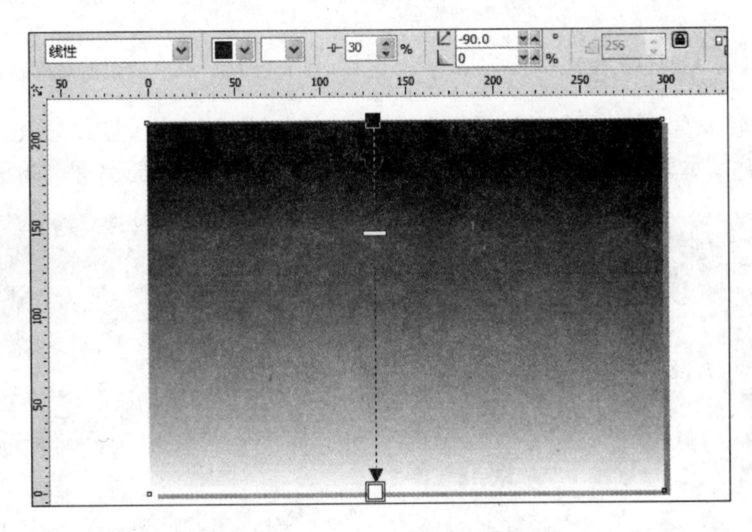

图 10.83 使用线性渐变填充矩形

.cdr”文档窗口，按 Ctrl+V 组合键粘贴该对象，对复制对象的大小进行适当调整，如图 10.84 所示。

图 10.84 粘贴包装盒正面

(3) 使用相同的方法将“包装盒展开图.cdr”文档中的包装盒顶部和带有条码的侧面对象复制到当前文档中，如图 10.85 所示。

(4) 在正面对象上单击两次，拖动边框上的控制柄使对象倾斜，如图 10.86 所示。单击侧面对象两次，拖动控制柄使其倾斜，并且与正面图形紧密拼合在一起，如图 10.87 所示。

图 10.85　复制包装盒的另外两个面

图 10.86　使正面对象倾斜放置

(5) 选择包装盒顶面图形对象，选择“效果”|“添加透视”命令，将鼠标放置于变形框的控制点上，光标显示为十字时，拖动控制点即可向对象添加透视变形效果，如图 10.88 所示。

图 10.87　使侧面对象与正面拼合

图 10.88　向对象添加透视变形

(6) 选择包装盒的三个面，按 Ctrl+G 组合键将它们群组为一个对象。再次从“包装盒展开图.cdr”文档中将包装盒正面图形对象复制到当前文档，选择“位图”|“转换为位图”命令，在打开的“转换为位图”对话框中对有关参数进行设置，如图 10.89 所示。单击“确定”按钮关闭对话框后，图形对象被转换为位图。

(7) 对获得的位图对象进行垂直镜像变换，对位图对象进行倾斜操作，如图 10.90 所示。在工具箱中选择“透明度”工具，对位图添加透明效果，如图 10.91 所示。至此，立体包装盒正面倒影效果制作完成。使用相同的方法制作侧面的倒影效果，如图 10.92 所示。

专家点拨　如果直接向群组的对象添加透明效果，则由于组成群组对象的图形很多，透明效果将无法添加。因此，这里先将群组对象转换为位图后，再添加透明效果。

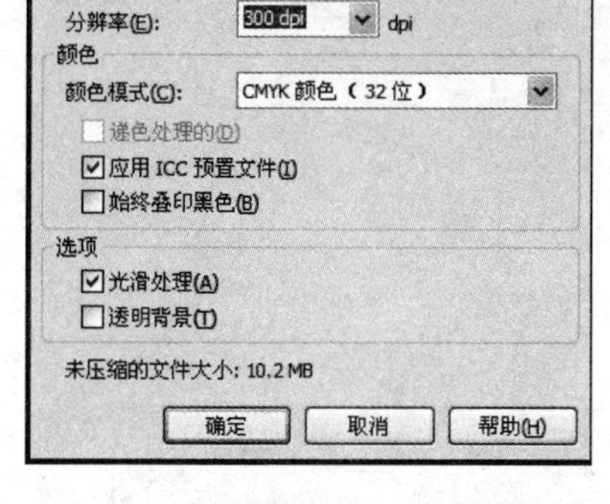

图 10.89 “转换为位图”对话框

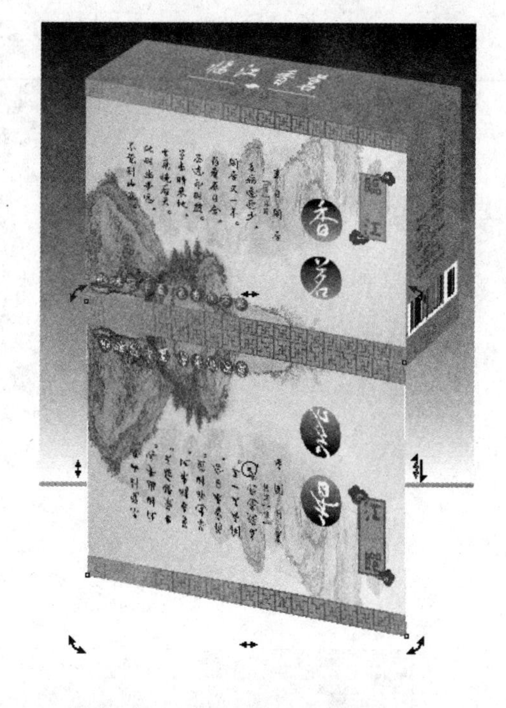

图 10.90 对位图进行倾斜操作

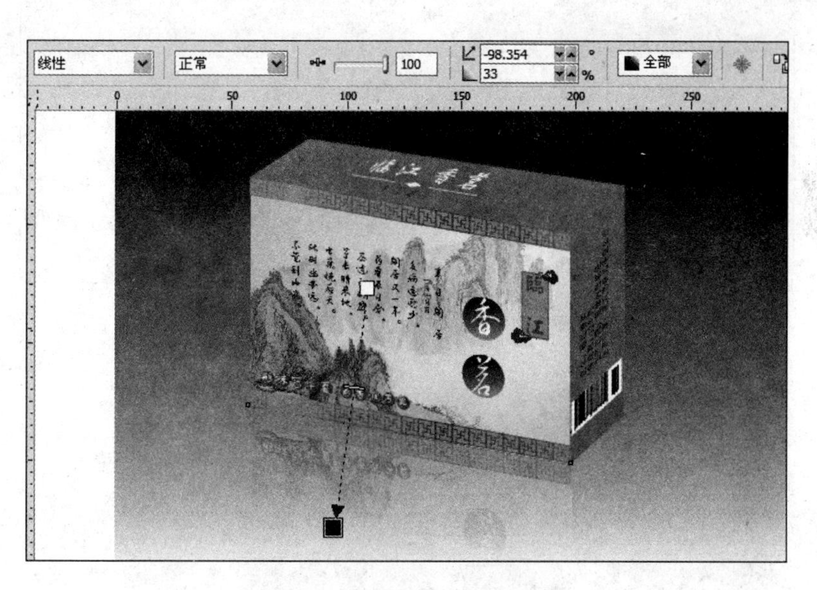

图 10.91 对位图添加透明效果

(8) 选择正面的倒影图像，在工具箱中选择“阴影”工具创建透视阴影效果，如图 10.93 所示。选择“排列”|“打散阴影群组”命令将阴影单独分离出来，调整阴影图形的透视角度，获得包装盒阴影，如图 10.94 所示。

(9) 对页面中各个对象进行调整，效果满意后保存文档。制作完成后的包装盒立体效果图如图 10.95 所示。

图 10.92　制作侧面倒影效果

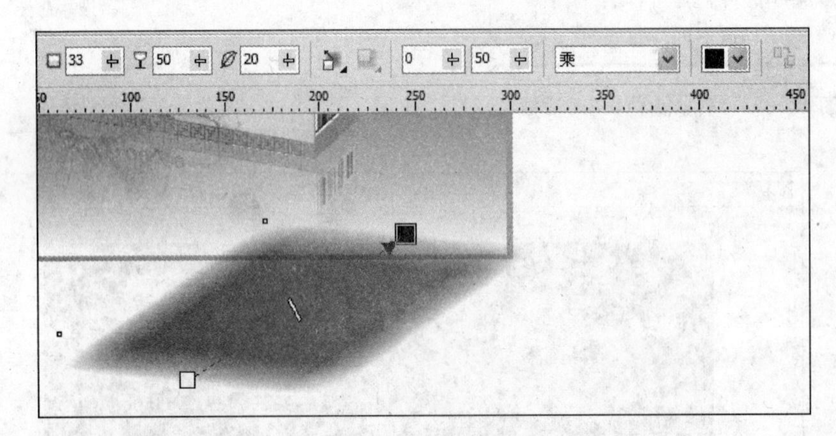

图 10.93　创建透视阴影

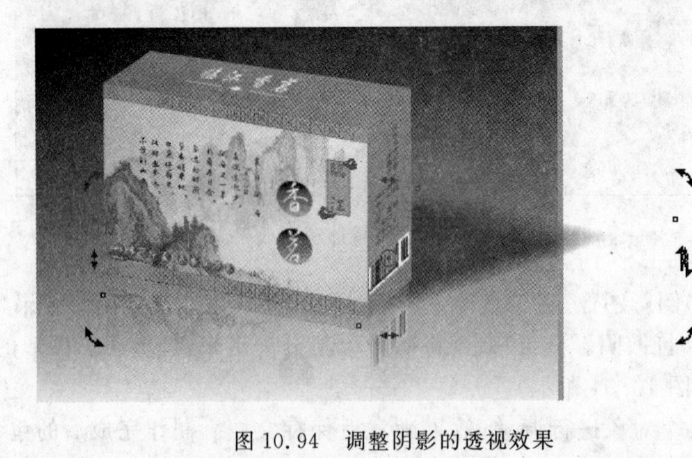

图 10.94　调整阴影的透视效果

图 10.95　制作完成后的包装盒立体效果图

10.3　书籍封面设计

一本好书除了需要好的内容外，离不开精美的书籍装帧。书籍装帧的对象是各种书籍，由于书籍往往具有较大发行量，较多的读者群，同时具有较为广泛的影响，因此书籍的装帧设计具有很高的要求。本节将以案例的形式介绍书籍封面设计的操作方法和技巧。

10.3.1　书籍封面设计的基础知识

书籍封面设计是针对书籍封面的美术设计，是针对书籍形态的设计工作，本节将从封面设计的基础知识和本实例制作的设计思路两个方面来进行介绍。

1. 封面设计的基础知识

书籍装帧设计是指书籍的整体设计，它包括的内容很多，其中封面、扉页和插图设计是其中的三大主体设计要素。要完成书籍装帧的设计，需要考虑包括纸张的选择、封面材料选用、开本确定、版式的设计、装订方法以及印刷和制作方法等多方面的问题。

封面设计是书籍装帧设计的重要元素。所谓的封面，实际上就是书籍的外皮，封面从某种意义上说是书籍内容的体现，是书籍装帧设计的主要对象。在封面设计时，版面尺寸的确定至关重要，版面的尺寸根据不同的开本图书会有所不同。这里，封底和封面的尺寸一般不需要计算，采用某一开本的规格即可。但书脊的宽度需要进行计算才能确定，计算时应考虑两个问题，即书的总页数和书籍采用纸张的厚度，这两个数据决定了书脊的宽度。书脊的宽度确定后，整个设计版面的尺寸也就确定了。

书籍封面的设计一般采用下面步骤：首先建立包括封底、书脊和前封面的完整版面，此时书脊宽度应该已经确定。然后使用设计软件进行设计制作，编排图片、文字和图形等版面元素，进行版面设计。

2. 本例设计思路

本实例是一个书籍封面的设计。书籍的封面设计包括书籍的前封面、书脊和封底这三个方面，三个部分在设计时是一个统一的整体，同时它们又有相对独立的部分。在制作时，在单独考虑各个部分的构成元素的同时，也考虑它们之间的整体关系，以达到和谐统一的效果。

本案例在制作时按照前封面→书脊→封底的步骤来制作。前封面的内容包括书名、编者名以及出版社名等内容，另外还包括有关的图形和图像以增强封面的可视性，增强美感。这里，前封面背景直接选用素材文件以提高制作效率，素材的选择突出书籍内容，给人以美感。书名的设计力求简单且富于个性，其他文字根据具体的需要选择设置文字样式，文字力求表述清楚，文字清晰。

本案例书脊的制作较为简单，作为前封面和封底的过渡区域，它是书籍称为立体形状的关键。书脊的设计与封面封底的设计在风格上保持一致，因此书脊的背景色使用与封面色调协调一致的颜色，在制作时直接使用"文本"工具添加文字，文字没有添加多余的特效。

封底的制作不需要复杂的图像和文字效果，封底放置责任编辑、书号、条形码以及定价等信息。本案例封底使用与封面相同的底纹背景，放置一幅淡化的水墨古画，使用"文本"工具输入有关文字信息，同时添加条码。

10.3.2 案例制作步骤

本综合实例的详细制作步骤如下所述。

1. 设计封面背景

(1) 启动 CorelDRAW X4，创建一个新文档，将文档保存为"书籍封面.cdr"。在属性栏中设置页面的宽度和高度，如图 10.96 所示。

图 10.96　设置页面的宽度和高度

(2) 选择"视图"|"设置"|"辅助线设置"命令打开"选项"对话框，在对话框中添加水平辅助线，如图 10.97 所示。同时，在页面中添加垂直辅助线，如图 10.98 所示。

(3) 单击"确定"按钮关闭"选项"对话框，在工具箱中选择"矩形"工具绘制一个矩形，如图 10.99 所示。在"工具箱"中选择"图样填充"工具打开"图样填充"对话框，在对话框中选择"位图"单选按钮，同时选择用作填充的位图底纹，如图 10.100 所示。单击"确定"按钮关闭"图样填充"对话框，取消矩形的轮廓线，此时图形效果如图 10.101 所示。

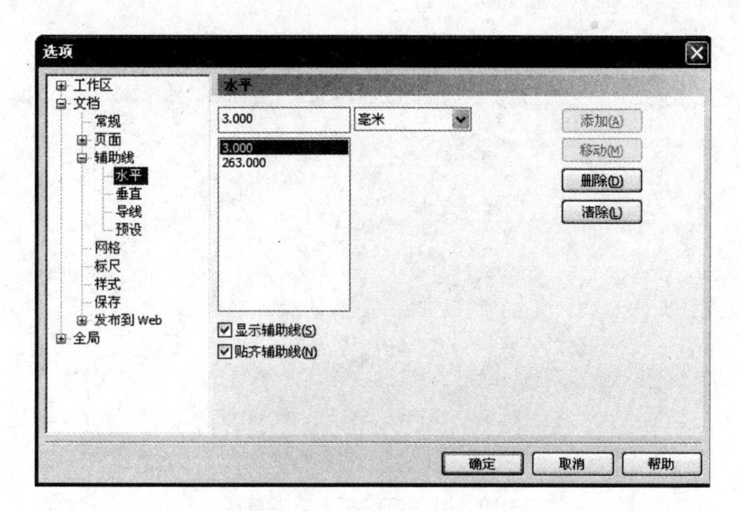

图 10.97　添加水平辅助线

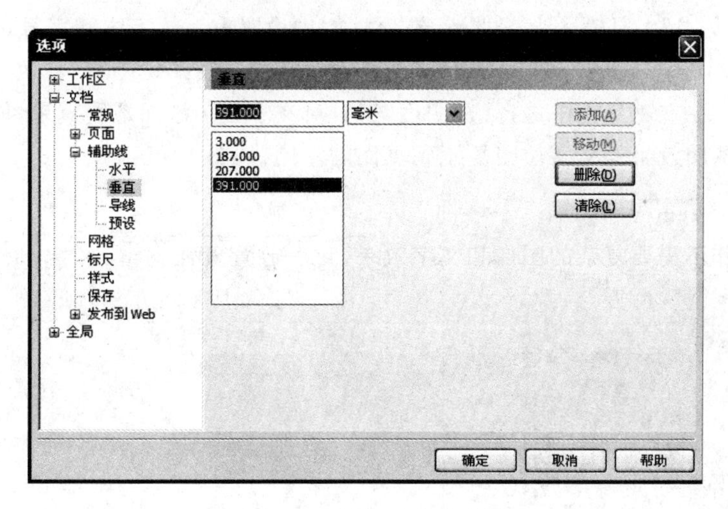

图 10.98　添加垂直辅助线

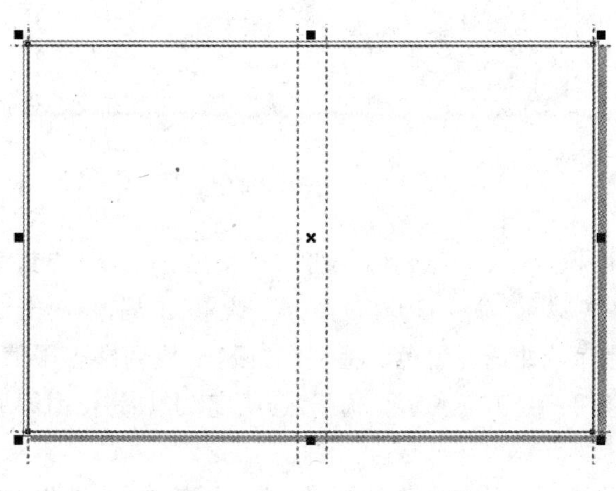

图 10.99　绘制一个矩形

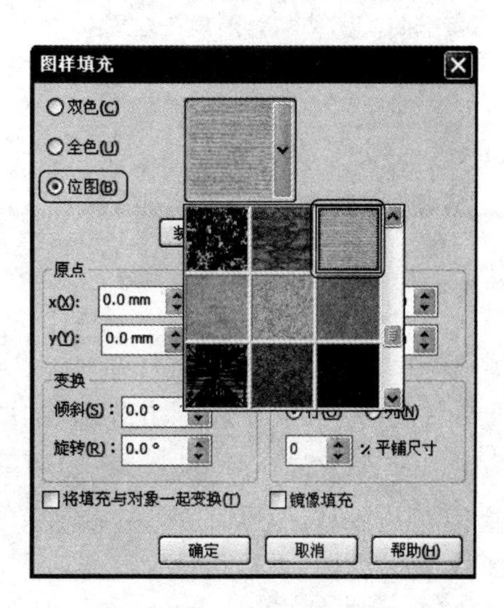

图 10.100　选择位图填充

图 10.101　底纹填充后的效果

(4) 选择"文本"工具输入一首古诗，在属性栏中设置古诗的字体和字号，同时将古诗设置为竖排，如图 10.102 所示。使用"挑选"工具选择文字，选择"位图"|"转换为位图"命令将古诗转换为位图。在工具箱中选择"透明度"工具对文字位图添加透明效果，如图 10.103 所示。再将添加透明效果的文字位图复制到页面的左侧，如图 10.104 所示。

图 10.102　输入古诗

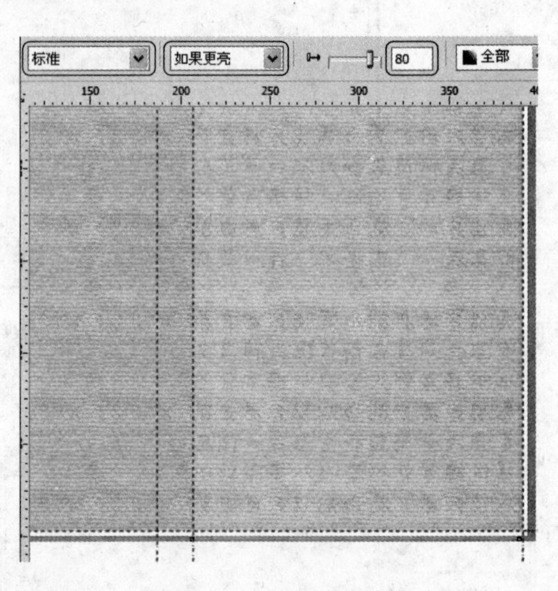

图 10.103　添加透明效果

(5) 按 Ctrl+I 组合键打开"导入"对话框，导入"背景.tif"文件，调整图像大小，使其宽度与封面宽度相同。选择"位图"|"位图颜色遮罩"命令打开"位图颜色遮罩"泊坞窗，单击泊坞窗中的"颜色选择"按钮，在图像白色背景处选择颜色。拖动"容限"滑块调整容限值，单击"应用"按钮去掉图像中白色背景色，如图 10.105 所示。选择"透明度"工具为位图添加透明效果，如图 10.106 所示。

(6) 在工具箱中选择"矩形"工具，在封面下方绘制一个矩形，取消矩形轮廓线，并以"褐

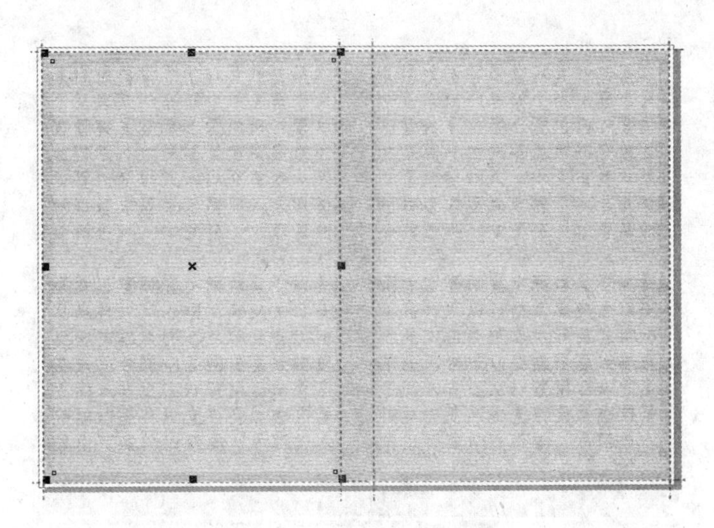

图 10.104 复制文字位图

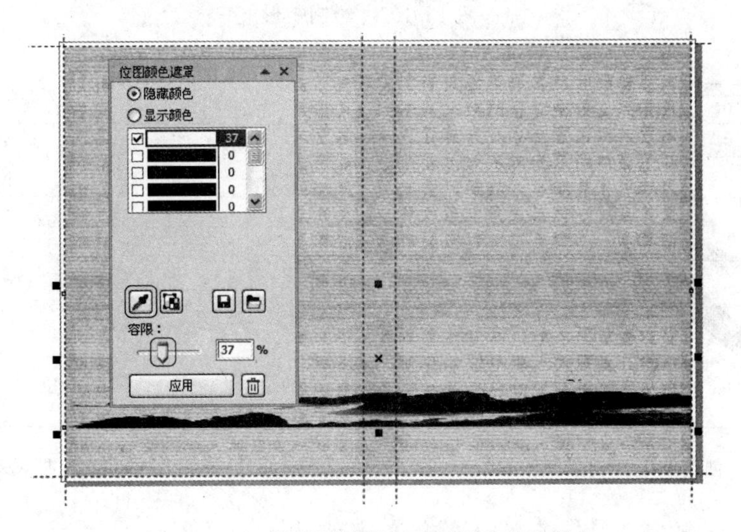

图 10.105 应用“位图颜色遮罩”去除背景色

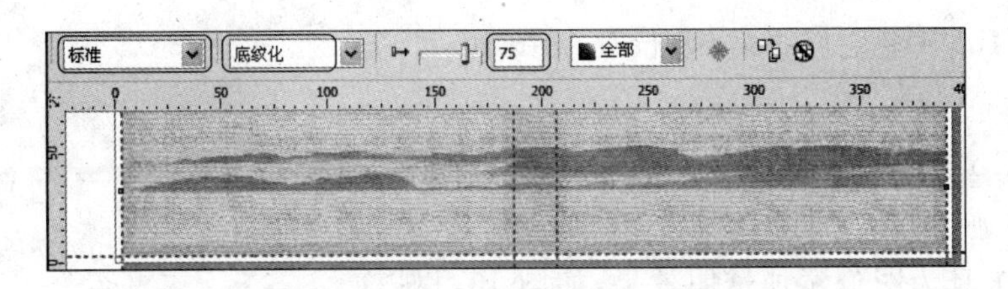

图 10.106 为位图添加透明效果

色”填充该图形，如图 10.107 所示。

2. 制作前封面

(1) 使用“文本”工具创建文字并设置文字的属性，如图 10.108 所示。在工具箱中选择“透明度”工具，为文字添加透明效果，如图 10.109 所示。

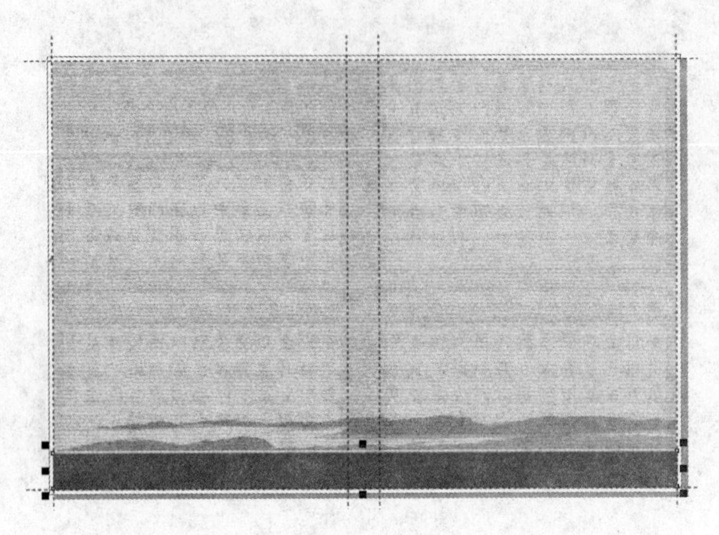

图 10.107　绘制矩形

图 10.108　创建文字并设置文字属性

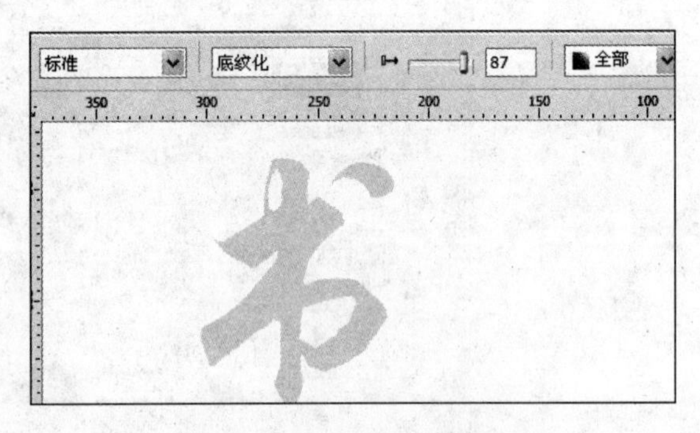

图 10.109　为文字添加透明效果

(2) 将文字复制三个，将其中两个文字改为“墨”，并将它们设置为不同的书法字体。再将它们放置到前封面中，并调整它们的大小和位置，如图 10.110 所示。

(3) 按 Ctrl+I 组合键打开“导入”对话框，导入素材文件“墨迹. wmf”。将图像放置在前封面中，使用“透明度”工具为图像添加透明效果，如图 10.111 所示。使用“文本”工具输入文字“书”，设置文字的字体和字号，将文字的颜色设置为“紫色”，如图 10.112 所示。

(4) 按 Ctrl+I 组合键打开“导入”对话框，导入“毛笔. png”素材文件，将文件放置到“书”字的落笔处并调整图片的大小，如图 10.113 所示。

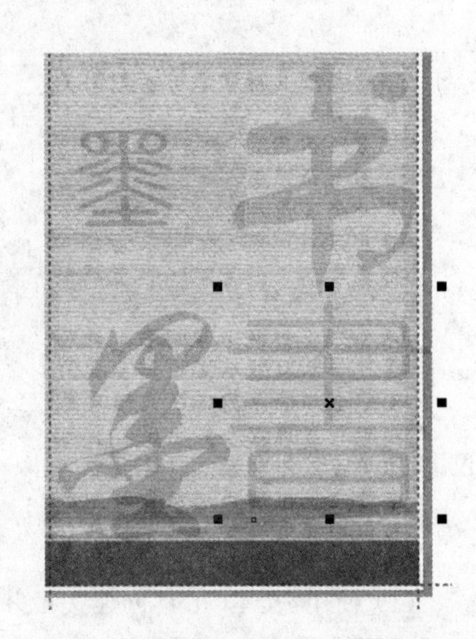

图 10.110　复制文字并设置字体和大小

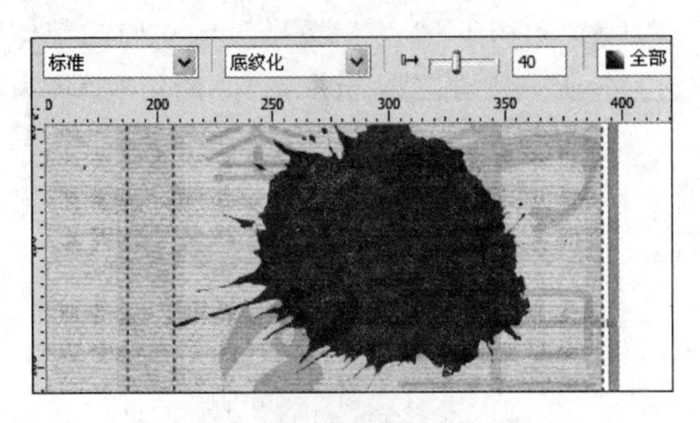

图 10.111　为图像添加透明效果

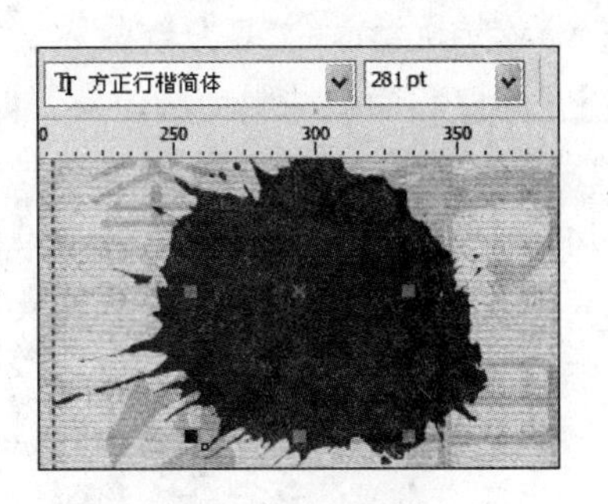

图 10.112　输入文字

专家点拨　PNG 文件的中文名为“可移植性网络图像”文件，它能够提供比 GIF 文件小 30%的无损压缩图像文件，同时提供了对 24 位和 48 位真彩图像的支持，因此能够获得很好的图像色彩。这种图像文件能够实现背景透明，因此本例在导入素材图像时没有使用位图遮罩来去掉背景色，而直接将其应用到作品中。

(5) 使用“矩形”工具绘制图形，如图 10.114 所示。使用“文本”工具在矩形框中输入竖排文字，如图 10.115 所示。再次使用“矩形”工具绘制一个矩形，使用“文本”工具输入文字“品味传统文化”，如图 10.116 所示。

图 10.113　放置素材图片

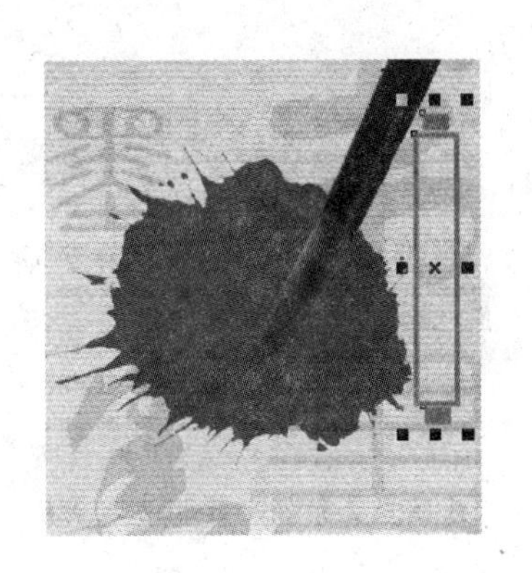

图 10.114　使用“矩形”工具绘制图形

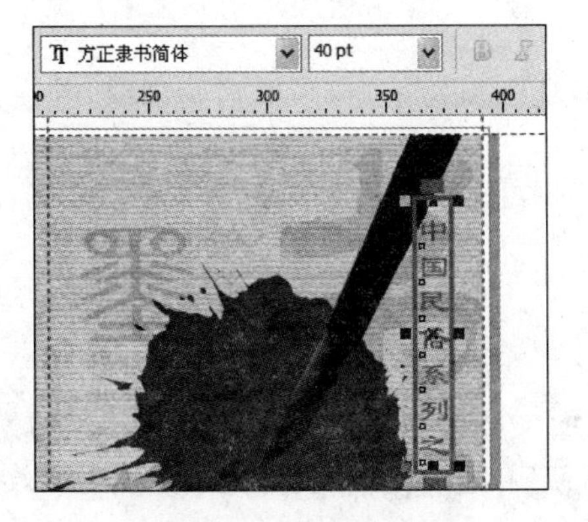

图 10.115　输入竖排文字

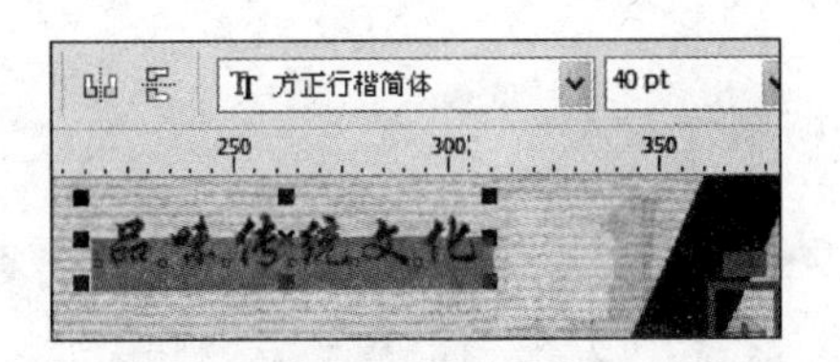

图 10.116　绘制矩形并创建文字

(6) 使用“文本”工具分别输入文字“书”、“墨”和词组“人生”，分别设置它们的字体和字号，同时调整它们在前封面的位置，如图 10.117 所示。在工具箱中选择“阴影”工具为词组“人生”添加阴影效果，如图 10.118 所示。

图 10.117　添加文字

图 10.118　添加阴影效果

(7) 使用“文本”工具添加作者和出版社信息，如图 10.119 所示。至此，书籍前封面制作完成，完成后的效果如图 10.120 所示。

图 10.119　添加作者和出版社文字

3. 制作书脊

(1) 在工具箱中选择“矩形”工具，使用该工具绘制两个矩形，取消轮廓线，并使用“紫色”填充图形，如图 10.121 所示。

(2) 在工具箱中选择“文本”工具，在书脊区域中输入书名和出版社文字，如图 10.122 所示。

4. 制作封底

(1) 按 Ctrl+I 组合键打开“导入”对话框，向文档中导入名为“水墨画.jpg”的素材文件，调整其大小后将其放置在封底区域的中心。使用“透明度”工具为图形添加透明效果，如图 10.123 所示。

图 10.120 制作完成的前封面

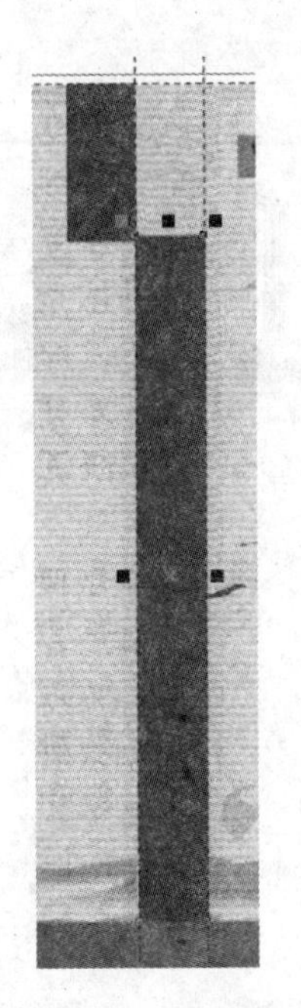

图 10.121 绘制矩形

图 10.122 输入书名和出版社文字

(2) 使用“文本”工具在封底左上方添加责任编辑和封面设计者文字，如图 10.124 所示。同时在封底的下部输入本书书号和定价信息，如图 10.125 所示。使用“钢笔”工具绘制一条直线，将直线的宽度设置为 1mm，颜色设置为“白色”。这条直线作为书号和定价文字间的分隔线，如图 10.126 所示。

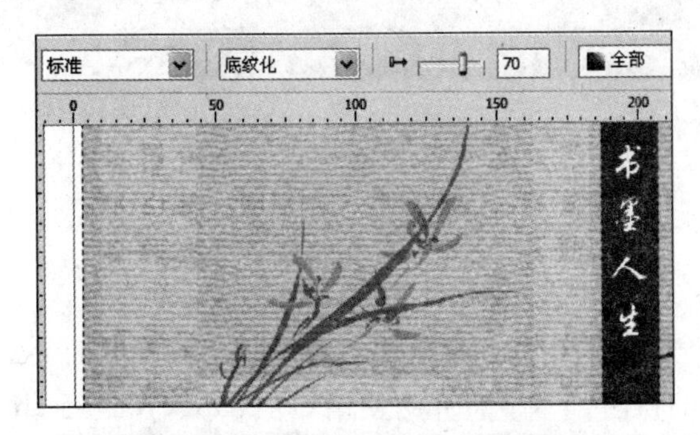

图 10.123 为图像添加透明效果

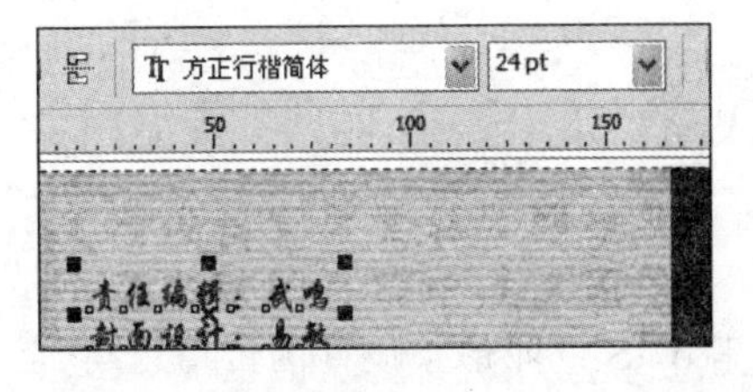

图 10.124 添加责任编辑和封面设计者信息

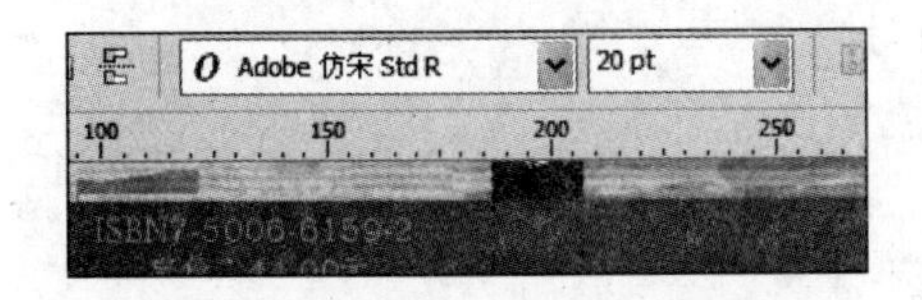

图 10.125 输入书号和定价信息

图 10.126 添加分隔线

(3) 选择“编辑”|“插入条形码”命令打开“条码向导”对话框，按照对话框提示创建本书的条码。条码创建完成后，使用“位图”|“转换为位图”命令将其转换为位图，调整其大小并

放置到封底的左下角，如图 10.127 所示。

图 10.127　创建条码

（4）对组成封面的各个对象进行调整，效果满意后保存文档，完成本实例的制作。本实例制作完成后的效果如图 10.128 所示。

图 10.128　本实例制作完成后的效果

10.4　CIS 企业形象设计

在激烈的市场竞争中，企业形象的树立、市场的拓展和竞争力的提升是企业发展的关键因素，CIS 企业形象设计的价值已得到广泛的认可。本节将介绍使用 CorelDRAW 进行 CIS 企业形象设计的方法和技巧。

10.4.1　CIS 企业形象设计基础知识

CIS 是当前常见的一种广告，本节将从该类广告的一般特点和本实例的制作流程这两个方面来介绍本实例制作的设计思路。

1. CIS 企业形象设计的基础知识

所谓的 CIS 系统，指的是企业标示系统，它的作用是将企业经营理念和精神文化传达给企业团队和个人，使企业形象能够进行统一的、有目的有组织的系统传播，以使企业能迅速被大众识别，从而产生认同感。CIS系统基本构成要素包括MI企业理念识别、BI企业行为识别和VI企业形象识别，平面设计在CIS设计中的应用主要在VI企业形象识别上。

VI系统是视觉形象识别系统，它是以标志、标准字和标志色为核心展开的完整而系统的视觉表达系统，是CIS企业识别系统中最直观、最具体、与公众联系最密切并且最具影响力的表达系统。VI系统分为基本要素系统和应用系统两个部分，基本要素系统主要包括企业标志设计、标准字、标准色、标识语、企业造型和象征图案等要素的设计，应用要素系统包括办公事务用品、广告规范、招牌旗帜、服装、产品包装、建筑外观以及交通工具等。

科学系统的VI设计对外可以提升形象，为企业营造良好的社会生存环境，提高企业的综合竞争力；对内，良好的VI设计能够增强员工的归属感和凝聚力，使沟通变得清晰而有效，从而降低企业内耗，使员工产生归属感，提高员工工作业绩。

2. 本例设计思路

企业VI设计内容很多，限于篇幅，本例只介绍企业标志、员工工作证、企业信封和信纸、交通工具和员工工作服的设计制作。在实例的制作过程中，使用CorelDRAW的图形工具来勾勒图形的外形，通过图形的组合来获得需要的形状。在设计制作时，使用统一的颜色获得一致的企业形象。

标志主要包括实用性、识别性、显著性、艺术性和持久性等特点，创意应该来源于全盘规划，寻找商品与企业独特新颖的造型符号，以这种符号来传达思想。标志要简明、形象、直观，并符合大众的审美规律。这里，标志使用图形与文字的组合形式，依据企业构成特点、行业类别和经营理念进行设计，充分考虑标志的接触对象和应用环境来进行设计。

工作证用于在企业中标示人物身份，在设计时力求画面简单明了。在作品中除了运用文字以及企业标志等必备要素外，还运用简单的线条来进行装饰，以达到加深视觉印象，提高美观度的目的。

信纸和信封属于企业的办公用品，在设计信纸时，力求企业要素全面。在作品中将企业标志和名称放在上方，使标志醒目，同时在下方添加企业地址及联系方式等信息。信封在设计时，署名是设计的第一要素，这里署名包括了企业标志和有关联系方式信息。

交通工具是一种能被人广泛接触的视觉项目，对企业形象具有极大的影响。交通工具包括的种类很多，本例只选取了其中的中型车进行制作。在设计时力求车身、车身标志及装饰在整体风格上保持一致，注意视觉效果和企业风格的协调。

企业制服能够起到重要的视觉宣传作用，本例分别设计制作男士和女士工作服，服饰颜色上以绿色为主色调。在设计时力求具有良好的视觉识别性，与其他作品具有统一的视觉风格。

10.4.2 案例制作步骤

本综合实例的详细制作步骤如下所述。

1. 设计企业标志

(1) 启动CorelDRAW X4，创建一个新文档，将文档保存为"企业标志.cdr"。在工具箱中选择"椭圆形"工具绘制一个圆形，将该圆形复制一个。在属性栏中将复制后的椭圆缩小到原来的70%，如图10.129所示。

(2) 使用"挑选"工具框选这两个圆形，在属性栏中单击"修剪"按钮，使用系统调色板中的"军绿"色填充修剪后的图形，同时取消该图形的轮廓线。此时将得到一个绿色的圆环，如图10.130所示。

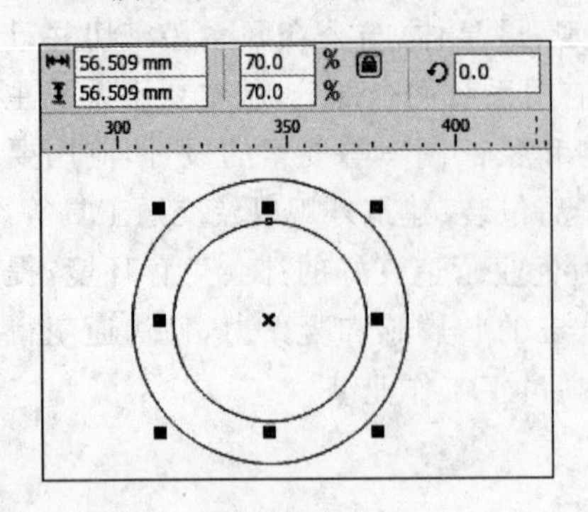

图10.129 复制并缩小圆形

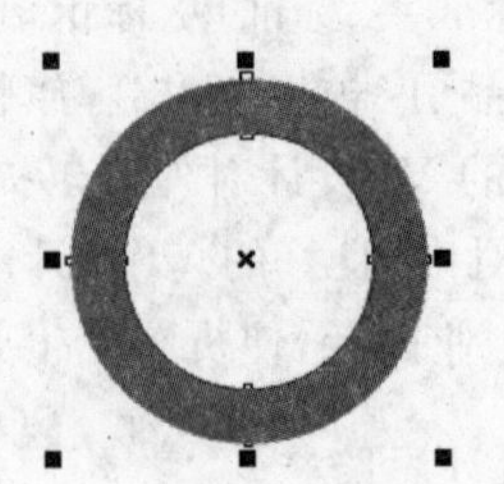
图10.130 获得绿色的圆环

(3) 在工具箱中选择"橡皮擦"工具，在属性栏中将"橡皮擦厚度"设置为20.0mm。在圆环右侧水平拖动鼠标将圆环打开，如图10.131所示。

(4) 在工具箱中选择"形状"工具，使用该工具选择缺口外侧的节点，单击属性栏中的"转换曲线为直线"按钮。此时缺口处的连线将变直，如图10.132所示。

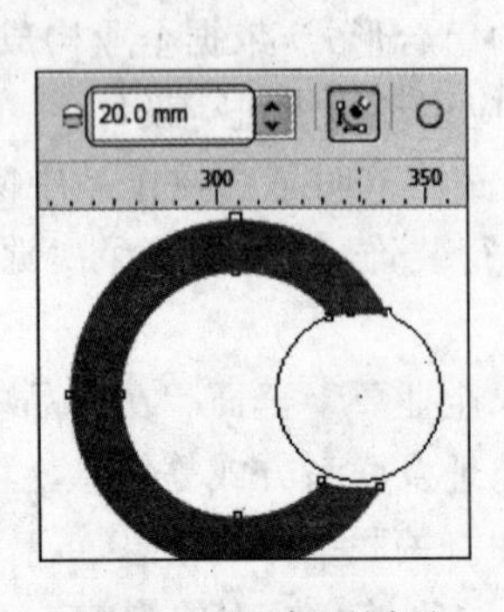

图10.131 打开圆环

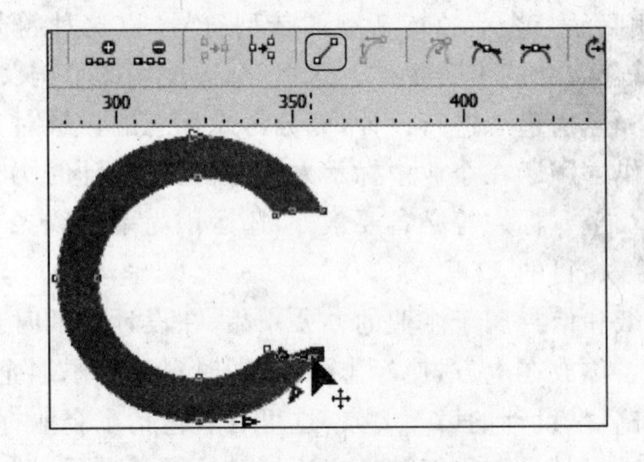

图10.132 将曲线变为直线

(5) 在工具箱中选择"标题形状"工具，在属性栏中单击"完美形状"按钮，在打开的面板中选择飘带形，拖动鼠标绘制选择的形状。使用"军绿色"填充绘制的图形，如图10.133所示。复制飘带，缩小复制飘带的宽度。将两个飘带放置到步骤(4)绘制的图形中，如图10.134所示。

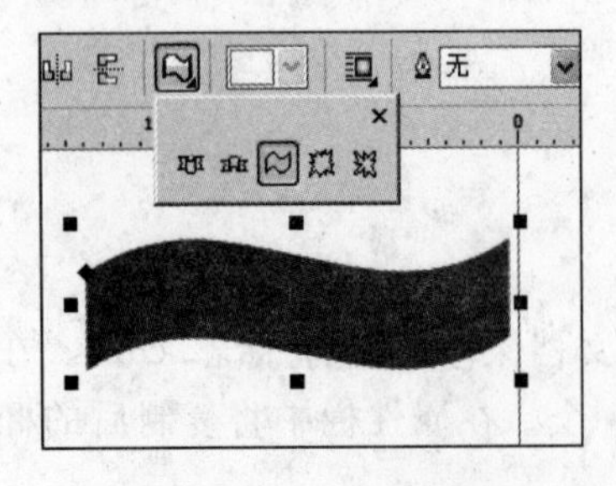

图10.133 绘制飘带

图10.134 复制并放置飘带

（6）使用"文本"工具创建文本"春之源"，设置文字的字体和字号，如图10.135所示。创建拼音文字，设置字母的字体和字号，如图10.136所示。这里文字和拼音的颜色均使用与图形相同的颜色，将它们放置到图形旁边。至此，标志制作完成，效果如图10.137所示。

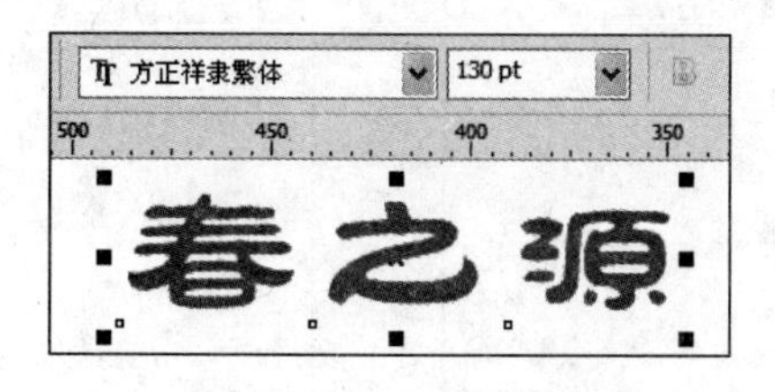

图10.135　输入文字"春之源"

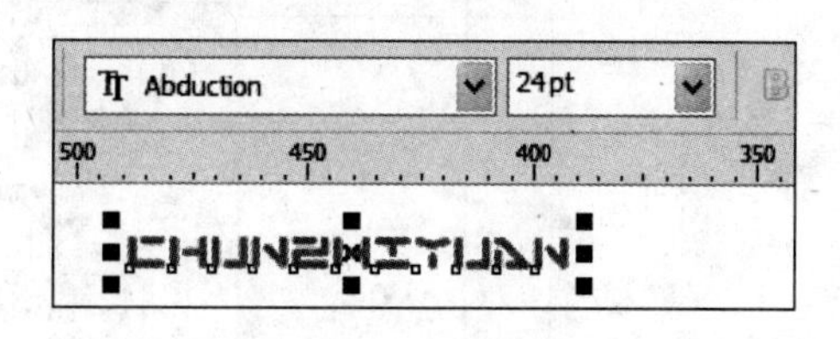

图10.136　输入拼音

图10.137　制作完成的标志

2. 设计工作证

（1）按Ctrl+N组合键创建一个新文档，将文档保存为"工作证.cdr"。使用"矩形"工具绘制一个圆角为10的圆角矩形，如图10.138所示。

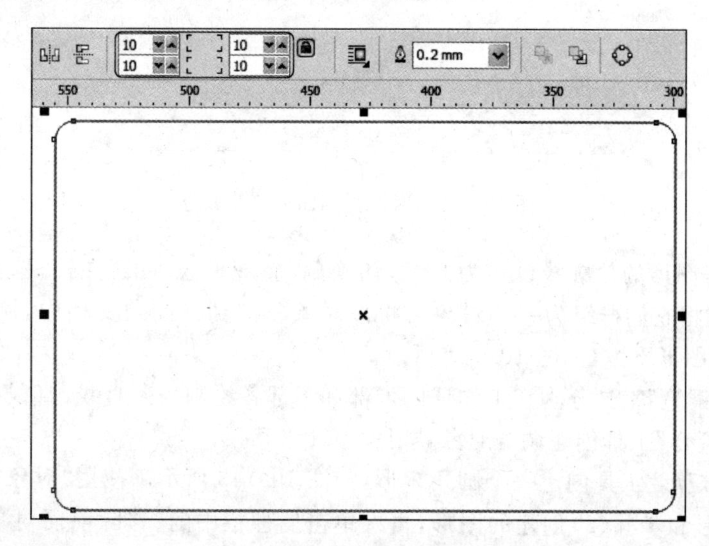

图10.138　绘制圆角矩形

（2）复制创建的圆角矩形，使用"矩形"工具再绘制一个矩形。选择"窗口"|"泊坞窗"|"对象管理器"命令打开"对象管理器"面板，在面板中选择刚才创建的矩形和位于其下层的

矩形，如图 10.139 所示。在属性栏中单击“移除前面对象”按钮，使用系统调色板中的“朦胧绿”色填充获得的图形，如图 10.140 所示。

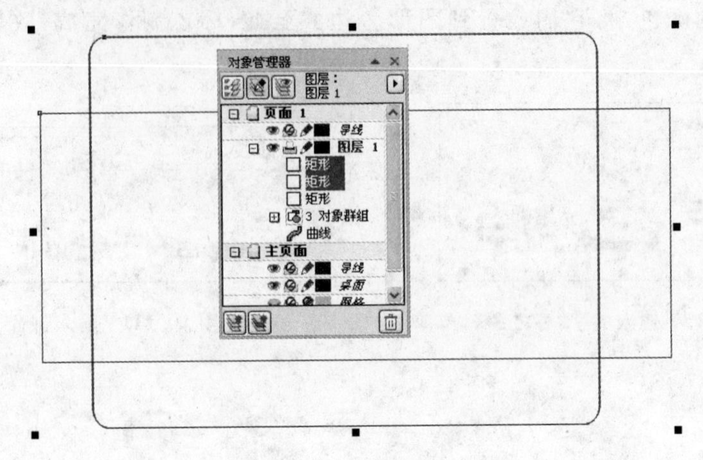

图 10.139 同时选择两个矩形

图 10.140 对获得的图形填充颜色

(3) 将获得图形的轮廓线设置为“无”，切换到“企业标志.cdr”文档，选择标志对象，按 Ctrl＋G 组合键将它们群组为一个对象。将该对象复制到当前的文档中，调整复制对象的大小，并放置在图形下方，如图 10.141 所示。

(4) 使用“钢笔”工具分别在工作证的上部和下部各绘制一条直线，直线颜色设置为“朦胧绿”。使用“调合”工具创建调合对象，如图 10.142 所示。

(5) 使用“矩形”工具创建一个圆角矩形，如图 10.143 所示。使用“对象管理器”面板同时选择圆角矩形和步骤(2)创建的图形，再次单击属性栏中的“移除前面对象”按钮获得工作证上的开口，如图 10.144 所示。

(6) 使用“文本”工具输入姓名和年龄等文字，在属性栏中设置文字的字体和字号。选择“文本”|“段落格式化”命令打开“段落格式化”面板，设置文字的行间距，如图 10.145 所示。

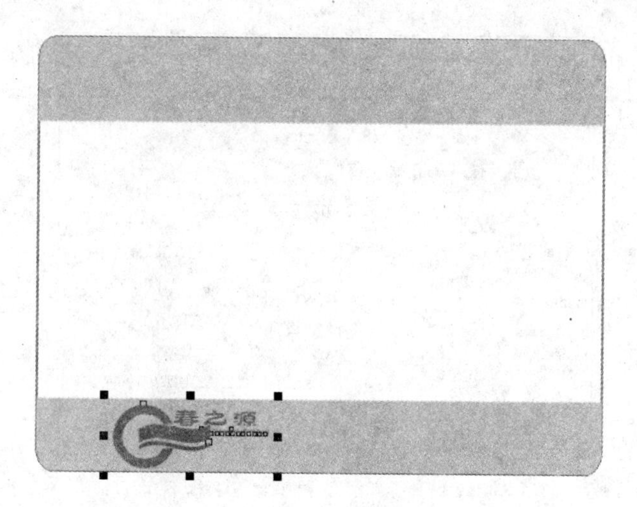

图 10.141 放置标志

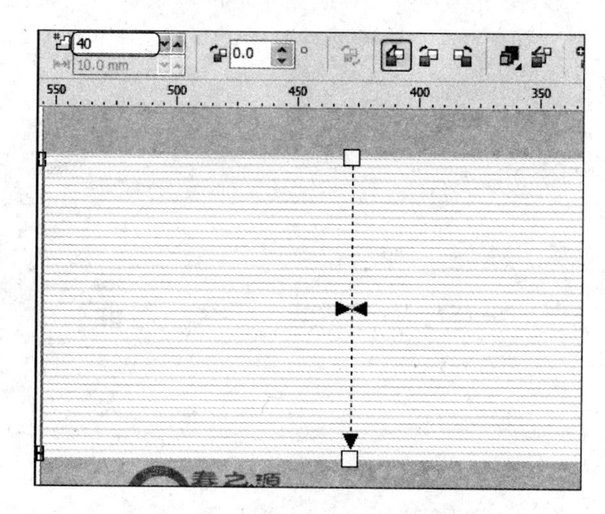

图 10.142 绘制线段并创建调合对象

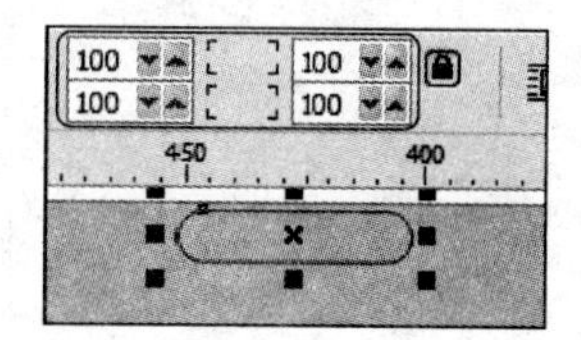

图 10.143 创建圆角矩形

图 10.144 获得工作证上的开口

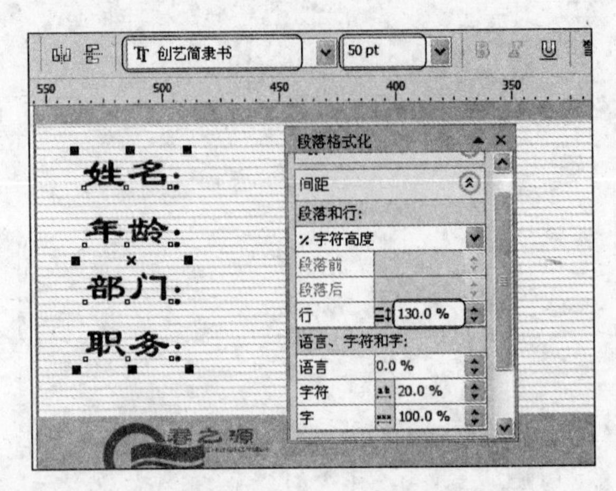

图 10.145 输入文字并设置文字样式

(7) 使用"矩形"工具绘制一个矩形,使用"钢笔"工具绘制矩形的两条对角线。使用"文本"工具在矩形中输入文字"贴照片处",如图 10.146 所示。至此,工作证制作完成,完成后的效果如图 10.147 所示。

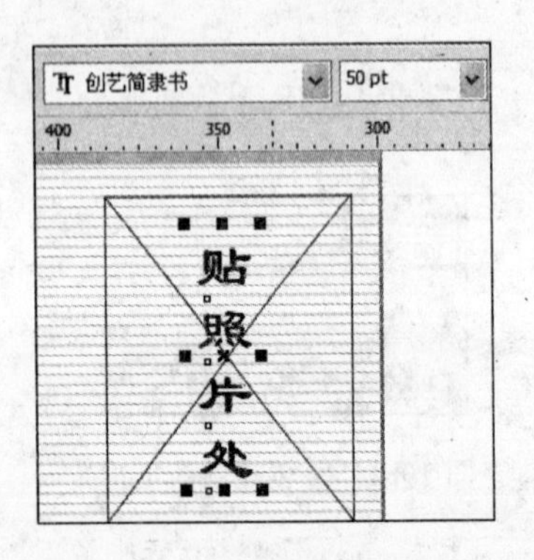

图 10.146 绘制矩形并添加文字

图 10.147 制作完成的工作证

3. 设计信纸和信封

(1) 按 Ctrl+N 组合键创建一个新文档,将文档保存为"信纸和信封.cdr"。使用"矩形"工具在页面中绘制一个矩形,将企业标志复制到当前文档中,并能放置到矩形的左上角,如图 10.148 所示。

(2) 使用"文本"工具创建公司名称,如图 10.149 所示。使用"矩形"工具在文字下方绘制一个无边框的矩形,使用"军绿色"填充矩形后复制该矩形。将复制后的矩形放置于信纸的下方,如图 10.150 所示。

(3) 使用"钢笔"工具绘制一条和矩形等长度的线段,轮廓线颜色与矩形颜色相同。复制该线段后将其放置于信纸的下方,使用"调合"工具创建这两条线段间的调合对象,如图 10.151 所示。

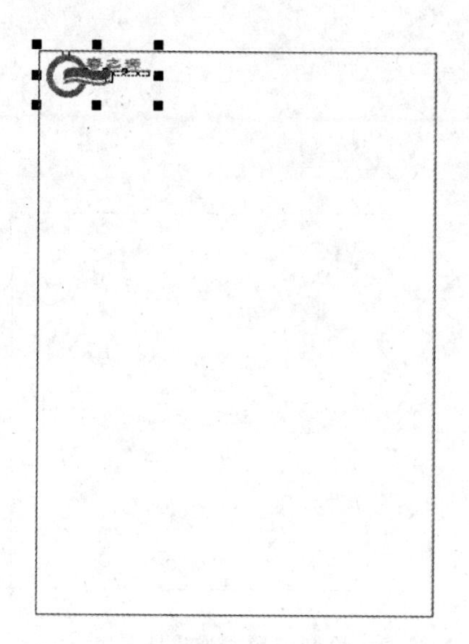

图 10.148 标志放置在矩形左上角

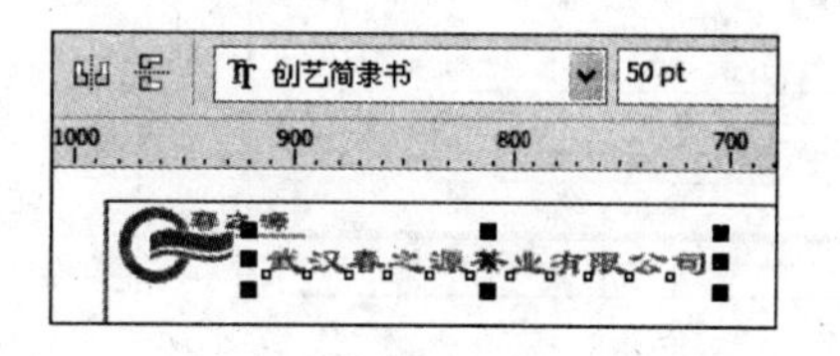

图 10.149 创建公司名称

图 10.150 绘制矩形

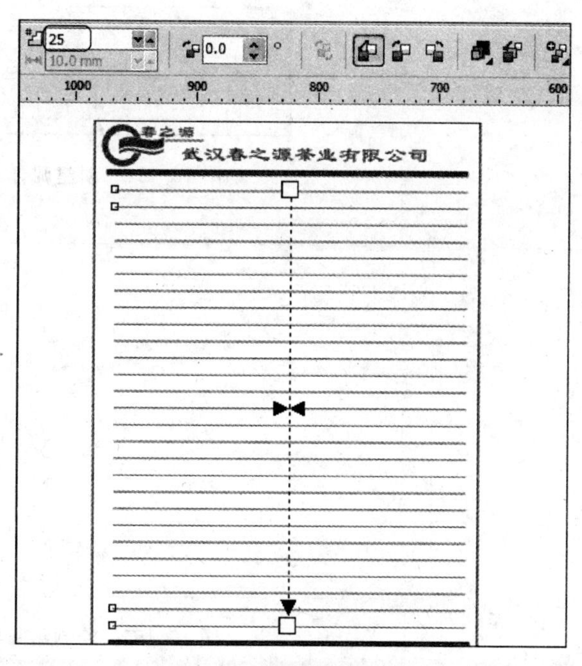

图 10.151 创建调合对象

(4) 在信纸的下端使用“文本”工具输入公司地址、邮政编码和联系电话。至此，信纸制作完成后的效果如图 10.152 所示。

(5) 使用“矩形”工具绘制两个矩形，以“白色”填充这两个矩形。将右侧的矩形转换为曲线后，使用“形状”工具拖出圆角，如图 10.153 所示。

(6) 使用“矩形”工具绘制两个正方形，这两个正方形轮廓线颜色设置为“红色”，宽度设置为 2mm。使用“调合”工具创建包含这两个正方形的调合对象，如图 10.154 所示。在信封的右侧绘制一个正方形，该正方形标示出贴邮票处，如图 10.155 所示。

图 10.152　制作完成的信纸

图 10.153　绘制矩形并拖出圆角

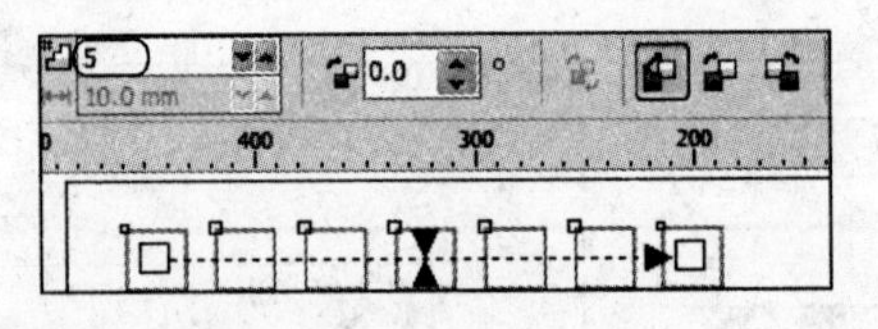

图 10.154　创建调合对象

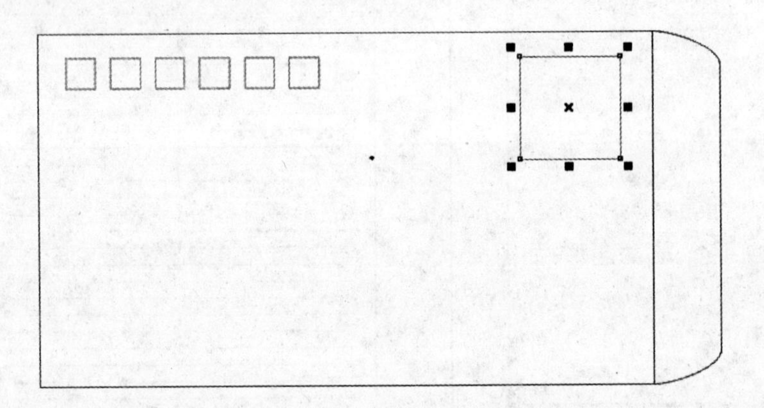

图 10.155　绘制贴邮票处

(7) 将标志放置到信封中,同时使用“文本”工具输入地址信息,如图 10.156 所示。至此,信封设计制作完成,完成后的效果如图 10.157 所示。

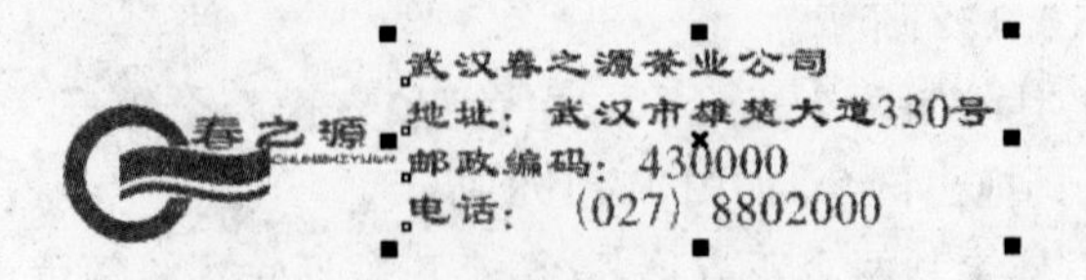

图 10.156　放置标志并输入地址信息

图 10.157　制作完成的信封

4. 设计交通工具

(1) 创建一个名为“交通工具”的新文档。首先使用“钢笔”工具勾勒车头，并使用“军绿色”填充图形，如图 10.158 所示。使用“钢笔”工具勾勒一个梯形，使用“形状”工具调整梯形的形状。完成形状创建后，使用“填充”工具对图形进行线性渐变填充，如图 10.159 所示。

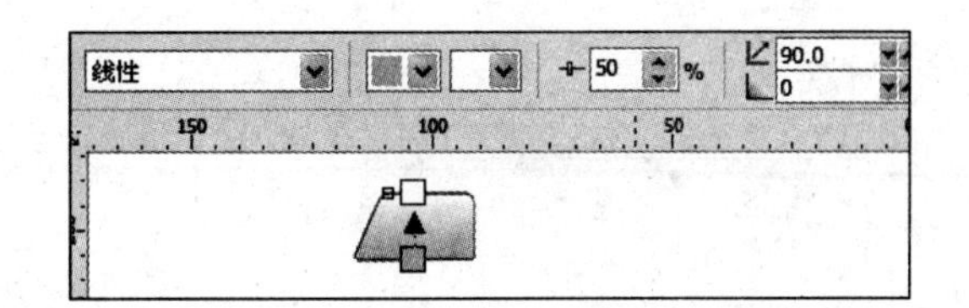

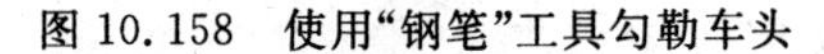

图 10.158　使用“钢笔”工具勾勒车头　　　图 10.159　对图形进行线性渐变填充

(2) 选择“椭圆形”工具绘制一个椭圆形，对图形填充颜色。选择“形状”工具拖动椭圆上的节点创建一个 90°的扇形，如图 10.160 所示。将绘制的图形放置在一起构成车头的形状。使用“钢笔”工具勾勒车头的线条，使用“矩形”工具创建车头灯和后视镜等。完成绘制后的车头如图 10.161 所示。

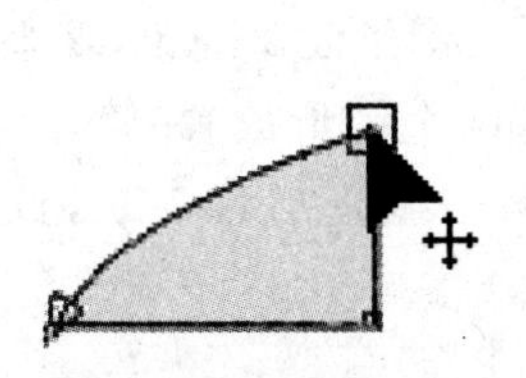

图 10.160　创建一个 90°的扇形　　　图 10.161　绘制完成的车头

(3) 使用“钢笔”工具勾勒车桥和前后轮挡泥板，以“黑色”填充车桥，以“灰色”填充挡泥板。使用“矩形”工具绘制圆角矩形，填充“黑色”后作为油箱。绘制一个白色矩形放置在车桥上获得传动轴。将绘制的对象放置在一起构成汽车的车底，如图 10.162 所示。

(4) 使用“椭圆形”工具绘制一个圆形，以“黑色”填充该圆形。复制圆形后将其缩小，将轮廓线设置为“白色”，使用“灰色”对其进行填充。将该圆再复制一个，将其缩小。使用“填充”工具对其进行射线填充，渐变起始和终止颜色分别为“白色”和“黑色”。将这三个选择群组为一个对象得到汽车轮胎，将轮胎复制一个，分别放置在汽车车轮的位置，如图 10.163 所示。

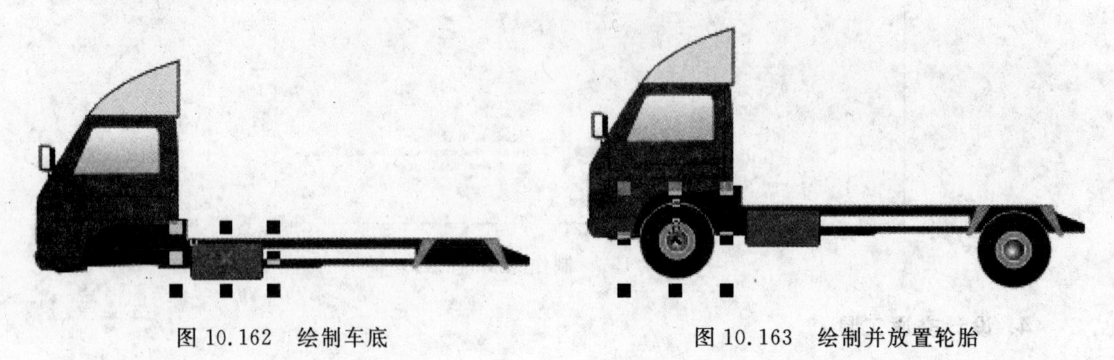

图 10.162　绘制车底　　　　图 10.163　绘制并放置轮胎

(5) 使用“矩形”工具分别绘制两个大矩形，这两个矩形作为车厢，同时绘制车厢后的门和门闩，如图 10.164 所示。将这些矩形放置到车上拼合出车厢和后门，如图 10.165 所示。

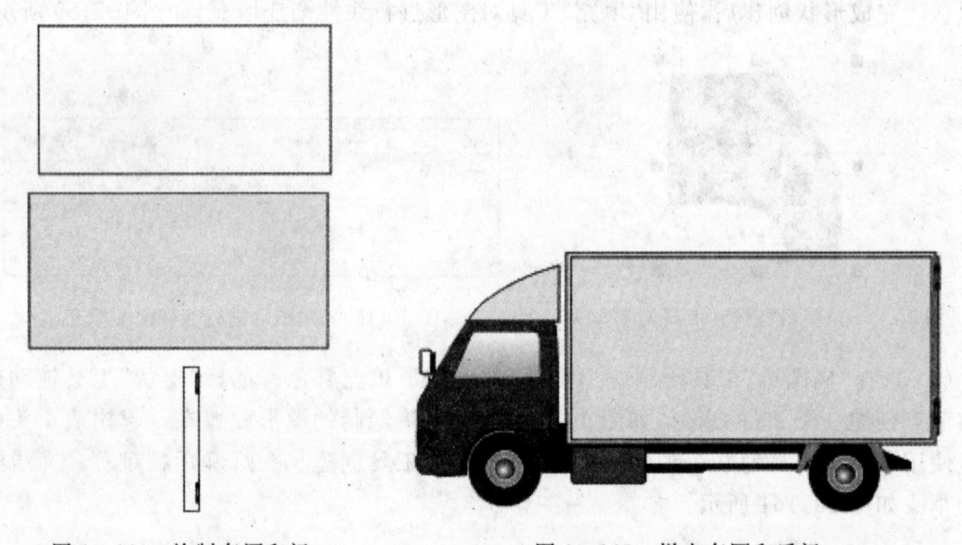

图 10.164　绘制车厢和门　　　　图 10.165　拼出车厢和后门

(6) 使用“钢笔”工具勾勒一个多边形，对图形填充颜色(颜色值为 C:9,M:0,Y:80,K:0)。使用“形状”工具编辑多边形形状，如图 10.166 所示。将图形复制一个，缩小后对其填充“绿色”，将两个图形叠放在一起，如图 10.167 所示。将这两个图形放置到车厢上，调整它们的大小。选择“排列”|“顺序”|“向后一层”命令将这两个图形后移一层，此时图形效果如图 10.168 所示。

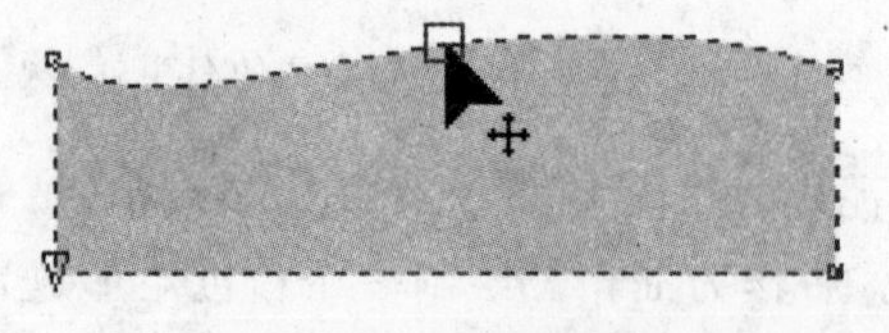

图 10.166　绘制图形

图 10.167　叠放两个图形

(7) 使用“文本”工具在车厢上输入公司名称，文字的颜色设置为“白色”。将公司标志复制到车厢的合适位置。至此，交通工具设计完成，此时的图形效果如图 10.169 所示。

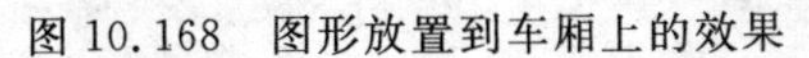

图 10.168 图形放置到车厢上的效果

图 10.169 交通工具设计完成后的效果

5. 设计员工工作服

(1) 按 Ctrl＋N 组合键创建一个名为“工作服”的文档。使用“钢笔”工具创建形状，图形使用“绿色”填充，如图 10.170 所示。使用“钢笔”工具在该图形两侧添加衣袖，衣袖同样使用“绿色”，如图 10.171 所示。使用“椭圆形”工具在衣袖上绘制两个白色的圆形，这两个圆形作为衣袖上的纽扣，如图 10.172 所示。

图 10.170 创建图形　　图 10.171 绘制衣袖　　图 10.172 绘制圆形纽扣

(2) 使用“钢笔”工具绘制图形，对其填充颜色（颜色值为 C：7，M：0，Y：0，K：0），如图 10.173 所示。再使用“椭圆形”工具绘制一个白色的椭圆形，使用“钢笔”工具绘制一条曲线，使用“矩形”工具绘制一个绿色的正方形，如图 10.174 所示。将这三个图形放置到衣服上得到衣领，如图 10.175 所示。

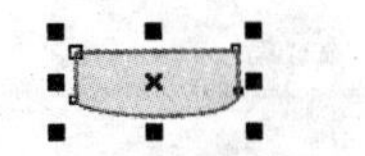

图 10.173 绘制图形

图 10.174 绘制椭圆、曲线和正方形

(3) 使用“钢笔”工具在衣服的中间绘制一条垂直线，在衣服的底部绘制一条水平线。复制衣袖上的圆形，将它们沿着垂直线等距放置获得衣服上的纽扣效果，如图 10.176 所示。

(4) 使用“钢笔”工具在上衣下方勾勒裤子，以“苔绿色”填充图形，如图 10.177 所示。使用“钢笔”工具分别在两条裤腿上绘制两条细线作为裤线，如图 10.178 所示。

(5) 使用“矩形”工具绘制两个矩形，使用与衣领相同的颜色填充矩形，如图 10.179 所示。将公司标志复制到矩形中，将它们放置到衣服的胸前，如图 10.180 所示。至此，男装制作完成，制作完成后的效果如图 10.181 所示。

图 10.175 获得衣领

图 10.176 绘制衣服上的纽扣

图 10.177 勾勒裤子

图 10.178 绘制裤线

图 10.179 绘制两个矩形

图 10.180 复制公司标志并放置到胸前

图 10.181 制作完成的男装

(6) 使用“钢笔”工具勾勒形状，使用“形状”工具对形状进行编辑，如图 10.182 所示。使用相同的方法绘制两个衣袖，如图 10.183 所示。使用“椭圆形”工具绘制两个白色的圆形放置于衣袖上，如图 10.184 所示。

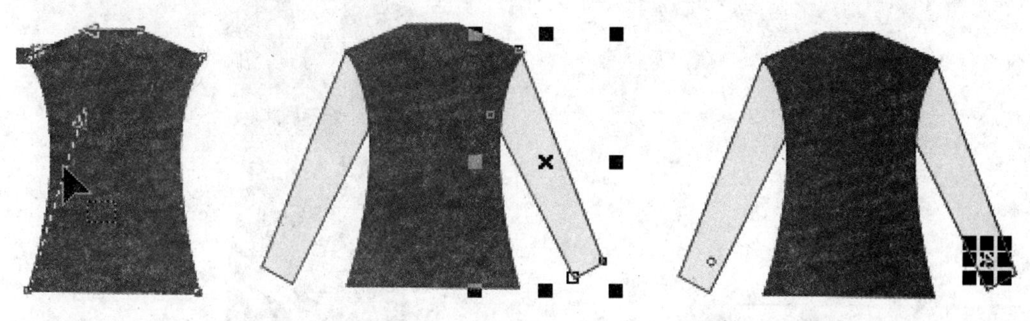

图 10.182　编辑形状　　图 10.183　绘制衣袖　　图 10.184　在衣袖上添加纽扣

(7) 使用“钢笔”工具绘制一个多边形和一个三角形，将它们拼合在一起后放置在衣领处作为衣领，如图 10.185 所示。使用“钢笔”工具绘制一条折线，使用“椭圆形”工具绘制三个相同大小的圆形，将折线圆形沿着折线放置作为衣服上的纽扣，如图 10.186 所示。

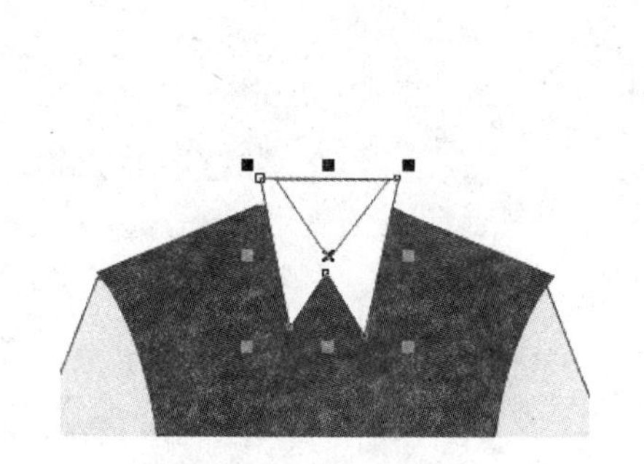

图 10.185　绘制衣领

图 10.186　绘制纽扣

(8) 使用“钢笔”工具勾勒裙子，并为其填充“绿色”，如图 10.187 所示。使用“钢笔”工具在裙子上绘制两条线段，如图 10.188 所示。

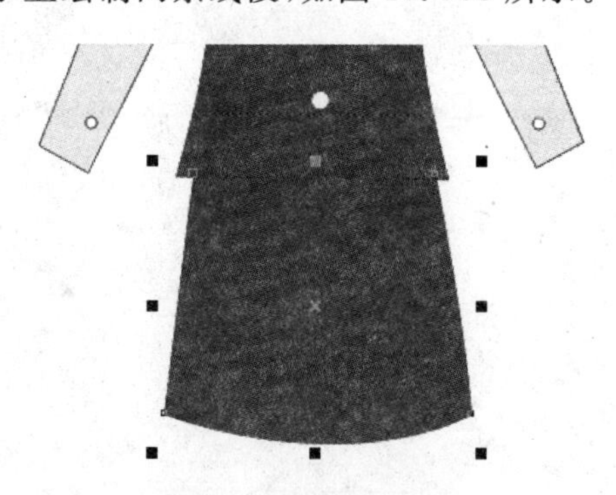

图 10.187　绘制裙子

图 10.188　绘制两条线段

(9) 将男装上的胸牌复制到女装上来，如图 10.189 所示。至此，女装工作服制作完成，完成后的效果如图 10.190 所示。

图 10.189 复制胸牌

图 10.190 制作完成的女装

习题参考答案

第1章　习 题 答 案

一、选择题

1. D　　2. B　　3. D　　4. B

二、填空题

1. 广告设计、包装设计、书籍装帧设计、图文版式设计
2. “文件”|“新建”、“文件”|“另存为模板”
3. 只是选定的
4. Ctrl＋Y

第2章　习 题 答 案

一、选择题

1. D　　2. D　　3. C　　4. A

二、填空题

1. 平滑曲线、直线、封闭图形
2. Alt、Ctrl
3. 预设模式、画笔模式、喷灌模式、书法模式、压力模式、喷灌
4. 起点和终点、弯曲程度

第3章　习 题 答 案

一、选择题

1. B　　2. B　　3. A　　4. D

二、填空题

1. “矩形”工具、“3点矩形”工具、“椭圆形”工具、“3点椭圆形”工具
2. 3、小、尖细
3. 对称式螺纹、对数式螺纹
4. 相对独立、相互关联、长度是相等、对称

第4章　习 题 答 案

一、选择题

1. C　　2. A　　3. D　　4. B

二、填空题

1. 智能填充工具
2. “滴管”工具、“颜料桶”工具
3. 前景色、背景色、矢量图案、线描样式图形、装入图像
4. 封闭的对象、单条路径上、列数和行数

第5章　习题答案

一、选择题

1. C　　2. B　　3. B　　4. B

二、填空题

1. Ctrl＋A、Tab
2. Shift、方向
3. “排列”|“锁定对象”、“排列”|“解除锁定全部对象”
4. 焊接、修剪、相交、简化、移除后面对象、移除前面对象

第6章　习题答案

一、选择题

1. D　　2. B　　3. C　　4. A

二、填空题

1. 中间对象、平滑、1～999
2. 推拉变形、拉链变形、扭曲变形
3. 向左、向右
4. 消失点、拖动、灭点坐标

第7章　习题答案

一、选择题

1. D　　2. D　　3. A　　4. A

二、填空题

1. 美术字、段落文本
2. 水平方向、垂直方向
3. 使文本适合路径、使文本适合框架
4. 行均分、列均分

第8章　习题答案

一、选择题

1. D　　2. C　　3. D　　4. C

二、填空题

1. “裁剪”工具
2. 图像调整实验室

3. 中心线描摹、技术图解、线条画

4. 三维旋转、柱面、浮雕、卷页、透视、挤压

第9章 习题答案

一、选择题

1. D　　2. B　　3. C　　4. B

二、填空题

1. 局部图层、主图层、局部图层、主图层

2. 活动图层、桌面图层

3. 可以重复使用、减小

4. “文件”|“打印”、“打印预览”、“文件”|“打印预览”

21世纪高等学校数字媒体专业规划教材

ISBN	书　名	定价(元)
9787302222651	数字图像处理技术	35.00
9787302218562	动态网页设计与制作	35.00
9787302222644	J2ME手机游戏开发技术与实践	36.00
9787302217343	Flash多媒体课件制作教程	29.50
9787302208037	Photoshop CS4中文版上机必做练习	99.00
9787302210399	数字音视频资源的设计与制作	25.00
9787302201076	Flash动画设计与制作	29.50
9787302174530	网页设计与制作	29.50
9787302185406	网页设计与制作实践教程	35.00
9787302180319	非线性编辑原理与技术	25.00
9787302168119	数字媒体技术导论	32.00
9787302155188	多媒体技术与应用	25.00

以上教材样书可以免费赠送给授课教师,如果需要,请发电子邮件与我们联系。

教学资源支持

敬爱的教师:

感谢您一直以来对清华版计算机教材的支持和爱护。为了配合本课程的教学需要,本教材配有配套的电子教案(素材),有需求的教师可以与我们联系,我们将向使用本教材进行教学的教师免费赠送电子教案(素材),希望有助于教学活动的开展。

相关信息请拨打电话010-62776969或发送电子邮件至weijj@tup.tsinghua.edu.cn咨询,也可以到清华大学出版社主页(http://www.tup.com.cn或http://www.tup.tsinghua.edu.cn)上查询和下载。

如果您在使用本教材的过程中遇到了什么问题,或者有相关教材出版计划,也请您发邮件或来信告诉我们,以便我们更好地为您服务。

地址:北京市海淀区双清路学研大厦A座708　　计算机与信息分社魏江江　收
邮编:100084　　电子邮件:weijj@tup.tsinghua.edu.cn
电话:010-62770175-4604　　邮购电话:010-62786544

《网页设计与制作》目录

ISBN 978-7-302-17453-0 蔡立燕　梁　芳　主编

图书简介：

Dreamweaver 8、Fireworks 8 和 Flash 8 是 Macromedia 公司为网页制作人员研制的新一代网页设计软件，被称为网页制作“三剑客”。它们在专业网页制作、网页图形处理、矢量动画以及 Web 编程等领域中占有十分重要的地位。

本书共 11 章，从基础网络知识出发，从网站规划开始，重点介绍了使用“网页三剑客”制作网页的方法。内容包括了网页设计基础、HTML 语言基础、使用 Dreamweaver 8 管理站点和制作网页、使用 Fireworks 8 处理网页图像、使用 Flash 8 制作动画、动态交互式网页的制作，以及网站制作的综合应用。

本书遵循循序渐进的原则，通过实例结合基础知识讲解的方法介绍了网页设计与制作的基础知识和基本操作技能，在每章的后面都提供了配套的习题。

为了方便教学和读者上机操作练习，作者还编写了《网页设计与制作实践教程》一书，作为与本书配套的实验教材。另外，还有与本书配套的电子课件，供教师教学参考。

本书适合应用型本科院校、高职高专院校作为教材使用，也可作为自学网页制作技术的教材使用。

目　录：

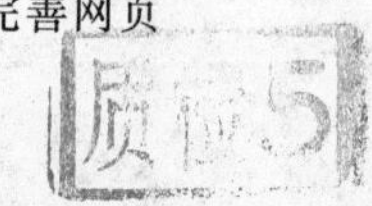